高校生物学专业类实验教学建议性规范

U0273406

主　编　滕利荣　张贵友　陈　峰
副主编　刘　艳　邹方东　向本琼　贺秉军　谢志雄　吴燕华
　　　　郭卫华　林宏辉　孟庆繁　张雪洪　张　雁　于静娟
　　　　许　月　王宏英　王宏元　刘鹏霞　李晓雪　陈雯莉
　　　　翁　静　周春江　贺新强　崔　瑾

高等教育出版社·北京

内容提要

　　《高校生物学专业类实验教学建议性规范》以"质量为王,标准先行;标准为先,使用为要"为编写原则,依据教育部 2018 年发布的《普通高等学校本科专业类教学质量国家标准》,在生物科学、生物技术和生物工程等本科专业实验教学研究工作的基础上,提出的实验教学建议性规范。本书力求体现各专业实验教学的基本属性、实验教学内容的基本要求及实验教学持续发展的拓展空间,以提高相关高校各专业实验教学与专业人才培养目标的达成度、社会需求的适应度、师资和条件的支撑度,为高校生物学专业类实验教学课程设置、实验教学改革提供参考。

　　全书分为上、中、下 3 篇,总计 9 章。上篇"总论"共 3 章,介绍了生物学专业类实验教学基本要求、高校生物实验室安全基本要求、动物实验基本要求。中篇"生物学专业类实验教学体系建议性规范"共 3 章,分别介绍生物科学专业实验课程建议性规范、生物技术专业实验课程建议性规范、生物工程专业实验课程建议性规范。下篇"实验项目调研信息汇总"共 3 章,是在调研全国 127 所高校 130 个学院开设的实验项目基础上,整合而成的部分高校实验项目整理汇总表,按生物科学、生物技术、生物工程 3 个专业分别介绍。本书编写内容既有"规矩"又有"空间",既有"底线"又有"目标",既有"定性"又有"定量",以确保相关院校人才培养目标的内涵和特色,在教学改革中"张弛有度"地实施。

　　本书适合生物、医药、农林、食品相关专业的教师、教学和教务管理人员使用,也可供高等教育研究、仪器设备开发、实验安全管理有关的从业人员参考。

图书在版编目(CIP)数据

高校生物学专业类实验教学建议性规范 / 滕利荣,
张贵友,陈峰主编 . -- 北京:高等教育出版社,2021.3
　　ISBN 978-7-04-055414-4

　　Ⅰ . ①高… Ⅱ . ①滕… ②张… ③陈… Ⅲ . ①生物学
－ 实验 － 教学研究 － 高等学校 Ⅳ . ①Q-33

　　中国版本图书馆 CIP 数据核字(2021)第 015249 号

GAOXIAO SHENGWUXUE ZHUANYE LEI SHIYAN JIAOXUE JIANYIXING GUIFAN

策划编辑　李光跃　单冉东	责任编辑　单冉东	封面设计　姜　磊	责任印制　耿　轩

出版发行	高等教育出版社	网　　址	http://www.hep.edu.cn
社　　址	北京市西城区德外大街4号		http://www.hep.com.cn
邮政编码	100120	网上订购	http://www.hepmall.com.cn
印　　刷	固安县铭成印刷有限公司		http://www.hepmall.com
开　　本	787mm×1092mm　1/16		http://www.hepmall.cn
印　　张	24.75		
字　　数	610 千字	版　　次	2021 年 3 月第 1 版
购书热线	010-58581118	印　　次	2021 年 3 月第 1 次印刷
咨询电话	400-810-0598	定　　价	78.00元

本书编委会

主　编　滕利荣　张贵友　陈　峰
副主编　刘　艳　邹方东　向本琼　贺秉军　谢志雄　吴燕华　郭卫华　林宏辉
　　　　　孟庆繁　张雪洪　张　雁　于静娟　许　月　王宏英　王宏元　刘鹏霞
　　　　　李晓雪　陈雯莉　翁　静　周春江　贺新强　崔　瑾

编　委（按学校名称拼音排序）

安徽工程大学	宋　平	葛　飞		海南大学	周永灿	郭伟良	
安徽农业大学	江海洋	张宽朝		邯郸学院	苗俊玲	赵　昕	
安徽师范大学	汪建中			杭州师范大学	王慧中	吴玉环	陈哲皓
白城师范学院	高晨光	陈风清		合肥师范学院	朱桂兰	陈亚军	施夏明
保定学院	张保石			河北工业大学	赵艳丽		
北京大学	贺新强	王青松		河北经贸大学	陈会珍	赵士豪	
北京理工大学	孙智杰	谢海燕		河北科技大学	艾鹏飞	闫路娜	侯建革
北京师范大学	向本琼	宋宏涛	李小蒙		康文怀		
沧州师范学院	王竹成	路致远		河北民族师范学院	王春芳	彭艳芳	
长春师范大学	莫金钢	韩德复		河北农业大学	杨学举	白志英	侯春燕
常熟理工学院	陈梦玲	韩晓磊			徐大庆		
成都师范学院	刘松青	薛飞龙		河北师范大学	周春江	于志军	
大连大学	王仁军	姚子昂		河南科技大学	王　耀	古绍彬	付国占
大连理工大学	张嘉宁	李文利	贺雷雨		曹　力		
	赵　静			河南科技学院	张明霞	常景玲	
大连民族大学	权春善	李春斌		河南农业大学	郭红祥	贾然然	
东北大学	刘佩勇	崔振波		河南师范大学	李卫国	唐超智	
东北电力大学	郑　胜			菏泽学院	王　娟	邓振旭	
东北农业大学	李　杰	李剑虹	张　莉	黑龙江大学	马春泉	王　葳	唐　艳
	柏　锡			衡水学院	王　倩	张志强	郭晓丽
东北师范大学	李晓雪	王海涛	肖洪兴	湖北大学	何玉池	黄　静	
	姜　鹏	黄国辉	孙明洲	湖北工程学院	张正茂		
福建师范大学	陈必链	耿宝荣		湖北工业大学工程			
复旦大学	吴燕华	王英明	曹　洋	技术学院	屈廷启	谢爱娣	
	尹　隽			湖北师范大学	潘继承	王卫东	汪劲松
甘肃农业大学	杨德龙	陈正军		湖南农业大学	杨　华	夏石头	
广西大学	何勇强	梁　钰		湖南师范大学	陈湘定	彭伟卓	
贵阳学院	杨文佳	武思齐		华北理工大学	王希胤	王金朋	王　洋
贵州大学	王　嫱	韩淑梅			王　莉		
贵州师范大学	翁庆北	余天华		华东理工大学	胡晓鸣	常雅宁	
哈尔滨师范大学	于丽杰	郭东林		华东师范大学	江文正	尹尉翰	

院校	参编人员		
华中科技大学	卢群伟	刘亚丰	
华中农业大学	陈雯莉	齐迎春	袁继红
华中师范大学	李兵	胡原	
淮北师范大学	李桂萍		
黄冈师范学院	王书珍	付俊	
惠州学院	陈兆贵	宋冠华	
吉林大学	滕利荣	孟庆繁	刘艳
	许月	黄宜兵	汤海峰
	杨雪薇	关树文	马俊锋
	王丽萍	王迪	王冠
	吕绍武	林凤	周杰
	郑艳茹	单亚明	侯阿澧
	费晓方	崔银秋	蔡林君
吉林大学珠海学院	杨东生	孟凡欣	
吉林工程技术师范学院	王晓娥		
吉林工商学院	王雪丽	陈建欣	
吉林农业大学	崔喜艳	刘慧婧	官丽莉
吉林农业科技学院	张欣		
吉林师范大学	郝锡联	金太成	赵永斌
吉林医药学院	郭健		
济南大学	何文兴	鲍洁	
江苏师范大学	李宗芸	王景明	叶覃
	冯照军		
昆明理工大学	吴远双	林连兵	
兰州大学	冯虎元	孟雪琴	
兰州理工大学	张丙云		
廊坊师范学院	王晶	高永闯	
辽东学院	王鹏	韦月平	
辽宁石油化工大学	王战勇	杨占旭	
南昌大学	洪一江	王尚洪	李绍波
	余潮		
南京大学	杨永华	庞延军	杨荣武
南京工业大学	胡南		
南京农业大学	崔瑾	陆巍	
南京师范大学	周长发		
南开大学	贺秉军	赵立青	
内蒙古大学	刘鹏霞	王彦凤	
宁波大学科学技术学院	陈宇杰	郑文娟	
宁夏大学	苏建宇	李元刚	
清华大学	张贵友	王宏英	麻彩萍
曲阜师范大学	王仁君	刘德坤	
厦门大学	左正宏	石艳	赵扬
山东大学	郭卫华	于晓娜	贺同利
	张治国		
山东理工大学	张月杰	庞秋香	
山西大学	张丽珍	井维鑫	
陕西师范大学	王宏元	孙燕	王喆之
	朱志红	刘清梅	曹冰
	强毅		
上海海洋大学	吴文惠		
上海交通大学	陈峰	张雪洪	张萍
	蒋群		
韶关学院	易道生	韩伟	
沈阳师范大学	马莲菊	金海涛	
沈阳药科大学	张怡轩		
石家庄学院	马闻师		
首都师范大学	刘晓晴	祁晓廷	
首都医科大学	翁静		
四川大学	林宏辉	邹方东	王甜
唐山师范学院	张运峰	陈超	
天津科技大学	王志伟	乔长晟	刘常金
	谭之磊		
天津商业大学	陶永清	王雪青	阮海华
通化师范学院	刘雪莲	刘伟	
温州医科大学	楼哲丰	蔡琳	
武汉大学	谢志雄	龙燕	
武汉科技大学	李凌凌		
西北民族大学	李铀	郭鹏辉	
西北师范大学	朱学泰		
西藏农牧学院	索朗桑姆	禄亚洲	
新疆大学	胡红英	马正海	逯永满
邢台学院	朱秀敏	张晓丽	唐蕊
燕山大学	韩增胜		
扬州大学	黄金林	张彪	金银根
云南大学	陈善元	程立忠	
云南农业大学	陈疏影		
浙江工业大学	吴石金	章银军	秦海彬
	鄢洪德		
浙江师范大学	张萍华	陈文荣	赵铁军
浙江万里学院	尹尚军	张凯龙	
中国海洋大学	毛玉峰		
中国科学技术大学	赵忠	李旭	
中国矿业大学	邵菊芳		
中国农业大学	于静娟	殷丽君	彭静
中南大学	向新颖	刘新发	
中山大学	张雁	项辉	张以顺
中央民族大学	李文瑞	薛堃	
遵义师范学院	钱正敏		

前　言

　　生物学是一门以实验为手段，研究生命活动规律的学科。生物学实验既是验证已有理论的方法，又是发现新理论的工具。在生命科学迅猛发展的今天，高校生物学相关专业的毕业生不仅应该具备扎实的理论基础，还应该具有熟练的实验操作技能、实践能力及创新能力。因此，实验教学在生物学人才培养中占有非常重要的地位。

　　自中华人民共和国成立以来，党和国家始终把教育作为立国之本。改革开放以来各高校和广大一线教师逐渐认识到了实验教学对人才培养的重要性。在教育管理部门和一线教师的推动下，"实验"逐渐成为高校自然科学类专业的必修内容。进入新世纪以后，在教育部的倡导下，高校的实验教学逐渐从理论教学中分离出来，走向了独立设课、自成体系的改革之路。为了配合实验教学改革，中央和地方也开始加强实验教学条件平台建设，各高校相继成立独立运行的实验教学示范中心，实现了优质实验教学资源统筹与共享。自2005年教育部启动"国家级实验教学示范中心"建设和评审工作以来，我国高校逐渐形成了国家、省、校三级实验教学示范体系，至2018年，教育部组织遴选了901个国家级实验教学示范中心，其中，生物学科有55个。生物学科的各实验教学示范中心结合自身的学科定位、人才培养目标和办学特色，以培养学生实践能力、创新能力和提高教学质量为目标，以实验教学改革为手段，以实验资源开放共享为支撑，以高素质实验教学队伍和完备的实验教学条件为保障，不断完善实验教学内容体系、创新教学方法，使生物学科的实验教学水平和人才培养质量得到了显著提高，对生物学科乃至其他学科的实验教学起到了示范和引领作用。

　　为了巩固生物学科各级实验教学示范中心的建设成果，继续深化生物学实验教学改革，持续推动生物学实验教育质量的提升，确保生物学实验教学的可持续发展，开展实验教学规范化建设工作已迫在眉睫。根据教育部主管部门的工作部署，高等学校国家级实验教学示范中心联席会委托高等学校国家级实验教学示范中心联席会生物与食品学科组（下文简称"学科组"）和高等教育出版社开展了《高校生物学专业类实验教学建议性规范》的研究和编写工作（下文简称《建议性规范》)。在教育部高等学校生物科学类专业教学指导委员会和教育部高等学校生物技术、生物工程类专业教学指导委员会的支持和指导下，依据生物科学、生物技术、生物工程 3 个专业的《普通高等学校本科专业类教学质量国家标准》的培养目标、方案和专业知识体系及核心课程体系，对生物学专业类本科生的实验教学环节进行细化和规范化。

2018 年 3 月学科组接到研究任务后筹备成立了《建议性规范》编写工作组并开展调研工作。根据初步调研结果，工作组确定了实验教学理念、实践能力、实验技术、信息化教学手段和实验教学等 5 个调研方向，并向全国 553 所有关高校发函，之后得到了许多高校的积极反馈。在深入调研过程中，陆续收集到来自 29 个省、自治区、直辖市 127 所高校（130 个学院）反馈的 22 763 个实验教学项目。经过整理、优化、综合和简并之后保留了 3 382 个具有代表性的实验项目，包括了基础性、综合性和研究性等不同类型的实验，其来源涵盖了综合类、师范类、理工类和农林类高校，具有广泛的代表性。工作组对代表性实验教学项目进行了进一步分析并与核心技术单元、技术类型及适应的专业（专业类）建立了对应关系，以期能够指导不同类别的高校、不同种类的专业根据不同的培养目标和办学特色，建立分层次、分模块、教学内容衔接的实验教学体系。2018 年 8 月，来自 25 家国家级实验教学示范中心的主任、副主任及一线教师共 34 位专家和编委齐聚江苏师范大学，召开了第一次编写工作会议并成立了研究团队。国家级教学名师、复旦大学乔守怡教授，国家级教学名师、上海交通大学林志新教授，浙江万里学院钱国英教授，暨南大学周天鸿教授，河北师范大学刘敬泽教授及高等教育出版社生命科学与医学出版事业部李光跃副主任莅临会议，并对编写工作提出了宝贵的指导意见。与会编委对工作组的前期工作进行了讨论，进一步明确了编写思路与分工。

会后，通过历时 8 个月的进一步调研、整理、讨论与撰写，编委会于 2019 年 4 月完成了《建议性规范》初稿，随即在海南大学召开了第二次编写工作会议。高等学校国家级实验教学示范中心联席会秘书长、北京大学周勇义教授，高等教育出版社生命科学与医学出版事业部吴雪梅主任等专家对初稿的整体架构、章节内容等提出了中肯的修改意见。之后，北京师范大学向本琼教授、四川大学邹方东教授、南开大学贺秉军教授、武汉大学谢志雄教授、复旦大学吴燕华教授、山东大学郭卫华教授等编委倾力完善书稿。至 2020 年初，书稿再经 15 位教指委专家审议，终于 4 月底定稿。

本书在编写过程中充分考虑了生物类专业的实验教学现状、发展方向和实验教学改革的发展趋势，倡导先进的实验教学理念。推荐的教学内容体系能够体现"定性与定量相结合""弹性与刚性相结合""静态与动态相结合""结果与过程相结合"等特点。由于不同高校之间，生物类专业本科生的培养目标具有一定差异性，编写过程中兼顾综合类、师范类、理工类、农林类等高校人才培养的多元化特征，分别给出了不同的指导意见，力求共性与个性的统一。全书分为上、中、下 3 篇：上篇为总论，提出生物学专业类实验教学基本要求、高校生物实验室安全和动物实验基本要求；中篇为生物学专业类实验教学体系建议性规范，分别介绍了生物科学专业、生物技术专业和生物工程专业实验课程建议性规范；下篇为实验项目调研信息汇总。本书通过为各高校的实验教学条件建设、教学内容体系建设、师资队伍建设和质量保障体系建设等提出具体的指导性建议，以期达到以下目的：第一，为高校生物学类专业实验教学课程设置提供参考依据；第二，为高校生物学教学实验室建设、仪器设备配备提供参考标准；第三，为高校生物学类专业认证和实验室验收评估的考核点确定提供参考。虽然《建议性规范》不属于法律法规和国家标准，是非约束性的，但仍然希望能对生物学相关学科实验教学改革起到积极的推动作用，以促进高等学校生物学专业类人才培养水平的不断提高。

　　由于时间仓促、编写水平有限，本书难免存在不足与错误，诚恳希望广大读者对本书提出宝贵的批评意见和建议。

编写工作组
2020 年 5 月

目　录

前言

上　篇　总　论

中　篇　生物学专业类实验教学体系建议性规范

下　篇　实验项目调研信息汇总

附录　相关法律法规

上 篇
总 论

生物学是一门实践性学科，学生的实践能力对其在工作岗位上创新能力的展现具有重要的影响。生物学实验教学应该贯通于学生从入学到毕业的全过程，实验教学的基本要求和安全保障就显得尤为重要，上篇总论就概述了生物学专业类实验教学基本要求、高校生物实验室安全和动物实验基本要求。

上篇分为3章。第一章为生物学专业类实验教学基本要求：首先对实践育人思政要素、专业知识和能力素养提出要求，从立德树人要求、专业知识培养要求，到专业综合能力培养要求；其次提出师资队伍与要求，从生物科学、生物技术、生物工程3个专业的师资队伍要求，到教师发展环境；随后对实验教学条件提出要求，包括实验教学基本条件、实验教学环境、安全设施与管理、实验教学仪器设备、实践教学基地、实验材料、实验教学支撑设施等内容；最后对实践教学质量保障体系提出要求，包含教学过程质量监控机制要求、毕业生跟踪反馈机制要求和专业持续改进机制要求。

第二章为高校生物实验室安全基本要求：介绍了教育部办公厅《关于进一步加强高校教学实验室安全检查工作的通知》（2019年1月）的检查要点；依据2017年中华人民共和国国家卫生和计划生育委员会发布的《病原微生物实验室生物安全通用准则》（WS 233—2017）中对实验室生物安全管理的有关要求，提出涉及生物安全的教学实验室的相关管理要求。

第三章为动物实验基本要求：依据国家及相关部门的要求与规定，介绍了动物实验通用要求和教学用实验动物使用指南。简要概括了各类动物实验中动物实验审查、实验室管理、实验条件、实验动物质量、基本技术操作规范、实验记录与归档的要求，以及实验前准备、动物购买、饲养管理、使用要求、安乐死、尸体处理等。

第二章和第三章的内容侧重于实验室安全和动物实验安全，为各高校生物学专业实验教学安全开展提供依据。

第一章

生物学专业类实验教学基本要求

第一节 实践育人思政要素、专业知识与能力素养要求

"全面实施素质教育，培养德智体美劳全面发展的社会主义建设者和接班人"是党和国家始终坚持的教育方针。高校要紧紧围绕国家的教育方针进行各项教育活动。为了全面贯彻党的教育方针，高校的实验教学要坚持专业知识、专业能力和基本素养教育的有机融合，促进学生全面发展。

一、立德树人要求

（一）课程思政

2016 年，习近平总书记在全国高校思想政治工作会议上强调："要坚持把立德树人作为中心环节，把思想政治工作贯穿教育教学全过程，实现全程育人、全方位育人，努力开创我国高等教育事业发展新局面。"开展"课程思政"是落实习近平总书记重要指示的有效手段。生物学类各门实验课程要围绕实验课程内容、性质和自身特点，厘清每门实验课程和实验项目的内容及教学环节对应的思政育人要素联动关系，深度挖掘实验教学中蕴含的思政教育要素与所承载的育人功能，将思政教育贯穿实验教学始终。

1. 找准实验课程融入思政要素切入点

综合分析各门实验课程和项目的思政教育要素，结合课程内容特点，找准切入点，重点将行为习惯、科学精神、追求真理、勇于质疑、学术规范、行业道德、诚实守信、务实作风、家国情怀、奋斗精神、社会责任感、法律意识等融入其中，引导学生认识丰富多彩的生物世界、保护生态环境、保护人类遗传资源，

使课程教学与思政教育相互促进、相互协同。

2. 实验教学环节融入思政要素方法

将思政要素分实验前、实验中、实验后融入教学过程，使专业实验知识、能力、素质与思政教育同向同行。在实践教学过程中要把立德树人内化到每门课程、每节实验课、每个实验教学环节，以德育人，不断提高学生思想水平、政治觉悟、道德品质、文化素养，教育学生明大德、守公德、严私德。

3. 理想信念教育，厚植爱国主义情怀

把社会主义核心价值观教育融入实践教学全过程各环节，引导学生养成良好的道德品质和行为习惯，崇德向善、诚实守信，热爱集体、关心社会。把国家安全教育融入实践教学，提升学生国家安全意识和提高维护国家安全能力。把生态文明教育融入课程教学、校园文化、社会实践，增强学生生态文明意识，能够在实践教学过程中完成"塑造灵魂、塑造生命、塑造新人"的任务。

（二）基本素养培养

根据"我国基础教育和高等教育阶段学生核心素养总体框架研究"项目发布的"中国学生发展核心素养"研究报告，学生应具备的基本素养分为文化基础、自主发展、社会参与三个方面，综合表现为人文底蕴、科学精神、学会学习、健康生活、责任担当、实践创新 6 大素养，具体细化为国家认同等 18 个基本要点。

各生物学类专业要改变当前存在的"学科本位"和"知识本位"现象，加强"基本素养"与"专业教育"的深度融合。要明确各门课程具体的育人目标和任务，加强各门课程的纵向衔接与横向配合。要对学生发展基本素养进行顶层设计，并指导课程改革。各门实验课程要通过课程改革落实学生基本素养的培养，把学生发展核心素养作为课程设计的依据和出发点。

（三）生命安全技能教育与教学安全管理

生物学类各门实验课程在教学过程中，常会使用具有一定危险性的实验设备或采用具有危险性的实验方法。对学生进行生命安全技能教育可以防范危险或在危险出现时保护师生免受伤害或将伤害程度降至最低。生物学各专业要根据各高校课程体系的特点，通过适当的方式开设"生物学安全、环保和实验习惯课程"或采用等同的方式进行相关教育工作。有条件的高校要针对本科生开展实验教学安全演练，增加学生的安全意识与逃生、自救技能。

在实验课教学过程中要加强安全管理、规范教学过程。开展实验教学活动的各类实验室要符合安全建设标准并配备充足的安全防护设施和个人防护设施。教学前对课程和实验项目进行安全风险评估。教学过程中要实施有效的安全风险监控。教学活动结束后要采取规范的方法处理实验废弃物。

二、专业知识培养要求

（一）生物科学专业技能要求

生物科学专业人才需掌握扎实的生物科学基本技能，受到系统的专业技能训练。包括但不局限于：绘图和显微成像技术；动植物解剖及标本制作技术；无菌操作技术；微生物生理生化分析技术；微生物分离培养技术；细胞器分离及成分分析技术；生物样品制片、染色技术及分析检测技术；光谱与色谱技术；分子操作技术；电生理操作技术；离体动物器官制备技术；整体动物实验操作技术；细胞与组织培养技术；酶联免疫技术；实验设计与数据处理技术；多学科交叉技术；生物学仪器设备综合运用技术；常见动植物鉴别方法、动植物标本制作、样方与样线调查方法等。各学校根据自身定位和培养目标，结合各自专业基础、培养方向、行业发展、地域特点以及社会发展对学生要求的基础上，着重开展基本技能和专业技能训练，形成各校人才培养的多样性特色。

（二）生物技术专业技能要求

生物技术专业人才需熟练掌握基因工程、细胞工程、蛋白质与酶工程、生化分离与分析等生物科学与技术实验的基本技能。包括但不局限于：绘图和显微成像技术；动植物解剖及标本制作技术；无菌操作技术；微生物生理生化分析技术；微生物分离与多级培养技术；细胞器分离及成分分析技术；生物样品制片、染色技术及分析检测技术；生化分离分析技术；光谱与色谱技术；基因操作技术；电生理操作技术；离体动物器官制备技术；整体动物实验操作技术；细胞与组织培养技术；酶联免疫技术；实验设计与数据处理技术；多学科交叉技术；生物学仪器设备综合运用技术；常见动植物鉴别方法、样方与样线调查方法等。各学校根据自身定位和培养目标，结合各自专业基础和学科特点，在对生物技术前沿、国家与区域发展需求、生物产业相关领域的行业特点以及学生未来发展需求进行充分调研和系统分析的基础上，着重开展基本技能和专业技能训练，形成各校生物技术专业的人才培养目标。

（三）生物工程专业技能要求

生物工程专业人才需熟练掌握发酵工程、基因工程、生物反应工程、生物分离工程、生物工程设备等生物工程实验与操作的基本技能。包括但不局限于：绘图和显微成像技术；动植物解剖及标本制作技术；无菌操作技术；微生物生理生化分析技术；细胞器分离及成分分析技术；生物样品制片、染色技术及分析检测技术；光谱与色谱技术；电生理操作技术；离体动物器官制备技术；整体动物实验操作技术；酶联免疫技术；实验设计与数据处理技术；多学科交叉技术；发酵工程技术；生物分离工程技术；基因工程技术；生物反应工程技术；生物工程设备技术等。各学校可根据自身定位和人才培养目标，结合学科特点、行业发展和区域特色以及学生发展的需要，着重开展基本技能和专业技能训练，形成各校自身的生物工程人才培养特色。

三、专业综合能力培养要求

生物学各专业要合理地设置实验课程、不断优化各门课程实验教学内容，使实验课程与理论课程相衔接，使各门课程教学内容相衔接，使课内实验教学和课外自主创新创业活动相衔接，建立能够满足各专业本科生专业能力的培养要求的人才培养体系，使学生成为有理想、有本领、有担当的高素质专门人才。

（一）生物科学专业综合能力与素养要求

生物科学专业人才需具有生物学基本素养能力、专业实践能力、实践创新能力、科学研究能力、创新创业实践能力等。

要树立共产主义远大理想和中国特色社会主义共同理想，具有中国特色社会主义道路自信、理论自信、制度自信、文化自信，肩负民族复兴的时代重任。掌握扎实的生物科学的基础理论、基本知识和基本技能，接受系统的专业理论和专业技能训练。通过学习和训练，使学生具有良好的自学习惯和能力，有较好的表达交流能力；具有综合运用所掌握的理论知识和技能，从事生物科学及其相关领域科学研究的能力；具有较强的创新思维、创新精神、创业意识和创新创业能力。成为有理想、有本领、有担当的高素质专门人才，成为拥护中国共产党领导和我国社会主义制度、立志为中国特色社会主义奋斗终身，德智体美劳全面发展的社会主义建设者和接班人。

各高校可根据自身定位和培养目标，结合专业特点、行业发展和地域特点，在上述专业能力与素养要求的基础上，应强化或补充相应的知识、能力和素质要求，形成自己人才培养的多样性特色。

（二）生物技术专业综合能力与素养要求

生物技术专业人才需具有生物学基本素养、专业实践能力、实践创新能力、科学研究与科技开发能力、创新创业实践能力、工程实践能力等。

要树立共产主义远大理想和中国特色社会主义共同理想，坚持中国特色社会主义道路自信、理论自信、制度自信、文化自信，肩负民族复兴的时代重任。系统掌握生命科学技术的基础知识和基本理论。熟练掌握基因工程、细胞工程、蛋白质与酶工程、生化分离与分析等生物科学和技术实验的基本技能。掌握一定的生物工程相关原理的基础知识。熟悉生物技术及其产业的相关方针、政策和法规。初步掌握生物技术研究的方法和手段，初步具备发现、提出、分析和解决生物技术相关问题的能力。具备良好的自学习惯和能力、较好的表达交流能力，自主学习、自我发展能力。具有一定的创新意识、批判性思维和可持续发展理念。成为有理想、有本领、有担当的高素质专门人才，成为拥护中国共产党领导和我国社会主义制度、立志为中国特色社会主义奋斗终身，德智体美劳全面发展的社会主义建设者和接班人。

各高校可根据自身定位和人才培养目标，结合学科特点、行业和区域特色以及学生发展的需要，在上述专业能力与素养要求的基础上，强化或者增加某些方面的知识、能力和素养要求，形成人才培养特色。

（三）生物工程专业综合能力与素养要求

生物工程专业人才需具有生物学基本素养、专业实践能力、实践创新能力、科学研究与科技开发能力、创新创业实践能力、工程实践能力和技术革新能力等。

要树立共产主义远大理想和中国特色社会主义共同理想，坚持中国特色社会主义道路自信、理论自信、制度自信、文化自信，肩负民族复兴的时代重任。系统掌握生物工程的基础知识和基本理论。熟练掌握发酵工程、基因工程、生物反应工程、生物分离工程、生物工程设备等生物工程实验与操作的基本技能。熟练掌握生物工程研究的方法和手段，初步具备发现、提出、分析和解决生物工程相关问题的能力。具备良好的自学习惯和能力、较好的表达交流能力，自主学习、自我发展能力。具有一定创新意识、批判性思维和可持续发展理念，具有生物工程实践和技术革新的能力。成为有理想、有本领、有担当的高素质专门人才，成为拥护中国共产党领导和我国社会主义制度、立志为中国特色社会主义奋斗终身，德智体美劳全面发展的社会主义建设者和接班人。

各高校可根据自身定位和人才培养目标，结合学科特点、行业和区域特色以及学生发展的需要，在上述专业能力与素养要求的基础上，强化或者增加某些方面的知识、能力和素质要求，形成生物工程人才培养特色。

第二节　师资队伍与要求

人才培养是一项系统工程。高水平的教学团队是人才培养成功的重要保障。生物学各专业要通过引领和促进教师的专业发展，指导教师在日常教学中更好地贯彻落实党的教育方针。在实践教学过程中要把立德树人和课程思政内化到每门课程、每节实验课、每个实践教学环节。把社会主义核心价值观教育融入实践教学全过程各环节，引导学生养成良好的道德品质和行为习惯。把国家安全教育融入实践教学，提升学生国家安全意识和提高维护国家安全能力。把生态文明教育融入课程教学，增强学生生态文明意识。把生命安全教育融入课程教学，培养学生安全防护、危险处置和逃生技能，维护学生身体健康和生命安全。把环保教育融入课程教学，培养学生环保意识、习惯和技能，维护公共安全共建和谐家园。

一、生物科学专业

生物科学专业实践教学应当建立一支规模适当、结构合理、相对稳定、具有良好发展趋势的师资队伍。全职专任教师人数不少于 25 人，生师比不高于 18 : 1。

实践教师队伍中应有学术造诣较高的学科或专业带头人。师资队伍符合专业目标定位要求，适应学科、专业长远发展的需要和教学需要。师资队伍年龄结构、学历和职称结构合理，中青年骨干教师占较高比例。专任实验技术人员应具有相关专业本科以上学历。

每门实验课程必须配备相应的专任教师和实验技术人员。实验教学中每位教师指导学生数不超过 20 人。每位教师指导学生毕业论文（设计）的人数一般不超 5 人。每 1 万实验教学"人时数"配备 1 名实验技术人员，且不少于 1 人。

在实践教学过程中要把立德树人内化到每门课程、每节实验课、每个实践教学环节，坚持以文化人、以德育人，不断提高学生思想水平、政治觉悟、道德品质、文化素养，教育学生明大德、守公德、严私德。加强理想信念教育，培育爱国主义情怀，把社会主义核心价值观教育融入实践教学全过程各环节。引导学生养成良好的道德品质和行为习惯，崇德向善、诚实守信，热爱集体、关心社会。把国家安全教育融入实践教学，提升学生国家安全意识和提高维护国家安全能力。把生态文明教育融入课程教学、校园文化、社会实践，增强学生生态文明意识，能够在实践教学过程中完成"塑造灵魂、塑造生命、塑造新人"的任务。

二、生物技术专业

生物技术专业实践教学应当建立一支年龄、学历、学缘、专业技术职务等结构合理，发展趋势好，水平较高的师资队伍，有一定数量的具备专业（行业）职业资格和任职经历的教师，整体素质能满足学校定位和人才培养目标的要求。

全职专任教师人数不少于 15 人，折合在校生数大于 120 人时，每增加 20 名学生，至少相应增加 1 名全职专任教师，生师比应不高于 18 : 1，兼职教师折合人数不超过全职专任教师总数的 1/4。每名教师（不含教学辅助人员）同时指导学生实验人数不能超 32 人（实验自然班），并配备必要的教辅人员。

实践教师队伍中应有学术造诣较高的学科或者专业带头人。具有高级职称的教师比例不低于 30%。在编的主讲教师中 85% 以上具有讲师及以上专业技术职务或具有硕士、博士学位，并通过岗前培训；35 岁以下专任教师应具有相关专业硕士或以上学位，实验技术人员应具有相关专业本科或以上学历。

在实践教学过程中要把立德树人内化到每门课程、每节实验课、每个实践教学环节，坚持以文化人、以德育人，不断提高学生思想水平、政治觉悟、道德品质、文化素养，教育学生明大德、守公德、严私德。加强理想信念教育，培育爱国主义情怀，把社会主义核心价值观教育融入实践教学全过程各环节。引导学生养成良好的道德品质和行为习惯，崇德向善、诚实守信，热爱集体、关心社会。把国家安全教育融入实践教学，提升学生国家安全意识和提高维护国家安全能力。把生态文明教育融入课程教学、校园文化、社会实践，增强学生生态文明意识，能够在实践教学过程中完成"塑造灵魂、塑造生命、塑造新人"的任务。

三、生物工程专业

生物工程专业实践教学应当建立一支年龄、学历、学缘、专业技术职务等结构合理，发展趋势好，水平较高的师资队伍，有一定数量的具备专业（行业）职业资格和任职经历的教师，整体素质能满足学校定位和人才培养目标的要求。

全职专任教师人数不少于 15 人，折合在校生数大于 120 人时，每增加 20 名学生，至少相应增加 1 名全职专任教师，生师比应不高于 15∶1，兼职教师折合人数不超过全职专任教师总数的 1/4。每名教师（不含教学辅助人员）同时指导学生实验人数不能超 32 人（实验自然班），并配备必要的教辅人员。

实践教师队伍中应有学术造诣较高的学科或者专业带头人。具有高级职称的教师比例不低于 30%。在编的主讲教师中 85% 以上具有讲师及以上专业技术职务或具有硕士、博士学位，并通过岗前培训；35 岁以下专任教师应具有相关专业硕士或以上学位，实验技术人员应具有相关专业本科或以上学历。生物工程专业为工学专业，因此在教师构成上必须保证 30% 以上（含）的工程背景的教师，具体可根据各校的特点应进行适当的配置。

在实践教学过程中要把立德树人内化到每门课程、每节实验课、每个实践教学环节，坚持以文化人、以德育人，不断提高学生思想水平、政治觉悟、道德品质、文化素养，教育学生明大德、守公德、严私德。加强理想信念教育，培育爱国主义情怀，把社会主义核心价值观教育融入实践教学全过程各环节。引导学生养成良好的道德品质和行为习惯，崇德向善、诚实守信，热爱集体、关心社会。把国家安全教育融入实践教学，提升学生国家安全意识和提高维护国家安全能力。把生态文明教育融入课程教学、校园文化、社会实践，增强学生生态文明意识，能够在实践教学过程中完成"塑造灵魂、塑造生命、塑造新人"的任务。

四、教师发展环境

（一）教学团队发展环境

建立和落实青年教师培养计划，有效推进青年教师的职业发展。各门实验课程应该组建教学梯队，梯队内教师数量充足，教师的教学任务分配合理。应该建立师资队伍建设长远规划和近期目标，有吸引人才、培养人才和稳定人才的良性机制。建立健全助教制度，根据课程特点和学生人数配备适量的助教，协助主讲教师指导实验、批改报告、进行答疑，以获得更好的教学效果。

实施教师上岗培训、资格认定、青年教师助教和青年教师任课"试讲试做"制度。建立老教师"传帮带"制度，传承优秀的教育理念、教学方法和实验室文化。倡导教师在教学过程中团结协作，坚持集体备课，共同推进实验教学内容的规范化和技术的标准化。定期开展教学研讨，针对实验教学中的重点和难点，制定合理的教学方案。

（二）师德成长环境

弘扬尊师重教的优良传统，引导教师树立正确的职业理想和职业道德，为教师提供思想政治和法制学习的机会，关注教师心理健康。加强教风和学术规范教育。鼓励教师参加社会服务工作，提升教师的社会责任感和服务意识。引导教师以德立身、以德立学、以德施教，使教师具有"大胸怀、大境界、大格局"。

（三）教学与学术水平提升环境

以教学学术为核心，构建系统化、制度化和常态化的教师教学能力提升体系。通过开展教学研修班、教学工作坊、名师工作室、教学发展专项培训等方法有效地加强教师的教育理念、教学方法和教学技术的培训，提高专任教师的教学能力和教学水平。通过开展青年教师教学沙龙、设置青年教师能力发展项目、制定青年教师培养计划等方法，建立高效的青年教师发展机制，有效推进青年教师的职业发展。

鼓励和支持教师开展教学研究和教学改革，为教师申报各类教学研究项目提供支持。有条件的实验室可以针对教学过程中的个性问题单独设立教学研究项目支持教师开展有针对性的教学研究。

定期开展现代教育技术与应用方法培训，提高专业教师的现代教育技术应用能力，为教师探索和运用数字化课程、虚拟仿真实验等现代化教学平台和教学手段提供保障。

鼓励和支持教师开展学术研究和学术交流，为教师的科学研究提供条件，引导教师将最新的研究成果转化为实验教学内容，实现科研与教学互相促进、协同发展。同时也鼓励开展产学研合作，培养双师型教师。

第三节　实验教学条件

一、实验教学基本条件要求

（一）实验室设计与管理

实验室建设及环保设施需符合国家标准。实验室的设计与管理应统筹规划、科学布局并建立资源共享、规范管理的运行机制。

（二）实验室功能细分

生物科学专业实验室需设有植物生物学、动物生物学（或普通生物学）、微生物学、生物化学、细胞生物学、遗传学、分子生物学、动物生理学、植物生理学和生态学等功能细分实验室。

生物技术专业实验室需设有普通生物学、微生物学、生物化学、细胞生物学、遗传学、分子生物学等相关实验室和基因工程、蛋白质与酶工程、细胞工程、生物信息学等功能细分实验室。

生物工程专业实验室需设有普通生物学、微生物学、生物化学、细胞生物学、化工原理等相关实验室和基因工程、发酵工程、生物反应工程、生物分离工程等功能细分实验室。

（三）实验室面积

学生人均实验室使用面积不低于 $2.5 \ m^2$。

（四）固定资产

实验室固定资产总额应达到 1 000 万元以上。

（五）功能实验室

根据培养目标和要求，应该设置必要的且符合国家标准的生物安全实验室、实验动物室和细胞室。条件允许的学校可根据人才培养需要打造适应学生自主学习、自主管理、自主服务需求的智慧实验室，推动互联网、大数据、人工智能、虚拟仿真等现代技术在教学和管理中的应用。

有条件的学校可设置创客空间、创新"梦工场"和创业苗圃等，在实践教学中"厚植"宽容的创新创业文化。

（六）备课室

应该设置符合要求的实验准备室、公共备课室（或学习室），满足教师开展实验准备、预实验，以及教学研讨、集体备课、批改作业和学习需要。

（七）残障设施

实验室应设置必要的残障设施以满足残障学生需求。

（八）人文环境

实验室具备良好的人文环境以陶冶师生情操、树立高尚的道德修养。

二、实验教学环境、安全设施与管理要求

（一）基础设施

照明、通风设施良好，水电气管道及网络走线等布局安全、合理，符合国家规范。

（二）实验台

应耐化学腐蚀，并具有防水和阻燃功能。应根据实验内容和所用设备、试剂等必须采用符合相关要求的材料。

（三）化学品管理

普通化学品、危险化学品、生物制品、生化试剂等的购置、存放、使用、管理应符合有关规定。

（四）污染物处理

具备符合环保要求的"三废"收集和处理设施，由专人管理与操作。

（五）噪声控制

实验室平均噪声低于 55 dB。安装通排风系统的实验室，噪声应该控制在70 dB 以下。

（六）特殊设备

实验室中高温、高压、高剪切等仪器设备的安装、使用及管理应符合相关国家标准。

（七）安全监控

实验室应配备符合标准的火灾报警器、有毒气体探测报警器。实验室关键部位应装有安全监控摄像装置并对摄录图像进行适当时间存储。

（八）安全防护

实验室消防安全符合国家标准。应装配喷淋器和洗眼器，备有急救药品箱和常规药品，并配备防护镜，具有应急处置预案。

三、实验教学仪器设备要求

实验室应统筹规划，建立资源共享、规范管理的运行机制。

（一）仪器设备数量

生均教学科研仪器设备不低于 5 000 元。常规仪器设备应满足基础实验单人操作，专业基础实验仪器设备配置 2 人 1 套，专业实验仪器设备配置 4~5 人 1 套。

（二）设备更新

一般情况下，机电设备平均年更新改造率要保证在 8% 以上，电子仪器 10% 以上，计算机 20% 以上。专业仪器设备年均新增教学仪器设备总值不低于设备总价值的 10%（设备总值超过 500 万的专业年均新增仪器不低于 50 万）。

（三）设备维护

仪器设备完好率应该在 95% 以上，运行维护费要保证在仪器设备总值的 1% 以上。

（四）特种设备

实验室特种设备的采购来源要具备生产资质，使用和管理应符合国家标准。

（五）仪器共享

减少不必要的仪器重复购置，建立不同专业、不同课程间的仪器共享平台。

四、实践教学基地

2018 年教育部发布《关于加快建设高水平本科教育全面提高人才培养能力的意见》，指出构建全方位全过程深融合的协同育人新机制，加强实践育人平台建设。综合运用校内外资源，建设满足实践教学需要的实验实习实训平台。加强校内实验教学资源建设，构建功能集约、资源共享、开放充分、运作高效的实验教学平台。建设学生实习岗位需求对接网络平台，征集、发布企业和学生实习需求信息，为学生实习实践提供服务。进一步提高实践教学的比重，大力推动与行业部门、企业共同建设实践教育基地，切实加强实习过程管理，健全合作共赢、开放共享的实践育人机制。

（一）基地的建立

建立数量充足、能够满足正常教学需要的实践基地。鼓励与科研院所、学校、企业加强合作，建立实习基地。并能够与企事业单位合作开展实习、实训。结合实践基地深入开展道德教育和社会责任教育，培养德智体美劳全面发展的社会主义建设者和接班人。

（二）实践保障设施

基地要具备必要的生活和医疗设施满足师生饮食、休息和医疗需求，或附近能提供所需设施。

（三）运行经费

根据培养目标和要求，每年提供能够满足正常教学需要的实习、实训基地运行费用，并建立年均增长机制。

（四）运行管理

制定完善的实习、实训教学安全保障措施。确保实践基地的教学工作安全、有序进行。

五、实验材料

在实验过程中，为更加有效地使过程设备及过程分析发挥优势，或操作方便，需要一些辅助材料来支持。这些对设备或仪器起辅助或支持的材料称为实验材料。实验材料包括试剂耗材、设备耗材、实验动物、细胞株、微生物菌种，以及台架夹钳、专用工具、光源照明、防护用品、清洁卫生等。

（一）实验材料费

根据培养目标和要求，每年提供能够满足正常教学需要的实验材料费，并建立合理的年均增加机制。

（二）实验材料采购与使用管理

实验材料采购来源必须具备相关生产资质。危险实验材料采购和使用时必须符合国家相关规定并配备适当的防护措施。

2019 年教育部《关于加强高校实验室安全工作的意见》指出，建立危险源全周期管理制度。各高校应当对危化品、病原微生物、辐射源等危险源，建立采购、运输、存储、使用、处置等全流程、全周期管理。采购和运输必须选择具备相应资质的单位和渠道，存储要有专门存储场所并严格控制数量，使用时须由专人负责发放、回收和详细记录，实验后产生的废弃物要统一收储并依法依规科学处置。对危险源进行风险评估，建立重大危险源安全风险分布档案和数据库，并制订危险源分级分类处置方案。

（三）实验动物

针对开设的相关动物实验课程，实验动物的繁殖、饲养、购置和使用应符合国务院 1988 年颁布、2017 年 3 月修订的《实验动物管理条例》。建立对学生进行敬畏生命和动物福利教育的制度。

六、实验教学支撑设施

2012 年教育部《教育信息化十年发展规划（2011—2020 年）》，指明教育信息化既具有"技术"的属性，同时也具有"教育"的属性。从技术属性看，教育信息化的基本特征是数字化、网络化、智能化和多媒化。从教育属性看，教育信息化的基本特征是开放性、共享性、交互性与协作性。教学信息化从根本上改变了传统的教学模式，具有信息传递优势、信息质量优势、信息成本优势、信息交流优势。2018 年教育部《教育信息化 2.0 行动计划》，提出要实现从专用资源向大资源转变；从提升学生信息技术应用能力、向提升信息技术素养转变；从应用融合发展，向创新融合发展转变。教育信息化既是教育的手段，也是教学的支撑。实验教学的支撑设施从传统的平面资源图书，逐步转成数字化资源，实现知识资源数字化、平面资源立体化。

（一）图书资料室

有条件的实验室应根据培养目标和要求进行图书资料建设。加强信息化教学建设，保证学生应该能够直接使用国内和国际权威科技期刊数据库。

（二）数字化教学平台

积极探索现代教育技术手段在实验教学中的应用。有条件的实验室应该单独或合作建设微实验、数字化实验课程、虚拟仿真实验等现代化教育技术平台并积极探索实验教学智慧课堂建设。

（三）智能化管理系统

有条件的实验室应探索建立智能化管理系统，简化管理流程、节约管理成本、降低安全风险，提高实验室运行效率和教学质量。

第四节　实践教学质量保障体系

教学质量是立校之本、人才之根，实践教学质量保障体系是落实教育规划纲要，切实推进高等教育内涵式发展，提高本科教学水平和人才培养质量的要素之一。各校制定的实践教学质量保障体系应具有目标性、适应性、全面性、系统性和激励性，以更好地促进实践教学的内涵式发展。

根据教育部相关规定和学校管理制度建立完善的专业教学质量监控机制和评估机制。教学管理制度健全，执行效果显著。教学质量标准完善、合理，与学校的水平和地位相符，执行严格。教学质量监控体系科学、完善，运行有效。

各学校和依托学院在相关规章制度、质量监控体制机制建设的基础上，结合学校定位，建立专业实践教学质量保障体系和监控体系，形成对教学质量进行全方位、多元化、多角度的评价反馈机制，促进教学管理的科学化和规范化。不同类型的学校要建立有差异的质量评价指标。研究型人才培养高校强调依托高水平的科研项目、高水平的师资队伍，鼓励学生开展创新实践。应用型人才培养高校强调加强学生实训和社会实践。

一、教学过程质量监控机制要求

学校实践教学环节应满足专业培养方案中对学生创新能力和实践动手能力培养要求。建立有效的保障机制使教授站在本科生培养的第一线。强化学生评估主体地位，评教制度完善，促进教学质量提升；组建实践教学指导委员会、教学质量监督委员会等基层教学组织机构；建立毕业生、用人单位、校外专家共同参与研讨专业培养目标、培养规格和培养方案的机制。

构建科学的实验教学质量评价体系。所构建的评价体系需要具有"全面性"和"易操作性"。评价指标体系应该实现教师的教学、学生的学习和实验技术人员的准备、教学反馈等实验教学过程的全覆盖。鼓励各专业建立以学生为主体的"学生评价"与"督导评价"相结合的实验教学评价方式。学生评价以教学方法、教学设施、教材选用、教学态度、教学效果等5个方面内容为主体。督导评价的观测指标以教学文件、教学内容、教学方法、教学态度、教学效果、素质培养等6个维度为主。具体的观测指标应该具有较强的可操作性，有实验教学过程的量化标准作为支撑。如果操作性不强，则评价指标将会失去教学评价的客观性。鼓励各专业以"成果导向"（OBE）理念，建立以学生能力提高为目的的教学质量评价体系。使教学评价实现从对教学态度和过程为主的测评转为对效果的测评。鼓励各专业将实验教学评价结果纳入教师和实验技术人员的年终绩效考核，激励实验教师不断提高实验指导水平，激励实验技术人员不断提高实验室管理水平。

学生评估的意见与建议有助于敦促实践教学改进。实践教学指导委员会、教学质量监督委员会等基层教学组织机构，根据学校的各项管理制度对实践教学工作进行督促检查，发现问题立整立改；参与实践教学标准制定，为实践教学改革献计献策。邀请知名校友、毕业生、用人单位、校外专家根据目前学科与行业发展趋势、国内外人才需求现状、地域特色等情况，通过座谈、电话、网络、电子邮件、函评、咨询会等方式，参与研讨本专业人才培养目标、培养规格和培养方案的制定。

二、毕业生跟踪反馈机制要求

建立毕业生跟踪反馈机制，及时掌握毕业生就业去向和就业质量、毕业生职业满意度和工作成就感、用人单位对毕业生的满意度等。通过问卷调查、定期座谈等方式对应、往届毕业生的思想品德、满意度、职业规划、专业技能和知识的掌握与运用，对专业实验课程体系、培养方案、实践课程设置、实验课程教学、实验课程安排、教师水平、实践教学软硬件设施、实习基地条件等方面的意见与建议进行调研，采用科学的方法对毕业生跟踪反馈信息进行统计分析，形成分析报告，作为质量改进的主要依据。

毕业5年左右的学生反馈信息对于实践教学的改进具有较高的参考价值。毕业生结合自身毕业5年左右职业发展情况对培养目标的达成情况进行评价，并可结合在工作过程中遇到的知识、技术以及综合能力等问题，对实践教学的课程体系、侧重点、教改方向，以及实践能力和创新能力培养提出意见和建议。

通过对毕业生跟踪反馈信息的深入分析，重整和优化实践课程体系，形成以通识教育为基础，大类培养、学科交叉、宽口径的专业教育和个性化多元创新人才培养持续改进模式，明确人才培养目标，使学生具有"通专融合"思维和多领域的贯通能力，增强学生对社会的适应性，拓展学生的未来发展空间，提升学生应对未来工作中各种不确定性的能力，以期能长期、可持续地为国家做出比较突出的贡献。

三、专业持续改进机制要求

具有专业发展长期规划，通过学科建设推动人才培养质量的提高。针对教学质量存在的问题和薄弱环节，采取有效的纠正与预防措施，进行持续改进，不断完善和修订培养方案，不断提升教学质量（图5-1）。

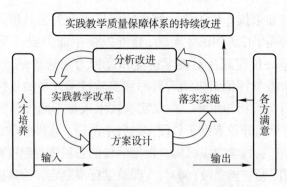

图 5-1　实践教学质量保障体系模式图

　　各专业对人才的培养要根据国家的人才需求动态调整，根据教学质量评价结果，从培养目标、毕业要求、课程体系、课程建设等方面进行持续改进。鼓励各专业采取 PDCA（Plan—Do—Check—Action）模式，建立全面、长效的人才培养质量持续改进机制，实现对教学过程的精确调控及主要目标的有效改进。在计划阶段（Plan 阶段），要从毕业生就业（包括就读研究生）单位反馈和教学质量评价结果等方面对现状进行分析，确定改进目标，拟定改进方案；执行阶段（Do 阶段），执行 Plan 阶段制订的改进计划、目标及具体步骤、措施，全面落实改进计划；检查阶段（Check 阶段），将实施的结果与改进计划的要求作对比，检查计划的执行情况和效果是否达到预期的目标，及时发现执行过程中存在的问题并进行整改纠偏；处理阶段（Action 阶段），要总结执行过程中有益的经验并转化为标准加以巩固，然后按照新的质量标准来实施质量监控。还要注意将执行计划过程中存在及尚未解决的问题转入下一个循环再解决。随着下一个以及后续多个PDCA 循环的展开，教学质量将会呈螺旋式上升并得到持续改进。

第二章

高校生物实验室安全基本要求

实验室安全是关乎高校师生健康和生命安全、国家财产免受损失的大事，是关乎教育事业不断发展、学生成长成才的大事，是关乎社会稳定、人民福祉的大事，必须树立安全发展的理念，强化实验室安全的急迫感、责任感和使命感，肩负起高校实验室安全工作历史重任，筑牢实验安全防线，为高校人才培养提供强有力的保障。党和国家高度重视安全工作，先后出台了多项与高校实验室相关的法律、法规、条例、标准和规范，为高校实验室安全工作提供了法律依据和基本遵循（参见附录）。

第一节　高校教学实验室安全工作检查要点

2019年1月10日教育部办公厅下发了《关于进一步加强高校教学实验室安全检查工作的通知》，指出为确保高校师生安全和校园稳定，从严查教学实验室安全管理体制机制建设与运行、严查教学实验室师生安全教育、严查教学实验室危险源监管体系建设与运行、严查教学实验室安全设施配置与保障体系建设、严查教学实验室安全应急能力建设等方面，加强高校教学实验室安全检查工作。本节将检查的关注要点予以汇总，以便各校执行。

一、教学实验室安全管理体制机制

（一）教学实验室安全管理责任体系建设情况

关注要点：

1. 教学实验室安全管理机制运行情况（校院均有完整、明确的实验室安全管理组织架构图，显示各级安全管理责任及任务分工）。

2. 专职教学实验管理人员情况（校院均有专职的实验室管理人员，专职实验室管理人员具有一定资质，岗位责任明确）。

3. 兼职教学实验室安全员情况（每个实验室均配备有安全管理员，安全管理员的职责清晰）。

（二）教学实验室安全责任人逐级分层落实情况

关注要点：

1. 校领导安全责任落实情况（高校党政主要负责人是学校安全工作第一责任人；分管高校教学实验室工作的校领导协助第一责任人负责教学实验室安全工作，是教学实验室安全工作的重要领导责任人；其他校领导在分管工作范围内对教学实验室安全工作负有监督、检查、指导和管理职责）。

2. 部门负责人安全责任落实情况（学校教学实验室安全管理机构和专职管理人员负责学校教学实验室的日常安全管理；学校二级单位党政负责人是本单位教学实验室安全工作主要领导责任人）。

3. 教学实验室负责人安全责任落实情况（教学实验室负责人是本实验室安全工作的直接责任人，负责实验室安全的日常管理）。

（三）教学实验室安全管理制度及各项实验安全操作规范情况

关注要点：

1. 实验室管理制度。

2. 实验室安全操作规程。

3. 岗位安全责任制（各级签订安全责任书）。

4. 实验室安全培训及安全告知制度。

5. 实验室安全检查制度。

6. 劳动保护 / 安全防护用品配备制度。

7. 实验室应急管理制度。

8. 实验室设备安全管理制度。

9. 实验室特种设备专项管理制度。

10. 实验室关键岗位持证上岗制度。

11. 实验室安全例会制度。

12. 实验室安全经费投入制度。

13. 实验室危险化学品安全管理制度。

14. 实验室废弃物安全管理制度。

15. 实验室安全奖惩制度。

16. 实验室安全档案与台帐管理制度。

17. 实验室涉及使用新材料、新设备、新工艺、新仪器必须进行安全培训的规定。

18. 消防、应急设施管理制度。

19. 生物、辐射安全管理制度。

20. 事故处理和责任追究制度。

（四）教学实验室全生命周期安全运行机制建设及运行情况

关注要点：

1. 明确和落实教学实验室建设项目的安全设施必须与主体工程同时设计、同时施工、同时投入生产和使用。

2. 对实验教学过程中需要使用的物品，建立采购、运输、存储、使用、处置等全流程安全监控制度和运行情况。

3. 教学实验室安全定期评估制度建立和运行情况。

4. 教学实验室安全事故隐患排查、登记、报告、整改等制度建立和运行情况。

（五）教学实验室安全管理队伍建设情况

关注要点：

1. 是否有专业高效的实验室安全管理队伍。

2. 是否建立安全管理队伍培养、培训、管理机制。

（六）教学实验室安全信息化建设情况

关注要点：

1. 全校统一的教学实验室安全管理信息化系统建设情况。

2. 危险源信息数据登记、记录全流向、闭环化管理与运行情况。

3. 安全信息汇总、分析、发布、监督、追踪等综合有效管理情况。

二、教学实验室安全宣传教育

（一）教学实验室安全准入制度建设落实情况

关注要点：

1. 学校建立的教学实验室安全准入制度（安全测评考试、风险评估等）。

2. 教学实验室安全管理过程中严格执行和落实制度中对实验室安全的各项要求（定期安全检查、安全相关会议、安全处罚情况等）。

（二）针对进入教学实验室的师生进行安全技能和操作规范培训及考核情况

关注要点：

1. 教学实验室安全教育培训计划（新入职教学实验室人员安全教育记录等）。

2. 教学实验室安全培训内容、培训考核、实验室安全培训等资料归档。

（三）教学实验室安全知识宣传工作情况

关注要点：

1. 教学实验室安全教育和安全告知情况。

2. 实验室安全教育手册。

3. 实验室安全守则、安全操作规程、应急指南的明示情况。

（四）教学实验室实验教学情况

关注要点：

1. 教师和学生在实验过程中，按照操作规程确认安全防范措施执行的规范性。

2. 教师和学生在实验过程中，按照教学实验室现场化学品安全技术说明书要求及个人安全防护用品制度，佩戴个人安全防护用品。

3. 教师和学生对教学实验室场所中的安全设施、安全装备的演示或使用中，按照操作规程确认安全设施、安全装备的演示或使用的规范性。

三、教学实验室危险源管理

（一）教学实验室危险源排查与记录情况

关注要点：

1. 教学实验室应定期进行实验室危险源辨识并建立危险源清单（清单的制定、检查周期、方法、保管等是否符合规范要求或自行建立了相关的管理办法）。

2. 清单项目是否合规合理，记录是否完整，其中危险源排查是否包括（但不限于）以下几个方面：①化学品；②剧毒品；③易制毒化学品；④易制爆化学品；⑤电气；⑥气瓶；⑦高温或低温；⑧高压或低压；⑨化学反应；⑩运动设备等。

（二）教学实验室危险源监控及采取整改措施记录情况

关注要点：

1. 按照相关规范制定教学实验室危险源控制措施。

2. 按照相关规范设置实验室危险源监测系统。

3. 定期进行实验室隐患排查与整改，并保存完整记录。

（三）教学实验室重大危险和多发易发危险应急处置措施办法制定情况

关注要点：

教学实验室根据危险源的特点，依据国家相关的法律规定确定重大危险和多发易发危险并编制应急处置措施办法，并定期进行相关演练（如有危化品的实验室，应制定相应化学品的安全应急处理规范）。

四、教学实验室安全设施与环境

（一）教学实验室的设施、设备布局情况

关注要点：

1. 涉及安全通道、安全出口、消防设施、报警装置、隔离防护设施的平面布局位置情况。

2. 定期对教学实验室设备、设施的安全性检查。

3. 教学实验室涉及易燃易爆、有毒有害、放射物质、生物污染等危险物品的器材储存、放置位置应当合理。

4. 教学实验室安全用电应符合国家标准（导则）和行业标准。

5. 教学实验室通风系统符合国家法律标准的相关规定。

6. 教学实验室管理符合现场管理的相关标准。

7. 针对不同的危化品教学实验室，应按照国家消防要求和火灾种类，配备相应的灭火器，如液体用、固体用、精密仪器、活泼金属等。

（二）教学实验室安全标志标识的设置情况

关注要点：

1. 教学实验室应在相关位置设置安全标志标识（在房间和走廊应有安全逃生图，在地面和墙面应有带荧光或反光指示箭头）。

2. 安全标志标识应符合国家安全标志标识标准。

3. 安全标志标识应与教学实验室现场实际情况吻合（有化学品使用或存放的房间，应在门外有明显标识）。

（三）教学实验室危险物品的采购、运输、储存、使用和废弃物处置情况

关注要点：

1. 学校应通过具有安全生产经营许可证的销售单位进行危险物品采购。

2. 学校危化品仓库管理和使用管理应符合国家有关规定和标准。

3. 学校应委托具有相应资质的第三方负责危险物品、废弃物品的运输、处置。

4. 针对易制毒化学品和剧毒品，严格按国家相应规定进行购买、使用、登记、储存。

（四）教学实验室个人安全防护用品的配备情况

关注要点：

1. 教学实验室配发个人安全防护用品的目录。

2. 教学实验室个人安全防护用品的选型适用于所在实验，符合国家法规标准要求，数量和存放位置合理（针对不同的危化品，应配备相应的防护用品，如防强酸手套、活性炭口罩、防护面罩、自呼吸防护面罩等）。

3. 教学实验室个人安全防护用品的定期更新记录。

五、教学实验室安全应急能力建设

（一）教学实验室根据国家相关法律规定编制并及时修订安全应急预案情况

关注要点：

1. 针对教学实验室可能发生的事故，根据国家相关法律规定编制应急救援预案。

2. 如实验项目发生变化，及时对应急预案进行修订并做好相关记录。

（二）教学实验室定期进行安全应急演练及记录情况

关注要点：

1. 教学实验室应定期进行安全应急演练，并保存演练的完整记录。

2. 定期总结评估应急演练的效果，完善相关应急措施。

（三）教学实验室安全应急资源储备情况

关注要点：

1. 教学实验室应急资源涉及应急组织架构及人员、物资、经费、安全急救设施和个人防护器材配备。

2. 校内外安全应急可调配的其他资源。

第二节　实验室生物安全管理要求

依据 2017 年中华人民共和国国家卫生和计划生育委员会发布的《病原微生物实验室生物安全通用准则》（WS 233—2017），本节参照其中实验室生物安全管理有关要求，供涉及生物安全的教学实验室参考。

一、管理体系

（1）实验室设立单位应有明确的法律地位，生物安全三级、四级实验室应具有从事相关活动的资格。

（2）实验室的设立单位应成立生物安全委员会及实验动物使用管理委员会

（适用时），负责组织专家对实验室的设立和运行进行监督、咨询、指导、评估（包括实验室运行的生物安全风险评估和实验室生物安全事故的处置）。

（3）实验室设立单位的法定代表人负责本单位实验室的生物安全管理，建立生物安全管理体系，落实生物安全管理责任部门或责任人；定期召开生物安全管理会议，对实验室生物安全相关的重大事项做出决策；批准和发布实验室生物安全管理文件。

（4）实验室生物安全管理责任部门负责组织制定和修订实验室生物安全管理文件；对实验项目进行审查和风险控制措施的评估；负责实验室工作人员的健康监测的管理；组织生物安全培训与考核，并评估培训效果；监督生物安全管理的运行落实。

（5）实验室负责人为实验室生物安全第一责任人，全面负责实验室生物安全工作。负责实验项目计划、方案和操作规程的审查；决定并授权人员进入实验室；负责实验室活动的管理；纠正违规行为并有权做出停止实验的决定。指定生物安全负责人，赋予其监督所有活动的职责和权力，包括制定、维持、监督实验室安全计划的责任，阻止不安全行为或活动的权力。

（6）与实验室生物安全管理有关的关键职位均应指定职务代理人。

二、人员管理

（1）实验室应配备足够的人力资源以满足实验室生物安全管理体系的有效运行，并明确相关部门和人员的职责。

（2）实验室管理人员和工作人员应熟悉生物安全相关政策、法律、法规和技术规范，有适合的教育背景、工作经历，经过专业培训，能胜任所承担的工作；实验室管理人员还应具有评价、纠正和处置违反安全规定行为的能力。

（3）建立工作人员准入及上岗考核制度，所有与实验活动相关的人员均应经过培训，经考核合格后取得相应的上岗资质；动物实验人员应持有有效实验动物上岗证及所从事动物实验操作专业培训证明。

（4）实验室或者实验室的设立单位应每年定期对工作人员培训（包括岗前培训和在岗培训），并对培训效果进行评估。

（5）从事高致病性病原微生物实验活动的人员应每半年进行一次培训，并记录培训及考核情况。

（6）实验室应保证工作人员充分认识和理解所从事实验活动的风险，必要时，应签署知情同意书。

（7）实验室工作人员应在身体状况良好的情况下进入实验区工作。若出现疾病、疲劳或其他不宜进行实验活动的情况，不应进入实验区。

（8）实验室设立单位应该与具备感染科的综合医院建立合作机制，定期组织工作人员体检，并进行健康评估，必要时，应进行预防接种。

（9）实验室工作人员出现与其实验活动相关的感染临床症状或者体征时，实验室负责人应及时向上级主管部门和负责人报告，立即启动实验室感染应急预案，由专车、专人陪同前往定点医疗机构就诊，并向就诊医院告知其所接触病原微生物的种类和危害程度。

（10）应建立实验室人员（包括实验、管理和维保人员）的技术档案、健康档案和培训档案，定期评估实验室人员承担相应工作任务的能力；临时参与实验活动的外单位人员应有相应记录。

（11）实验室人员的健康档案应包括但不限于：

① 岗位风险说明及知情同意书（必要时）。

② 本底血清样本或特定病原的免疫功能相关记录。

③ 预防免疫记录（适用时）。

④ 健康体检报告。

⑤ 职业感染和职业禁忌证等资料。

⑥ 与实验室安全相关的意外事件、事故报告等。

三、菌（毒）种及感染性样本的管理

（1）实验室菌（毒）种及感染性样本保存、使用管理，应依据国家生物安全的有关法规，制定选择、购买、采集、包装、运输、转运、接收、查验、使用、处置和保藏的政策和程序。

（2）实验室应有 2 名工作人员负责菌（毒）种及感染性样本的管理。

（3）实验室应具备菌（毒）种及感染性样本适宜的保存区域和设备。

（4）保存区域应有消防、防疫、监控、报警、通风和温湿度监测与控制等设施；保存设备应有防盗和温度监测与控制措施。高致病性病原微生物菌（毒）种及感染性样本的保存应实行双人双锁。

（5）保存区域应有菌（毒）种及感染性样本检查、交接、包装的场所和生物安全柜等设备。

（6）保存菌（毒）种及感染性样本容器的材质、质量应符合安全要求，不易破碎、爆裂、泄露。

（7）保存容器上应有牢固的标签或标识，标明菌（毒）种及感染性样本的编号、日期等信息。

（8）菌（毒）种及感染性样本在使用过程中应有专人负责，入库、出库及销毁应记录并存档。

（9）实验室应当将在研究、教学、检测、诊断、生产等实验活动中获得的有保存价值的各类菌（毒）种或感染性样本送交保藏机构进行鉴定和保藏。

（10）高致病性病原微生物相关实验活动结束后，应当在 6 个月内将菌（毒）种或感染性样本就地销毁或者送交保藏机构保藏。

（11）销毁高致病性病原微生物菌（毒）种或感染性样本时应采用安全可靠的方法，并应当对所用方法进行可靠性验证。销毁工作应当在与拟销毁菌（毒）种相适应的生物安全实验室内进行，由两人共同操作，并应当对销毁过程进行严格监督和记录。

（12）病原微生物菌（毒）种或感染性样本的保存应符合国家有关保密要求。

四、设施设备运行维护管理

（1）实验室应有对设施设备（包括个体防护装备）管理的政策和运行维护保养程序。包括设施设备性能指标的监控、日常巡检、安全检查、定期校准和检定、定期维护保养等。

（2）实验室设施设备性能指标应达到相关国家标准的要求和实验室使用的要求。

（3）设施设备应由经过授权的人员操作和维护。

（4）设施设备维护、修理、报废等需移出实验室，移出前应先进行消毒去污染。

（5）如果使用防护口罩、防护面罩等个体呼吸防护装备，应做个体适配性测试。

（6）应依据制造商的建议和使用说明书使用和维护实验室设施设备，说明书应便于有关人员查阅。

（7）应在设备显著部位标示其唯一编号、校准或验证日期、下次校准或验证日期、准用或停用状态。

（8）应建立设施设备档案，内容应包括但不限于：

① 制造商名称、型号标识、序列号或其他唯一性标识。

② 验收标准及验收记录。

③ 接收日期和启用日期。

④ 接收时的状态（新品、使用过、修复过）。

⑤ 当前位置。

⑥ 制造商的使用说明或其存放处。

⑦ 维护记录和年度维护计划。

⑧ 校准（验证）记录和校准（验证）计划。

⑨ 任何损坏、故障、改装或修理记录。

⑩ 服务合同。

⑪ 预计更换日期或使用寿命。

⑫ 安全检查记录。

（9）实验室所有设备、仪器，未经实验室负责人许可不得擅自移动。

（10）实验室内的所有物品（包括仪器设备和实验室产品等），应经过消毒处理后方可移出该实验室。

（11）实验室应在电力供应有保障、设施和设备运转正常情况下使用。

（12）应实时监测实验室通风系统过滤器阻力，当影响到实验室正常运行时应及时更换。

（13）生物安全柜、压力蒸汽灭菌器、动物隔离设备等应由具备相应资质的机构按照相应的检测规程进行检定。实验室应有专门的程序对服务机构及其服务进行评估并备案。

（14）高效空气过滤器应由经过培训的专业人员进行更换，更换前应进行原位消毒，确认消毒合格后，按标准操作流程进行更换。新高效空气过滤器应进行检漏，确认合格后方可使用。

（15）应根据实验室使用情况对防护区进行消毒。

（16）如安装紫外灯，应定期监测紫外灯的辐射强度。

（17）应定期对压力蒸汽灭菌器等消毒、灭菌设备进行效果监测与验证。

五、实验室活动的管理

（1）实验活动应依法开展，并符合有关主管部门的相关规定。

（2）实验室的设立单位及其主管部门负责实验室日常活动的管理，承担建立健全安全管理的制度，检查、维护实验设施、设备，控制实验室感染的职责。

（3）实验室应有计划、申请、批准、实施、监督和评估实验活动的制度和程序。

（4）实验活动应在与其防护级别相适应的生物安全实验室内开展。

（5）一级和二级生物安全实验室应当向设区的市级人民政府卫生主管部门备案；三级和四级生物安全实验室应当通过实验室国家认可，并向所在地的县（区）级人民政府环境保护主管部门和公安部门备案。

（6）三级和四级生物安全实验室需要从事某种高致病性病原微生物或者疑似高致病性病原微生物实验活动的，应当报省级以上卫生行政主管部门批准。

（7）二级生物安全实验室从事高致病性病原微生物实验室活动除应满足《人间传染的病原微生物名录》对实验室防护级别的要求外还应向省级卫生和计生行政主管部门申请。

（8）实验室使用我国境内未曾发现的高致病性病原微生物菌（毒）种或样本和已经消灭的病原微生物菌（毒）种或样本、《人间传染的病原微生物名录》规定的第一类病原微生物菌（毒）种或样本、或国家卫生部门规定的其他菌（毒）种或样本，应当经国家卫生健康委员会批准；使用其他高致病性菌（毒）种或样本，应当经省级人民政府卫生行政主管部门批准；使用第三、四类病原微生物菌（毒）种或样本，应当经实验室所在法人机构批准。

（9）实验活动应当严格按照实验室技术规范、操作规程进行。实验室负责人应当指定专人监督检查实验活动。

（10）从事高致病性病原微生物相关实验活动应当有 2 名以上的工作人员共

同进行。从事高致病性病原微生物相关实验活动的实验室工作人员或者其他有关人员，应当经实验室负责人批准。

（11）在同一个实验室的同一个独立安全区域内，只能同时从事一种高致病性病原微生物的相关实验活动。

（12）实验室应当建立实验档案，记录实验室使用情况和安全监督情况。实验室从事高致病性病原微生物相关实验活动的实验档案保存期不得少于 20 年。

六、生物安全监督检查

（1）实验室的设立单位及其主管部门应当加强对实验室日常活动的管理，定期对有关生物安全规定的落实情况进行检查。

（2）实验室应建立日常监督、定期自查和管理评审制度，及时消除隐患，以保证实验室生物安全管理体系有效运行，每年应至少系统性地检查一次，对关键控制点可根据风险评估报告适当增加检查频率。

（3）实验室应制定监督检查计划，应将高致病性病原微生物菌（毒）种和样本的操作、菌（毒）种及样本保管、实验室操作规范、实验室行为规范、废物处理等作为监督的重点，同时检查风险控制措施的有效性，包括对实验人员的操作、设备的使用、新方法的引入以及大量样本检测等内容。

（4）对实验活动进行不定期监督检查，对影响安全的主要要素进行核查，以确保生物安全管理体系运行的有效性。

（5）实验室监督检查的内容包括但不限于：

① 病原微生物菌（毒）种和样本操作的规范性。

② 菌（毒）种及样本保管的安全性。

③ 设施设备的功能和状态。

④ 报警系统的功能和状态。

⑤ 应急装备的功能及状态。

⑥ 消防装备的功能及状态。

⑦ 危险物品的使用及存放安全。

⑧ 废物处理及处置的安全。

⑨ 人员能力及健康状态。

⑩ 安全计划的实施。

⑪ 实验室活动的运行状态。

⑫ 不符合规定操作的及时纠正。

⑬ 所需资源是否满足工作要求。

⑭ 监督检查发现问题的整改情况。

（6）为保证实验室生物安全监督检查工作的质量，应依据事先制定适用于不同工作领域的核查表实施。

（7）当发现不符合规定的工作、发生事件或事故时，应立即查找原因并评估后果：必要时，停止工作。在监督检查过程中发现的问题要立即采取纠正措施，并监控所取得的效果，以确保所发现的问题得以有效解决。

七、消毒与灭菌

（1）实验室应根据操作的病原微生物种类、污染的对象和污染程度等选择适宜的消毒和灭菌方法，以确保消毒效果。

（2）实验室根据菌（毒）种、生物样本及其他感染性材料和污染物，可选用压力蒸汽灭菌方法或有效的化学消毒剂处理，实验室按规定要求做好消毒与灭菌效果监测。

（3）实验使用过的防护服、一次性口罩、手套等应选用压力蒸汽灭菌方法处理。

（4）医疗废物等应经压力蒸汽灭菌方法处理后再按相关实验室废物处置方法处理。

（5）动物笼具可经化学消毒或压力蒸汽灭菌处理，局部可用消毒剂擦拭消毒处理。

（6）实验仪器设备污染后可用消毒液擦拭消毒，必要时，可用环氧乙烷、甲醛熏蒸消毒。

（7）生物安全柜、工作台面等在每次实验前后可用消毒液擦拭消毒。

（8）污染地面可用消毒剂喷洒或擦拭消毒处理。

（9）感染性物质等溢洒后，应立即使用有效消毒剂处理。

（10）实验人员需要进行手消毒时，应使用消毒剂擦拭或浸泡消毒，再用肥皂洗手、流水冲洗。

（11）选用的消毒剂、消毒器械应符合国家相关规定。

（12）实验室应确保消毒液的有效使用，应监测其浓度，应标注配制日期、有效期及配制人等。

（13）实施消毒的工作人员应佩戴个体防护装备。

八、实验室废物处置

（1）实验室废物处理和处置的管理应符合国家或地方法规和标准的要求。

（2）实验室废物处置应由专人负责。

（3）实验室废物的处置应符合国务院 2011 年修订的《医疗废物管理条例》的规定，实验室废物的最终处置应交由经当地环保部门资质认定的医疗废物处理单位集中处置。

（4）实验室废物的处置应有书面记录，并存档。

九、实验室感染性物质运输

（1）实验室应制定感染性及潜在感染性物质运输的规定和程序，包括在实验室内传递、实验室所在机构内部转运及机构外部的运输，应符合国家和国际规定的要求。感染性物质的国际运输还应依据并遵守国家出入境的相关规定。

（2）实验室应确保具有运输资质和能力的人员负责感染性及潜在感染性物质运输。

（3）感染性及潜在感染性物质运输应以确保其属性、防止人员感染及环境污染的方式进行，并有可靠的安保措施。必要时，在运输过程中应备有个体防护装备及有效消毒剂。

（4）感染性及潜在感染性物质应置于被证实和批准的具有防渗漏、防溢洒的容器中运输。

（5）机构外部的运输，应按照国家、国际规定及标准使用具有防渗漏、防溢洒、防水、防破损、防外泄、耐高温、耐高压的三层包装系统，并应有规范的生物危险标签、标识、警告用语和提示用语等。

（6）应建立并维持感染性及潜在感染性物质运输交接程序，交接文件至少包括其名称、性质、数量、交接时包装的状态、交接人、收发交接时间和地点等，确保运输过程可追溯。

（7）感染性及潜在感染性物质的包装以及开启，应当在符合生物安全规定的场所中进行。运输前后均应检查包装的完整性，并核对感染性及潜在感染性物质的数量。

（8）高致病性病原微生物菌（毒）种或样本的运输，应当按照图家有关规定进行审批。地面运输应有专人护送，护送人员不得少于两人。

（9）应建立感染性及潜在感染性物质运输应急预案，运输过程中被盗、被抢、丢失、泄漏的，承运单位、护送人应当立即采取必要的处理和控制措施，并按规定向有关部门报告。

十、应急预案与意外事故的处置

（1）实验室应制定应急预案和意外事故的处置程序，包括生物性、化学性、物理性、放射性等意外事故，以及火灾、水灾、冰冻、地震或人为破坏等突发紧急情况等。

（2）应急预案应至少包括组织机构、应急原则、人员职责、应急通讯、个体防护、应对程序、应急设备、撤离计划和路线、污染源隔离和消毒、人员隔离和救治、现场隔离和控制、风险沟通等内容。

（3）在制定的应急预案中应包括消防人员和其他紧急救助人员，在发生自然灾害时，应向救助人员告知实验室建筑内和／或附近建筑物的潜在风险，只有在受过训练的实验室工作人员的陪同下，其他人员才能进入相关区域。

（4）应急预案应得到实验室设立单位管理层批准。实验室负责人应定期组织对预案进行评审和更新。

（5）从事高致病性病原微生物相关实验活动的实验室制定的实验室感染应急预案应向所在地的省、自治区、直辖市卫生主管部门备案。

（6）实验室应对所有人员进行培训，确保人员熟悉应急预案，每年应至少组织所有实验室人员进行一次演练。

（7）实验室应根据相关法规建立实验室事故报告制度。

（8）实验室发生意外事故，工作人员应按照应急预案迅速采取控制措施，同时应按制度及时报告，任何人员不得瞒报。

（9）事故现场紧急处理后，应及时记录事故发生过程和现场处置情况。

（10）实验室负责人应及时对事故作出危害评估并提出下一步对策，对事故经过和事故原因、责任进行调查分析，形成书面报告，报告应包括事故的详细描述，原因分析、影响范围、预防类似事件发生的建议及改进措施，所有事故报告应形成档案文件并存档。

（11）事故报告应经所在机构管理层、生物安全委员会评估。

十一、实验室生物安全保障

（1）实验室设立单位应建立健全安全保卫制度，采取有效的安全措施，以防止病原微生物菌（毒）种及样本丢失、被窃、滥用、误用或有意释放。实验室发生高致病性病原微生物菌（毒）种或样本被盗、被抢、丢失、泄漏的，应当依照相关规定及时进行报告。

（2）实验室设立单位根据实验室工作内容以及具体情况，进行风险评估，制定生物安全保障规划，进行安全保障培训；调查并纠正实验室生物安全保障工作中的违规情况。

（3）从事高致病性病原微生物相关实验活动的实验室应向当地公安机关备案，接受公安机关对实验室安全保卫工作的监督指导。

（4）应建立高致病性病原微生物实验活动的相关人员综合评估制度，考察上述人员在专业技能、身心健康状况等方面是否胜任相关工作。

（5）建立严格的实验室人员出入管理制度。

（6）适用时，应按照国家有关规定建立相应的保密制度。

第三章

动物实验基本要求

第一节　动物实验通用要求

本节依据《生活饮用水卫生标准》（GB 5749—2006）、《实验动物　寄生虫学等级及监测》（GB 14922.1—2001）、《实验动物　微生物学等级及监测》（GB 14922.2—2011）、《实验动物　哺乳类实验动物的遗传质量控制》（GB 14923—2010）、《实验动物　配合饲料通用质量标准》（GB 14924.1—2001）、《实验动物　配合饲料营养成分》（GB 14924.3—2010）、《实验动物　环境及设施》（GB 14925—2010）、《电离辐射防护与辐射源安全基本标准》（GB 18871—2002）、《实验室　生物安全通用要求》（GB 19489—2008）、《个体防护准备配备基本要求》（GB/T 29510—2013）、《生物安全实验室建筑技术规范》（GB 50346—2011）、《实验动物设施建筑技术规范》（GB 50447—2008）和科技部 2006 年颁布的《关于善待实验动物的指导性意见》（国科发财字［2006］398 号）等相关要求与规定，简要概括了各类动物实验中动物实验审查、实验室管理、实验条件、实验动物质量、基本技术操作、实验记录与归档的要求。

一、动物实验审查

1. 实验动物管委会职责

从事动物实验工作的法人单位应成立实验动物管委会，制定实验动物管委会章程、审查程序、监管制度、例会制度、报告制度、工作纪律、专业培训计划等。

2. 审查原则

审查应坚持和遵守合法性、必要性、科学性、动物福利、伦理、公正性、利益平衡等原则。

3. 审查程序

（1）各类动物实验项目的负责人应向实验动物管委会提交审查申请，实验动物管委会做出审查意见。

（2）实验动物管委会应对已批准的项目实施年度审查。项目负责人提交项目执行情况，涉及与动物操作有关的修改内容需经实验动物管委会审核后方可执行。

二、动物实验室管理

1. 管理机构

动物实验机构应设立动物实验管理部门，负责组织实施动物实验、人员管理，监督实验设施运行状态和实验进展情况。

2. 从业人员

（1）从业人员应获得实验动物从业人员岗位证书。

（2）从业人员应经过各级行业学会举办的技能等级培训。

（3）从事特殊操作的人员必须获得相关资质后方可从事相关工作。

（4）从事动物实验的人员应每年至少一次健康检查，检查结果应符合所从事工作岗位的要求。

3. 管理文件

动物实验室应制定与动物实验工作相适应的标准操作规程（SOP）和相关管理规定。

4. 质量保障

动物实验室应设专人对实验过程和设施运行进行监督检查，以保证实验结果的可靠性。

5. 运行记录管理

动物实验室应保存动物实验过程和设施运行记录。保存期限应符合实验室管理规定。

二、实验条件

1. 环境设施

（1）动物实验室的选址、建筑设施和区域布局应符合 GB 14925—2010 和 GB 50447—2008 的要求。

（2）动物生物安全实验室应符合 GB 19489—2008 和 GB 50346—2011 的要求。

（3）涉及电离辐射的放射性动物实验室应符合 GB 18871—2002 的要求。

2. 饲养笼具

笼具的材质和制造工艺应符合 GB 14925—2010 的要求。

3. 仪器设备

（1）动物实验室宜根据不同的实验目的配置满足动物福利要求的相关仪器设备。

（2）动物实验室宜配置动物麻醉、心电监护、称重、保定等必要的动物专用设备。

4. 饲料

（1）应根据不同品种的实验动物选择使用不同种类的配合饲料，各类配合饲料的营养成分应符合 GB 14924.3—2010 的要求。

（2）为满足特殊实验目的或某些品种动物的特殊营养需要，除调整的营养成分之外，其他营养成分应符合 GB 14924.3—2010 的要求。

（3）饲料贮存应符合 GB 14924.1—2001 的要求，特殊饲料应在相应条件下贮存，并在保质期内使用。

5. 垫料

垫料应符合 GB 14925—2010 的要求。

6. 饮水

普通级实验动物的饮水应符合 GB 5749—2006 的要求。清洁级以及以上等级实验动物的饮水还应达到无菌要求。

7. 安全防护

（1）动物实验室应根据相关规定在入口处、实验区域等醒目位置设置提醒标识。

（2）动物实验室应配备必要的符合 GB/T 29510—2013 要求的个体防护用品，建立个人防护用品选择、使用、维护的培训制度。

（3）动物实验室应根据动物实验的风险因素，制定动物实验职业健康指南和安全风险防范预案。

三、实验动物质量

（1）实验动物的微生物、寄生虫、遗传应分别符合 GB 14922.1—2001、GB 14922.2—2011、GB 14923—2010 的要求。

（2）所有实验动物均应依照国家相关法律法规和相关标准，排除对人类具有危害的病原体，动物的外观、行为及生理指标无异常。

（3）使用基因修饰动物，应明确其遗传背景。

四、基本技术操作规范

1. 动物获取

（1）应合法地购买或获赠动物，并索取标明动物种类、级别、数量、性别、年龄、购买日期等相关资料。

（2）购买或获赠背景清晰的实验动物，供应方应提供该品系（种）动物微生物、寄生虫和遗传的检测报告。

2. 动物运输

运输动物应符合 GB 14925—2010 和《关于善待实验动物的指导性意见》的要求。

3. 隔离检疫

（1）动物实验室应遵守相关的法律法规，制定对动物进行隔离检疫的标准操作规程。

（2）隔离检疫动物前后，应对动物设施进行严格消毒。

（3）检疫人员宜作相应的安全防护。

（4）隔离检疫不合格的动物，应进行无害化处理。

4. 动物保定

（1）按照实验动物医师或其他动物专家的建议，建立科学合理的动物保定方法及相关预案。

（2）保定装置应与动物大小相匹配，易于操作，能够最大限度地满足动物福利要求。使用保定装置前，应对动物进行适应性训练。

（3）在满足实验要求的前提下，应尽量缩短保定时间，动物在保定期间出现异常情况时，应尽快将其从保定装置上释放下来。

5. 动物麻醉和镇痛

（1）建立科学合理的麻醉和镇痛方法及相关预案。

（2）实施麻醉的人员应经过相应的专业培训，并具备相应的能力。

6. 术后护理

根据动物及手术特点，建立合理的术后护理、观察及相关预案。

7. 仁慈终点

根据动物品种和研究目的制定、落实仁慈终点量表。

8. 安死术

（1）开展动物实验的机构应遵守相关法规或指南，根据动物品种、年龄、研究目的、安全性等因素制定安死术实施与评估的标准操作规程。

（2）负责实施安死术的人员必须经过专门的培训。

（3）实施安死术的操作区域不宜有其他动物在场。安死术之前必须对每只动物的信息进行确认，确定死亡后，应进行无害化处理。

（4）非人灵长类动物原则上不予处死。

9. 废弃物处理

开展动物实验所产生的污水、废弃物、动物尸体等应按照 GB 14925—2010 的要求进行处理。

五、实验记录与档案管理

1. 实验记录

（1）动物实验室应按照国家相关规定，制定相应的动物实验记录规范。

（2）实验记录应准确、完整、清晰。

（3）实验记录不得随意修改，如必须修改，应由修改人签字，并注明修改时间和原因。

（4）计算机、自动记录仪器等打印的图表和数据资料等，应妥善保存其拷贝或复印件。

2. 档案管理

（1）动物实验室应按照国家相关规定，制定相应的动物实验档案管理制度。

（2）实验研究结束后，原始记录的各种资料应整理归档。

第二节 教学用实验动物使用指南

生物科学、生物技术、生物工程等专业涉及使用实验动物的实验教学活动，教学过程中使用动物的原则性要求，包括实验前准备、动物购买、饲养管理、使用要求、安死术、尸体处理等。

本指南依据《实验动物 环境及设施》（GB 14925—2010）、《实验动物 寄生虫学等级及监测》（GB 14922.1—2001）、《实验动物 微生物学等级及监测》（GB 14922.2—2011）、《实验动物 配合饲料质量标准》（GB 14924.1—2001）、《实验动物 配合饲料卫生标准》（GB 14924.2—2001）、《实验动物 配合饲料营养成分》（GB 14924.3—2010）、科技部 2006 年颁布的《关于善待实验动物的指导性意见》（国科发财字〔2006〕第 398 号）、《一、二、三类动物疫病病种名录》（原农业部公告第 1125 号）、《人畜共患传染病名录》（原农业部公告第 1149 号）等文件。

一、实验前准备

1. 饲养和实验设施条件

（1）开展教学实验的机构应配备所用动物相应的饲养和实验的场所、设施、设备。

（2）使用标准化实验动物的教学活动，动物饲养和实验的环境参照 GB 14925—2010 中的相关规定，达到普通级动物及以上水平的控制标准。

（3）使用非标准化实验动物，需根据动物种类采用科学合理的饲养方式，并提供必要的环境与实验条件。

2. 人员条件

（1）饲养人员应具有所用动物相关的教育、从业或培训经历。

（2）实验动物医师应具有所用动物相关的专业教育背景或培训经历，并具有实验动物医师资质。

（3）从事教学实验的教师应具有教学实验相关的专业教育背景或培训经历，

并具有相应的实验动物研究人员或技术人员资质。

（4）参加教学实验的学员应经过专门培训，了解所用动物的生物学特性，掌握保定、手术操作、安死术、抓咬伤处置等基本理论知识。

（5）开展教学实验的机构应配备教学实验所需的各类教职人员，并每年至少一次开展必要的包括动物福利在内的培训活动。

3. 教学实验方案审查

（1）涉及使用动物的教学实验，应由所在机构的实验动物管理与使用委员会（IACUC）或相应职能组织、部门对教学实验方案进行审查和过程监管。通过审查的教学实验项目方可开展。

（2）任何一项动物教学实验，应定期接受实验动物使用与管理委员会或相应职能组织、部门的重新审查。

二、动物购买

1. 动物质量要求

一般教学用动物应排除人畜共患病病原及严重影响动物健康的病原；感染性病原教学动物应按照感染性病原管理要求进行。

2. 购买需求的确认

（1）教学实验负责人以经过审查批准的实验方案为依据，确定所需实验动物的种类、微生物等级、年龄、数量及性别。经实验动物部门负责人确认后，按所在机构的采购流程办理。

（2）购置非标准化实验动物尤其是野生动物／农场动物用于教学实验，应遵守野生动物保护法及动物防疫法等相关规定。

3. 供应机构的选择

（1）购买动物之前，应对供应机构进行评估。应选择有较好信誉及动物质量控制较好的正规机构。

（2）对于实验需要，但没有正规来源，需要从市场、养殖场等特殊来源购买的动物，应经过实验动物医师进行检验检疫，排除《一、二、三类动物疫病病种名录》中第一、二类病种，以及《人畜共患传染病名录》规定的动物疫病、人畜共患传染病和对教学实验有严重影响的疾病之后，方可使用。

4. 供应机构的职责

（1）对于标准化的实验动物，供应机构应提供动物的品种品系说明、生产许可证、质量合格证、病原检测报告（近3个月内）、免疫记录及生长记录等资料。对于非标准化动物，供应机构应参照标准化实验动物的要求尽可能提供详细的背景资料。

（2）教学过程中如果使用列入国家标准、行业标准或团体标准的实验动物，相关动物应达到 GB 14922.1—2001 和 GB 14922.2—2011 规定的普通动物及以上级别要求。对于没有国家标准、行业标准或团体标准的动物应排除《一、二、三类动物疫病病种名录》中第一、二类病种，以及《人畜共患传染病名录》规定的动物疫病、人畜共患传染病和对教学实验有严重影响的疾病。

5. 运输要求

（1）应采取保障动物福利的运输方式，以保证实验动物的福利、质量和健康安全。

（2）运输工具应符合 GB 14925—2010 中的有关要求。

（3）运输过程应符合《关于善待实验动物的指导性意见》及实验动物运输相关标准中的要求。

6. 接收要求

（1）动物运达后，应由实验动物医师和饲养人员核对购买协议、生产许可证、质量合格证、病原检测报告、免疫记录等，检查运输工具是否有损坏，判断在运输途中动物是否受到创伤或应激，在确认无误后签收。

（2）接收人员在接收动物后，应对其进行编号，记录来源、种类、年龄、性别、原编号、体重、临床症状等资料。

三、饲养管理

1. 检疫观察和健康检查

（1）教学实验机构应把动物的健康作为其最大的福利要求。

（2）新购进的动物根据物种特点设置隔离期。饲养人员每天负责观察记录动物的活动、精神状况、食欲、排泄、毛发等健康情况。

（3）对检疫期出现异常的动物应立即隔离观察。若怀疑传染病则需进一步做病原检测。

（4）对确定患有人畜共患传染病的动物必须根据疫病的微生物等级上报有关部门，并根据规定对动物及其所接触物品、房间进行处理。

2. 饲养

（1）饲养室应有严格的门禁管理制度，无关人员不得随意进出饲养室。

（2）应由专人饲养，根据动物种类选择恰当的饲养环境与喂养方式。

（3）对标准化实验动物，喂食的饲料应具备质量合格证，符合 GB 14924.1—2001、GB 14924.2—2001、GB 14924.3—2010 有关要求。饮用水和垫料应符合 GB 14925—2010 有关要求。对非标准化实验动物，应提供满足动物健康需求的饲料、饮水和垫料。

（4）应每天观察动物的活动、进食情况、粪便性状、毛色、饮食状况等。

（5）每次喂食、给水、更换垫料和打扫过程中，应动作轻柔，减低噪声，严禁任何影响动物健康的行为。

3. 饲养用具的清洁消毒

（1）动物饲养用具应定期清洁、更换、消毒。

（2）动物饲养用具在每批实验完成后，应重新清洗、消毒后方能使用。

四、使用要求

1. 抓取和保定

（1）应由有经验的教师或接受过培训的学生抓取及保定动物。

（2）根据动物种类，采取不同的抓取、保定方式和安全防护措施（包括手套、口罩、防护服等）。

（3）动物保定后，在教师的指导下由学生进行麻醉及实验操作。

2. 麻醉

（1）非麻醉状态的实验操作，仅限于备皮、抽血、输液、标记等简单操作。

（2）切开皮肤及内窥镜操作，均需在麻醉状态下进行。

（3）动物麻醉可根据实验需要，采取气体麻醉、静脉麻醉或局部阻滞麻醉等不同方法。

（4）麻醉过程中应注意监测动物体温、观察动物的反应及应激状态。

（5）麻醉前禁食：为减少中大型动物在麻醉诱导期和苏醒期呕吐的危险，麻醉前 8 ~ 12 h 应禁食。

3. 实验要求

（1）实验前准备。

① 负责实验的教师或技术人员应熟悉实验内容，准备麻醉剂、止痛剂、实验用药、敷料及器械等。

② 学生在实验操作前须充分预习当次实验操作的原理、实验目的、实验步骤及技术要求，熟知实验操作对动物可能的影响，避免给动物带来不必要的疼痛和应激刺激。

（2）实验操作。

① 应在有资质教师的指导下开展预定的实验操作。

② 实验操作过程按照实验方案内容进行。

③ 进行手术等操作后的动物若需处死，应在动物麻醉复苏前实施安乐死。

④ 因特殊实验目的的需要通过复苏观察实验操作效果的教学实验，应经过 IACUC 或相应职能组织、部门批准。

⑤ 教学实验不鼓励重复使用经过麻醉及复杂外科实验后的动物。

（3）人员防护。

① 实验教师应指导学生做好安全防护工作，包括穿戴防护服、帽子、口罩、手套等。参与人员在实验前后均应洗手及消毒。对特殊类型的教学实验，要采取符合实验要求的防护措施。

② 实验过程中应注意预防动物的咬伤、抓伤等，避免直接接触动物体液和组织样本，预防动物源性的人畜共患病。发生紧急情况时，应及时做相应处理。

（4）实验记录。

① 教师应记录对动物实施的实验处理（步骤）、操作效果及动物状态。

② 学生应将所需的动物实验数据和记录保存下来。

4. 实验后护理

（1）麻醉复苏期间的护理。

① 采取必要措施维持麻醉复苏期间的动物体温。

② 密切关注动物是否出现气道阻塞、呕吐、呼吸困难等症状，避免侧卧时间过长导致的肺淤血及重力性肺炎。

③ 密切关注复苏过程中的疼痛发生与其他健康问题，必要时施用镇痛剂或治疗措施。

（2）麻醉复苏后的护理。

① 应单笼单只饲养或有专人看护。

② 应注意动物的采食和排泄等主要生理功能变化及实验后疼痛的行为学表现。

③ 应每天监视动物在实验后的切口愈合及感染情况，并给予相应处理。

五、安乐死

1. 实验结束后，应由实验人员将动物进行安乐死，不做任何他用。

2. 动物安乐死的方法应符合动物福利要求及相关管理规定。

六、尸体处理

1. 动物的尸体和组织严禁随意摆放、丢弃、食用或出售。

2. 应装入专用尸体袋存放于尸体冷藏间或冰柜内，集中做无害化处理。

3. 感染性实验的动物尸体和组织，应经高压灭菌后再做相应处理。

中 篇

生物学专业类实验教学体系建议性规范

　　生物学是自然科学的重要分支，是人们观察和揭示生命现象、探讨生命本质和发现生命内在规律的科学，生物学相关专业亦为实践性很强的专业。通过实践教育与教学，可以从多方面提升学生的观察能力、实践动手能力和独立发现、分析、解决问题的能力，以及批判性思维能力，同时锻炼学生运用生物学实验理论、技术和方法独立设计实验，制定实验方案和撰写科技论文的能力，提高学生对生命科学的兴趣和爱好，促进学生的创新思维、科研素养和综合素质，强化学生的实验操作技能、安全防护及环保意识，熟悉实验室基本规章制度和政策法规，培养社会主义核心价值观、实验伦理道德、严谨的科学态度和团队协作精神，为后续生产科研工作的顺利开展奠定良好基础。

　　课程是人才培养的核心要素，课程质量直接关乎人才培养质量。实验课程应该以提升学生的创新精神和实践能力为核心，注重实践的综合创新性和新技术、新方法的运用，强化实验课程、实验项目、实验类型的科学性设计，做到理论与实践相结合、创新思想培养与实践动手训练相结合、必做实验与选做实验相结合、课内培养与课外培养相结合、专业教育与"课程思政"相结合等 5 个维度的全面坚持。

　　中篇分为 3 章。第四章生物科学专业实验课程建议性规范，依据《普通高等学校本科专业类教学质量国家标准》中"生物科学类教学质量国家标准（生物科学专业）"编制；第五章生物技术专业实验课程建议性规范，依据《普通高等学校本科专业类教学质量国家标准》中"生物科学类教学质量国家标准（生物技术专业）"编制；第六章生物工程专业实验课程建议性规范，依据《普通高等学校本科专业类教学质量国家标准》中"生物工程类教学质量国家标准"编制。另外，生物信息学专业因调研反馈数据量较少，不具有统计学意义，本次编撰未列入。

第四章

生物科学专业实验课程建议性规范

第一节 绪 论

生物科学的主要实践性教学环节包括专业基础实验、专业实验、实习、科研训练、毕业论文（设计）等。专业基础实验包含动物学（动物生物学）、植物学（植物生物学）或普通生物学、微生物学、生物化学、细胞生物学、遗传学、分子生物学等核心实验课程，培养学生掌握生物科学的基本理论、基本知识和基本实验技能。专业实验包括动物生理学、植物生理学、发育生物学、基因组学、免疫学、生态学、进化生物学、生物统计学、生物信息学、生物科学研究方法等，培养学生观察、分析生物学现象并探寻其内在规律的思维能力和创新能力。

依据《普通高等学校本科专业类教学质量国家标准》中"生物科学类教学质量国家标准（生物科学专业）"，及调研各高校生物科学专业开展实践性教学情况，形成了专业基础实验：动物学、植物生物学、微生物学、生物化学、细胞生物学、遗传学、分子生物学等核心实验课程；专业实验：动物生理学、免疫学、生态学等实验课程；以及课程所涉及的核心知识单元与学生需要掌握的基本实验技能。推荐的实验课程及课程基本要求仅供各高校参考，各高校可根据本规范的知识体系，结合本校办学定位及办学特色、培养目标和培养规格，以及学校的实际情况，构建相应的实践教学体系，以满足学生个性化、多样化发展的需求。

生物科学专业的知识单元及实验技术

知识领域	知识单元 *	实验技术
生命的化学组成	生命的基本化学分子	A.绘图和显微成像技术；B.动植物解剖及标本制作技术；C.无菌操作技术；D.微生物生理生化分析技术；E.微生物分离培养技术；F.细胞器分离及成分分析技术；G.生物样品制片、染色技术及分析检测技术；H.光谱与色谱技术；I.分子操作技术；J.电生理操作技术；K.离体动物器官制备技术；L.整体动物实验操作技术；M.细胞与组织培养技术；N.酶联免疫技术；O.实验设计与数据处理技术；P.多学科交叉技术；Q.生物学仪器设备综合运用技术；R.常见动植物鉴别方法、动植物标本制作、样方与样线调查方法；S.其他技术
	糖生物学	
	脂质生物化学	
	蛋白质化学	
	核酸化学	
	酶化学	
	维生素与辅酶	
	激素及其受体介导的信息传导	
	生物氧化及生物能学	
	糖代谢	
	脂代谢	
	蛋白质分解代谢和氨基酸代谢	
	核酸代谢	
	DNA 的复制	
	RNA 的生物合成	
	蛋白质合成	
	原核细胞的基因表达与调控	
	真核细胞的基因表达与调控	
细胞的结构与功能及其重要生命活动	细胞	
	细胞的观察与研究方法	
	细胞质膜及物质的跨膜运输	
	细胞信号转导	
	细胞内的膜性细胞器	
	蛋白质分选与膜泡运输	
	细胞骨架	
	细胞核与染色质（体）	
	核糖体	
	细胞周期与细胞分裂	
	细胞周期调控	
	细胞分化	
	细胞凋亡	
	细胞的社会化联系	
生物的生殖与发育	发育的主要特征与基本规律	
	生殖细胞的发生、受精、卵裂、原肠作用	

知识领域	知识单元*	实验技术
生物的生殖与发育	脊椎动物的早期胚胎发育、胚轴形成	A.绘图和显微成像技术；B.动植物解剖及标本制作技术；C.无菌操作技术；D.微生物生理生化分析技术；E.微生物分离培养技术；F.细胞器分离及成分分析技术；G.生物样品制片、染色技术及分析检测技术；H.光谱与色谱技术；I.分子操作技术；J.电生理操作技术；K.离体动物器官制备技术；L.整体动物实验操作技术；M.细胞与组织培养技术；N.酶联免疫技术；O.实验设计与数据处理技术；P.多学科交叉技术；Q.生物学仪器设备综合运用技术；R.常见动植物鉴别方法、动植物标本制作、样方与样线调查方法；S.其他技术
	细胞命运的决定与胚胎诱导	
	器官的发生与形成	
	性腺发育与性别的决定	
遗传与变异	遗传	
	孟德尔式遗传	
	遗传的细胞学基础	
	孟德尔式遗传的拓展	
	非孟德尔式遗传	
	性别决定与伴性遗传	
	真核生物的遗传连锁与作图	
	细菌和噬菌体的遗传转移与作图	
	染色体畸变	
	基因突变与DNA损伤修复	
	重组与转座	
	复杂性状的遗传	
	群体遗传	
	基因组与基因组学	
微生物的结构与功能	原核生物的形态构造与功能	
	真核微生物的形态构造与功能	
	病毒	
	微生物的营养与培养基	
	微生物的新陈代谢	
	微生物的生长及其控制	
	微生物生态	
	传染与免疫	
动物体的结构与功能	动物体的基本结构	
	皮肤系统	
	神经系统	
	感觉系统	
	内分泌系统	
	消化系统	
	血液及循环系统	
	呼吸系统	
	泌尿系统与渗透调节	

续表

知识领域	知识单元 *	实验技术
动物体的结构与功能	免疫系统	
	肌肉骨骼系统	
	生殖系统	
植物体的结构与功能	植物营养器官的形态与观察	A.绘图和显微成像技术；B.动植物解剖及标本制作技术；C.无菌操作技术；D.微生物生理生化分析技术；E.微生物分离培养技术；F.细胞器分离及成分分析技术；G.生物样品制片、染色技术及分析检测技术；H.光谱与色谱技术；I.分子操作技术；J.电生理操作技术；K.离体动物器官制备技术；L.整体动物实验操作技术；M.细胞与组织培养技术；N.酶联免疫技术；O.实验设计与数据处理技术；P.多学科交叉技术；Q.生物学仪器设备综合运用技术；R.常见动植物鉴别方法、动植物标本制作、样方与样线调查方法；S.其他技术
	生殖器官的形态结构	
	生殖发育	
	矿质营养	
	水分生理	
	生长物质	
	光合作用	
	呼吸作用	
	同化物运输与分配	
	次生代谢途径与产物	
	生长与发育	
	环境因子对生长发育的影响及调控机理	
	逆境生理	
生物多样性与进化	进化	
	多样性	
	原核生物	
	原生生物	
	真菌	
	绿色植物	
	无脊椎动物	
	脊索动物	
	脊椎动物	
生物与环境	环境	
	个体生态	
	种群生态	
	群落生态	
	生态系统	
	生物圈	

* 引自《普通高等学校本科专业类教学质量国家标准》.北京：高等教育出版社，2018：222–229。

实验课程是由基础性、综合性和研究性多层次构建的实验教学体系，综合性和研究性实验的比例占总实验教学的比例不低于50%。基础性实验是指开设的锻炼和促进学生基本操作技能的实验，其单人操作率不低于80%。综合性实验是指实验内容至少涉及2个及以上生物学二级学科，综合运用现代生物理论和实验技术，将系统、复杂的实验操作过程集于一个经过缜密设计的实验中，培养学生综合运用生物学理论和技术解决比较复杂的生物科学问题的能力。研究性实验是指由学生或教师提出问题，由学生自己完成文献调研、技术路线设计、在实验室完成实验操作、撰写实验报告、宣讲实验报告的一整套教学环节，使学生体验科学研究基本过程，认识科学研究基本规律的实验。综合性和研究性实验的单人操作率不低于总实验的25%。每门实验课程在1~2个学期内完成（少数实验课程教学时间超出2学期）。

课程实施以学生实验操作为主，辅助以数字化课程、资源共享课、开放实验课及虚拟仿真等。基础性、综合性实验每组1~2人，研究性实验每组1~5人，由学生分工合作或单独操作完成。整个实验过程中应及时记录实验现象，如实记录实验数据，并对现象和结果等进行分析解读，按时完成实验报告。对于研究性和创新性实验，学生应根据实验目的和要求，提前制定好实验方案。各类实践类教学环节所占比例应不低于25%。

实验教学中应加强安全意识和安全防护教育；注重实验伦理道德及尊重生命、热爱生命、敬畏自然等理念；培养学生良好的实验习惯和严谨的科学态度，促进学生刻苦钻研、细心操作、吃苦耐劳、实事求是、严谨治学、坚持真理的科学精神；强化学生诚实守信、勇于实践、敢于质疑的信念和不盲从权威的批评精神；关注学生心理健康，促进学生树立正确的世界观、人生观、价值观和职业观，培养学生服务于社会、服务于人民的意识及家国情怀和使命担当。

通过实验课程促进专业基础理论知识的融会贯通，调动学生学习的主动性、积极性和创造性，提高发现问题、分析问题和解决问题的能力，增强科研创新能力，培养学生的创新精神、创业意识和创新创业能力，使学生具有良好的科学、文化素养和高度的社会责任感。

第二节 动物学实验

一、导言

动物学实验的内容设置通常以进化为主线，包括主要门类代表动物外部形态特征的观察与内部结构的解剖、主要类群的分类特征及常见种类性状识别和生命活动的观察。通过本课程的学习，学生应知道遵守实验动物福利与伦理要求；了解当今动物学实验研究的主要方法；掌握动物学实验的基本技能和操作规范；熟悉有关动物的抓取与保定技术，熟知不同实验动物的解剖方法，识别动物的脏器位置与典型形态结构特征；了解常用实验小动物的采集、饲养和管理方法；熟知实验常用节肢动物及小型脊椎动物的麻醉和采血技巧；了解实验常用试剂配制方法；掌握组织及微小动物临时装片制作方法；熟悉常用手术器械的结构特点、功能及其使用方法；掌握光学显微镜、体视显微镜、倒置显微镜和多媒体互动系统等动物学实验常用仪器和设备的性能及使用方法；熟悉昆虫等动物的采集和标本制作技术，能利用检索表识别常见种类，并深刻理解动物多样性与生存环境密切相关的理念，同时能熟练应用生物绘图或显微拍照技术记录必要的实验现象及结果。

二、课程基本要求与相关内容

1. 动物学实验先修课程要求

动物学/动物生物学，普通生物学。

2. 基本要求

（1）了解实验室基本规章制度和安全防护教育等内容，包括常用和危险化学药品安全使用、化学废弃物的处理、生物样本的安全使用、生物废弃物的处理以及水电火安全、实验动物福利与伦理等。

（2）理解动物学实验的基本原理，掌握常用器械的使用方法，能正确使用光学显微镜、体视显微镜、倒置显微镜及手术工具等。

（3）具备进行动物学实验的基本技能，包括主要仪器的清洁和保养维护、常用试剂的配制、实验小动物的采集和培养、实验动物的保定和麻醉或处死、实验动物的解剖和固定、小动物标本制作、生物绘图及显微拍照等。

（4）掌握实验结果的分析归纳、逻辑推理、结论总结与实验报告的正确书写等基本技能，培养学生发现问题、分析问题和解决问题的科学思维能力，熟悉实验设计的基本原则。通过教师命题和学生自行设计选题，开展研究性实验教学，培养学生创新精神和初步的科研能力以及将所学知识灵活运用于解决实际问题的能力。

（5）了解科研实验设计的基本思路，通过查阅相关文献，了解科研实验设计的基本思路，培养科研思维，了解实验课所学技能与实际科研工作的不同及相关性。

3. 基本实验技术

（1）光学显微镜的使用技术：了解成像原理，掌握基本结构及功能，熟悉基本操作，了解使用后的清洁与保养维护方法。

（2）体视显微镜使用技术：了解成像原理，掌握基本结构及功能，熟悉基本操作，了解使用后的清洁与保养维护方法。

（3）倒置显微镜的使用技术：了解成像原理，掌握基本结构及功能，熟悉基本操作，了解使用后的清洁与保养维护方法。

（4）多媒体互动系统使用技术：熟悉多媒体互动系统的工作流程，掌握该系统与显微镜系统的联动使用方法。

（5）显微装片制作技术：掌握动物细胞、组织和微小动物的临时装片制作和使用技术。

（6）手术器械使用技术：熟练掌握动物学实验常用手术器械的结构特点、使用和保养维护方法。

（7）常规仪器使用技术：熟悉动物学实验常用的电子天平、酸度计、搅拌器、高压灭菌器、烘箱、光照培养箱及水浴锅等常规仪器的结构特点及使用和保养维护方法。

（8）手术器械消毒技术：熟悉手术器具的消毒技术。手术或解剖实验后，被病原体污染的器具应及时予以消毒处理。

（9）常用试剂配制和使用方法：掌握实验室常用的生理溶液、染色剂、麻醉剂等试剂的配制和使用方法。

（10）正确撰写实验报告：掌握动物学实验报告的主要内容和基本格式，熟悉实验目的、实验方法、实验步骤及实验结果的叙述表达形式，了解分析归纳和逻辑推理的方法；能使用科学语言和术语撰写实验报告。

（11）生物绘图技能：掌握生物绘图的基本要求与方法，包括绘图用品的选用，典型结构的选取、图的布局与比例，正确构图、起稿以及按要求绘制草图、定稿、标注等。

（12）实验动物的抓取与保定技术：熟练掌握常用实验动物的抓取与多种保定方法。

（13）实验动物的注射与采血技术：熟悉常用实验动物的注射与血液采集技术。

（14）实验动物的麻醉与处死技术：熟练掌握常用实验动物的麻醉与处死方法。

（15）实验动物的解剖技术：熟悉各种解剖器械和固定动物用品的使用方法，熟练掌握常用实验动物的解剖方法。

（16）实验动物手术创口缝合技术：了解实验动物手术后的皮肤创口缝合技术。

（17）实验小动物的采集和培养技术：掌握草履虫、水螅、涡虫等常用实验动物的采集、培养及保种方法，熟悉常用实验小型脊椎动物的实验室短期饲养技术。

（18）应激实验技术：掌握无脊椎动物对理化刺激应激反应实验的操作技术。

（19）昆虫标本的采集和标本制作技术：掌握常用的昆虫采集方法，熟悉昆虫标本的临时处理及长期保存方法。

（20）动物分类基本方法：熟悉动物分类常用术语，了解主要门类代表动物的鉴别特征及主要分类依据，掌握各类检索表的使用方法。

（21）动物实验意外事故的处理技术：了解动物实验意外事故处理方法，充分防范动物抓伤、咬伤等风险，正确处理有病变的动物。

（22）动物尸体处理方法：熟知动物尸体处理方法。解剖实验后的动物尸体应由有资质的单位统一处理，并由实验员做好处置、交接记录。

三、建议性实验项目及对应的学时

1. 综合类高校建议性实验项目（建议 32 学时及以上）

编号	实验项目名称	基础性 / 综合性 / 研究性实验	建议学时
1	显微镜的结构与使用及生物绘图和显微拍照	必修 / 基础	2
2	动物组织的制片与观察	必修 / 基础	2
3	原生动物的采集培养及形态结构与生命活动的观察	必修 / 综合	3~4
4	浮游动物的采集及形态观察与种类识别	选修 / 综合 / 研究	16
5	多细胞动物早期胚胎发育的观察	选修 / 综合	2
6	水螅的形态结构与生命活动观察及腔肠动物的多样性	必修 / 基础	3~4
7	涡虫的形态结构及其他扁形动物观察	必修 / 基础	3~4
8	涡虫的再生及其影响因素	选修 / 综合 / 研究	16
9	蛔虫的形态结构及其他假体腔动物观察	选修 / 基础	4
10	寄生蠕虫卵的观察与检验及组织内虫体检查	选修 / 综合 / 研究	6
11	环毛蚓的形态结构及其他环节动物观察	必修 / 基础	3~4
12	假体腔动物（蛔虫）和真体腔动物（环毛蚓）的比较解剖	选修 / 基础	3~4
13	河蚌（田螺 / 乌贼）的形态与结构及软体动物门的类群	必修 / 综合	4
14	软体动物的采集及齿舌的制片与观察	选修 / 综合 / 研究	6
15	对虾（沼虾 / 鳌虾 / 蟹）的形态结构观察及甲壳动物的类群	选修 / 综合	4
16	蝗虫的形态与结构	选修 / 基础	4
17	节肢动物（蝗虫 / 虾）的比较解剖与观察	必修 / 综合	3~4
18	昆虫的形态特征与分类	必修 / 综合	3~4
19	市郊公园昆虫的采集及标本制作与种类鉴定	选修 / 综合 / 研究	6
20	经济昆虫生态习性观察及人工饲养实践	选修 / 综合 / 研究	32
21	海盘车的形态结构与棘皮动物的分类	选修 / 基础	4
22	土壤无脊椎动物的采集鉴定与生态习性观察	选修 / 基础 / 研究	16
23	原索动物的形态结构观察	选修 / 基础	2
24	鲫鱼（鲤鱼 / 鲢鱼）的形态结构及鱼类分类	必修 / 基础	3~4
25	软骨鱼的形态结构与分类	选修 / 基础	4
26	不同食性鱼类外形和内部结构对比观察及水产市场鱼类资源调查	选修 / 综合 / 研究	16

编号	实验项目名称	基础性／综合性／研究性实验	建议学时
27	蟾蜍（蛙）的形态结构及两栖纲分类	必修／基础	3～4
28	蛙（蟾蜍）的综合实验	选修／基础	6
29	鳖（龟／石龙子）的形态结构及爬行纲分类	选修／基础	4
30	家鸽（家鸡）的形态结构与鸟纲分类	选修／基础	3～4
31	鸟类综合实验	选修／综合	6
32	市郊公园脊椎动物多样性调查及种类识别	选修／综合／研究	16
33	家兔（大／小鼠）的形态结构及哺乳纲分类	必修／基础	3～4
34	小鼠／大鼠综合实验	选修／综合	16
35	脊椎动物分类	必修／基础	3～4
36	动物标本的制作展示与管理	选修／综合／研究	32

注：该表中必修实验可根据不同院校的具体情况采用不同的实验材料和实验方法；确定为选修的实验项目主要依据少数院校开设，或部分实验内容已包括在其他实验项目中。

2. 师范类高校建议性实验项目（建议32学时及以上）

编号	实验项目名称	基础性／综合性／研究性实验	建议学时
1	显微镜的结构与使用及生物绘图和显微拍照	必修／基础	2
2	动物组织的制片与观察	必修／基础	2
3	原生动物的采集培养及形态结构与生命活动的观察	必修／综合	3～4
4	浮游动物的采集及形态观察与种类识别	选修／综合／研究	16
5	多细胞动物早期胚胎发育的观察	选修／综合	2
6	水螅的形态结构与生命活动观察及腔肠动物的多样性	必修／基础	3～4
7	涡虫的形态结构及其他扁形动物观察	必修／基础	4
8	涡虫的再生及其影响因素	选修／综合／研究	16
9	涡虫、吸虫和绦虫的形态结构比较	必修／基础	3～4
10	蛔虫的形态结构及其他假体腔动物观察	必修／基础	3～4
11	寄生蠕虫卵的观察与检验及组织内虫体检查	选修／综合／研究	6
12	环毛蚓的形态结构及其他环节动物观察	必修／基础	3～4
13	假体腔动物（蛔虫）和真体腔动物（环毛蚓）的比较解剖	选修／基础	4
14	河蚌（田螺／乌贼）的形态与结构及软体动物门的类群	必修／综合	4
15	软体动物的采集及齿舌的制片与观察	选修／综合／研究	6
16	对虾（沼虾／螯虾／蟹）的形态结构观察及甲壳动物的类群	选修／综合	4
17	蝗虫的形态与结构	必修／基础	3～4

续表

编号	实验项目名称	基础性 / 综合性 / 研究性实验	建议学时
18	节肢动物（蝗虫 / 虾）的比较解剖与观察	选修 / 综合	3 ~ 4
19	昆虫的形态特征与分类	必修 / 综合	3 ~ 4
20	市郊公园昆虫的采集及标本制作与种类鉴定	选修 / 综合 / 研究	6
21	经济昆虫生态习性观察及人工饲养实践	选修 / 综合 / 研究	32
22	海盘车的形态结构与棘皮动物的分类	选修 / 基础	4
23	土壤无脊椎动物的采集鉴定与生态习性观察	选修 / 基础 / 研究	16
24	原索动物的形态结构观察	选修 / 基础	2
25	鲫鱼（鲤鱼 / 鲢鱼）的形态结构及鱼类分类	必修 / 基础	3 ~ 4
26	软骨鱼的形态结构与分类	选修 / 基础	4
27	不同食性鱼类外形和内部结构对比观察及水产市场鱼类资源调查	选修 / 综合 / 研究	16
28	蟾蜍（蛙）的形态结构及两栖纲分类	必修 / 基础	3 ~ 4
29	蛙（蟾蜍）的综合实验	选修 / 基础	6
30	鳖（龟 / 石龙子）的形态结构及爬行纲分类	选修 / 基础	4
31	家鸽（家鸡）的形态结构与鸟纲分类	必修 / 基础	3 ~ 4
32	鸟类综合实验	选修 / 综合	6
33	市郊公园脊椎动物多样性调查及种类识别	选修 / 综合 / 研究	16
34	家兔（大 / 小鼠）的形态结构及哺乳纲分类	选修 / 基础	3 ~ 4
35	小鼠 / 大鼠综合实验	选修 / 综合	16
36	脊椎动物分类	选修 / 基础	3 ~ 4
37	动物标本的制作展示与管理	选修 / 综合 / 研究	32

　　注：该表中必修实验可根据不同院校的具体情况采用不同的实验材料和实验方法；确定为选修的实验项目主要依据少数院校开设，或部分实验内容已包括在其他实验项目中。

3. 理工类高校建议性实验项目（建议 16 学时及以上）

编号	实验项目名称	基础性 / 综合性 / 研究性实验	建议学时
1	显微镜的结构与使用及生物绘图和显微拍照	必修 / 基础	2
2	动物组织的制片与观察	选修 / 基础	2
3	多细胞动物早期胚胎发育的观察	选修 / 综合	2
4	浮游动物的采集及形态观察与种类识别	选修 / 综合 / 研究	16
5	原生动物的采集培养及形态结构与生命活动的观察	选修 / 综合	4
6	水螅的形态结构与生命活动观察及腔肠动物的多样性	选修 / 基础	4

续表

编号	实验项目名称	基础性/综合性/研究性实验	建议学时
7	涡虫的形态结构及其他扁形动物观察	选修/基础	4
8	蛔虫的形态结构及其他假体腔动物观察	选修/基础	4
9	环毛蚓的形态结构及其他环节动物观察	必修/基础	3~4
10	河蚌（田螺/乌贼）的形态与结构及软体动物门的类群	选修/综合	4
11	对虾（沼虾/鳌虾/蟹）的形态结构观察及甲壳动物的类群	选修/综合	4
12	蝗虫的形态与结构	选修/基础	4
13	节肢动物（蝗虫/虾）的比较解剖与观察及昆虫分类	必修/综合	6~8
14	海盘车的形态结构与棘皮动物的分类	选修/基础	4
15	原索动物的形态结构观察	选修/基础	2
16	鲫鱼（鲤鱼/鲢鱼）的形态结构及鱼类分类	必修/基础	3~4
17	不同食性鱼类外形和内部结构对比观察及水产市场鱼类资源调查	选修/综合/研究	8
18	蟾蜍（蛙）的形态结构及两栖纲分类	必修/基础	3~4
19	鳖（龟/石龙子）的形态结构及爬行纲分类	选修/基础	4
20	家鸽（家鸡）的形态结构与鸟纲分类	选修/基础	4
21	家兔（大/小鼠）的形态结构及哺乳纲分类	必修/基础	3~4
22	小鼠/大鼠综合实验	选修/综合/研究	16

注：该表中必修实验可根据不同院校的具体情况采用不同的实验材料和实验方法；确定为选修的实验项目主要依据少数院校开设，或部分实验内容已包括在其他实验项目中。

4. 农林类高校建议性实验项目（建议 32 学时及以上）

编号	实验项目名称	基础性/综合性/研究性实验	建议学时
1	显微镜的结构与使用及生物绘图和显微拍照	必修/基础	2
2	动物组织的制片与观察	选修/基础	2
3	原生动物的采集培养及形态结构与生命活动的观察	必修/综合	3~4
4	水螅的形态结构与生命活动观察及腔肠动物的多样性	必修/基础	3~4
5	涡虫的形态结构及其他扁形动物观察	必修/基础	3~4
6	蛔虫的形态结构及其他假体腔动物观察	选修/基础	4
7	环毛蚓的形态结构及其他环节动物观察	必修/基础	3~4
8	河蚌（田螺/乌贼）的形态与结构及软体动物门的类群	选修/综合	4
9	对虾（沼虾/鳌虾/蟹）的形态结构观察及甲壳动物的类群	选修/综合	4
10	蝗虫的形态与结构	选修/基础	4

续表

编号	实验项目名称	基础性 / 综合性 / 研究性实验	建议学时
11	节肢动物（蝗虫 / 虾）的比较解剖与观察及昆虫分类	必修 / 综合	6～8
12	昆虫的形态特征与分类	选修 / 综合	4
13	市郊公园昆虫的采集及标本制作与种类鉴定	选修 / 综合 / 研究	6
14	鲫鱼（鲤鱼 / 鲢鱼）的形态结构及鱼类分类	必修 / 基础	3～4
15	不同食性鱼类外形和内部结构对比观察及水产市场鱼类资源调查	选修 / 综合 / 研究	16
16	蟾蜍（蛙）的形态结构及两栖纲分类	必修 / 基础	3～4
17	鳖（龟 / 石龙子）的形态结构及爬行纲分类	选修 / 基础	4
18	家鸽（家鸡）的形态结构与鸟纲分类	必修 / 基础	3～4
19	市郊公园脊椎动物多样性调查及种类识别	选修 / 综合 / 研究	16
20	家兔（大 / 小鼠）的形态结构及哺乳纲分类	必修 / 基础	3～4
21	小鼠 / 大鼠综合实验	选修 / 综合	16
22	脊椎动物分类	选修 / 基础	4
23	动物标本的制作展示与管理	选修 / 综合 / 研究	32

　　注：该表中必修实验可根据不同院校的具体情况采用不同的实验材料和实验方法；确定为选修的实验项目主要依据少数院校开设，或部分实验内容已包括在其他实验项目中。

第三节　植物生物学实验

一、导言

　　植物生物学实验技术是进行与植物相关学科科学研究的必需技术手段。课程要求学生了解实验设计与样品准备、常规仪器与操作技术、实验数据处理与分析、植物材料的培养、植物体形态结构的观察与描述、植物种群的识别与分类、植物新陈代谢、生长发育和逆境生理等的原理、研究方法和技术。

二、课程基本要求与相关内容

1. 植物生物学实验先修课程要求
普通生物学及其实验。

2. 基本要求
（1）熟练运用光学显微镜观察并描述构成植物组织的不同细胞形态（几种类

型）与结构（与功能的关系），包括显微镜的使用与保养，临时装片的制作。能够根据构成植物组织的细胞特征识别组织的类型（分生组织——位置、发育程度，成熟组织——保护组织、基本组织、机械组织、输导组织、分泌结构，复合组织）和结构（与功能和所在位置的关系），包括应用徒手切片法制作临时装片。

（2）通过观察掌握下列组织器官的形态与结构特征，并可详细描述：根（主根、侧根，直根系、须根系）、茎（主茎、分枝方式、生长习性）、叶（单叶、复叶，完全叶、不完全叶）的形态、结构（初生结构、次生结构）；花芽（花芽原基、花萼原基、花冠原基、雄蕊原基、雌蕊原基）分化过程；雄蕊的发育、形态（几种类型）、结构（花药、花丝）；雌蕊的发育、形态（几种类型）、结构（柱头、花丝、子房、胚珠）；胚和胚乳的发育（不同类型、不同时期）；花；果实（单果、聚合果、复果）与种子（有胚乳、无胚乳）。

（3）通过观察掌握下列种群的形态与结构特征：菌类（三个门）植物（单细胞、菌丝、子实体、有性生殖方式）；藻类（几个门）植物体（单胞型、群体型、假组织体）的形态与结构（营养细胞、生殖细胞）；地衣的形态（几种类型）与结构（同层、异层）；苔藓植物的形态（苔纲、藓纲）与结构（配子体、孢子体、颈卵器、精子器）；蕨类植物的形态（根、茎、叶）与结构（原叶体、根、茎、叶、孢子囊群等）观察（解剖镜及其使用与保养）；裸子植物的形态（根、茎、叶、大孢子叶球、小孢子叶球）与结构（根、茎、叶、大孢子叶球、小孢子叶球、花粉粒、配子体、胚珠、种子）；被子植物典型科、属代表植物形态与结构观察与描述。

（4）掌握植物细胞的类型（常见的几种形态）与结构（细胞壁层次、细胞核与细胞质的有无、细胞器的种类和形态）及功能的适应性；植物细胞后含物（贮藏物质、代谢中间产物和废物的种类与形态）的识别与鉴定（方法、药剂与设备）。

（5）了解不同生境（旱生与水生、阳生与阴生）下植物的组织特征与结构和功能的统一性比较分析。

（6）了解花芽分化过程中，花芽形态与雌、雄蕊形态、结构特征的对应关系观察分析；花粉的采集、培养与花粉管结构观察；几种常见植物的雌、雄蕊类型和结构比较观察。

3. 基本实验技术

（1）临时装片制作技术：掌握临时装片制作的原理、步骤、关键技术要领和注意事项。了解临时装片制作的目的意义，以及常用的几种不同类型的临时装片制作技术。

（2）徒手切片技术：掌握徒手切片技术的基本原理、步骤、技术要领和注意事项，了解徒手切片质量判读的标准和依据。

（3）显微观察技术：了解不同显微镜的类型及原理，熟练掌握普通光学显微镜、体视显微镜的基本操作步骤及技术要点；了解普通光学显微镜、体视显微镜的结构、原理，熟悉普通光学显微镜和体视镜的常规保养方法。

（4）植物标本采集与制作技术：掌握植物标本采集、压制、装帧、消毒和贮存等的原理、方法、步骤与注意事项，学会不同类型植物材料的采集、处理与制作方法。

（5）植物检索与鉴定技术：掌握植物分类检索表编制的基本原理、方法和应用，熟悉植物类群鉴定的过程、步骤和注意事项。

（6）植物显微测量技术：了解物镜测微尺的类型；学会使用显微测微尺测量细胞、组织结构大小。

（7）植物组织的离析技术：掌握不同植物组织离析的原理、方法、步骤、应用和注意事项，能够独立配制植物组织离析中的不同类型与浓度的药剂。

（8）植物材料培养技术：掌握植物材料的溶液培养法、土壤培养法、植物组织培养法等常用的植物材料培养方法，了解常用的植物营养液的配制方法和培养基质、植物土培的常用土壤和肥料配方及适用盆钵、植物组织培养的常用培养基的配制方法和使用事项，以便在研究中选用适用的材料培养方法。

（9）植物生理学实验仪器设备使用技术：学习移液器、电子天平、紫外可见分光光度计、离心机、光照培养箱、水浴锅等植物生理学实验常用仪器的使用方法和注意事项及溶液配制方法。

（10）部分植物生理学实验测定方法：组织含水量的测定、根系活力测定、叶绿素含量的提取、理化性质观察和含量测定、呼吸速率的测定、抗氧化酶活性的测定、组织丙二醛（MDA）含量的测定、生长素对根芽生长的影响、种子活力的快速测定、抗逆性的鉴定（电导仪法）等。

（11）光谱与色谱技术：掌握光谱（可见光、紫外光、荧光）、色谱技术（离子交换色谱、纸色谱、亲和层析、气相色谱或高压液相色谱）分析技术的基本原理和使用方法，掌握微量组分含量测定的原理，了解标准曲线的制作方法以及在定量分析及酶动力学参数分析的应用。

（12）离心技术：掌握离心分离技术的基本原理与应用，学会不同类型离心机的使用以及注意事项。

（13）电化学分析技术：掌握电导分析法的原理，熟悉电导率仪的基本原理及使用方法。

三、建议性实验项目及对应的学时

1. 综合类高校建议性实验项目（建议 32 学时及以上）

编号	实验项目名称	基础性 / 综合性 / 研究性实验	建议学时
1	显微镜与体视镜的类型、使用与保养	必修 / 基础	1 ~ 2
2	临时装片与细胞结构观察	必修 / 综合	1 ~ 2
3	植物细胞的类型与结构观察	必修 / 基础	1 ~ 2

续表

编号	实验项目名称	基础性 / 综合性 / 研究性实验	建议学时
4	植物细胞后含物类型与物种特性	必修 / 基础	1 ~ 2
5	植物组织的类型与结构观察	必修 / 综合	3 ~ 4
6	徒手切片法制作临时装片标本	选修 / 研究	2 ~ 4
7	不同环境下不同植物的组织类型、结构与适应性观察	必修 / 综合	1 ~ 2
8	根的形态、结构与适应性观察	必修 / 基础	3 ~ 5
9	茎的形态、结构与适应性观察	必修 / 基础	3 ~ 5
10	叶的形态、结构与适应性观察	必修 / 基础	2 ~ 5
11	单、双子叶植物根、茎、叶形态和结构异同比较观察	必修 / 综合	2 ~ 3
12	同功器官与同源器官的形态结构观察	必修 / 研究	2 ~ 3
13	雄蕊的发育与形态结构观察	必修 / 基础	1 ~ 2
14	花粉的采集、培养与花粉管结构观察	选修 / 综合	1 ~ 2
15	雌蕊的发育与形态结构观察	必修 / 基础	1 ~ 2
16	花芽分化与雌、雄蕊形态和结构发育的同生关系观察	必修 / 基础	1 ~ 2
17	常见植物的雌、雄蕊形态和结构观察	选修 / 综合	1 ~ 2
18	胚和胚乳的发育与结构特征观察	必修 / 基础	1 ~ 2
19	花的形态与结构观察	必修 / 基础	2 ~ 4
20	果实和种子形态与结构观察	必修 / 基础	2 ~ 4
21	菌类植物的形态与结构观察	必修 / 基础	2 ~ 3
22	藻类植物的形态与结构观察	必修 / 基础	1 ~ 3
23	地衣植物的形态与结构观察	必修 / 基础	1 ~ 3
24	苔藓植物的形态与结构观察	必修 / 基础	1 ~ 3
25	蕨类植物的形态与结构观察	必修 / 基础	1 ~ 3
26	裸子植物的形态与结构观察	必修 / 基础	2 ~ 3
27	被子植物典型科、属代表植物的形态与结构观察	必修 / 研究	14 ~ 18
28	某一区域范围内物种（或植物资源）的调查与评价	选修 / 研究	2 ~ 8
29	校园植物种类调查与分析	选修 / 研究	2 ~ 8
30	植物溶液培养和缺素症的观察	必修 / 研究	8 ~ 16
31	植物组织含水量的测定	必修 / 基础	1 ~ 2
32	植物根系活力测定	选修 / 基础	4 ~ 6
33	叶绿素含量的提取、理化性质观察	必修 / 基础	4 ~ 5
34	植物呼吸速率的测定	选修 / 基础	4 ~ 6
35	植物抗氧化酶活性测定	选修 / 基础	4 ~ 6

续表

编号	实验项目名称	基础性 / 综合性 / 研究性实验	建议学时
36	植物组织丙二醛（MDA）含量的测定	选修 / 基础	3 ~ 4
37	生长素对根芽生长的影响	必修 / 基础	4 ~ 6
38	植物种子活力的快速测定	必修 / 基础	4 ~ 6
39	植物抗逆性的鉴定（电导仪法）	必修 / 基础	3 ~ 5
40	光和钾离子对气孔运动的调节	必修 / 综合	4 ~ 6
41	硝酸还原酶（NR）活性的测定	选修 / 综合	4 ~ 5
42	环境因子对植物光合速率的影响	选修 / 综合	6 ~ 12
43	植物生长激素作用的部位和浓度效应比较分析以及激素检测方法	选修 / 综合	8 ~ 18

　　注：该表中必修实验可根据不同院校的具体情况采用不同的实验材料和实验方法；确定为选修的实验项目主要依据少数院校开设，或部分实验内容已包括在其他实验项目中。

2. 师范类高校建议性实验项目（建议 32 学时及以上）

编号	实验项目名称	基础性 / 综合性 / 研究性实验	建议学时
1	显微镜与体视镜的类型、使用与保养	必修 / 基础	1 ~ 2
2	临时装片与细胞结构观察	必修 / 综合	1 ~ 2
3	植物细胞的类型与结构观察	必修 / 基础	1 ~ 2
4	植物细胞后含物类型与物种特性	必修 / 基础	1 ~ 2
5	植物组织的类型与结构观察	必修 / 综合	3 ~ 4
6	徒手切片法制作临时装片标本	选修 / 研究	2 ~ 4
7	不同环境下不同植物的组织类型、结构与适应性观察	选修 / 综合	1 ~ 2
8	根的形态、结构与适应性观察	必修 / 基础	3 ~ 5
9	茎的形态、结构与适应性观察	必修 / 基础	3 ~ 5
10	叶的形态、结构与适应性观察	必修 / 基础	2 ~ 5
11	单、双子叶植物根、茎、叶形态和结构异同比较观察	必修 / 综合	2 ~ 3
12	同功器官与同源器官的形态结构观察	必修 / 研究	2 ~ 3
13	雄蕊的发育与形态结构观察	必修 / 基础	1 ~ 2
14	花粉的采集、培养与花粉管结构观察	选修 / 综合	1 ~ 2
15	雌蕊的发育与形态结构观察	必修 / 基础	1 ~ 2
16	花芽分化与雌、雄蕊形态和结构发育的同生关系观察	必修 / 基础	1 ~ 2

编号	实验项目名称	基础性 / 综合性 / 研究性实验	建议学时
17	常见植物的雌、雄蕊形态和结构观察	选修 / 综合	1 ~ 2
18	胚和胚乳的发育与结构特征观察	必修 / 基础	1 ~ 2
19	花的形态与结构观察	必修 / 基础	2 ~ 4
20	果实和种子形态与结构观察	必修 / 基础	2 ~ 4
21	菌类植物的形态与结构观察	必修 / 基础	2 ~ 3
22	藻类植物的形态与结构观察	必修 / 基础	1 ~ 3
23	地衣植物的形态与结构观察	必修 / 基础	1 ~ 3
24	苔藓植物的形态与结构观察	必修 / 基础	1 ~ 3
25	蕨类植物的形态与结构观察	必修 / 基础	1 ~ 3
26	裸子植物的形态与结构观察	必修 / 基础	2 ~ 3
27	被子植物典型科、属代表植物的形态与结构观察	必修 / 研究	14 ~ 18
28	某一区域范围内物种（或植物资源）的调查与评价	选修 / 研究	2 ~ 8
29	校园植物种类调查与分析	选修 / 研究	2 ~ 8
30	植物溶液培养和缺素症的观察	选修 / 研究	8 ~ 16
31	植物组织含水量的测定	选修 / 基础	1 ~ 2
32	植物根系活力测定	选修 / 基础	4 ~ 6
33	叶绿素含量的提取、理化性质观察	必修 / 基础	4 ~ 5
34	植物呼吸速率的测定	选修 / 基础	4 ~ 6
35	植物抗氧化酶活性测定	选修 / 基础	4 ~ 6
36	植物组织丙二醛（MDA）含量的测定	选修 / 基础	3 ~ 4
37	生长素对根芽生长的影响	必修 / 基础	4 ~ 6
38	植物种子活力的快速测定	必修 / 基础	4 ~ 6
39	植物抗逆性的鉴定（电导仪法）	必修 / 基础	3 ~ 5
40	光和钾离子对气孔运动的调节	必修 / 综合	4 ~ 6
41	硝酸还原酶（NR）活性的测定	选修 / 综合	4 ~ 5
42	环境因子对植物光合速率的影响	选修 / 综合	6 ~ 12
43	植物生长激素作用的部位和浓度效应比较分析以及激素检测方法	选修 / 综合	8 ~ 18

注：该表中必修实验可根据不同院校的具体情况采用不同的实验材料和实验方法；确定为选修的实验项目主要依据少数院校开设，或部分实验内容已包括在其他实验项目中。

3. 理工类高校建议性实验项目（建议 16 学时及以上）

编号	实验项目名称	基础性 / 综合性 / 研究性实验	建议学时
1	显微镜与体视镜的类型、使用与保养	必修 / 基础	1 ~ 2
2	临时装片与细胞结构观察	必修 / 综合	1 ~ 2
3	植物细胞的类型与结构观察	必修 / 基础	1 ~ 2
4	植物细胞后含物类型与物种特性	必修 / 基础	1 ~ 2
5	植物组织的类型与结构观察	必修 / 综合	3 ~ 4
6	徒手切片法制作临时装片标本	选修 / 研究	2 ~ 4
7	不同环境下不同植物的组织类型、结构与适应性观察	选修 / 综合	1 ~ 2
8	根的形态、结构与适应性观察	必修 / 基础	3 ~ 5
9	茎的形态、结构与适应性观察	必修 / 基础	3 ~ 5
10	叶的形态、结构与适应性观察	必修 / 基础	2 ~ 5
11	单、双子叶植物根、茎、叶形态和结构异同比较观察	选修 / 综合	2 ~ 3
12	同功器官与同源器官的形态结构观察	选修 / 研究	2 ~ 3
13	雄蕊的发育与形态结构观察	必修 / 基础	1 ~ 2
14	花粉的采集、培养与花粉管结构观察	选修 / 综合	1 ~ 2
15	雌蕊的发育与形态结构观察	必修 / 基础	1 ~ 2
16	花芽分化与雌、雄蕊形态和结构发育的同生关系观察	必修 / 基础	1 ~ 2
17	常见植物的雌、雄蕊形态和结构观察	选修 / 综合	1 ~ 2
18	胚和胚乳的发育与结构特征观察	选修 / 基础	1 ~ 2
19	花的形态与结构观察	选修 / 基础	2 ~ 4
20	果实和种子形态与结构观察	选修 / 基础	2 ~ 4
21	裸子植物的形态与结构观察	选修 / 基础	2 ~ 3
22	被子植物典型科、属代表植物的形态与结构观察	选修 / 研究	14 ~ 18
23	某一区域范围内物种（或植物资源）的调查与评价	选修 / 研究	2 ~ 8
24	校园植物种类调查与分析	选修 / 研究	2 ~ 8
25	植物溶液培养和缺素症的观察	选修 / 研究	8 ~ 16
26	植物组织含水量的测定	选修 / 基础	1 ~ 2
27	植物根系活力测定	选修 / 基础	4 ~ 6
28	叶绿素含量的提取、理化性质观察	必修 / 基础	4 ~ 5
29	植物呼吸速率的测定	必修 / 基础	4 ~ 6
30	植物抗氧化酶活性测定	必修 / 基础	4 ~ 6
31	植物组织丙二醛（MDA）含量的测定	选修 / 基础	3 ~ 4
32	生长素对根芽生长的影响	必修 / 基础	4 ~ 6

续表

编号	实验项目名称	基础性 / 综合性 / 研究性实验	建议学时
33	植物种子活力的快速测定	必修 / 基础	4 ~ 6
34	植物抗逆性的鉴定（电导仪法）	必修 / 基础	3 ~ 5
35	光和钾离子对气孔运动的调节	必修 / 综合	4 ~ 6
36	硝酸还原酶（NR）活性的测定	选修 / 综合	4 ~ 5
37	环境因子对植物光合速率的影响	选修 / 综合	6 ~ 12
38	植物生长激素作用的部位和浓度效应比较分析以及激素检测方法	选修 / 综合	8 ~ 18

注：该表中必修实验可根据不同院校的具体情况采用不同的实验材料和实验方法；确定为选修的实验项目主要依据少数院校开设，或部分实验内容已包括在其他实验项目中。

4. 农林类高校建议性实验项目（建议 32 学时及以上）

编号	实验项目名称	基础性 / 综合性 / 研究性实验	建议学时
1	显微镜与体视镜的类型、使用与保养	必修 / 基础	1 ~ 2
2	临时装片与细胞结构观察	必修 / 综合	1 ~ 2
3	植物细胞的类型与结构观察	必修 / 基础	1 ~ 2
4	植物细胞后含物类型与物种特性	必修 / 基础	1 ~ 2
5	植物组织的类型与结构观察	必修 / 综合	3 ~ 4
6	徒手切片法制作临时装片标本	选修 / 研究	2 ~ 4
7	不同环境下不同植物的组织类型、结构与适应性观察	必修 / 综合	1 ~ 2
8	根的形态、结构与适应性观察	必修 / 基础	3 ~ 5
9	茎的形态、结构与适应性观察	必修 / 基础	3 ~ 5
10	叶的形态、结构与适应性观察	必修 / 基础	2 ~ 5
11	单、双子叶植物根、茎、叶形态和结构异同比较观察	必修 / 综合	2 ~ 3
12	同功器官与同源器官的形态结构观察	必修 / 研究	2 ~ 3
13	雄蕊的发育与形态结构观察	必修 / 基础	1 ~ 2
14	花粉的采集、培养与花粉管结构观察	选修 / 综合	1 ~ 2
15	雌蕊的发育与形态结构观察	必修 / 基础	1 ~ 2
16	花芽分化与雌、雄蕊形态和结构发育的同生关系观察	必修 / 基础	1 ~ 2
17	常见植物的雌、雄蕊形态和结构观察	选修 / 综合	1 ~ 2
18	胚和胚乳的发育与结构特征观察	必修 / 基础	1 ~ 2
19	花的形态与结构观察	必修 / 基础	2 ~ 4
20	果实和种子形态与结构观察	必修 / 基础	2 ~ 4
21	菌类植物的形态与结构观察	必修 / 基础	2 ~ 3

续表

编号	实验项目名称	基础性 / 综合性 / 研究性实验	建议学时
22	藻类植物的形态与结构观察	必修 / 基础	1 ~ 3
23	地衣植物的形态与结构观察	必修 / 基础	1 ~ 3
24	苔藓植物的形态与结构观察	必修 / 基础	1 ~ 3
25	蕨类植物的形态与结构观察	必修 / 基础	1 ~ 3
26	裸子植物的形态与结构观察	必修 / 基础	2 ~ 3
27	被子植物典型科、属代表植物的形态与结构观察	必修 / 研究	14 ~ 18
28	某一区域范围内物种（或植物资源）的调查与评价	选修 / 研究	2 ~ 8
29	校园植物种类调查与分析	选修 / 研究	2 ~ 8
30	植物溶液培养和缺素症的观察	必修 / 研究	8 ~ 16
31	植物组织含水量的测定	必修 / 基础	1 ~ 2
32	植物根系活力测定	选修 / 基础	4 ~ 6
33	叶绿素含量的提取、理化性质观察	必修 / 基础	4 ~ 5
34	植物呼吸速率的测定	选修 / 基础	4 ~ 6
35	植物抗氧化酶活性测定	选修 / 基础	4 ~ 6
36	植物组织丙二醛（MDA）含量的测定	选修 / 基础	3 ~ 4
37	生长素对根芽生长的影响	必修 / 基础	4 ~ 6
38	植物种子活力的快速测定	必修 / 基础	4 ~ 6
39	植物抗逆性的鉴定（电导仪法）	必修 / 基础	3 ~ 5
40	光和钾离子对气孔运动的调节	必修 / 综合	4 ~ 6
41	硝酸还原酶（NR）活性的测定	选修 / 综合	4 ~ 5
42	环境因子对植物光合速率的影响	选修 / 综合	6 ~ 12
43	植物生长激素作用的部位和浓度效应比较分析以及激素检测方法	选修 / 综合	8 ~ 18

注：该表中必修实验可根据不同院校的具体情况采用不同的实验材料和实验方法；确定为选修的实验项目主要依据少数院校开设，或部分实验内容已包括在其他实验项目中。

第四节　微生物学实验

一、导言

微生物学实验是生物科学专业的专业必修课，是从事微生物理论研究和实践必不可少的一门课程。本课程主要目的是使学生掌握研究与应用微生物的主要方法与技术，包括经典的、常规的及现代的方法与技术，结合微生物学基础理论课，认识微生物的基本特性，比较它们与其他生物的相似和不同之处，将理论知识应用于实验，在实验中更深地理解基础理论，使学生在科学实验方法和实验技能等方面得到系统的训练，培养和提高学生在实践中综合应用所学的知识去发现问题、分析问题和解决问题的能力，以及创新意识和创新能力。

根据微生物的特点，本课程要求学生牢固地建立无菌概念、熟悉微生物的基本特性，掌握一套完整微生物实验基本操作技术。在实验中加深理解基础理论知识，并用所学的实验技能完成一个小型微生物研究项目，提高学生微生物实验的创新意识及科研工作能力，提高学生分析问题和解决问题的能力。

二、课程基本要求与相关内容

1. 微生物学实验先修课程要求
普通生物学、基础化学、有机化学及其实验。

2. 基本内容
（1）掌握微生物学基本实验技术的原理，包括灭菌和无菌操作技术、显微观察技术、生物制片及染色技术、纯培养技术、微生物的大小测定与计数技术、细菌鉴定的常规生理生化实验技术和分子生物学技术的基本原理。

（2）微生物学实验室常用仪器的正确使用方法，包括普通光学显微镜、相差显微镜、暗视野显微镜、荧光显微镜和电子显微镜、接种环、刮铲、目镜测微尺、镜台测微尺、血细胞计数板、移液器、离心机、pH 计、可见 / 紫外分光光度计、酶标仪等仪器的使用。

（3）掌握实验基本技能，包括培养基的配制与灭菌、无菌操作、生物制片、染色及微生物形态的显微观察、系列稀释涂平板及划线分离、微生物的大小测定与计数、基本玻璃器皿的清洗、常用试剂的配制；蛋白质、核酸的提取分离及纯化技术（如基因组 DNA 提取，质粒 DNA 提取，RNA 提取及蛋白质提取）等。并能根据实验目的选择合适的实验条件。

3. 基本实验技术
（1）生物绘图和显微成像技术（或显微拍照）：掌握微生物形态学研究中使用的普通光学显微镜、相差显微镜，暗视野显微镜，荧光显微镜和电子显微镜成像技术。了解显微镜的工作原理、显微性能及操作，以便观察并绘制（或显微拍照）不同类型的微生物个体形态。

（2）微生物制片、染色及形态观察技术：掌握微生物样品制片、染色技术及分析检测技术，掌握不同染色法，包括鉴别性染色法（如革兰氏染色法）及非鉴别性染色法（如简单染色法等）、负染色法（荚膜染色）的基本原理和使用方法，学会显微观察微生物个体形态及特殊结构（如细菌的芽孢、鞭毛、荚膜及真菌的无性孢子和有性孢子等）。

（3）纯培养技术：掌握微生物分离培养技术及无菌操作技术。掌握培养基的制备方法和灭菌技术，了解培养基的种类。掌握高温灭菌法（干热灭菌和湿热灭菌）、过滤除菌法、巴斯德消毒法、化学药物灭菌和消毒的原理及操作。

（4）微生物接种技术：掌握多种微生物接种方法，如斜面接种、液体接种、固体接种和穿刺接种等，进行严格的无菌操作，以获得生长良好的纯种微生物。

（5）微生物的分离纯化与鉴定技术：掌握分离微生物常用的稀释平板分离法和划线分离法的基本原理和操作，掌握利用选择培养基分离目标微生物的方法。掌握细菌纯培养鉴定的常规生理生化技术与分子生物学技术。

（6）生物学仪器设备综合运用技术：掌握微生物学实验室常用生物学仪器设备的使用方法，如光学显微镜、离心机、摇床、培养箱、可见 / 紫外分光光度计、酶标仪、灭菌锅、电泳仪、电子天平、水浴锅、移液器、涡旋振荡器、接种环、刮铲、目镜测微尺、镜台测微尺、pH 计、血细胞计数板等。

三、建议性实验项目及对应的学时

1. 综合类高校建议性实验项目（建议 32 学时及以上）

编号	实验项目名称	基础性 / 综合性 / 研究实验	建议学时
1	培养基的制备与灭菌、无菌操作	必修 / 基础	4
2	微生物的分离、纯化、接种及菌种保藏	必修 / 基础	3
3	显微镜的使用（油镜）、细菌简单染色及革兰氏染色形态观察	必修 / 基础	3
4	细菌的芽孢染色、荚膜染色和鞭毛染色观察	必修 / 基础	2
5	放线菌形态观察	必修 / 基础	2
6	丝状真菌形态观察	必修 / 基础	2
7	酵母菌细胞形态观察	必修 / 基础	2
8	微生物细胞的大小测定及显微计数	选修 / 基础	3
9	霉菌、放线菌、细菌菌落特征观察及平板菌落计数法	选修 / 基础	3
10	微生物的生理生化特性鉴定	必修 / 综合	3
11	土壤微生物的分离、培养、观察和计数	选修 / 综合	6
12	食品中细菌总数和大肠菌群的检测	选修 / 综合	6
13	细菌 DNA 的提取、16S rRNA 基因扩增、琼脂糖凝聚电泳检测及系统进化树的构建	选修 / 研究	9
14	营养缺陷型的获得及突变频率的测定	选修 / 研究	6

　注：该表中必修实验可根据不同院校的具体情况采用不同的实验材料和实验方法；确定为选修的实验项目主要依据少数院校开设，或部分实验内容已包括在其他实验项目中。

2. 师范类高校建议性实验项目（建议 32 学时及以上）

编号	实验项目名称	基础性 / 综合性 / 研究性实验	建议学时
1	培养基的制备与灭菌、无菌操作	必修 / 基础	4
2	微生物的分离、纯化、接种及菌种保藏	必修 / 基础	3
3	显微镜的使用（油镜）、细菌简单染色及革兰氏染色形态观察	必修 / 基础	3
4	细菌的芽孢染色、荚膜染色和鞭毛染色观察	必修 / 基础	2
5	放线菌形态观察	必修 / 基础	2
6	丝状真菌形态观察	必修 / 基础	2
7	酵母菌细胞形态观察	必修 / 基础	2
8	微生物细胞的大小测定及显微计数	选修 / 基础	3
9	霉菌、放线菌、细菌菌落特征观察及平板菌落计数法	选修 / 基础	3
10	微生物的生理生化特性鉴定	必修 / 综合	3
11	环境及正常人体微生物的检测	选修 / 综合	3
12	特定功能微生物的筛选及活性测定	选修 / 研究	6

注：该表中必修实验可根据不同院校的具体情况采用不同的实验材料和实验方法；确定为选修的实验项目主要依据少数院校开设，或部分实验内容已包括在其他实验项目中。

3. 理工类高校建议性实验项目院校（建议 32 学时及以上）

编号	实验项目名称	基础性 / 综合性 / 研究性实验	建议学时
1	培养基的制备与灭菌、无菌操作	必修 / 基础	4
2	微生物的分离、纯化、接种及菌种保藏	必修 / 基础	3
3	显微镜的使用（油镜）、细菌简单染色及革兰氏染色形态观察	必修 / 基础	3
4	细菌的芽孢染色、荚膜染色和鞭毛染色观察	必修 / 基础	2
5	放线菌形态观察	必修 / 基础	2
6	丝状真菌形态观察	必修 / 基础	2
7	酵母菌细胞形态观察	必修 / 基础	2
8	微生物细胞的大小测定及显微计数	选修 / 基础	3
9	霉菌、放线菌、细菌菌落特征观察及平板菌落计数法	选修 / 基础	3
10	微生物的生理生化特性鉴定	必修 / 综合	3
11	抗生素的抗菌谱及效价测定（管碟法）	选修 / 综合	4

续表

编号	实验项目名称	基础性／综合性／研究性实验	建议学时
12	水中细菌总数和大肠菌群的检测	选修／综合	6
13	细菌生长曲线的测定及培养条件的优化	选修／综合	5
14	酒酿或酸奶的制作及关键菌的分离鉴定	选修／研究	6

注：该表中必修实验可根据不同院校的具体情况采用不同的实验材料和实验方法；确定为选修的实验项目主要依据少数院校开设，或部分实验内容已包括在其他实验项目中。

4. 农林类高校建议性实验项目（建议 32 学时及以上）

编号	实验项目名称	基础性／综合性／研究性实验	建议学时
1	培养基的制备与灭菌、无菌操作	必修／基础	4
2	微生物的分离、纯化、接种及菌种保藏	必修／基础	3
3	显微镜的使用（油镜）、细菌简单染色及革兰氏染色形态观察	必修／基础	3
4	细菌的芽孢染色、荚膜染色和鞭毛染色观察	必修／基础	2
5	放线菌形态观察	必修／基础	2
6	丝状真菌形态观察	必修／基础	2
7	酵母菌细胞形态观察	必修／基础	2
8	微生物细胞的大小测定及显微计数	必修／基础	3
9	霉菌、放线菌、细菌菌落特征观察及平板菌落计数法	选修／基础	3
10	微生物的生理生化特性鉴定	必修／综合	3
11	土壤微生物的分离、培养、观察和计数	必修／综合	6
12	苏云金芽孢杆菌杀虫剂的生物测定	必修／综合	4
13	根瘤菌的分离、纯化及接瘤试验	选修／研究	5
14	农药残留的微生物降解实验	选修／研究	6

注：该表中必修实验可根据不同院校的具体情况采用不同的实验材料和实验方法；确定为选修的实验项目主要依据少数院校开设，或部分实验内容已包括在其他实验项目中。

第五节　生物化学实验

一、导言

生物化学实验技术作为生命科学研究方法和技术的重要组成部分，不仅是用于自身理论体系的研究手段，也是所有生命相关学科进行科学研究的必需技术手段。课程要求学生熟练掌握常规仪器的使用方法和基本实验技术，掌握生物分子和 / 或生物活性物质的分离纯化和检测、酶反应动力学测定等实验操作，并理解相关原理。在实验过程中强化学生基本实验技能的训练和综合能力的培养，并通过生物化学实验锻炼学生的动手能力和解决问题的能力，培养学生合作精神，提高学生的实践能力、综合素质和创新能力。

二、课程基本要求与相关内容

1. 生物化学实验先修课程要求
基础化学、有机化学及其实验。

2. 基本要求
（1）掌握生物化学常用实验技术的基本原理和方法，包括细胞及组织破碎技术、分级沉淀技术、离心技术、光谱与色谱技术、电泳技术等。

（2）掌握常用仪器的使用方法，包括微量移液器、电子天平、酸度计、离心机、分光光度计、酶标仪、层析装置、电泳系统等。

（3）掌握生物分子的分离纯化技术与方法，包括氨基酸、多糖、蛋白质或酶等生物分子的提取、分离及纯化（细胞或组织破碎技术、有机溶剂沉淀和 / 或盐析、离心技术、层析技术等）。

（4）掌握纯度鉴定、含量测定、相对分子质量测定方法，纯度鉴定包括SDS- 聚丙烯酰胺凝胶电泳法（蛋白质或酶）、光吸收法、层析法或色谱法等，含量测定包括光谱法、显色法，相对分子质量的测定包括 SDS- 聚丙烯酰胺凝胶电泳法、凝胶过滤层析或色谱法等。

3. 基本实验技术
（1）细胞及组织破碎技术：掌握物理法、化学法和生物法破碎细胞和组织的基本原理及其相关操作。

（2）光谱技术：掌握光谱（可见光、紫外光、荧光）分析技术的基本原理和使用方法，以及微量组分含量测定的原理；熟悉标准曲线的制作方法以及在定量分析及酶动力学参数分析中的应用。

（3）色谱技术：掌握纸层析和柱层析技术的基本原理及其主要种类；熟悉离子交换层析、凝胶过滤层析等柱层析分离生物分子的基本实验操作及其应用；了解其他层析技术的操作及其应用。

（4）离心技术：掌握离心分离技术的基本原理与应用；熟悉不同类型离心机的使用及其注意事项。

（5）电泳技术：掌握电泳技术的基本原理和主要种类；熟悉聚丙烯酰胺凝胶电泳的实验操作及其应用。

三、建议性实验项目及对应的学时

1. 综合类高校建议性实验项目（建议 32 学时及以上）

编号	实验项目名称	基础性 / 综合性 / 研究性实验	建议学时
1	蛋白质（生物分子）的含量测定	必修 / 基础	2 ~ 3
2	酶活力和比活力的测定	必修 / 基础	3 ~ 6
3	酶的动力学参数测定	必修 / 基础	4 ~ 6
4	蛋白质（酶、多糖等）的分离纯化（实验技术包括细胞或组织破碎、分级沉淀、离心、离子交换层析或亲和层析）	必修 / 综合	12 ~ 16
5	蛋白质（酶）相对分子质量的测定（凝胶过滤层析或 SDS–PAGE）	必修 / 基础	8 ~ 12
6	离子交换层析分离蛋白质（生物分子）	选修 / 基础	6 ~ 8
7	凝胶过滤层析分离纯化蛋白质（生物分子）	选修 / 基础	6 ~ 8
8	分离纯化的蛋白质（酶）的纯度鉴定（SDS–PAGE 或色谱）	选修 / 基础	8 ~ 10
9	Western Blot	选修 / 综合	10 ~ 12
10	荧光法测定核黄素结合蛋白与核黄素的解离常数	选修 / 综合	4 ~ 6
11	色谱法分析中药活性成分及其含量检测	选修 / 综合	8 ~ 16
12	物质代谢的变化对动物（植物、微生物）的影响	选修 / 研究	8 ~ 24
13	生物分子的理化性质与功能研究	选修 / 研究	8 ~ 24

　　注：该表中必修实验可根据不同院校的具体情况采用不同的实验材料和实验方法；确定为选修的实验项目主要依据少数院校开设，或部分实验内容已包括在其他实验项目中。

2. 师范类高校建议性实验项目（建议 32 学时及以上）

编号	实验项目名称	基础性 / 综合性 / 研究性实验	建议学时
1	蛋白质（生物分子）的含量测定	必修 / 基础	2 ~ 3
2	酶活力和比活力的测定	必修 / 基础	3 ~ 6
3	酶的动力学参数测定	必修 / 基础	4 ~ 6
4	蛋白质（酶、多糖等）的分离纯化（实验技术包括细胞或组织破碎、分级沉淀、离心、离子交换层析或亲和层析）	必修 / 综合	12 ~ 16
5	蛋白质（酶）相对分子质量的测定（凝胶过滤层析或 SDS–PAGE）	必修 / 基础	8 ~ 12
6	离子交换层析分离蛋白质（生物分子）	选修 / 基础	6 ~ 8

续表

编号	实验项目名称	基础性/综合性/研究性实验	建议学时
7	凝胶过滤层析分离纯化蛋白质（生物分子）	选修/基础	6～8
8	分离纯化的蛋白质（酶）的纯度鉴定（SDS-PAGE 或色谱）	选修/基础	8～10
9	多糖与蛋白质（半乳凝集素）的相互作用分析	选修/综合	6～8
10	酶联免疫吸附试验	选修/综合	6～8
11	生物分子的理化性质与功能研究	选修/研究	8～24

注：该表中必修实验可根据不同院校的具体情况采用不同的实验材料和实验方法；确定为选修的实验项目主要依据少数院校开设，或部分实验内容已包括在其他实验项目中。

3. 理工类高校建议性实验项目（建议 32 学时及以上）

编号	实验项目名称	基础性/综合性/研究性实验	建议学时
1	蛋白质的含量测定	必修/基础	2～3
2	酶活力和比活力的测定	必修/基础	3～6
3	酶的动力学参数测定	必修/基础	4～6
4	蛋白质（酶、多糖等）的分离纯化（实验步骤包括细胞或组织破碎、分级沉淀、离心、离子交换层析或亲和层析）	必修/综合	12～16
5	蛋白质（酶）相对分子质量的测定（凝胶过滤层析或 SDS-PAGE）	选修/基础	8～12
6	离子交换层析分离生物分子（生物分子）	选修/基础	6～8
7	凝胶过滤层析分离纯化蛋白质（生物分子）	选修/基础	6～8
8	分离纯化的蛋白质（酶）的纯度鉴定（SDS-PAGE 或色谱）	选修/基础	8～10
9	生物分子的理化性质与功能研究	选修/研究	8～24

注：该表中必修实验可根据不同院校的具体情况采用不同的实验材料和实验方法；确定为选修的实验项目主要依据少数院校开设，或部分实验内容已包括在其他实验项目中。

4. 农林类高校建议性实验项目（建议 32 学时及以上）

编号	实验项目名称	基础性/综合性/研究性实验	建议学时
1	蛋白质的含量测定	必修/基础	2～3
2	酶活力和比活力的测定	必修/基础	3～6
3	酶的动力学参数测定	必修/基础	4～6

编号	实验项目名称	基础性 / 综合性 / 研究性实验	建议学时
4	蛋白质（酶、多糖等）的分离纯化（实验步骤包括细胞或组织破碎、分级沉淀、离心、离子交换层析或亲和层析）	必修 / 综合	12 ~ 16
5	蛋白质（酶）相对分子质量的测定（凝胶过滤层析或SDS-PAGE）	必修 / 基础	8 ~ 12
6	离子交换层析分离蛋白质（生物分子）	选修 / 基础	6 ~ 8
7	凝胶过滤层析分离纯化蛋白质（生物分子）	选修 / 基础	6 ~ 8
8	分离纯化的蛋白质（酶）的纯度鉴定（SDS-PAGE 或色谱）	选修 / 基础	8 ~ 10
9	物质代谢的变化对动物（植物、微生物）的影响	选修 / 研究	8 ~ 24
10	生物分子的理化性质与功能研究	选修 / 研究	8 ~ 24

注：该表中必修实验可根据不同院校的具体情况采用不同的实验材料和实验方法；确定为选修的实验项目主要依据少数院校开设，或部分实验内容已包括在其他实验项目中。

第六节　细胞生物学实验

一、导言

细胞是生命活动的基本单位。细胞生物学是现代生命科学中的一门重要的基础及前沿学科，主要研究细胞结构与功能、细胞增殖、分化、代谢、运动、衰老、凋亡以及细胞信号转导、基因表达与调控等重大生命活动及其分子机制。细胞生物学实验技术综合了显微镜技术、生物化学及分子生物学技术方法，与遗传学、发育生物学等学科的实验技术间相互交融，为生命科学的快速发展提供有力支持。课程要求学生掌握普通光学显微镜、荧光显微镜、相差显微镜的使用，了解其他常规仪器的使用，理解相关实验技术的原理和操作方法，掌握组织细胞提取、细胞器及细胞成分分离和鉴定、细胞培养、外源基因导入细胞及检测等基本技术。通过开设细胞增殖、分化、衰老、凋亡等综合性实验，在实验过程中强化学生基本实验技能的训练和综合能力的培养，锻炼学生的动手能力和解决问题的能力。培养学生合作精神，提高学生的实践能力、综合素质和创新能力。

二、课程基本要求与相关内容

1. 细胞生物学实验先修课程要求

生物化学及其实验。

2. 基本要求

（1）掌握普通光学显微镜、相差显微镜、荧光显微镜以及流式细胞仪的使用，掌握无菌操作及细胞培养的要求、方法及技术。

（2）掌握动植物组织的样本制作（石蜡切片、冰冻切片等）、细胞化学技术、组织细胞染色（HE 染色等）、细胞融合等技术与方法。

（3）掌握细胞骨架的免疫荧光染色及观察，细胞的组织提取及细胞器的分离鉴定，杂交瘤细胞的构建、筛选及单克隆抗体的制备，巨噬细胞的吞噬作用及观察，诱导植物根茎叶等组织的脱分化及再分化，动物细胞转染及检测（植物细胞转化及检测）等技术与方法。

（4）了解细胞周期检测与分析（M 期染色体制备、S 期细胞检测、有丝分裂与减数分裂观察）、细胞衰老的检测（β-半乳糖苷酶的检测法）、细胞凋亡的诱导与检测分析、细胞自噬的诱导与观察等方法。

3. 基本实验技术

（1）显微镜技术：掌握普通光学显微镜、荧光显微镜、相差显微镜、暗视野显微镜等常用光学显微镜的结构、原理及使用方法；了解激光共聚焦显微镜的结构及工作原理；了解电子显微镜的结构、工作原理及电子显微镜超薄切片技术；熟悉显微成像技术。

（2）细胞化学技术：了解 Feulgen 染色法检测细胞核 DNA 的原理和方法；掌握细胞化学方法检测水解酶的原理和方法；掌握免疫荧光标记法检测细胞内蛋白质的原理与方法。

（3）组织切片与染色技术：掌握动植物组织制片和常用组织染色技术的基本原理与方法；熟悉苏木精 - 伊红染色（HE 染色）、细胞化学染色、免疫标记、原位杂交等技术的操作流程。

（4）细胞器分离纯化技术及细胞成分分析方法：掌握差速离心法、密度梯度离心法分离细胞器的基本原理；熟悉线粒体、叶绿体、液泡等细胞器及细胞核的分离及染色操作流程。了解高尔基体、溶酶体、内质网等细胞器的分离及染色操作流程；掌握细胞主要成分的分离、纯化与鉴定。

（5）无菌操作技术：掌握实验器材、试剂、实验环境等的灭菌或除菌方法，了解不同物品的清洗方法。

（6）动物细胞培养技术：掌握细胞的原代及传代培养、细胞计数、细胞冻存及复苏以及活性检测等技术的原理；了解细胞增殖、迁移、侵袭、集落形成等实验操作方法。

（7）细胞融合技术：掌握细胞融合的基本原理，单克隆抗体制备的基本原理。熟悉细胞融合的基本操作流程；了解单克隆抗体的制备方法。

（8）植物组织培养技术：掌握植物组织培养及植物原生质体分离等技术的原理。熟悉植物细胞脱分化与再分化的原理及操作方法；了解植物组织培养常用培养基的配制及条件优化。

（9）流式细胞术：掌握流式细胞仪的工作原理。熟悉流式细胞仪在细胞分选、细胞富集、细胞周期分析及细胞凋亡检测中的应用。

（10）外源基因导入细胞技术：掌握动物细胞转染及植物细胞转化技术的一般原理；熟悉磷酸钙转染技术、脂质体转染技术、根瘤衣杆菌介导的植物转化等技术的操作流程及结果检测方法。

三、建议性实验项目及对应的学时

1. 综合类高校建议性实验项目（建议 32 学时及以上）

编号	实验项目名称	基础性/综合性/研究性实验	建议学时
1	普通光学显微镜、相差显微镜及荧光显微镜的基本使用方法	必修/基础	3～4
2	细胞化学技术	必修/基础	3～4
3	动物细胞培养、传代、冻存、复苏与活性测定	必修/基础	3～4
4	动植物组织的样本制备（石蜡切片、冰冻切片等）	选修/基础	6～10
5	植物原生质体制备与细胞融合（或动物细胞融合）	选修/基础	3～4
6	植物细胞的脱分化与再分化	选修/综合	4～6
7	细胞分析或分选——流式细胞仪的使用	选修/综合	3～4
8	细胞骨架的免疫荧光染色及观察	必修/综合	3～4
9	细胞的组织提取及细胞器的分离鉴定	必修/综合	3～4
10	巨噬细胞的吞噬作用及观察	必修/综合	3～4
11	细胞周期检测与分析（M 期染色体制备、S 期细胞检测、有丝分裂或减数分裂观察）	必修/综合	4～6
12	细胞衰老的诱导及 β- 半乳糖苷酶的检测	选修/综合	4～6
13	细胞凋亡的诱导与检测	必修/研究	4～6
14	细胞自噬的诱导及观察	必修/研究	4～6
15	细胞质膜的通透性与细胞凝集现象观察	选修/综合	3～4
16	杂交瘤细胞的构建、筛选及单克隆抗体的制备	选修/综合	6～10
17	动物细胞转染及检测（植物细胞转化及检测）	选修/研究	4～6

注：该表中必修实验可根据不同院校的具体情况采用不同的实验材料和实验方法；确定为选修的实验项目主要依据少数院校开设，或部分实验内容已包括在其他实验项目中。

2. 师范类高校建议性实验项目（建议 32 学时及以上）

编号	实验项目名称	基础性 / 综合性 / 研究性实验	建议学时
1	普通光学显微镜、相差显微镜及荧光显微镜的基本使用方法	必修 / 基础	3 ~ 4
2	细胞化学技术	必修 / 基础	3 ~ 4
3	动物细胞培养、传代、冻存、复苏与活性测定	必修 / 基础	3 ~ 4
4	黑藻细胞的胞质环流	必修 / 基础	3 ~ 4
5	植物原生质体制备与细胞融合（或动物细胞融合）	选修 / 基础	3 ~ 4
6	植物细胞的脱分化与再分化	选修 / 综合	4 ~ 6
7	细胞分析或分选——流式细胞仪的使用	选修 / 综合	3 ~ 4
8	细胞骨架的免疫荧光染色及观察	必修 / 综合	3 ~ 4
9	线粒体、叶绿体的分离提取及鉴定	必修 / 综合	3 ~ 4
10	巨噬细胞的吞噬作用及观察	必修 / 综合	3 ~ 4
11	细胞周期检测与分析（M 期染色体制备、S 期细胞检测、有丝分裂或减数分裂观察）	必修 / 综合	4 ~ 6
12	细胞衰老的诱导及 β- 半乳糖苷酶的检测	选修 / 综合	4 ~ 6
13	细胞凋亡的诱导与检测	必修 / 研究	4 ~ 6
14	细胞自噬的诱导及观察	必修 / 研究	4 ~ 6
15	细胞质膜的通透性与细胞凝集现象观察	选修 / 综合	3 ~ 4
16	血细胞的分化和不同类型血细胞的观察	必修 / 综合	3 ~ 4
17	动物细胞转染及检测（植物细胞转化及检测）	选修 / 研究	4 ~ 6
18	四膜虫纤毛的再生	选修 / 研究	3 ~ 4

注：该表中必修实验可根据不同院校的具体情况采用不同的实验材料和实验方法；确定为选修的实验项目主要依据少数院校开设，或部分实验内容已包括在其他实验项目中。

3. 理工类高校建议性实验项目（建议 32 学时及以上）

编号	实验项目名称	基础性 / 综合性 / 研究性实验	建议学时
1	普通光学显微镜、相差显微镜及荧光显微镜的基本使用方法	必修 / 基础	3 ~ 4
2	细胞化学技术	必修 / 基础	3 ~ 4
3	动物细胞培养、传代、冻存、复苏与活性测定	必修 / 基础	3 ~ 4
4	动植物组织的样本制备（石蜡切片、冷冻切片等）	选修 / 基础	6 ~ 10
5	植物原生质体制备与细胞融合（或动物细胞融合）	选修 / 基础	3 ~ 4
6	植物细胞的脱分化与再分化	选修 / 综合	4 ~ 6

续表

编号	实验项目名称	基础性 / 综合性 / 研究性实验	建议学时
7	细胞分析或分选——流式细胞仪的使用	选修 / 综合	3 ~ 4
8	细胞骨架的免疫荧光染色及观察	必修 / 综合	3 ~ 4
9	细胞的组织提取及细胞器的分离鉴定	必修 / 综合	3 ~ 4
10	巨噬细胞的吞噬作用及观察	必修 / 综合	3 ~ 4
11	细胞周期检测与分析（M 期染色体制备、S 期细胞检测、有丝分裂或减数分裂观察）	必修 / 综合	4 ~ 6
12	细胞衰老的诱导及 β- 半乳糖苷酶的检测	选修 / 综合	4 ~ 6
13	细胞凋亡的诱导与检测	必修 / 研究	4 ~ 6
14	细胞自噬的诱导及观察	必修 / 研究	4 ~ 6
15	细胞质膜的通透性与细胞凝集现象观察	选修 / 综合	3 ~ 4
16	杂交瘤细胞的构建、筛选及单克隆抗体的制备	选修 / 综合	6 ~ 10
17	动物细胞转染及检测（植物细胞转化及检测）	选修 / 研究	4 ~ 6

注：该表中必修实验可根据不同院校的具体情况采用不同的实验材料和实验方法；确定为选修的实验项目主要依据少数院校开设，或部分实验内容已包括在其他实验项目中。

4. 农林类高校建议性实验项目（建议 32 学时及以上）

编号	实验项目名称	基础性 / 综合性 / 设计性实验	建议学时
1	普通光学显微镜、相差显微镜及荧光显微镜的基本使用方法	必修 / 基础	3 ~ 4
2	细胞化学技术	必修 / 基础	3 ~ 4
3	动物细胞培养、传代、冻存、复苏与活性测定	必修 / 基础	3 ~ 4
4	动植物组织的样本制备（石蜡切片、冰冻切片等）	选修 / 基础	6 ~ 10
5	植物原生质体制备与细胞融合（或动物细胞融合）	选修 / 基础	3 ~ 4
6	植物细胞的脱分化与再分化	选修 / 综合	4 ~ 6
7	植物细胞胞吞作用及内膜系统动态变化的荧光显微镜观察	必修 / 综合	3 ~ 4
8	细胞骨架的免疫荧光染色及观察	必修 / 综合	3 ~ 4
9	细胞的组织提取及细胞器的分离鉴定	必修 / 综合	3 ~ 4
10	巨噬细胞的吞噬作用及观察	必修 / 综合	3 ~ 4
11	细胞周期检测与分析（M 期染色体制备、S 期细胞检测、有丝分裂或减数分裂观察）	必修 / 综合	4 ~ 6
12	植株的诱导培养	必修 / 综合	6 ~ 10
13	细胞凋亡的诱导与检测	必修 / 研究	4 ~ 6

续表

编号	实验项目名称	基础性/综合性/设计性实验	建议学时
14	细胞自噬的诱导及观察	选修/研究	4~6
15	细胞壁及胞间连丝的观察	选修/综合	3~4
16	杂交瘤细胞的构建、筛选及单克隆抗体的制备	选修/综合	6~10
17	动物细胞转染及检测（植物细胞转化及检测）	选修/研究	4~6

注：该表中必修实验可根据不同院校的具体情况采用不同的实验材料和实验方法；确定为选修的实验项目主要依据少数院校开设，或部分实验内容已包括在其他实验项目中。

第七节 遗传学实验

一、导言

遗传学实验是生物学相关专业的一门重要基础课。实验内容包括多种生物体的表型观察、基因型检测以及遗传规律的分析等，涉及分子、细胞及个体水平的不同生物技术的综合应用。遗传学实验内容由经典遗传学和分子遗传学两大主线构成。经典遗传学包括孟德尔遗传、伴性遗传、连锁和互换、数量性状遗传、群体遗传等内容。分子遗传学包括基因突变、基因多态、基因转化和转导、基因编辑及基因表达等内容。遗传学实验以人类及多种模式生物为实验对象，综合利用显微镜技术、生物化学及分子生物学技术方法，与细胞生物学、发育生物学等学科的实验技术相互交融。课程要求学生掌握普通光学显微镜及其他常规仪器的使用，掌握模式生物培养和杂交、染色体制片及核型分析、遗传学统计分析、染色体诱变、分子生物学操作、基因转化等基本技术，并理解相关实验技术的操作原理和方法。

二、课程基本要求与相关内容

1. 遗传学实验先修课程要求
生物化学及其实验。

2. 基本要求
（1）理解遗传学实验技术的基本原理，掌握常用仪器的正确使用，包括光学显微镜、体视显微镜、PCR 仪、水平电泳槽等的使用。

（2）掌握遗传学的基本实验方法，包括主要仪器的清洁或清洗、常用试剂的配制、模式生物的培养及杂交方法、染色体诱变和制片、基因检测和分析等。

（3）掌握模式生物（大肠杆菌、酵母、果蝇、线虫、拟南芥、玉米等）的培养与性状观察，人类表型的观察与分析；模式生物（大肠杆菌、酵母、果蝇、线虫、拟南芥、玉米等）的单因子杂交、双因子杂交实验及数据分析处理；模式生物和人类细胞的基因组 DNA 提取和基因分型技术。

（4）掌握动植物生殖细胞（孢子、精子和卵子）发生及生殖器官（卵巢和精巢、雌蕊和雄蕊）发育过程的显微观察；染色体制片、显带与观察，包括有丝分裂染色体、减数分裂染色体、巴氏小体和唾腺染色体的显微观察；动植物受精过程、胚胎发育过程的显微观察、动物发育过程中变态发育的观察。

（5）掌握动、植物数量性状观察、分析与遗传率的计算；掌握生物群体的基因频率调查与群体遗传分析。

（6）了解模式生物（大肠杆菌、酵母、果蝇、线虫、拟南芥、斑马鱼等）的人工诱变、突变体的筛选、分离培养与鉴定；模式生物和人类细胞突变体的基因定位；转基因模式生物（大肠杆菌、酵母、果蝇、线虫、拟南芥、斑马鱼等）的构建、筛选、分离培养与鉴定。

（7）了解遗传标记的分型、连锁分析与遗传图谱的绘制；DNA 序列获取、比对与亲缘关系分析；基因组结构与序列信息分析；基因表达分析（如乳糖操纵子的诱导表达、转基因细胞的外源基因表达分析、哺乳动物细胞的 RNA 干扰、不同发育阶段特定基因的时空表达谱等）；环境因素如激素等对动植物生殖细胞发育、胚胎发育的影响。

（8）学会利用 RNA 干扰、基因编辑、转基因等技术研究模式生物细胞及生物整体中的基因功能；利用遗传多态分析与关联分析等方法研究人类基因型与表型的对应关系。

3. 基本实验技术

（1）无菌技术：掌握实验操作空间的消毒灭菌、实验器皿的消毒灭菌；实验药品的消毒灭菌；消毒灭菌的方法；微生物分离和培养过程中的无菌操作；动植物细胞培养和胚胎移植中的无菌操作等方法。

（2）离体培养技术：掌握细胞、器官和组织的分离技术；掌握培养基的成分组成和配制；掌握培养的条件和条件的控制；掌握培养材料的整体、显微观察和显微成像技术；掌握植物和微生物原生质体分离和纯化技术，动物胚胎培养和冷冻、体外授精技术。

（3）显微观察和成像技术：掌握对分离或培养的组织、细胞等进行制片、切片、染色，显微观察和成像技术。

（4）模式生物培养与杂交技术：包括大肠杆菌、酵母、果蝇、线虫、拟南芥、斑马鱼等的培养、形态学观察与杂交技术，掌握培养条件与方法，性别鉴定，主要形态学特征的观察，单因子杂交、双因子杂交以及杂交结果的统计学分析。

（5）染色体制片及核型分析技术：掌握利用动植物和人类细胞材料进行染色

体制片、显带技术，观察有丝分裂或减数分裂的染色体行为，唾腺染色体的制备和观察。

（6）连锁分析技术：掌握果蝇的三点测交、粗糙链孢霉的四分子分析、动植物细胞的遗传标记分析、遗传图谱的绘制。

（7）诱变技术：包括物理诱变和化学诱变的方法和指标要求；诱变剂的种类、特点和使用方法；诱变后突变菌株、细胞等的选育和鉴定技术。

（8）分子生物学操作技术：DNA 提取、RNA 提取、蛋白质提取、PCR、核酸纯化、酶切、连接技术、核酸和蛋白质电泳、载体构建技术、Western Blot 技术、原位杂交等。

（9）基因转化技术：掌握大肠杆菌的转化、农杆菌介导的植物细胞转化技术；动物细胞和植物原生质体的显微注射技术；基因枪轰击技术，以及转基因生物体的鉴定等。

（10）整体动物操作技术：掌握动物胚胎移植、人工授精技术。

（11）基因序列分析：掌握序列比对、基因组结构分析和分子进化分析的基本方法。

（12）遗传学统计分析技术：包括单因子、双因子杂交实验的数据处理，重组率的计算，数量性状的统计与遗传率的计算，群体遗传学的基因频率计算与平衡群体的判断。

三、建议性实验项目及对应的学时

1. 综合类高校建议性实验项目（建议 32 学时及以上）

序号	实验项目名称	基础性 / 综合性 / 研究性实验	建议学时
1	杂交实验与分析	必修 / 基础	4～10
2	遗传性状的观察与分析	选修 / 研究	2
3	数量性状及其遗传分析	必修 / 基础	2
4	染色体制片和观察	必修 / 基础	2
5	遗传发育的显微观察	选修 / 基础	2
6	基因检测	必修 / 基础	4
7	遗传标记及基因多态性分析	必修 / 基础	4
8	基因突变	必修 / 基础	4
9	基因转化或转导	必修 / 基础	4
10	基因组 DNA 制备及序列分析	必修 / 综合	2
11	物种进化及亲缘关系分析	选修 / 研究	2
12	基因定位或遗传作图	选修 / 研究	4

序号	实验项目名称	基础性 / 综合性 / 研究性实验	建议学时
13	RNA 干扰技术	选修 / 研究	4
14	基因表达分析	选修 / 研究	4
15	基因表达调控分析	选修 / 研究	4
16	基因编辑及转基因技术	选修 / 研究	4 ~ 10

注：该表中必修实验可根据不同院校的具体情况采用不同的实验材料和实验方法；确定为选修的实验项目主要依据少数院校开设，或部分实验内容已包括在其他实验项目中。

2. 师范类高校建议性实验项目（建议 32 学时及以上）

序号	实验项目名称	基础性 / 综合性 / 研究性实验	建议学时
1	杂交实验与分析	必修 / 基础	4 ~ 10
2	遗传性状的观察与分析	选修 / 研究	2
3	数量性状及其遗传分析	必修 / 基础	2
4	染色体制片和观察	必修 / 基础	2
5	遗传发育的显微观察	选修 / 基础	2
6	基因检测	必修 / 基础	4
7	遗传标记及基因多态性分析	必修 / 基础	4
8	基因突变	必修 / 基础	4
9	基因组 DNA 制备及序列分析	必修 / 综合	2
10	基因定位或遗传作图	选修 / 研究	4
11	基因表达分析	选修 / 研究	4
12	基因表达调控分析	选修 / 研究	4

注：该表中必修实验可根据不同院校的具体情况采用不同的实验材料和实验方法；确定为选修的实验项目主要依据少数院校开设，或部分实验内容已包括在其他实验项目中。

3. 理工类高校建议性实验项目（建议 16 学时及以上）

序号	实验项目名称	基础性 / 综合性 / 研究性实验	建议学时
1	杂交实验与分析	必修 / 基础	4 ~ 10
2	遗传性状的观察与分析	选修 / 研究	2
3	数量性状及其遗传分析	必修 / 基础	2
4	染色体制片和观察	必修 / 基础	2
5	基因检测	选修 / 基础	4

续表

序号	实验项目名称	基础性/综合性/研究性实验	建议学时
6	遗传标记及基因多态性分析	选修/基础	4
7	基因突变	必修/基础	4
8	基因组 DNA 制备及序列分析	必修/综合	2

注：该表中必修实验可根据不同院校的具体情况采用不同的实验材料和实验方法；确定为选修的实验项目主要依据少数院校开设，或部分实验内容已包括在其他实验项目中。

4. 农林类高校建议性实验项目（建议 32 学时及以上）

序号	实验项目名称	基础性/综合性/研究性实验	建议学时
1	杂交实验与分析	必修/基础	4～10
2	遗传性状的观察与分析	选修/研究	2
3	数量性状及其遗传分析	必修/基础	2
4	染色体制片和观察	必修/基础	2
5	遗传发育的显微观察	选修/基础	2
6	基因检测	必修/基础	4
7	遗传标记及基因多态性分析	必修/基础	4
8	基因突变	必修/基础	4
9	基因转化或转导	必修/基础	4
10	基因组 DNA 制备及序列分析	必修/综合	2
11	基因表达分析	选修/研究	4

注：该表中必修实验可根据不同院校的具体情况采用不同的实验材料和实验方法；确定为选修的实验项目主要依据少数院校开设，或部分实验内容已包括在其他实验项目中。

第八节　分子生物学实验

一、导言

分子生物学是生命科学中的前沿学科，是在生物大分子水平上研究细胞的结构、功能及调控的学科，在现代生物学学科发展中具有重要的作用，许多重大的理论和技术问题都依赖于分子生物学的突破。随着 21 世纪初人类基因组计划的完成，分子生物学发展进入了一个全新的时代。为了适应分子生物学科学研究与技术研发等工作发展的需要，设置分子生物学实验课。课程要求学生掌握现代分子生物学研究的基本知识、理论、方法、技术和技能。通过重组 DNA 的构建与转化，重组子的筛选和质粒 DNA 的提取以及 PCR 法鉴定阳性克隆等实验过程，使学生掌握基因重组的核心内容、基本过程与实验技术，训练并培养学生的实际动手能力及发现、分析和解决问题的能力。

二、课程基本要求与相关内容

1. 分子生物学实验先修课程要求

微生物学及其实验。

2. 基本要求

（1）掌握分子生物学常用实验技术的基本原理和方法，包括无菌操作技术、DNA 重组技术、核酸提取与纯化技术、离心技术、光谱与色谱技术、电泳技术等。

（2）掌握常用仪器的使用方法，包括微量移液器、分光光度计、电子天平、酸度计、离心机、超净工作台、恒温培养箱、振荡器、琼脂糖凝胶电泳系统以及 PCR 仪等。

（3）掌握琼脂糖凝胶电泳、感受态细胞的制备与转化、PCR 扩增目的 DNA 等技术与方法，锻炼和促进学生基本操作能力。

（4）掌握重组 DNA 的构建与表达、宿主菌的培养、重组阳性克隆的筛选与鉴定等技能与方法。

3. 基本实验技术

（1）无菌操作技术：掌握物理和化学法灭菌及杀菌的基本原理及相关操作技术，学会如何控制和解决分子操作过程中的微生物污染问题。

（2）核酸分子的分离纯化技术：掌握质粒和 / 或基因组 DNA 提取、RNA 提取、核酸纯化的原理与操作。

（3）DNA 重组技术：掌握酶切与连接技术、载体构建技术、感受态细胞制备技术、大肠杆菌转化技术、重组阳性克隆的筛选与鉴定等 DNA 重组技术的原理与操作。

（4）电泳技术：熟悉电泳技术的基本原理和主要种类；掌握琼脂糖凝胶电泳的实验操作及其琼脂糖凝胶电泳回收技术，清楚使用后的清洁维护方法。

（5）PCR 扩增技术：掌握 PCR 扩增原理与操作，了解 PCR 的引物设计。

（6）分子杂交技术：熟悉 Southern Blot 和 Western Blot 的原理与操作，了解 Northern Blot 和芯片制备技术的原理与操作。

（7）离心技术：掌握离心分离技术的基本原理与应用；熟悉不同类型离心机的使用及其注意事项。

（8）常规仪器使用技术：熟悉常用的微量移液器、细菌培养箱、振荡器、

PCR 仪、离心机、电泳系统等常规仪器的结构特点及使用和维护方法。

三、建议性实验项目及对应的学时

1. 综合类高校建议性实验项目（建议 32 学时及以上）

编号	实验项目名称	基础性 / 综合性 / 研究性实验	建议学时
1	核酸的琼脂糖凝胶电泳	必修 / 基础	3
2	质粒（基因组）DNA 的提取	必修 / 基础	3
3	DNA/RNA 浓度与纯度的测定及浓度的调整	必修 / 基础	2
4	DNA 的纯化与鉴定	必修 / 基础	3
5	DNA 的限制性酶切及电泳分析	必修 / 基础	3
6	DNA 酶切片段的分离与回收	必修 / 基础	2
7	DNA 的连接与转化	必修 / 基础	3 ~ 4
8	感受态细胞的制备与转化	必修 / 综合	4 ~ 6
9	重组子的筛选与验证	必修 / 基础	4 ~ 6
10	PCR 获得目的基因	必修 / 基础	4 ~ 6
11	RNA 的分离	选修 / 基础	3 ~ 4
12	RT-PCR 及其检测	选修 / 基础	4 ~ 6
13	目的蛋白的诱导表达和 PAGE 分析	选修 / 综合	10 ~ 12
14	DNA 探针的制备和标记	选修 / 综合	4 ~ 6
15	Southern Blot	选修 / 综合	10 ~ 12
16	Northern Blot	选修 / 综合	10 ~ 12
17	Western Blot 检测表达蛋白	选修 / 综合	10 ~ 12
18	qPCR 分析基因的表达	选修 / 研究	8 ~ 16
19	DNA 芯片制备技术	选修 / 研究	6 ~ 8

注：该表中必修实验可根据不同院校的具体情况采用不同的实验材料和实验方法；确定为选修的实验项目主要依据少数院校开设，或部分实验内容已包括在其他实验项目中。

2. 师范类高校建议性实验项目（建议 32 学时及以上）

编号	实验项目名称	基础性 / 综合性 / 研究性实验	建议学时
1	核酸的琼脂糖凝胶电泳	必修 / 基础	3
2	质粒（基因组）DNA 的提取	必修 / 基础	3
3	DNA/RNA 浓度与纯度的测定及浓度的调整	必修 / 基础	2

续表

编号	实验项目名称	基础性 / 综合性 / 研究性实验	建议学时
4	DNA 的纯化与鉴定	必修 / 基础	3
5	DNA 的限制性酶切及电泳分析	必修 / 基础	3
6	DNA 酶切片段的分离与回收	必修 / 基础	2
7	DNA 的连接与转化	必修 / 基础	3~4
8	感受态细胞的制备与转化	必修 / 综合	4~6
9	重组子的筛选与验证	必修 / 基础	4~6
10	PCR 获得目的基因	必修 / 基础	4~6
11	RNA 的分离	选修 / 基础	3~4
12	RT-PCR 及其检测	选修 / 基础	4~6
13	目的蛋白的诱导表达和 PAGE 分析	选修 / 综合	10~12
14	Western Blot 检测表达蛋白	选修 / 综合	10~12

　　注：该表中必修实验可根据不同院校的具体情况采用不同的实验材料和实验方法；确定为选修的实验项目主要依据少数院校开设，或部分实验内容已包括在其他实验项目中。

3. 理工类高校建议性实验项目（建议 32 学时及以上）

编号	实验项目名称	基础性 / 综合性 / 研究性实验	建议学时
1	核酸的琼脂糖凝胶电泳	必修 / 基础	3
2	质粒（基因组）DNA 的提取	必修 / 基础	3
3	DNA/RNA 浓度与纯度的测定及浓度的调整	必修 / 基础	2
4	DNA 的纯化与鉴定	必修 / 基础	3
5	DNA 的限制性酶切及电泳分析	必修 / 基础	3
6	DNA 酶切片段的分离与回收	必修 / 基础	2
7	DNA 的连接与转化	必修 / 基础	3~4
8	感受态细胞的制备与转化	必修 / 综合	4~6
9	重组子的筛选与验证	必修 / 基础	4~6
10	PCR 获得目的基因	必修 / 基础	4~6
11	RNA 的分离	选修 / 基础	3~4
12	RT-PCR 及其检测	选修 / 基础	4~6
13	目的蛋白的诱导表达和 PAGE 分析	选修 / 综合	10~12
14	Western Blot 检测表达蛋白	选修 / 综合	10~12

　　注：该表中必修实验可根据不同院校的具体情况采用不同的实验材料和实验方法；确定为选修的实验项目主要依据少数院校开设，或部分实验内容已包括在其他实验项目中。

4. 农林类高校建议性实验项目（建议 32 学时及以上）

编号	实验项目名称	基础性 / 综合性 / 研究性实验	建议学时
1	核酸的琼脂糖凝胶电泳	必修 / 基础	3
2	质粒（基因组）DNA 的提取	必修 / 基础	3
3	DNA/RNA 浓度与纯度的测定及浓度的调整	必修 / 基础	2
4	DNA 的纯化与鉴定	必修 / 基础	3
5	DNA 的限制性酶切及电泳分析	必修 / 基础	3
6	DNA 酶切片段的分离与回收	必修 / 基础	2
7	DNA 的连接与转化	必修 / 基础	3～4
8	感受态细胞的制备与转化	必修 / 综合	4～6
9	重组子的筛选与验证	必修 / 基础	4～6
10	PCR 获得目的基因	必修 / 基础	4～6
11	RNA 的分离	选修 / 基础	3～4
12	RT-PCR 及其检测	选修 / 基础	4～6
13	目的蛋白的诱导表达和 PAGE 分析	选修 / 综合	10～12
14	Southern Blot	选修 / 综合	10～12
15	Western Blot 检测表达蛋白	选修 / 综合	10～12
16	DNA 芯片制备技术	选修 / 研究	6～8

注：该表中必修实验可根据不同院校的具体情况采用不同的实验材料和实验方法；确定为选修的实验项目主要依据少数院校开设，或部分实验内容已包括在其他实验项目中。

第九节　动物生理学实验

一、导言

生理学是研究动物、人的组织、器官功能以及器官间相互协调机制的一门科学，主要关注动物和人维持自身生命内环境稳态的机理。生理学的形成是基于动物实验研究和对人的临床观察与研究，生理学实验是学习和掌握抽象生理知识的重要手段。

动物生理学实验离不开相关技能的训练和仪器的操作，包括动物保定、麻醉、采血、处死、简单的手术等技能；了解动物生理学实验常用仪器、设备的工作原理与使用及维护方法，如电刺激系统、引导换能系统、显示与记录系统、生物信号采集与处理系统等；掌握相关生理学实验操作技能和方法，如神经和肌肉、血液、循环、呼吸、消化、泌尿、感觉及生殖与内分泌生理学实验等；遵守实验动物福利与伦理要求。

二、课程基本要求与相关内容

1. 动物生理学实验先修课程要求

动物学 / 动物生物学及其实验、生理学 / 动物生理学。

2. 基本要求

（1）学习并遵守实验室基本规章制度：正式开课前需对学生进行实验室安全规则、实验动物福利与伦理教育；正确、安全使用常用化学试剂的教育；正确操作生物样本的教育；水、电、火的安全使用教育；常用生物废弃物的处理和常用化学废弃物的处理方式和条例教育等，明确实验室的安全条例和安全须知。

（2）正确撰写实验报告：掌握实验报告的撰写方式，包括实验目的、实验方法和结果的撰写格式；掌握分析归纳、逻辑推理的方法；掌握使用科学语言和术语撰写实验报告的技能。

（3）掌握文献检索的基本方法和途径：了解文献检索方式；培养学生通过文献检索、文献阅读解决问题的技能。

（4）熟悉实验设计的基本原则：要求学生掌握科学实验方法和实验设计的基本原则。

3. 基本实验技术

（1）常用仪器、设备的正确使用：掌握电刺激系统、引导换能系统、信号调节放大系统、显示与记录系统、生理信号采集系统等的工作原理和操作方法；熟悉实验常用的托盘天平、电子天平、酸度计、搅拌器、离心机、烘箱等常规仪器的使用和维护方法；掌握动物生理学实验常用器械的结构特点、使用和维护方法；掌握手术器械的使用和日常维护方法。

（2）常用试剂的配制方法：掌握生理盐水、小型实验动物麻醉剂、消毒液、抗凝剂、脱毛剂等试剂的配制和使用方法。

（3）实验动物的保定技术：掌握不同小型实验动物的保定方法；掌握保定器械的使用方法。

（4）实验动物的给药途径：掌握对小型实验动物给药技术，包括皮内、皮下、静脉、腹腔、心脏和灌胃等；了解不同给药途径的区别与效用。

（5）实验动物的麻醉与处死技术：掌握常用小型实验动物麻醉药的效用和使用方法；掌握常用小型实验动物的安死术。

（6）实验动物的组织、器官剥离与插管技术：了解慢性和急性实验的区别；掌握小型实验动物的器官摘除、器官移植、器官损伤等技术；掌握小型实验动物的气管插管、动脉插管、尿道插管、灌胃插管等技术。

（7）实验动物手术创口缝合技术：掌握常用的灭菌与消毒方法；掌握手术器

械的灭菌和消毒方法；掌握肌肉、皮肤等组织的缝合和打结的方法。

（8）小型实验动物饲养：了解常用小型实验脊椎动物的饲养方法。

（9）动物实验意外事故的处理技术：了解动物实验意外事故处理方法。

（10）实验动物尸体处理方法：熟悉正确处理动物尸体的方法。实验后，动物的尸体应由有资质单位统一处理，并由实验员做好记录、备案。

三、建议性实验项目及对应的学时

1. 综合类高校建议性实验项目（建议 32 学时及以上）

编号	实验项目名称	基础性/综合性/研究性实验	建议学时
1	生理信号采集系统的原理和操作	必修/基础	2~3
2	蟾蜍（牛蛙）坐骨神经干动作电位的观察与记录	必修/基础	4~6
3	蟾蜍（牛蛙）坐骨神经–腓肠肌标本制备和刺激频率及刺激强度对肌肉收缩的影响	必修/综合	4~6
4	红细胞比容、血沉及影响血凝的因素	选修/基础	2~3
5	血涂片制备与观察、血红蛋白测定和 ABO 血型鉴定	必修/基础	4~6
6	红细胞渗透脆性测定和血液细胞成分分离	选修/基础	2~3
7	心音听诊、血压测量和体表心电图	选修/基础	2~3
8	蟾蜍（牛蛙）离体心脏灌流、代偿性间歇和正常起搏观察	必修/基础	4~6
9	植物神经、体液对兔心血管活动的调节	必修/综合	4~6
10	神经、体液对兔呼吸运动的调节	必修/研究	4~6
11	肺的基本结构及人心肺功能的评定	选修/综合	4~6
12	呼吸运动调节及对心率和血压的影响	选修/综合	4~6
13	肠系膜微循环的观察分析和离体小肠平滑肌的生理特性分析	必修/综合	4~6
14	大鼠离体小肠的吸收及其影响因素分析	选修/基础	4~6
15	家兔尿液生成及影响因素	必修/综合	4~6
16	鱼类渗透压调节	选修/综合	4~6
17	FSH 和 LH 对小鼠排卵的影响以及精液品质检查	必修/基础	4~6
18	脊髓反射的基本特征与反射弧的分析	选修/综合	4~6
19	家兔大脑皮层刺激效应和去大脑僵直的观察	选修/综合	4~6
20	小脑损伤动物行为的观察	选修/基础	4~6
21	探究有氧运动与无氧运动生理指标变化的差异	选修/研究	4~6
22	斑马鱼视动反应行为的观察	选修/综合	2~3
23	色觉、视力、视野、盲点的测定及瞳孔对光反射	必修/基础	2~3

续表

编号	实验项目名称	基础性 / 综合性 / 研究性实验	建议学时
24	兔脑干的血液化学感受中枢对心血管、呼吸系统的影响	选修 / 综合	4~6
25	豚鼠耳蜗电位的引导和听力测定	选修 / 综合	4~6
26	迷路损伤对动物运动的影响	选修 / 综合	4~6
27	不同感官的参与对工作记忆的影响	选修 / 研究	4~6
28	胰岛素、肾上腺素对血糖的调节	必修 / 综合	4~6
29	小鼠肾上腺摘除与应激反应的观察	选修 / 综合	4~6
30	人体酒精含量的测定及其对不同生理指标的影响	选修 / 研究	4~6
31	不同音乐类型对人体生理指标的影响	选修 / 研究	4~6
32	空间 Stroop 效应初探	选修 / 研究	4~6
33	探究暗示对注意力的影响	选修 / 研究	4~6
34	PPT 配色方案对阅读的影响	选修 / 研究	4~6
35	温和运动和剧烈运动下不同恢复方式的效果比较	选修 / 研究	4~6

　　注：该表中必修实验可根据不同院校的具体情况采用不同的实验材料和实验方法；确定为选修的实验项目主要依据少数院校开设，或部分实验内容已包括在其他实验项目中。

2. 师范类高校建议性实验项目（建议 32 学时及以上）

编号	实验项目名称	基础性 / 综合性 / 研究性实验	建议学时
1	人体解剖结构的观察与分析	必修 / 基础	4~6
2	生理信号采集系统的原理和操作	必修 / 基础	2~3
3	蟾蜍（牛蛙）坐骨神经干动作电位的观察与记录	选修 / 基础	4~6
4	蟾蜍（牛蛙）坐骨神经–腓肠肌标本制备和刺激频率及刺激强度对肌肉收缩的影响	必修 / 综合	4~6
5	红细胞比容、血沉、凝血时测定和血清制备	选修 / 基础	4~6
6	血涂片制备与观察、血红蛋白测定和 ABO 血型鉴定	必修 / 基础	4~6
7	心音听诊、血压测量和体表心电图	必修 / 基础	2~3
8	蟾蜍（牛蛙）离体心脏灌流、代偿性间歇和正常起搏观察	必修 / 基础	4~6
9	神经、体液因素对兔心血管活动的调节	必修 / 综合	4~6
10	蟾蜍（牛蛙）肠系膜微循环的观察分析	选修 / 综合	2~3
11	神经、体液因素对兔呼吸运动的调节	选修 / 综合	4~6
12	人体心肺功能的评定	选修 / 综合	4~6
13	运动、呼吸对心率及血压的影响	选修 / 综合	4~6
14	离体小肠平滑肌的生理特性分析	必修 / 综合	4~6

续表

编号	实验项目名称	基础性/综合性/研究性实验	建议学时
15	大鼠离体小肠吸收及影响因素分析	必修/基础	4~6
16	影响家兔尿液生成的因素	选修/综合	4~6
17	鱼类渗透压调节	选修/综合	4~6
18	脊髓反射的基本特征与反射弧的分析	选修/综合	4~6
19	家兔大脑皮层刺激效应和去大脑僵直的观察	选修/综合	4~6
20	小脑损伤动物行为的观察	选修/综合	4~6
21	探究有氧运动与无氧运动生理指标变化的差异	选修/研究	4~6
22	斑马鱼视动反应行为的观察	选修/综合	2~3
23	色觉、视力、视野、盲点的测定及瞳孔对光反射	必修/基础	2~3
24	探究说谎与瞳孔直径的关系	选修/研究	4~6
25	豚鼠耳蜗电位的引导和听力测定	选修/综合	4~6
26	迷路损伤对动物运动的影响	选修/综合	4~6
27	不同感官的参与对工作记忆的影响	选修/研究	4~6
28	小鼠肾上腺摘除与应激反应的观察	选修/综合	4~6
29	不同音乐类型对人体生理指标的影响	选修/研究	4~6
30	空间 Stroop 效应初探	选修/研究	4~6
31	探究暗示对注意力的影响	选修/研究	4~6
32	温和运动和剧烈运动下不同恢复方式的效果比较	选修/研究	4~6

注：该表中必修实验可根据不同院校的具体情况采用不同的实验材料和实验方法；确定为选修的实验项目主要依据少数院校开设，或部分实验内容已包括在其他实验项目中。

3. 理工类高校建议性实验项目（建议 16 学时及以上）

编号	实验项目名称	基础性/综合性/研究性实验	建议学时
1	家兔解剖结构观察与分析	必修/基础	2~3
2	生理信号采集系统的原理和操作	必修/基础	2~3
3	蟾蜍（牛蛙）坐骨神经干动作电位的观察与记录	必修/基础	4~6
4	蟾蜍（牛蛙）坐骨神经－腓肠肌标本制备和刺激频率及刺激强度对肌肉收缩的影响	必修/综合	4~6
5	红细胞比容、血沉及凝血时测定	选修/基础	4~6
6	血涂片制备与观察、血红蛋白测定和 ABO 血型鉴定	必修/基础	4~6
7	心音听诊、血压测量和体表心电图	必修/基础	2~3
8	蟾蜍（牛蛙）离体心脏灌流	必修/基础	4~6

续表

编号	实验项目名称	基础性 / 综合性 / 研究性实验	建议学时
9	神经、体液因素对兔心血管活动的调节	必修 / 综合	4~6
10	蟾蜍（牛蛙）肠系膜微循环的观察分析	选修 / 综合	2~3
11	神经、体液因素对兔呼吸运动的调节	必修 / 综合	4~6
12	人体心肺功能的评定及运动对呼吸、心率、血压的影响	选修 / 综合	4~6
13	离体小肠平滑肌的生理特性分析	选修 / 综合	4~6
14	大鼠离体小肠吸收及影响因素分析	选修 / 基础	4~6
15	家兔尿液生成及影响因素	选修 / 综合	4~6
16	鱼类渗透压调节	选修 / 综合	4~6
17	FSH 和 LH 对小鼠排卵的影响和精液品质鉴定	选修 / 基础	4~6
18	脊髓反射的基本特征与反射弧的分析	选修 / 综合	4~6
19	家兔大脑皮层刺激效应和去大脑僵直的观察	选修 / 综合	4~6
20	探究有氧运动与无氧运动生理指标变化的差异	选修 / 研究	4~6
21	色觉、视力、视野、盲点的测定及瞳孔对光反射	必修 / 基础	2~3
22	探究说谎与瞳孔直径的关系	选修 / 研究	4~6
23	豚鼠耳蜗电位的引导和听力测定	选修 / 综合	4~6
24	迷路损伤对动物运动的影响	选修 / 综合	4~6
25	不同感官的参与对工作记忆的影响	选修 / 研究	4~6
26	小鼠肾上腺摘除与应激反应的观察	选修 / 综合	4~6
27	不同音乐类型对人体生理指标的影响	选修 / 研究	4~6
28	空间 Stroop 效应初探	选修 / 研究	4~6
29	探究暗示对注意力的影响	选修 / 研究	4~6
30	温和运动和剧烈运动下不同恢复方式的效果比较	选修 / 研究	4~6

　　注：该表中必修实验可根据不同院校的具体情况采用不同的实验材料和实验方法；确定为选修的实验项目主要依据少数院校开设，或部分实验内容已包括在其他实验项目中。

4. 农林类高校建议性实验项目（建议 32 学时及以上）

编号	实验项目名称	基础性 / 综合性 / 研究性实验	建议学时
1	生理信号采集系统的原理和操作	必修 / 基础	2~3
2	蟾蜍（牛蛙）坐骨神经干动作电位的观察与记录	必修 / 基础	2~3
3	蟾蜍（牛蛙）坐骨神经 – 腓肠肌标本制备和刺激频率及刺激强度对肌肉收缩的影响	必修 / 综合	4~6

续表

编号	实验项目名称	基础性 / 综合性 / 研究性实验	建议学时
4	血涂片制备与观察、血红蛋白测定、血清制备和 ABO 血型鉴定	必修 / 基础	2～3
5	红细胞比容、血沉、凝血及影响血凝的因素	选修 / 基础	2～3
6	心音听诊、血压测量和体表心电图	选修 / 基础	2～3
7	蟾蜍（牛蛙）离体心脏灌流、代偿性间歇和正常起搏点观察	必修 / 基础	4～6
8	神经、体液因素对兔心血管活动的调节	必修 / 综合	4～6
9	脑干化学感受器对呼吸、心血管的影响	选修 / 研究	4～6
10	神经、体液因素对兔呼吸运动的调节	必修 / 综合	4～6
11	探究运动时呼吸方式对心率及血压的影响	选修 / 研究	4～6
12	离体小肠平滑肌的生理特性分析	必修 / 综合	4～6
13	大鼠离体小肠吸收及影响因素分析	选修 / 基础	4～6
14	家兔尿液生成及影响因素的探究	必修 / 研究	4～6
15	不同家畜尿液 pH 的测定及影响因素	选修 / 综合	4～6
16	脊髓反射的基本特征与反射弧的分析	选修 / 综合	4～6
17	家兔大脑皮层刺激效应和去大脑僵直的观察	选修 / 综合	4～6
18	小脑损伤动物行为的观察	选修 / 综合	4～6
19	斑马鱼视动反应行为的观察	选修 / 综合	2～3
20	豚鼠耳蜗电位的引导和听力测定	选修 / 综合	4～6
21	迷路损伤对动物运动的影响	选修 / 综合	4～6
23	胰岛素、肾上腺素对血糖的调节	必修 / 综合	4～6
24	小鼠肾上腺摘除与应激反应的观察	选修 / 综合	4～6
25	FSH 和 LH 对卵泡发育和排卵作用的探究	选修 / 综合	4～6
26	温和运动和剧烈运动下不同恢复方式的效果比较	选修 / 研究	4～6

　　注：该表中必修实验可根据不同院校的具体情况采用不同的实验材料和实验方法；确定为选修的实验项目主要依据少数院校开设，或部分实验内容已包括在其他实验项目中。

第十节　免疫学实验

一、导言

　　免疫学实验的原理和方法被医学和生命科学的许多领域所应用。免疫学技术与生物化学、分子生物学和细胞生物学等技术相互渗透、互为补充，成为生物学生物大分子研究中不可或缺的有效技术手段之一。课程要求学生了解常规仪器的使用，理解相关实验技术的操作原理和方法，掌握抗体制备、抗原分离纯化及检测鉴定、凝集反应、沉淀反应、酶免疫检测、免疫荧光、免疫细胞分离提取及功能测定等基本技术。在实验过程中强化学生基本实验技能的训练和综合能力的培养，并通过免疫学实验锻炼学生的动手能力和解决问题的能力，培养学生合作精神，提高学生的实践能力、综合素质和创新能力。

二、课程基本要求与相关内容

1. 免疫学实验先修课程要求
生物化学、细胞生物学及其实验。

2. 基本要求
（1）掌握流式细胞仪、酶标仪等仪器设备的使用方法，掌握常用实验动物的基本操作技术及免疫方法。

（2）掌握蛋白免疫印迹、酶联免疫吸附、琼脂双向扩散、抗原抗体反应（凝集反应与沉淀反应、效价评估）实验方法与技术，以及免疫细胞的分离、鉴定、培养及形态观察方法与技术。

（3）熟悉单克隆抗体及多克隆抗体的制备及效价评估，流式细胞分选及功能研究的方法。

（4）学会利用免疫荧光、免疫印记、放射性标记技术研究蛋白质的定位、定性、定量分析的方法。

（5）了解巨噬细胞的提取及细胞吞噬功能的检测。

（6）了解免疫相关疾病的检测及相关动物模型的构建。

3. 基本实验技术
（1）抗体制备技术：了解单克隆抗体制备和多克隆抗体制备技术的原理及其实验流程。

（2）抗原鉴定及分型：了解抗原的分离、纯化及鉴定分型的原理和操作。

（3）经典抗原抗体反应检测技术：熟悉凝集反应、沉淀反应、补体测定方法，了解其原理和应用。

（4）酶免疫检测技术：掌握酶联免疫吸附试验和酶免疫组化技术原理和操作流程。

（5）放射性标记技术：了解放射性同位素标记抗原的方法；了解放射免疫分析技术、免疫放射分析方法以及相关操作流程。

（6）免疫荧光技术：了解免疫荧光的基本原理，掌握常见免疫荧光标记技术及操作流程。

（7）免疫印迹技术：掌握蛋白质免疫印迹的原理和操作方法，熟悉实验操作过程中的关键步骤及注意事项。

（8）免疫沉淀及共沉淀技术：了解免疫沉淀及共沉淀的原理和操作。

（9）免疫细胞分离及功能检测技术：掌握外周血、胸腺、脾、淋巴结中各类免疫细胞分离技术；掌握单核 / 巨噬细胞、T 淋巴细胞、B 淋巴细胞、NK 细胞、中性粒细胞、树突状细胞的分离方法及相关功能测定原理和方法。

（10）细胞因子活性检测技术：掌握 IL-1、IL-2、IL-4、IL-8、IL-10、肿瘤坏死因子、干扰素等细胞因子的生物学活性检测方法。

（11）疾病检测技术及相关动物模型：了解利用免疫学方法检测变态反应性疾病、自身免疫性疾病、免疫缺陷性疾病等疾病，以及肿瘤免疫学、生殖免疫学、神经免疫学检测技术，熟悉相关疾病动物模型的构建与评估。

（12）流式细胞技术：掌握流式细胞技术的原理，熟悉流式细胞技术在免疫细胞的分离和功能测定、细胞因子活性检测、细胞凋亡检测方面的应用。

三、建议性实验项目及对应的学时

1. 综合类高校建议性实验项目（建议 32 学时及以上）

编号	实验项目名称	基础性 / 综合性 / 研究性实验	建议学时
1	酶联免疫实验	必修 / 基础	4 ~ 6
2	琼脂双向扩散实验	必修 / 基础	3 ~ 4
3	胶体金免疫层析技术	必修 / 基础	3 ~ 4
4	免疫血清的分离、制备、鉴定及保存	必修 / 基础	4 ~ 6
5	巨噬细胞提取及功能检测	必修 / 基础	3 ~ 4
6	免疫细胞的磁分选及流式细胞仪分选	选修 / 综合	4 ~ 6
7	Cell Counting Kit-8 检测细胞增殖与活性	选修 / 基础	4 ~ 6
8	免疫球蛋白的纯化、SDS 电泳分析及抗体浓度测定	选修 / 综合	4 ~ 8
9	动植物组织冰冻切片及免疫组化	选修 / 基础	6 ~ 8
10	外周血免疫细胞的分离与计数及活性检测	选修 / 综合	3 ~ 4
11	过敏原检测试验	选修 / 研究	4 ~ 6
12	单克隆抗体及多克隆抗体的制备及效价评估	选修 / 研究	6 ~ 10
13	利用免疫荧光、免疫印记、放射性标记技术研究蛋白质的定位、定性、定量分析	必修 / 研究	6 ~ 10

注：该表中必修实验可根据不同院校的具体情况采用不同的实验材料和实验方法；确定为选修的实验项目主要依据少数院校开设，或部分实验内容已包括在其他实验项目中。

2. 师范类高校建议性实验项目（建议 32 学时及以上）

编号	实验项目名称	基础性 / 综合性 / 研究性实验	建议学时
1	实验动物的采血方法、动物血清及红细胞的制备方法	必修 / 基础	3 ~ 4
2	免疫器官与免疫细胞的观察	必修 / 基础	3 ~ 4
3	血型鉴定	必修 / 基础	1 ~ 2
4	血凝试验和血凝抑制试验	必修 / 基础	2 ~ 3
5	琼脂双向扩散实验	必修 / 基础	3 ~ 4
6	免疫印迹检测细胞内蛋白的表达	必修 / 基础	4 ~ 8
7	免疫血清的制备、鉴定、纯化及表征	选修 / 基础	4 ~ 8
8	病毒血凝性的鉴定及血凝效价的标定	必修 / 综合	3 ~ 4
9	免疫佐剂的制备及使用	选修 / 基础	3 ~ 6
10	酶联免疫吸附实验检测人血清抗体效价	选修 / 基础	4 ~ 6
11	巨噬细胞的提取及吞噬功能的评价	选修 / 基础	3 ~ 4
12	酶免疫组织化学技术	选修 / 综合	6 ~ 8
13	免疫细胞的磁分选及流式细胞仪分选	选修 / 综合	4 ~ 6
14	细胞因子对小鼠 / 人破骨细胞分化的影响	选修 / 研究	3 ~ 4
15	病毒液的检测	选修 / 研究	3 ~ 6

　　注：该表中必修实验可根据不同院校的具体情况采用不同的实验材料和实验方法；确定为选修的实验项目主要依据少数院校开设，或部分实验内容已包括在其他实验项目中。

3. 理工类高校建议性实验项目（建议 32 学时及以上）

编号	实验项目名称	基础性 / 综合性 / 研究性实验	建议学时
1	实验动物的采血方法、动物血清及红细胞的制备方法	必修 / 基础	3 ~ 4
2	免疫器官与免疫细胞的观察	必修 / 基础	3 ~ 4
3	血型鉴定	必修 / 基础	1 ~ 2
4	血凝试验和血凝抑制试验	必修 / 基础	2 ~ 3
5	琼脂双向扩散实验	必修 / 基础	3 ~ 4
6	免疫印迹检测细胞内蛋白的表达	必修 / 基础	4 ~ 8
7	免疫血清的制备、鉴定、纯化及表征	必修 / 基础	4 ~ 8
8	血球凝集反应及交叉配血试验	必修 / 综合	3 ~ 4
9	免疫佐剂的制备及使用	选修 / 基础	3 ~ 6
10	巨噬细胞的提取及吞噬功能的评价	选修 / 基础	3 ~ 4
11	酶联免疫吸附实验检测人血清抗体效价	选修 / 综合	4 ~ 6

续表

编号	实验项目名称	基础性 / 综合性 / 研究性实验	建议学时
12	外周血单核细胞的分离	选修 / 综合	3 ~ 4
13	免疫原的制备和实验动物的免疫	选修 / 研究	3 ~ 6
14	鸡新城疫卵黄抗体的检测	选修 / 研究	3 ~ 8

注：该表中必修实验可根据不同院校的具体情况采用不同的实验材料和实验方法；确定为选修的实验项目主要依据少数院校开设，或部分实验内容已包括在其他实验项目中。

4. 农林类高校建议性实验项目（建议 16 学时及以上）

编号	实验项目名称	基础性 / 综合性 / 研究性实验	建议学时
1	琼脂双向免疫扩散实验	必修 / 基础	3 ~ 4
2	酶联免疫吸附实验	必修 / 基础	4 ~ 6
3	外周血免疫细胞的分离、计数及活性检测	必修 / 基础	3 ~ 4
4	单克隆及多克隆抗体的制备与效价测定	选修 / 基础	6 ~ 10
5	免疫球蛋白的纯化、SDS 电泳分析	选修 / 综合	4 ~ 8
6	巨噬细胞吞噬功能的检测	必修 / 基础	3 ~ 4
7	抗体生成细胞检测——溶血空斑实验	选修 / 综合	4 ~ 6
8	超敏反应实验	选修 / 研究	4 ~ 6
9	利用免疫荧光、免疫印记、放射性标记技术研究蛋白质的定位、定性、定量分析	必修 / 研究	6 ~ 10
10	免疫血清的分离、制备、鉴定及保存	必修 / 基础	4 ~ 6

注：该表中必修实验可根据不同院校的具体情况采用不同的实验材料和实验方法；确定为选修的实验项目主要依据少数院校开设，或部分实验内容已包括在其他实验项目中。

第十一节 生态学实验

一、导言

生态学是研究生物与环境相互关系及其作用机制的学科，具有很强的交叉性、综合性和实践性特点。涉及的相关学科较多，研究尺度和研究层次多样化，且多偏重于野外实验和宏观尺度。生态学实验作为加强学生实践技能和深入理解理论知识的重要基础，是生态学传授知识、强化生态文明理念的重要环节及必要过程。生态学基础实验基于理论教学和实践教学，实现原理与方法并重，野外与实验室研究相结合，并在传统生态学基础上引入现代高新科学技术。

生态学基础实验的内容以生态学研究尺度为主线，以生态学统计方法为基础，涵盖了个体、种群、群落和生态系统生态学四大部分。通过本课程的学习，学生应当熟悉生态学抽样调查方法，能够利用统计学方法设计实验和野外调查方案，并利用统计学软件和方法进行实验结果的初步分析，了解实验中常用试剂配制方法，掌握常规实验仪器使用方法，熟悉昆虫、植物等标本的采集和制作技术，了解生物与水、盐、温等非生物因子相互关系并能进行定量分析，掌握种群数量调查方法，熟练进行种群数量动态和空间格局分析、种内和种间关系以及遗传多样性分析等，掌握野外群落调查方法，能够熟练进行群落多样性分析、群落分类与排序、生物量和生产力分析、生物群落演替分析等，了解生态系统中物质循环和能量流动过程。

二、课程基本要求与相关内容

1. 生态学实验先修课程要求
普通生态学。

2. 基本要求
（1）理解生态学基础实验操作的基本原理，掌握气候、土壤、生物等常规生态学仪器设备的正确使用方法，熟悉生态学先进仪器设备的测定方法，了解大型仪器设备的基本原理。

（2）掌握生态学研究中基本的统计学原理和方法，能够利用统计软件设计室内实验和野外调查方案，掌握统计比较及回归分析方法，熟悉群落分类与排序方法，了解空间分析方法。

（3）掌握实验设计过程中的基本原理，熟悉实验方法和程序，掌握生态学实验基本技能，包括野外调查方法与取样、土壤样品的采集与制备、动植物样品的采集与保存、动植物标本制作及制图技术等，熟悉生态设计、规划、修复工程的基本方法，了解大尺度生态研究及定位研究的基本技术。

3. 基本实验技术
（1）生态学常规仪器使用技术：熟悉野外常用温湿度计、照度计、风速计等环境因子测量所用仪器；GPS、罗盘仪、海拔仪等定位工具；望远镜、照相机、测绳、钢卷尺、皮尺等观测记录工具；样方架、标本夹、标签、标本袋、土钻、枝剪、捕虫网等采集工具。

（2）土壤取样及样品制备技术：熟练掌握野外梅花形采样法、对角线采样法、棋盘式采样法等常规土壤取样的方法，并能掌握土壤样品前处理方法及保存方法。

（3）植物、昆虫标本制作技术：熟悉植物标本及昆虫标本制作的基本方法，掌握长期保存标本的方法。

（4）生理生态学研究技术：熟悉水分、盐分、温度等对动植物影响实验的基本原理，熟悉实验方法和程序，并具备通过设计梯度实验来获取生理生态数据的能力。

（5）常规仪器使用技术：熟悉实验常用的光照培养箱、烘箱、pH 计、电导率仪、分光光度计等常规仪器的结构特点及使用和维护方法。

（6）种群数量特征研究方法：理解标志重捕法的基本原理，熟练应用 Lincoln 指数法和去除取样法估算动物种群数量，应用样方法进行植物群落数量特征的调查。

（7）种群空间分布格局分析：理解种群空间分布格局的原理意义，掌握空间分布的野外调查方法及基本分析方法。

（8）种群数量特征分析方法：掌握生命表分析的基本原理和方法，引导学生利用生命表分析实验种群的存活动态、生命期望、增长率等，并预测种群年龄结构，了解种群在有限环境中的增长方式，理解环境对种群增长的限制作用，并掌握 r、K 两个参数的估算方法和进行曲线拟合的方法。

（9）生态绘图技能：理解植被分布与气候之间的相关关系，掌握生物气候图的基本要求与方法，并能预测研究区域的地带性植被类型及其特点。

（10）植物多样性调查技术方法：掌握植物群落调查常用的样线法、样点法和样方法等。

（11）植物群落数量特征调查技术：学习利用样方法进行植物群落数量特征的野外调查方法，掌握植物群落多样性的测定方法，加深对调查地区植物群落的种类组成特征、分布规律及其与环境相关关系的认识。

（12）植物群落分类与排序技术：理解植物群落分类与排序的意义，认识植物群落分布与环境之间的相互关系，掌握主成分分析方法。

三、建议性实验项目及对应的学时[①]

序号	实验项目名称	基础性 / 综合性 / 研究性实验	建议学时
1	生态因子的综合测定与分析（光、温度、水）	必修 / 综合	2~4
2	生物气候图的绘制	选修 / 基础	2
3	土壤理化性质的测定	必修 / 基础	2
4	水体溶解氧含量测定	选修 / 基础	2
5	水、盐胁迫对植物种子萌发 / 植物生长 / 植物生理生化 / 植物耐性相关基因表达的影响	必修 / 研究	4~6

---

① 因调研样本量不足，未按综合类、师范类、理工类、农林类进行分类。建议32学时及以上。

续表

序号	实验项目名称	基础性 / 综合性 / 研究性实验	建议学时
6	鱼类对温度和盐度的耐受性实验	选修 / 研究	4 ~ 6
7	环境污染对生物生理的影响	选修 / 研究	4 ~ 6
8	污染物在生物体内的迁移与转运规律	选修 / 综合	4 ~ 6
9	环境污染对土壤微生物群落结构的影响	选修 / 研究	4 ~ 6
10	标志重捕法 / 去除取样法估计种群数量大小	必修 / 基础	2
11	种群空间格局分析	选修 / 综合	2 ~ 4
12	种群动态模型	必修 / 基础	2
13	种群年龄结构与性别比例	选修 / 基础	2
14	生命表的编制	必修 / 基础	2
15	资源竞争模型模拟	必修 / 综合	2 ~ 4
16	利用等位酶 /DNA 标记研究种群的遗传多样性	选修 / 研究	4 ~ 6
17	植物种群生殖分配的测定	选修 / 综合	4 ~ 6
18	群落数量特征调查	必修 / 综合	4 ~ 6
19	种 – 面积曲线的绘制	选修 / 基础	4 ~ 6
20	群落演替观察	必修 / 基础	4 ~ 6
21	天然群落与人工群落的比较	选修 / 研究	6 ~ 8
22	叶面积指数的测定分析	必修 / 基础	2 ~ 4
23	植物功能性状测定	必修 / 综合	4 ~ 6
24	群落物种多样性调查分析	必修 / 研究	6 ~ 8
25	校园植物识别与标本制作	必修 / 基础	2 ~ 4
26	校园鸟类物种多样性调查	选修 / 研究	4 ~ 6
27	生物多样性虚拟仿真实验	选修 / 综合	2 ~ 4
28	群落分类与排序	选修 / 综合	2 ~ 4
29	3S 技术应用	选修 / 综合	4 ~ 6
30	生态系统初级生产力测定	选修 / 基础	2 ~ 4
31	植物热值测定	选修 / 综合	2 ~ 4
32	不同生态系统中土壤有机质含量的比较	选修 / 研究	4 ~ 6
33	生态系统中枯枝落叶层的分解速率	必修 / 综合	4 ~ 6
34	水生生态系统中氮、磷对藻类生长的影响	必修 / 研究	4 ~ 6
35	草食动物对草地生物量、生态系统的影响	选修 / 研究	4 ~ 6
36	土壤呼吸的测定	选修 / 综合	4 ~ 6
37	校园常见植物叶面滞尘效果比较	选修 / 研究	4 ~ 6
38	生态瓶的设计制作及生态系统的观察	选修 / 研究	4 ~ 6

注：该表中必修实验可根据不同院校的具体情况采用不同的实验材料和实验方法；确定为选修的实验项目主要依据少数院校开设，或部分实验内容已包括在其他实验项目中。

第十二节　人体组织学与解剖学实验①

一、导言

人体组织学与解剖学是专门研究正常人体从微观到宏观的形态结构及其功能的学科，该学科包括组织学和解剖学。解剖学主要是研究人体系统建构及其器官组成的科学，组织学主要研究人体的细微结构及其功能。人体组织学与解剖学实验课是该学科的理论联系实际、探究、验证、揭示科学知识和培养专业实验技能的重要组成部分。人体组织学与解剖学实验课程有助于培养学生的独立观察能力和思维能力，建立形态和机能、局部和整体、整体与环境的辩证统一理念。

人体组织学与解剖学实验课要求学生掌握人体从宏观到微观结构和功能等观察性实验，器官系统的大体解剖及组织和细胞的显微结构；掌握石蜡切片、透射电镜和扫描电镜的样品制备等基础操作性实验。同时也要求学生理解相关实验的原理，掌握光学显微镜技术、组织化学和电子显微镜技术等组织学的相关研究方法，以及尸体、活体研究等解剖学的相关研究方法。

二、课程基本要求与相关内容

1. 人体组织学与解剖学实验先修课程要求
动物学/动物生物学及其实验、生理学/动物生理学及其实验、组织胚胎学。

2. 基本要求
（1）掌握四大基本组织的显微结构、九大系统的大体解剖结构和主要器官微细结构的观察方法与技术。

（2）掌握实验动物的麻醉、解剖、采血和取材方法，了解动物组织切片制作及常规染色、组织化学染色和免疫组织化学染色等的方法与技术。

3. 基本实验技术
（1）光学显微镜的使用技术：了解成像原理，掌握基本结构及功能，熟悉基本操作，了解使用后的清洁与保养维护方法。

（2）电子显微镜技术：了解透射电镜和扫描电镜的基本原理及样品制备方法。

---

① 人体组织学与解剖学实验仅为部分高校开设的实验课程，也有高校开设组织胚胎学、生理学、解剖学等实验课程，这里通过汇总暂将其并入人体组织学与解剖学实验，实验材料以实验动物为主。内容仅供各相关高校参考。

（3）多媒体互动系统使用技术：熟悉多媒体互动系统的工作流程，掌握该系统与显微镜系统的联动使用方法。

（4）手术器械使用技术：熟练掌握人体组织学与解剖学实验常用手术器械的结构特点、使用和保养维护方法。

（5）常规仪器使用技术：熟悉人体组织学与解剖学实验常用的电子天平、酸度计、磁力搅拌器、石蜡切片机、冰冻切片机、高压灭菌器、烘箱及水浴锅等常规仪器的结构特点及使用和维护方法。

（6）手术器械消毒技术：熟悉手术器具的消毒技术。手术或解剖实验后，被病原体污染的器具应及时予以消毒处理。

（7）常用试剂配制和使用方法：掌握实验室常用的生理溶液、染色剂、麻醉剂等试剂的配制和使用方法。

（8）生物绘图技能：掌握生物绘图的基本要求与方法，包括绘图用品的选用，典型结构的选取、图的布局与比例，正确构图、起稿以及按要求绘制草图、定稿、标注等。

（9）实验动物的抓取与保定技术：熟练掌握常用实验动物的抓取与多种保定方法。

（10）实验动物的麻醉与采血技术：熟悉常用实验动物的麻醉与血液采集技术。

（11）实验动物的麻醉与处死技术：熟练掌握常用实验动物的麻醉与处死方法。

（12）实验动物的解剖技术：熟练掌握常用实验动物的解剖方法。

（13）石蜡切片制备和染色技术：了解石蜡切片制作的基本原理，熟悉组织脱水、透明、浸蜡、包埋、切片、染色、透明和封固等的具体操作步骤，掌握石蜡切片制作和染色的一般方法。

（14）血涂片制作和染色技术：熟悉人体消毒及采血的方法，掌握血细胞的涂片制作和染色技术。

（15）冰冻切片制备和染色技术：了解冰冻切片机的工作原理，掌握冰冻切片的制片技术和染色的一般方法。

（16）组织化学染色技术：了解现代组织化学染色的基本原理与方法。

（17）免疫组织化学染色技术：了解现代免疫组织化学染色的基本原理与方法。

（18）人体组织学与解剖学实验意外事故的处理技术：了解人体组织学与解剖学实验意外事故处理方法，充分防范动物抓伤、咬伤等风险，正确处理有病变的动物。

（19）动物尸体处理方法：了解动物尸体处理方法。解剖实验后的动物尸体应由有资质的单位统一处理，并由实验员做好处置、交接记录。

三、建议性实验项目及对应的学时

1. 综合类高校建议性实验项目（建议 16 学时及以上）

编号	实验项目名称	基础性 / 综合性 / 研究性实验	建议学时
1	石蜡切片技术	选修 / 综合	3
2	冰冻切片技术	选修 / 综合	3
3	透射电镜的样品制备	选修 / 基础	3
4	扫描电镜的样品制备	选修 / 基础	3
5	上皮组织的观察	必修 / 基础	2
6	结缔组织的观察	必修 / 基础	2
7	肌组织的观察	必修 / 基础	2
8	神经组织的观察	必修 / 基础	2
9	循环系统的大体解剖及显微结构	必修 / 基础	2
10	免疫系统的大体解剖及显微结构	选修 / 基础	2
11	消化系统的大体解剖及显微结构	必修 / 基础	2
12	呼吸系统的大体解剖及显微结构	必修 / 基础	2
13	泌尿系统的大体解剖及显微结构	必修 / 基础	2
14	生殖系统的大体解剖及显微结构	必修 / 基础	2
15	内分泌系统的大体解剖及显微结构	必修 / 基础	2
16	感觉器与皮肤	必修 / 基础	2
17	脊髓与脑干	必修 / 基础	3
18	间脑、小脑与端脑	必修 / 基础	2
19	周围神经系统	必修 / 基础	2
20	免疫组织化学染色技术	选修 / 综合 / 研究	3
21	组织化学染色技术	选修 / 综合 / 研究	3

注：该表中必修实验可根据不同院校的具体情况采用不同的实验材料和实验方法；确定为选修的实验项目主要依据少数院校开设，或部分实验内容已包括在其他实验项目中。

2. 师范类高校建议性实验项目（建议 32 学时及以上）

编号	实验项目名称	基础性 / 综合性 / 研究性实验	建议学时
1	石蜡切片技术	必修 / 综合	3
2	冰冻切片技术	必修 / 综合	3
3	透射电镜的样品制备	选修 / 基础	3
4	扫描电镜的样品制备	选修 / 基础	3

编号	实验项目名称	基础性 / 综合性 / 研究性实验	建议学时
5	上皮组织的观察	必修 / 基础	2
6	结缔组织的观察	必修 / 基础	2
7	肌组织的观察	必修 / 基础	2
8	神经组织的观察	必修 / 基础	2
9	骨骼概述	必修 / 基础	2
10	骨骼肌概述	必修 / 基础	2
11	循环系统的大体解剖及显微结构	必修 / 基础	2
12	免疫系统的大体解剖及显微结构	选修 / 基础	2
13	消化系统的大体解剖及显微结构	必修 / 基础	2
14	呼吸系统的大体解剖及显微结构	必修 / 基础	2
15	泌尿系统的大体解剖及显微结构	必修 / 基础	2
16	生殖系统的大体解剖及显微结构	必修 / 基础	2
17	内分泌系统的大体解剖及显微结构	必修 / 基础	2
18	感觉器与皮肤	必修 / 基础	2
19	脊髓与脑干	必修 / 基础	3
20	间脑、小脑与端脑	必修 / 基础	2
21	周围神经系统	必修 / 基础	2
22	免疫组织化学染色技术	选修 / 综合 / 研究	3
23	组织化学染色技术	选修 / 综合 / 研究	3
24	人体胚胎发育	选修 / 基础	3

注：该表中必修实验可根据不同院校的具体情况采用不同的实验材料和实验方法；确定为选修的实验项目主要依据少数院校开设，或部分实验内容已包括在其他实验项目中。

3. 理工类高校建议性实验项目（建议 16 学时及以上）

编号	实验项目名称	基础性 / 综合性 / 研究性实验	建议学时
1	石蜡切片技术	选修 / 综合	3
2	冰冻切片技术	选修 / 综合	3
3	透射电镜的样品制备	选修 / 基础	3
4	扫描电镜的样品制备	选修 / 基础	3
5	上皮组织的观察	必修 / 基础	2
6	结缔组织的观察	必修 / 基础	2

续表

编号	实验项目名称	基础性/综合性/研究性实验	建议学时
7	肌组织的观察	必修/基础	2
8	神经组织的观察	必修/基础	2
9	循环系统的大体解剖及显微结构	必修/基础	2
10	免疫系统的大体解剖及显微结构	选修/基础	2
11	消化系统的大体解剖及显微结构	必修/基础	2
12	呼吸系统的大体解剖及显微结构	必修/基础	2
13	泌尿系统的大体解剖及显微结构	必修/基础	2
14	生殖系统的大体解剖及显微结构	必修/基础	2
15	内分泌系统的大体解剖及显微结构	必修/基础	2
16	脊髓与脑干	必修/基础	3
17	间脑、小脑与端脑	必修/基础	2
18	免疫组织化学染色技术	选修/综合/研究	3
19	组织化学染色技术	选修/综合/研究	3

注：该表中必修实验可根据不同院校的具体情况采用不同的实验材料和实验方法；确定为选修的实验项目主要依据少数院校开设，或部分实验内容已包括在其他实验项目中。

4. 农林类高校建议性实验项目（建议 16 学时及以上）

编号	实验项目名称	基础性/综合性/研究性实验	建议学时
1	石蜡切片技术	必修/综合	3
2	冰冻切片技术	必修/综合	3
3	透射电镜的样品制备	选修/基础	3
4	扫描电镜的样品制备	选修/基础	3
5	上皮组织的观察	必修/基础	2
6	结缔组织的观察	必修/基础	2
7	肌组织的观察	必修/基础	2
8	神经组织的观察	必修/基础	2
9	骨骼概述	必修/基础	2
10	骨骼肌概述	必修/基础	2
11	循环系统的大体解剖及显微结构	必修/基础	2
12	免疫系统的大体解剖及显微结构	选修/基础	2
13	消化系统的大体解剖及显微结构	必修/基础	2

续表

编号	实验项目名称	基础性 / 综合性 / 研究性实验	建议学时
14	呼吸系统的大体解剖及显微结构	必修 / 基础	2
15	泌尿系统的大体解剖及显微结构	必修 / 基础	2
16	生殖系统的大体解剖及显微结构	必修 / 基础	2
17	内分泌系统的大体解剖及显微结构	必修 / 基础	2
18	感觉器与皮肤	必修 / 基础	2
19	脊髓与脑干	必修 / 基础	3
20	间脑、小脑与端脑	必修 / 基础	2
21	免疫组织化学染色技术	选修 / 综合 / 研究	3
22	组织化学染色技术	选修 / 综合 / 研究	3
23	人体胚胎发育	选修 / 基础	3

注：该表中必修实验可根据不同院校的具体情况采用不同的实验材料和实验方法；确定为选修的实验项目主要依据少数院校开设，或部分实验内容已包括在其他实验项目中。

第五章

生物技术专业实验课程建议性规范

第一节 绪 论

在生命科学与技术体系中，生物技术是一门承上启下的学科／专业，上接生物科学、下连生物工程，具有交叉性、前沿性、实践性和新颖性。经过实验、实践教学的培养与培训，学生具备独立完成规定内容的操作能力，使其逐步成为具有从事科学研究工作和担负专门技术工作能力的专业人才。其专业基础核心课程有普通生物学、生物化学、细胞生物学、遗传学和微生物学。

依据《普通高等学校本科专业类教学质量国家标准》中"生物科学类教学质量国家标准（生物技术专业）"，及调研各高校生物技术专业开展实践性教学情况，形成了专业基础核心实验课程：普通生物学（根据各校开课情况，进一步拆分为动物学、动物生理学、植物生物学）、生物化学、细胞生物学、遗传学、微生物学，相关实验课程：分子生物学、免疫学、生态学、人体组织学与解剖学等，以及课程所涉及的核心知识单元与学生需要掌握的基本实验技能。

推荐的实验课程及课程基本要求仅供各高校参考，各高校可根据生物技术专业类型、本规范的知识体系，结合本校办学层次和学生未来就业和发展的需要，构建特色培养模式，建立与之相适应的实验课程体系和教学内容，强化某些细分领域的知识、素质和能力培养，以适应学生多样化发展的需要，满足相关学科和行业发展需要。

生物技术专业的知识单元及实验技术

知识领域	核心知识单元 *	实验技术
生命的化学基础	生命的基本化学分子	A.绘图和显微成像技术；B.动植物解剖及标本制作技术；C.无菌操作技术；D.微生物生理生化分析技术；E.微生物分离与多级培养技术；F.细胞器分离及成分分析技术；G.生物样品制片、染色技术及分析检测技术；H.生化分离分析技术；I.光谱与色谱技术；J.基因操作技术；K.电生理操作技术；L.离体动物器官制备技术；M.整体动物实验操作技术；N.细胞与组织培养技术；O.酶联免疫技术；P.实验设计与数据处理技术；Q.多学科交叉技术；R.生物学仪器设备综合运用技术；S.常见动植物鉴别方法、动植物标本制作、样方与样线调查方法；T.其他技术
	糖类化学	
	脂类化学和生物膜	
	蛋白质化学	
	核酸化学	
	酶化学	
	维生素与辅酶	
	激素及其受体介导的信息传导	
	生物能学及生物氧化	
	糖代谢	
	脂代谢	
	蛋白质分解代谢和氨基酸代谢	
	核酸的分解和核苷酸代谢	
	DNA 的复制	
	DNA 的损伤与修复	
	DNA 的重组	
	RNA 的生物合成	
	转录后加工	
	蛋白质的生物合成	
	原核生物的基因表达调控	
	真核生物的基因表达调控	
细胞的结构、功能与重要生命活动	细胞的统一性与多样性	
	细胞表面结构	
	动物细胞外基质	
	植物细胞壁	
	物质的跨膜运输	
	真核细胞内膜系统	
	线粒体与叶绿体	
	蛋白质分选和囊泡运输	
	细胞骨架	
	细胞核与染色体	
	细胞连接与细胞内信号转导	
	细胞增殖及其调控	
	细胞分化与凋亡	
生物体的结构与功能及生物多样性	植物的组织与功能	
	植物的器官与功能	

续表

知识领域	核心知识单元 *	实验技术
生物体的结构与功能及生物多样性	植物的物质与能量代谢	
	植物的生长发育及其调控	
	动物体的组织与特征	
	动物的主要器官系统与功能	
	动物的生长发育及其调控	
	生物的多样性	
	生物分类的原则与方法	
	植物的主要类群	
	动物的主要类群	
	动植物资源的开发与利用	
微生物的特征与代谢	微生物的分离和培养	A.绘图和显微成像技术；B.动植物解剖及标本制作技术；C.无菌操作技术；D.微生物生理生化分析技术；E.微生物分离与多级培养技术；F.细胞器分离及成分分析技术；G.生物样品制片、染色技术及分析检测技术；H.生化分离分析技术；I.光谱与色谱技术；J.基因操作技术；K.电生理操作技术；L.离体动物器官制备技术；M.整体动物实验操作技术；N.细胞与组织培养技术；O.酶联免疫技术；P.实验设计与数据处理技术；Q.多学科交叉技术；R.生物学仪器设备综合运用技术；S.常见动植物鉴别方法、动植物标本制作、样方与样线调查方法；T.其他技术
	微生物的结构与功能	
	微生物的营养、生长和控制	
	微生物代谢及其调控	
	传染与免疫	
	微生物的多样性	
生物与环境	生态学基本概念	
	种群生态学	
	群落生态学	
	生态系统生态学	
	资源利用与可持续发展	
生物的遗传	孟德尔遗传学	
	基因的概念与结构	
	连锁、交换、基因突变	
	微生物遗传	
	核外遗传	
	基因组	
	发育的遗传调控	
	分子进化	
生物技术原理与应用	基因重组技术	
	细胞工程	
	蛋白质与酶工程	
	生物信息学	
	生化分离与分析技术	

* 引自《普通高等学校本科专业类教学质量国家标准》.北京：高等教育出版社，2018：230-237。

　　实验课程是由基础性、综合性和研究性多层次构建的实验教学体系，综合性和研究性实验的比例占总实验教学的比例不低于 50%。基础性实验是指开设的锻炼和促进学生基本操作技能的实验，其单人操作率不低于 80%。综合性实验是指实验内容至少涉及 2 个及以上生物学二级学科，综合运用现代生物理论和实验技术，将系统、复杂的实验操作过程集于一个经过缜密设计的实验中，培养学生综合运用生物学理论和技术解决比较复杂的生物科学问题的能力。研究性实验是指由学生或教师提出问题，由学生自己完成文献调研、技术路线设计、在实验室完成实验操作、撰写实验报告、宣讲实验报告的一整套教学环节，使学生体验科学研究基本过程，认识科学研究基本规律的实验。综合性和研究性实验的单人操作率不低于总实验的 25%。每门实验课程在 1~2 个学期内完成（少数实验课程教学时间超出 2 学期）。

　　课程实施以学生实验操作为主，辅助以数字化课程、资源共享课、开放实验课及虚拟仿真等。基础性、综合性实验每组 1~2 人，研究性实验每组 1~5 人，由学生分工合作或单独操作完成。整个实验过程中应及时记录实验现象，如实记录实验数据，并对现象和结果等进行分析解读，按时完成实验报告。对于研究性和创新性实验，学生应根据实验目的和要求，提前制定好实验方案。各类实践类教学环节所占比例应不低于 25%。实验教学中应加强实验室安全意识、安全防护技能教育、实验伦理道德、生态文明，以及热爱生命、尊重生命、尊重他人的伦理规范和法律法规等内容，培养学生良好安全实验习惯、刻苦钻研、细心操作、爱岗敬业、吃苦耐劳、艰苦创业的奋斗精神，培养学生诚实守信、勇于实践、实事求是、坚持真理的科学精神，培养学生科学思维、治学严谨、勇于质疑、挑战权威的批判精神，培养学生服务社会、服务人民的意识，具有家国情怀和责任担当，树立正确的世界观、价值观、人生观、职业观、价值取向和心理素质。

　　通过实验课程促进专业基础理论知识的融会贯通，调动学生学习的主动性、积极性和创造性，提高发现问题、分析问题和解决问题的能力，增强科研创新能力，培养学生的创新精神、创业意识和创新创业能力，使学生具有良好的科学、文化素养和高度的社会责任感。

第二节　动物学实验

一、导言

　　动物学实验是生物学相关学科的一门重要基础课，实践性很强，从单纯观察到多种手段的综合应用，注重操作的规范性和基本技能的训练。动物学实验的内容设置通常以进化为主线，包括主要门类代表动物外部形态特征观察与内部结构解剖、主要类群分类特征及常见种类性状识别。通过本课程的学习，学生应遵守实验动物福利与伦理要求；了解当今动物学实验研究的主要方法；掌握动物学实验的基本技能和操作规范；熟悉有关动物的抓取与保定技术，明确不同实验动物的解剖方法，识别动物的脏器位置与典型形态结构特征；了解常用小型实验动物的采集饲养和管理方法；熟知实验常用实验动物的麻醉、采血技巧；了解实验常用试剂配制方法；掌握组织及小型动物临时装片制作方法；熟悉常用手术器械的结构特点及其使用规范；掌握光学显微镜、体视显微镜、倒置显微镜和多媒体互动系统等动物学实验常用仪器和设备的性能及使用方法；熟悉昆虫等动物的采集和标本制作技术，能利用检索表识别常见种类，并深刻理解动物多样性与生存环境密切相关的理念，同时能熟练应用生物绘图或显微拍照技术记录必要实验现象及结果。

二、课程基本要求与相关内容

1. 动物学实验先修课程要求

动物学 / 动物生物学，普通生物学。

2. 基本要求

（1）熟知实验室基本规章制度和安全防护方式方法等，包括常用化学药品安全使用、化学废弃物的处理、生物样本的安全使用、生物废弃物的处理以及水电火安全、实验动物福利与伦理等。

（2）理解动物学实验的基本原理，掌握常用器械的正确使用，包括光学显微镜、体视显微镜、倒置显微镜及解剖器械等的使用。

（3）具备开展动物学实验的基本技能，包括主要仪器的清洁和保养维护、常用试剂的配制、实验小动物的采集与培养、实验动物的保定和麻醉或处死、实验动物的解剖和固定、小动物标本制作、生物绘图和显微拍照等。

（4）掌握各门类代表动物的形态结构解剖观察、重要门类的动物种类识别方法与技术，培养学生基本操作能力。

（5）掌握实验动物的采集及培养和保种、动物标本的制作、动物多样性及动物行为和动物生态观察等方法与技术，培养学生综合操作技能。

3. 基本实验技术

（1）光学显微镜的使用技术：了解成像原理，掌握基本构造与功能，熟悉基本操作，了解使用后的清洁与保养维护方法。

（2）体视显微镜使用技术：了解成像原理，掌握基本构造及功能，熟悉基本操作，了解使用后的清洁与保养维护方法。

（3）倒置显微镜的使用技术：了解成像原理，掌握基本构造，熟练基本操作，了解使用后的清洁与保养维护方法。

（4）多媒体互动系统使用技术：熟悉多媒体互动系统的工作流程，掌握该系统与显微镜系统的联动使用方法。

（5）显微装片制作技术：掌握动物细胞、组织或微小动物临时装片制作技术。

（6）解剖器械使用技术：熟练掌握动物实验常用解剖器械的结构特点及使用与保养维护方法。

（7）常规仪器使用技术：熟悉实验常用的光照培养箱、高压灭菌锅、烘箱电子天平、测微尺和水浴锅等常规仪器的结构特点及使用和保养维护方法。

（8）实验动物的抓取与保定技术：熟练掌握常用实验动物的抓取与多种保定方法。

（9）实验动物的注射与采血技术：熟悉常用实验动物的注射与血液采集技术。

（10）实验动物的麻醉与处死技术：熟练掌握常用实验动物的麻醉与处死方法。

（11）实验动物的解剖技术：熟练掌握常用实验动物的解剖方法。

（12）常用试剂配制与使用方法：掌握实验室常用的生理盐水、染色剂、麻醉剂等试剂的配制和使用方法。

（13）解剖器械消毒技术：熟悉解剖器具的消毒技术，掌握高压灭菌锅、烘箱等设备的使用方法。手术或解剖实验后，被病原体污染的器具应予以消毒。

（14）实验小动物的采集与培养技术：掌握草履虫、水螅等常用实验动物的采集、培养及保种方法；熟悉常用实验小型脊椎动物的实验室短期饲养技术。

（15）应激实验技术：掌握无脊椎动物对理化刺激应激反应的实验操作技术。

（16）昆虫标本采集和标本制作技术：掌握昆虫采集及灯诱方法，熟悉动物标本制作基本方法和标本临时处理的一般方法，掌握室内制作长期保存标本的方法。

（17）动物分类基本方法：熟悉动物分类术语，了解主要门类代表动物的鉴别特征及主要分类依据，掌握各类检索表的使用方法。

（18）生物绘图技能：掌握生物绘图的基本要求与方法，包括绘图用品的选用，典型结构的选取、图的布局与比例，正确构图、起稿以及按要求绘制草图、定稿、标注等。

（19）动物多样性调查技术与方法：掌握两栖爬行类、鸟类动物调查常用的样线法、样点法和样方法等。

（20）动物实验意外事故处理技术：了解动物实验意外事故处理方法，充分防范动物抓伤，咬伤等风险，正确处理有病变的动物。

（21）动物尸体处理方法：熟知动物尸体处理方法。实验后的动物尸体和组织，用专用处理袋装好后，应由有资质单位统一处理，实验员做好处置、交接记录。

三、建议性实验项目及对应的学时

1. 综合类高校建议性实验项目（建议 32 学时及以上）

序号	实验项目名称	基础性 / 综合性 / 研究性实验	建议学时
1	显微镜的结构与使用及生物绘图和显微拍照	必修 / 基础	2
2	动物的细胞和组织制片	必修 / 基础	2
3	原生动物采集培养及形态结构与生命活动观察	必修 / 综合 / 研究	4
4	多细胞动物早期胚胎发育观察	选修 / 综合	2
5	腔肠动物形态结构与生命活动观察	选修 / 基础	4
6	扁形动物形态结构观察	必修 / 基础	4
7	蛔虫和其他假体腔动物形态结构观察	必修 / 基础	2
8	环节动物外形观察和内部解剖	必修 / 基础	4
9	河蚌（田螺 / 乌贼）的形态结构观察及软体动物分类鉴定	必修 / 综合	4
10	螯虾（沼虾 / 对虾 / 中华绒螯蟹）形态结构观察及甲壳动物分类	必修 / 综合	4
11	蝗虫形态观察与内部解剖	必修 / 基础	4
12	昆虫多样性与分类	必修 / 基础	4
13	文昌鱼外形和内部结构观察	必修 / 基础	2
14	原索动物与低等脊椎动物分类	选修 / 基础	4
15	海盘车等棘皮动物外形观察与解剖	选修 / 基础	4
16	鲫鱼（鲤鱼）的外形观察和内部解剖	必修 / 基础	4
17	鱼纲分类	必修 / 基础	4
18	蟾蜍（蛙）外形观察和内部解剖及骨骼标本制作	必修 / 综合	4
19	蜥蜴（龟 / 石龙子）外形观察与内部解剖	选修 / 基础	4
20	两栖纲及爬行纲分类	选修 / 基础	4
21	家鸽（家鸡）外形观察和内部解剖	必修 / 基础	4
22	鸟纲分类	必修 / 基础	6
23	家兔（小鼠 / 大鼠）的外形和内部解剖结构观察及哺乳纲分类	必修 / 基础	4
24	脊椎动物骨骼系统比较	选修 / 基础	2
25	土壤和自然水体动物多样性调查	选修 / 综合 / 研究	8
26	软体动物齿舌的制片观察与分析	选修 / 综合 / 研究	4
27	动物标本的采集与制作方法	选修 / 综合	8

续表

序号	实验项目名称	基础性 / 综合性 / 研究性实验	建议学时
28	脊椎动物生命活动特征及生理系列实验（以蛙为例）	选修 / 综合	4
29	两栖爬行动物资源调查	选修 / 综合 / 研究	6
30	校园 / 动物园鸟类等动物多样性调查	选修 / 综合 / 研究	16
31	脊椎动物行为观察研究	选修 / 综合 / 研究	8
32	脊椎动物分类	选修 / 综合 / 研究	8
33	调查研究农贸市场某类动物资源状况及生物学特性研究	选修 / 综合 / 研究	8
34	牛蛙坐骨神经腓肠肌的标本制备	选修 / 基础	4

注：该表中必修实验可根据不同院校的具体情况采用不同的实验材料和实验方法；确定为选修的实验项目主要依据少数院校开设，或部分实验内容已包括在其他实验项目中。

2. 师范类高校建议性实验项目（建议 32 学时及以上）

序号	实验项目名称	基础性 / 综合性 / 研究性实验	建议学时
1	显微镜的结构与使用及生物绘图和显微拍照	必修 / 基础	2
2	动物组织的制片及观察	必修 / 基础	2
3	草履虫等原生动物采集、培养及形态结构与生命活动观察系列实验	必修 / 综合 / 研究	4
4	多细胞动物早期胚胎发育观察	选修 / 综合	2
5	腔肠动物形态结构与生命活动观察	必修 / 基础	4
6	扁形动物形态结构观察	必修 / 基础	4
7	蛔虫和其他假体腔动物形态结构观察	必修 / 基础	2
8	环毛蚓等环节动物外形观察和内部解剖	必修 / 基础	4
9	河蚌（田螺 / 乌贼）的形态结构观察及软体动物分类鉴定	必修 / 综合	4
10	螯虾（沼虾 / 对虾 / 中华绒螯蟹）形态结构观察及甲壳动物分类	必修 / 综合	4
11	蝗虫形态观察与内部解剖	必修 / 基础	4
12	昆虫多样性与分类	必修 / 基础	4
13	文昌鱼外形和内部结构观察	必修 / 基础	2
14	原索动物与低等脊椎动物分类	选修 / 基础	4
15	海盘车等棘皮动物外形观察与解剖	选修 / 基础	4
16	鲫鱼（鲤鱼）的外形观察和内部解剖	必修 / 基础	4
17	鱼纲分类	必修 / 基础	4
18	蟾蜍（蛙）外形观察和内部解剖及骨骼标本制作	必修 / 综合	4

续表

序号	实验项目名称	基础性 / 综合性 / 研究性实验	建议学时
19	蜥蜴（龟 / 石龙子）外形观察与内部解剖	选修 / 基础	4
20	两栖纲及爬行纲分类	选修 / 基础	4
21	家鸽（家鸡）外形观察和内部解剖	必修 / 基础	4
22	鸟纲分类	必修 / 基础	6
23	家兔（小鼠 / 大鼠）的外形和内部解剖结构观察及哺乳纲分类	必修 / 基础	4
24	脊椎动物骨骼系统比较	选修 / 基础	2
25	土壤和自然水体动物多样性调查	选修 / 综合 / 研究	8
27	动物标本的采集与制作方法	选修 / 综合	8
28	脊椎动物生命活动特征及生理系列实验（以蛙为例）	选修 / 综合	4 ~ 6
29	两栖爬行动物资源调查	选修 / 综合 / 研究	6
30	校园 / 动物园鸟类等动物多样性调查	选修 / 综合 / 研究	16
31	脊椎动物分类	选修 / 综合 / 研究	8
32	调查研究农贸市场某类动物资源状况及生物学特性研究	选修 / 综合 / 研究	8
33	牛蛙坐骨神经腓肠肌的标本制备	选修 / 基础	4

注：该表中必修实验可根据不同院校的具体情况采用不同的实验材料和实验方法；确定为选修的实验项目主要依据少数院校开设，或部分实验内容已包括在其他实验项目中。

3. 理工类高校建议性实验项目（建议 16 学时及以上）

序号	实验项目名称	基础性 / 综合性 / 研究实验	建议学时
1	显微镜的结构与使用及生物绘图和显微拍照	必修 / 基础	2
2	腔肠动物形态结构与生命活动观察	选修 / 基础	4
3	扁形动物形态结构观察	必修 / 基础	4
4	蛔虫和其他假体腔动物形态结构观察	选修 / 基础	2
5	环节动物外形观察和内部解剖	选修 / 基础	4
6	节肢动物的解剖与观察	选修 / 综合	4
7	蝗虫形态观察与内部解剖	必修 / 基础	4
8	鲫鱼（鲤鱼）的外形观察和内部解剖	必修 / 基础	4
9	蟾蜍（牛蛙）的形态观察与解剖	必修 / 综合	4
10	两栖纲及爬行纲分类	选修 / 基础	4
11	家鸽（家鸡）外形观察和内部解剖	必修 / 基础	4
12	家兔（小鼠 / 大鼠）的外形观察和内部解剖	必修 / 基础	4

注：该表中必修实验可根据不同院校的具体情况采用不同的实验材料和实验方法；确定为选修的实验项目主要依据少数院校开设，或部分实验内容已包括在其他实验项目中。

4. 农林类高校建议性实验项目（建议 32 学时及以上）

序号	实验项目名称	基础性 / 综合性 / 研究实验	建议学时
1	显微镜的结构与使用及生物绘图和显微拍照	必修 / 基础	2
2	原生动物采集培养及形态结构与生命活动观察	必修 / 综合 / 研究	4
3	腔肠动物形态结构与生命活动观察	选修 / 基础	4
4	扁形动物形态结构观察	必修 / 基础	4
5	蛔虫和其他假体腔动物形态结构观察	必修 / 基础	2
6	环节动物外形观察和内部解剖	选修 / 基础	4
7	河蚌的形态结构观察及软体动物分类	选修 / 基础	4
8	螯虾（沼虾 / 对虾）形态结构观察	必修 / 基础	4
9	蝗虫的解剖与观察	必修 / 基础	4
10	昆虫多样性与分类	必修 / 基础	6
11	昆虫的结构（口器及足等）对环境的适应	选修 / 基础	2
12	鲫鱼（鲤鱼）的外形观察和内部解剖	必修 / 基础	4
13	蟾蜍（蛙）外形观察和内部解剖	必修 / 基础	4
14	两栖纲及爬行纲分类	选修 / 基础	4
15	家鸽（家鸡 / 鹌鹑）外形观察和内部解剖	必修 / 基础	4
16	鸟类系统分类	必修 / 基础	4
17	家兔（小鼠 / 大鼠）的外形观察和内部解剖	必修 / 基础	4
18	脊椎动物骨骼系统比较	选修 / 基础	2

注：该表中必修实验可根据不同院校的具体情况采用不同的实验材料和实验方法；确定为选修的实验项目主要依据少数院校开设，或部分实验内容已包括在其他实验项目中。

第三节　动物生理学实验

一、导言

生理学是研究动物、人的组织、器官功能以及器官间相互协调机制的一门科学，主要关注动物、人维持自身生命内环境稳态的机理。生理学的形成基于动物实验研究和对人的临床观察与研究，生理学实验是生理学教学的重要组成部分，是学生学习、掌握抽象生理知识的重要手段。

生理学实验的教学主要是通过观察、记录个体或器官对刺激的应答解释生命现象，帮助学生理解和掌握生理学基本知识。此外，动物生理学实验离不开相关技能的训练和仪器的操作，包括动物保定、麻醉、采血、处死、简单的手术等技能；了解动物生理学实验常用仪器、设备的工作原理与使用及维护方法，如电刺激系统、引导换能系统、显示与记录系统、生物信号采集与处理系统等；掌握相关生理学实验操作技能和方法，如神经和肌肉生理学实验、血液生理学实验、循环生理学实验、呼吸生理学实验、消化生理学实验、泌尿生理学实验、感觉生理学实验、生殖与内分泌生理学实验等；遵守实验动物福利与伦理要求。

二、课程基本要求与相关内容

1. 动物生理学实验先修课程要求

动物学 / 动物生物学及其实验、生理学 / 动物生理学。

2. 基本要求

（1）学习并遵守实验室基本规章制度：正式开课前需对学生进行实验室安全规则、实验动物福利与伦理教育；正确、安全使用常用化学试剂的教育；正确操作生物样本的教育；水、电、火的安全使用教育；常用生物废弃物的处理和常用化学废弃物的处理方式和条例教育等，明确实验室的安全条例和安全须知。

（2）掌握如生理信号采集系统的原理和操作、蟾蜍（牛蛙）神经干动作电位的观察、蟾蜍（牛蛙）离体心脏灌流实验等基本操作技能。

（3）掌握如刺激频率及刺激强度对蟾蜍（牛蛙）肌肉收缩的影响、神经体液因素对兔心脏活动的调节、神经体液因素对兔动脉血压的调节、影响尿生成的因素等涉及多个生理问题的实验方法与技术。

3. 基本实验技术

（1）常用仪器、设备的正确使用：掌握电刺激系统、引导换能系统、信号调节放大系统、显示与记录系统、生理信号采集系统等的工作原理和操作方法；熟悉实验常用的托盘天平、电子天平、酸度计、搅拌器、离心机、烘箱等常规仪器的使用和维护方法；掌握动物生理学实验常用器械的结构特点、使用和维护方法；掌握手术器械的使用和日常维护方法。

（2）常用试剂的配制方法：掌握生理盐水、小型实验动物麻醉剂、消毒液、抗凝剂、脱毛剂等试剂的配制和使用方法。

（3）实验动物的保定技术：掌握不同小型实验动物的保定方法；掌握保定器械的正确使用方法。

（4）实验动物的给药途径：掌握对小型实验动物给药技术，包括皮内、皮下、静脉、腹腔、心脏和灌胃等；了解不同给药途径的区别与效用。

（5）实验动物的麻醉与处死技术：掌握常用小型实验动物麻醉药的效用和使用方法；掌握常用小型实验动物的安死术。

（6）实验动物的组织、器官剥离与插管技术：了解慢性和急性实验的区别；掌握小型实验动物的器官摘除、器官移植、器官损伤等技术；掌握小型实验动物的气管插管、动脉插管、尿道插管、灌胃插管等技术。

（7）实验动物手术创口缝合技术：掌握常用的灭菌与消毒方法；掌握手术器械的灭菌和消毒方法；掌握肌肉、皮肤等组织的缝合和打结的方法。

（8）小型实验动物饲养：了解常用小型实验脊椎动物的饲养方法。

（9）动物实验意外事故的处理技术：了解动物实验意外事故处理方法。

（10）实验动物尸体处理方法：熟悉正确处理动物尸体的方法。实验后，动物的尸体应由有资质单位统一处理，并由实验员做好记录、备案。

三、建议性实验项目及相应的学时

1. 综合类高校建议性实验项目（建议 32 学时及以上）

编号	实验项目名称	基础性 / 综合性 / 研究性实验	建议学时
1	生理信号采集系统的原理和操作	必修 / 基础	2～3
2	蟾蜍（牛蛙）坐骨神经干动作电位的观察与记录	必修 / 基础	4～6
3	蟾蜍（牛蛙）坐骨神经 – 腓肠肌标本制备和刺激频率及刺激强度对肌肉收缩的影响	必修 / 综合	4～6
4	红细胞比容、血沉及影响血凝的因素	选修 / 基础	2～3
5	血涂片制备与观察、血红蛋白测定和 ABO 血型鉴定	必修 / 基础	4～6
6	红细胞渗透脆性测定和血液细胞成分分离	选修 / 基础	4～6
7	心音听诊、血压测量和体表心电图	选修 / 基础	2～3
8	蟾蜍（牛蛙）离体心脏灌流、代偿性间歇和正常起搏观察	必修 / 基础	4～6
9	植物神经、体液对兔心血管活动的调节	必修 / 综合	4～6
10	神经、体液对兔呼吸运动的调节	必修 / 综合 / 研究	4～6
11	肺的基本结构及成人心肺功能的评定	选修 / 综合	4～6
12	呼吸运动调节及对心率和血压的影响	选修 / 综合	4～6
13	肠系膜微循环的观察分析和离体小肠平滑肌的生理特性分析	必修 / 综合	4～6
14	大鼠离体小肠吸收及影响因素分析	选修 / 基础	4～6
15	家兔尿液生成及影响因素	必修 / 综合	4～6
16	鱼类渗透压调节	选修 / 综合	4～6
17	FSH 和 LH 对小鼠排卵的影响以及精液品质检查	必修 / 基础	4～6
18	脊髓反射的基本特征与反射弧的分析	选修 / 综合	4～6
19	家兔大脑皮层刺激效应和去大脑僵直的观察	选修 / 综合	4～6
20	小脑损伤动物行为的观察	选修 / 综合	4～6
21	探究有氧运动与无氧运动生理指标变化的差异	选修 / 研究	4～6

续表

编号	实验项目名称	基础性/综合性/研究性实验	建议学时
22	斑马鱼视动反应行为的观察	选修/综合	2~3
23	色觉、视力、视野、盲点的测定及瞳孔对光反射	必修/基础	2~3
24	兔脑干的血液化学感受中枢对心血管、呼吸系统的影响	选修/综合	4~6
25	豚鼠耳蜗电位的引导和听力测定	选修/综合	4~6
26	迷路损伤对动物运动的影响	选修/综合	4~6
27	不同感官的参与对工作记忆的影响	选修/研究	4~6
28	胰岛素、肾上腺素对血糖的调节	必修/综合	4~6
29	小鼠肾上腺摘除与应激反应的观察	选修/综合	4~6
30	人体酒精含量的测定及其对不同生理指标的影响	选修/研究	4~6
31	不同音乐类型对人体生理指标的影响	选修/研究	4~6
32	空间 Stroop 效应初探	选修/研究	4~6
33	探究暗示对注意力的影响	选修/研究	4~6
34	PPT 配色方案对阅读的影响	选修/研究	4~6
35	温和运动和剧烈运动下不同恢复方式的效果比较	选修/研究	4~6

注：该表中必修实验可根据不同院校的具体情况采用不同的实验材料和实验方法；确定为选修的实验项目主要依据少数院校开设，或部分实验内容已包括在其他实验项目中。

2. 师范类高校建议性实验项目（建议 32 学时及以上）

编号	实验项目名称	基础性/综合性/研究性实验	建议学时
1	人体解剖结构的观察与分析	必修/基础	4~6
2	生理信号采集系统的原理和操作	必修/基础	2~3
3	蟾蜍（牛蛙）坐骨神经干动作电位的观察与记录	选修/基础	4~6
4	蟾蜍（牛蛙）坐骨神经－腓肠肌标本制备和刺激频率及刺激强度对肌肉收缩的影响	必修/综合	4~6
5	红细胞比容、血沉、凝血时测定和血清制备	选修/基础	4~6
6	血涂片制备与观察、血红蛋白测定和 ABO 血型鉴定	必修/基础	4~6
7	心音听诊、血压测量和体表心电图	必修/基础	2~3
8	蟾蜍（牛蛙）离体心脏灌流、代偿性间歇和正常起搏观察	必修/基础	4~6
9	神经、体液因素对兔心血管活动的调节	必修/综合	4~6
10	蟾蜍（牛蛙）肠系膜微循环的观察分析	选修/综合	2~3
11	神经、体液因素对兔呼吸运动的调节	选修/综合	4~6
12	人体心肺功能的评定	选修/综合	4~6

续表

编号	实验项目名称	基础性 / 综合性 / 研究性实验	建议学时
13	运动、呼吸对心率及血压的影响	选修 / 综合	4 ~ 6
14	离体小肠平滑肌的生理特性分析	必修 / 综合	4 ~ 6
15	大鼠离体小肠吸收及影响因素分析	必修 / 基础	4 ~ 6
16	影响家兔尿液生成的因素	选修 / 综合	4 ~ 6
17	鱼类渗透压调节	选修 / 综合	4 ~ 6
18	脊髓反射的基本特征与反射弧的分析	选修 / 综合	4 ~ 6
19	家兔大脑皮层刺激效应和去大脑僵直的观察	选修 / 综合	4 ~ 6
20	小脑损伤动物行为的观察	选修 / 综合	4 ~ 6
21	探究有氧运动与无氧运动生理指标变化的差异	选修 / 研究	4 ~ 6
22	斑马鱼视动反应行为的观察	选修 / 综合	2 ~ 3
23	色觉、视力、视野、盲点的测定及瞳孔对光反射	必修 / 基础	2 ~ 3
24	探究说谎与瞳孔直径的关系	选修 / 研究	4 ~ 6
25	豚鼠耳蜗电位的引导和听力测定	选修 / 研究	4 ~ 6
26	迷路损伤对动物运动的影响	选修 / 综合	4 ~ 6
27	不同感官的参与对工作记忆的影响	选修 / 研究	4 ~ 6
28	小鼠肾上腺摘除与应激反应的观察	选修 / 综合	4 ~ 6
29	不同音乐类型对人体生理指标的影响	选修 / 研究	4 ~ 6
30	空间 Stroop 效应初探	选修 / 研究	4 ~ 6
31	探究暗示对注意力的影响	选修 / 研究	4 ~ 6
32	温和运动和剧烈运动下不同恢复方式的效果比较	选修 / 研究	4 ~ 6

注：该表中必修实验可根据不同院校的具体情况采用不同的实验材料和实验方法；确定为选修的实验项目主要依据少数院校开设，或部分实验内容已包括在其他实验项目中。

3. 理工类高校建议性实验项目（建议 16 学时及以上）

编号	实验项目名称	基础性 / 综合性 / 研究性实验	建议学时
1	家兔解剖结构观察与分析	必修 / 基础	2 ~ 3
2	生理信号采集系统的原理和操作	必修 / 基础	2 ~ 3
3	蟾蜍（牛蛙）坐骨神经干动作电位的观察与记录	必修 / 基础	4 ~ 6
4	蟾蜍（牛蛙）坐骨神经 – 腓肠肌标本制备和刺激频率及刺激强度对肌肉收缩的影响	必修 / 综合	4 ~ 6
5	红细胞比容、血沉及凝血时测定	选修 / 基础	4 ~ 6
6	血涂片制备与观察、血红蛋白测定和 ABO 血型鉴定	必修 / 基础	4 ~ 6

续表

编号	实验项目名称	基础性/综合性/研究性实验	建议学时
7	心音听诊、血压测量和体表心电图	必修/基础	2~3
8	蟾蜍（牛蛙）离体心脏灌流	必修/基础	4~6
9	神经、体液因素对兔心血管活动的调节	必修/综合	4~6
10	蟾蜍（牛蛙）肠系膜微循环的观察分析	选修/综合	2~3
11	神经、体液因素对兔呼吸运动的调节	必修/综合	4~6
12	人体心肺功能的评定及运动对呼吸、心率、血压的影响	选修/综合	4~6
13	离体小肠平滑肌的生理特性分析	选修/综合	4~6
14	大鼠离体小肠吸收及影响因素分析	选修/基础	4~6
15	兔尿液生成及影响因素	选修/综合	4~6
16	鱼类渗透压调节	选修/综合	4~6
17	FSH 和 LH 对小鼠排卵的影响和精液品质鉴定	选修/基础	4~6
18	脊髓反射的基本特征与反射弧的分析	选修/综合	4~6
19	家兔大脑皮层刺激效应和去大脑僵直的观察	选修/综合	4~6
20	探究有氧运动与无氧运动生理指标变化的差异	选修/研究	4~6
21	色觉、视力、视野、盲点的测定及瞳孔对光反射	必修/基础	2~3
22	探究说谎与瞳孔直径的关系	选修/研究	4~6
23	豚鼠耳蜗电位的引导和听力测定	选修/综合	4~6
24	迷路损伤对动物运动的影响	选修/综合	4~6
25	不同感官的参与对工作记忆的影响	选修/研究	4~6
26	小鼠肾上腺摘除与应激反应的观察	选修/综合	4~6
27	不同音乐类型对人体生理指标的影响	选修/研究	4~6
28	空间 Stroop 效应初探	选修/研究	4~6
29	探究暗示对注意力的影响	选修/研究	4~6
30	温和运动和剧烈运动下不同恢复方式的效果比较	选修/研究	4~6

注：该表中必修实验可根据不同院校的具体情况采用不同的实验材料和实验方法；确定为选修的实验项目主要依据少数院校开设，或部分实验内容已包括在其他实验项目中。

4. 农林类高校建议性实验项目（建议 32 学时及以上）

编号	实验项目名称	基础性/综合性/研究性实验	建议学时
1	生理信号采集系统的原理和操作	必修/基础	2~3
2	蟾蜍（牛蛙）坐骨神经干动作电位的观察与记录	必修/基础	2~3
3	蟾蜍（牛蛙）坐骨神经－腓肠肌标本制备和刺激频率及刺激强度对肌肉收缩的影响	必修/综合	4~6

续表

编号	实验项目名称	基础性 / 综合性 / 研究性实验	建议学时
4	血涂片的制备与观察、血红蛋白测定、血清制备和 ABO 血型鉴定	必修 / 基础	2 ~ 3
5	红细胞比容、血沉、凝血及影响血凝的因素	选修 / 基础	2 ~ 3
6	心音听诊、血压测量和体表心电图	选修 / 基础	2 ~ 3
7	蟾蜍（牛蛙）离体心脏灌流、代偿性间歇和正常起搏点观察	必修 / 基础	4 ~ 6
8	神经、体液因素对兔心血管活动的调节	必修 / 综合	4 ~ 6
9	脑干化学感受器对呼吸、心血管的影响	选修 / 基础 / 研究	4 ~ 6
10	神经、体液因素对兔呼吸运动的调节	必修 / 综合	4 ~ 6
11	探究运动时呼吸方式对心率及血压的影响	选修 / 研究	4 ~ 6
12	离体小肠平滑肌的生理特性分析	必修 / 综合	4 ~ 6
13	大鼠离体小肠吸收及影响因素分析	选修 / 基础	4 ~ 6
14	家兔尿液生成及影响因素的探究	必修 / 综合 / 研究	4 ~ 6
15	不同家畜尿液 pH 的测定及影响因素	选修 / 综合	4 ~ 6
16	脊髓反射的基本特征与反射弧的分析	选修 / 综合	4 ~ 6
17	家兔大脑皮层刺激效应和去大脑僵直的观察	选修 / 综合	4 ~ 6
18	小脑损伤动物行为的观察	选修 / 综合	4 ~ 6
19	斑马鱼视动反应行为的观察	选修 / 综合	2 ~ 3
20	豚鼠耳蜗电位的引导和听力测定	选修 / 综合	4 ~ 6
21	迷路损伤对动物运动的影响	选修 / 综合	4 ~ 6
23	胰岛素、肾上腺素对血糖的调节	必修 / 综合	4 ~ 6
24	小鼠肾上腺摘除与应激反应的观察	选修 / 综合	4 ~ 6
25	FSH 和 LH 对卵泡发育和排卵作用的探究	选修 / 综合 / 研究	4 ~ 6
26	温和运动和剧烈运动下不同恢复方式的效果比较	选修 / 研究	4 ~ 6

　　注：该表中必修实验可根据不同院校的具体情况采用不同的实验材料和实验方法；确定为选修的实验项目主要依据少数院校开设，或部分实验内容已包括在其他实验项目中。

第四节　植物生物学实验

一、导言

　　植物生物学实验技术是进行与植物相关学科科学研究的必需技术手段。课程要求学生了解实验设计与样品准备、常规仪器与操作技术、实验数据处理与分析、植物材料的培养、植物体形态结构的观察与描述、植物种群的识别与分类、植物新陈代谢、生长发育和逆境生理等的原理、研究方法和技术。

二、课程基本要求与相关内容

1. 植物生物学实验先修课程要求

普通生物学及其实验。

2. 基本要求

（1）熟练运用光学显微镜观察并描述构成植物组织的不同细胞形态（几种类型）与结构（与功能的关系），包括显微镜的使用与保养，临时装片的制作。能够根据构成植物组织的细胞特征识别组织的类型（分生组织的位置、发育程度，成熟组织中的保护组织、基本组织、机械组织、输导组织、分泌结构，复合组织）和结构（与功能和所在位置的关系），包括应用徒手切片法制作临时装片。

（2）通过观察了解下列组织器官的形态与结构特征：根（主根、侧根，直根系、须根系）、茎（主茎、分枝方式、生长习性）、叶（单叶、复叶，完全叶、不完全叶）的形态、结构（初生结构、次生结构）；花芽（花芽原基、花萼原基、花冠原基、雄蕊原基、雌蕊原基）分化过程；雄蕊的发育、形态（几种类型）、结构（花药、花丝）；雌蕊的发育、形态（几种类型）、结构（柱头、花丝、子房、胚珠）；胚和胚乳的发育（不同类型、不同时期）；花；果实（单果、聚合果、复果）与种子（有胚乳、无胚乳）。

（3）通过观察了解下列种群的形态与结构特征：菌类（3个门）植物（单细胞、菌丝、子实体、有性生殖方式）；藻类（几个门）植物体（单胞型、群体型、假组织体）的形态与结构（营养细胞、生殖细胞）；地衣的形态（几种类型）与结构（同层、异层）；苔藓植物的形态（苔纲、藓纲）与结构（配子体、孢子体、颈卵器、精子器）；蕨类植物的形态（根、茎、叶）与结构（原叶体、根、茎、叶、孢子囊群等）观察（解剖镜及其使用与保养）；裸子植物的形态（根、茎、叶、大孢子叶球、小孢子叶球）与结构（根、茎、叶、大孢子叶球、小孢子叶球、花粉粒、配子体、胚珠、种子）；被子植物典型科、属代表植物形态与结构观察与描述。

（4）掌握植物细胞的类型（常见的几种形态）与结构（细胞壁层次、细胞核与细胞质的有无、细胞器的种类和形态）及功能的适应性；植物细胞后含物（贮藏物质、代谢中间产物和废物的种类与形态）的识别与鉴定（方法、药剂与设备）。

（5）了解不同生境（旱生与水生、阳生与阴生）下植物的组织特征与结构和功能的统一性比较分析。

（6）了解花芽分化过程中，花芽形态与雌、雄蕊形态、结构特征的对应关系观察分析；花粉的采集、培养与花粉管结构观察；几种常见植物的雌、雄蕊类型和结构比较观察。

3. 基本实验技术

（1）临时装片制作技术：掌握临时装片制作的原理、步骤、关键技术要领和注意事项。了解临时装片制作的目的意义，以及常用的几种不同类型的临时装片制作技术。

（2）徒手切片技术：掌握徒手切片技术的基本原理、步骤、技术要领和注意事项，了解徒手切片质量判读的标准和依据。

（3）显微观察技术：了解不同显微镜的类型及原理，熟练掌握普通光学显微镜、体视显微镜的基本操作步骤及技术要点；了解普通光学显微镜、体视显微镜的结构、原理，熟悉普通光学显微镜和体视镜的常规保养方法。

（4）植物标本采集与制作技术：掌握植物标本采集、压制、装帧、消毒和贮藏等的原理、方法、步骤与注意事项，学会不同类型植物材料的采集、处理与制作方法。

（5）植物检索与鉴定技术：掌握植物分类检索表编制的基本原理、方法和应用，熟悉植物类群鉴定的过程、步骤和注意事项。

（6）植物显微测量技术：了解物镜测微尺的类型；学会使用显微测微尺测量细胞、组织结构大小。

（7）植物组织的离析技术：掌握不同植物组织离析的原理、方法、步骤、应用和注意事项，能够独立配制植物组织离析中的不同类型与浓度的药剂。

（8）植物材料培养技术：掌握植物材料的溶液培养法、土壤培养法、植物组织培养法等常用的植物材料培养方法，了解常用的植物营养液的配制方法和培养基质、植物土培的常用土壤和肥料配方及适用盆钵、植物组织培养的常用培养基的配制方法和使用事项，以便在研究中选用适用的材料培养方法。

（9）植物生理学实验仪器设备使用技术：学习移液器、电子天平、紫外可见分光光度计、离心机、光照培养箱、水浴锅等植物生理学实验常用仪器的使用方法和注意事项及溶液配制方法。

（10）部分植物生理学实验测定方法：组织含水量的测定、根系活力测定、叶绿素含量的提取、理化性质观察和含量测定、呼吸速率的测定、抗氧化酶活性的测定、组织丙二醛（MDA）含量的测定、生长素对根芽生长的影响、种子活力的快速测定、抗逆性的鉴定（电导仪法）等。

（11）光谱与色谱技术：掌握光谱（可见光、紫外光、荧光）、色谱技术（离子交换色谱、纸色谱、亲和层析、气相色谱或高压液相色谱）分析技术的基本原理和使用方法，掌握微量组分含量测定的原理，了解标准曲线的制作方法以及定量分析及酶动力学参数分析的应用。

（12）离心技术：掌握离心分离技术的基本原理与应用，学会不同类型离心机的使用以及注意事项。

（13）电化学分析技术：掌握电导分析法的原理，熟悉电导率仪的基本原理及使用方法。

三、建议性实验项目及对应的学时

1. 综合类高校建议性实验项目（建议 16 学时及以上）

编号	实验项目名称	基础性 / 综合性 / 研究性实验	建议学时
1	显微镜与体视镜的类型、使用与保养	必修 / 基础	1～2
2	临时装片与细胞结构观察	必修 / 综合	1～2
3	植物细胞的类型与结构观察	必修 / 基础	1～2
4	植物细胞后含物类型与物种特性	必修 / 基础	1～2
5	植物组织的类型与结构观察	必修 / 综合	3～4
6	徒手切片法制作临时装片标本	选修 / 研究	2～4
7	不同环境下不同植物的组织类型、结构与适应性观察	必修 / 综合	1～2
8	根的形态、结构与适应性观察	必修 / 基础	3～5
9	茎的形态、结构与适应性观察	必修 / 基础	3～5
10	叶的形态、结构与适应性观察	必修 / 基础	2～5
11	单、双子叶植物根、茎、叶形态和结构异同比较观察	必修 / 综合	2～3
12	同功器官与同源器官的形态结构观察	选修 / 研究	2～3
13	雄蕊的发育与形态结构观察	必修 / 基础	1～2
14	花粉的采集、培养与花粉管结构观察	选修 / 综合	1～2
15	雌蕊的发育与形态结构观察	必修 / 基础	1～2
16	花芽分化与雌、雄蕊形态和结构发育的同生关系观察	必修 / 基础	1～2
17	常见植物的雌、雄蕊形态和结构观察	选修 / 综合	1～2
18	胚和胚乳的发育与结构特征观察	必修 / 基础	1～2
19	花的形态与结构观察	必修 / 基础	2～4
20	果实和种子形态与结构观察	必修 / 基础	2～4
21	菌类植物的形态与结构观察	选修 / 基础	2～3
22	藻类植物的形态与结构观察	选修 / 基础	1～3
23	地衣植物的形态与结构观察	选修 / 基础	1～3
24	苔藓植物的形态与结构观察	选修 / 基础	1～3
25	蕨类植物的形态与结构观察	选修 / 基础	1～3
26	裸子植物的形态与结构观察	选修 / 基础	2～3
27	被子植物典型科、属代表植物的形态与结构观察	选修 / 研究	14～18
28	某一区域范围内物种（或植物资源）的调查与评价	选修 / 研究	2～8
29	校园植物种类调查与分析	选修 / 研究	2～8

续表

编号	实验项目名称	基础性 / 综合性 / 研究性实验	建议学时
30	植物溶液培养和缺素症的观察	选修 / 研究	8 ~ 16
31	植物组织含水量的测定	必修 / 基础	1 ~ 2
32	植物根系活力测定	选修 / 基础	4 ~ 6
33	叶绿素含量的提取、理化性质观察	必修 / 基础	4 ~ 5
34	植物呼吸速率的测定	选修 / 基础	4 ~ 6
35	植物抗氧化酶活性测定	选修 / 基础	4 ~ 6
36	植物组织丙二醛（MDA）含量的测定	选修 / 基础	3 ~ 4
37	生长素对根芽生长的影响	必修 / 基础	4 ~ 6
38	植物种子活力的快速测定	必修 / 基础	4 ~ 6
39	植物抗逆性的鉴定（电导仪法）	必修 / 基础	3 ~ 5
40	光和钾离子对气孔运动的调节	必修 / 综合	4 ~ 6
41	硝酸还原酶（NR）活性的测定	选修 / 综合	4 ~ 5
42	环境因子对植物光合速率的影响	选修 / 综合	6 ~ 12
43	植物生长激素作用的部位和浓度效应比较分析以及激素检测方法	选修 / 综合	8 ~ 18

注：该表中必修实验可根据不同院校的具体情况采用不同的实验材料和实验方法；确定为选修的实验项目主要依据少数院校开设，或部分实验内容已包括在其他实验项目中。

2. 师范类高校建议性实验项目（建议 16 学时及以上）

编号	实验项目名称	基础性 / 综合性 / 研究性实验	建议学时
1	显微镜与体视镜的类型、使用与保养	必修 / 基础	1 ~ 2
2	临时装片与细胞结构观察	必修 / 综合	1 ~ 2
3	植物细胞的类型与结构观察	必修 / 基础	1 ~ 2
4	植物细胞后含物类型与物种特性	必修 / 基础	1 ~ 2
5	植物组织的类型与结构观察	必修 / 综合	3 ~ 4
6	徒手切片法制作临时装片标本	选修 / 研究	2 ~ 4
7	不同环境下不同植物的组织类型、结构与适应性观察	选修 / 综合	1 ~ 2
8	根的形态、结构与适应性观察	必修 / 基础	3 ~ 5
9	茎的形态、结构与适应性观察	必修 / 基础	3 ~ 5
10	叶的形态、结构与适应性观察	必修 / 基础	2 ~ 5
11	单、双子叶植物根、茎、叶形态和结构异同比较观察	必修 / 综合	2 ~ 3
12	同功器官与同源器官的形态结构观察	选修 / 研究	2 ~ 3

续表

编号	实验项目名称	基础性 / 综合性 / 研究性实验	建议学时
13	雄蕊的发育与形态结构观察	必修 / 基础	1 ~ 2
14	花粉的采集、培养与花粉管结构观察	选修 / 综合	1 ~ 2
15	雌蕊的发育与形态结构观察	必修 / 基础	1 ~ 2
16	花芽分化与雌、雄蕊形态和结构发育的同生关系观察	必修 / 基础	1 ~ 2
17	常见植物的雌、雄蕊形态和结构观察	选修 / 综合	1 ~ 2
18	胚和胚乳的发育与结构特征观察	必修 / 基础	1 ~ 2
19	花的形态与结构观察	必修 / 基础	2 ~ 4
20	果实和种子形态与结构观察	必修 / 基础	2 ~ 4
21	菌类植物的形态与结构观察	选修 / 基础	2 ~ 3
22	藻类植物的形态与结构观察	选修 / 基础	1 ~ 3
23	地衣植物的形态与结构观察	选修 / 基础	1 ~ 3
24	苔藓植物的形态与结构观察	选修 / 基础	1 ~ 3
25	蕨类植物的形态与结构观察	选修 / 基础	1 ~ 3
26	裸子植物的形态与结构观察	选修 / 基础	2 ~ 3
27	被子植物典型科、属代表植物的形态与结构观察	选修 / 研究	14 ~ 18
28	某一区域范围内物种（或植物资源）的调查与评价	选修 / 研究	2 ~ 8
29	校园植物种类调查与分析	选修 / 研究	2 ~ 8
30	植物溶液培养和缺素症的观察	选修 / 基础	8 ~ 16
31	植物组织含水量的测定	选修 / 基础	1 ~ 2
32	植物根系活力测定	选修 / 基础	4 ~ 6
33	叶绿素含量的提取、理化性质观察	必修 / 基础	4 ~ 5
34	植物呼吸速率的测定	选修 / 基础	4 ~ 6
35	植物抗氧化酶活性测定	选修 / 基础	4 ~ 6
36	植物组织丙二醛（MDA）含量的测定	选修 / 基础	3 ~ 4
37	生长素对根芽生长的影响	必修 / 基础	4 ~ 6
38	植物种子活力的快速测定	必修 / 基础	4 ~ 6
39	植物抗逆性的鉴定（电导仪法）	必修 / 基础	3 ~ 5
40	光和钾离子对气孔运动的调节	必修 / 综合	4 ~ 6
41	硝酸还原酶（NR）活性的测定	选修 / 综合	4 ~ 5
42	环境因子对植物光合速率的影响	选修 / 综合	6 ~ 12
43	植物生长激素作用的部位和浓度效应比较分析以及激素检测方法	选修 / 综合	8 ~ 18

注：该表中必修实验可根据不同院校的具体情况采用不同的实验材料和实验方法；确定为选修的实验项目主要依据少数院校开设，或部分实验内容已包括在其他实验项目中。

3. 理工类高校建议性实验项目（建议 16 学时及以上）

编号	实验项目名称	基础性/综合性/ 研究性实验	建议学时
1	显微镜与体视镜的类型、使用与保养	必修 / 基础	1~2
2	临时装片与细胞结构观察	必修 / 综合	1~2
3	植物细胞的类型与结构观察	必修 / 基础	1~2
4	植物细胞后含物类型与物种特性	必修 / 基础	1~2
5	植物组织的类型与结构观察	必修 / 综合	3~4
6	徒手切片法制作临时装片标本	选修 / 研究	2~4
7	不同环境下不同植物的组织类型、结构与适应性观察	选修 / 综合	1~2
8	根的形态、结构与适应性观察	必修 / 基础	3~5
9	茎的形态、结构与适应性观察	必修 / 基础	3~5
10	叶的形态、结构与适应性观察	必修 / 基础	2~5
11	单、双子叶植物根、茎、叶形态和结构异同比较观察	选修 / 综合	2~3
12	同功器官与同源器官的形态结构观察	选修 / 研究	2~3
13	雄蕊的发育与形态结构观察	必修 / 基础	1~2
14	花粉的采集、培养与花粉管结构观察	选修 / 综合	1~2
15	雌蕊的发育与形态结构观察	必修 / 基础	1~2
16	花芽分化与雌、雄蕊形态和结构发育的同生关系观察	必修 / 基础	1~2
17	常见植物的雌、雄蕊形态和结构观察	选修 / 综合	1~2
18	胚和胚乳的发育与结构特征观察	选修 / 基础	1~2
19	花的形态与结构观察	选修 / 基础	2~4
20	果实和种子形态与结构观察	选修 / 基础	2~4
21	裸子植物的形态与结构观察	选修 / 基础	2~3
22	被子植物典型科、属代表植物的形态与结构观察	选修 / 研究	14~18
23	某一区域范围内物种（或植物资源）的调查与评价	选修 / 研究	2~8
24	校园植物种类调查与分析	选修 / 研究	2~8
25	植物溶液培养和缺素症的观察	选修 / 研究	8~16
26	植物组织含水量的测定	选修 / 基础	1~2
27	植物根系活力测定	选修 / 基础	4~6
28	叶绿素含量的提取、理化性质观察	必修 / 基础	4~5
29	植物呼吸速率的测定	必修 / 基础	4~6
30	植物抗氧化酶活性测定	必修 / 基础	4~6
31	植物组织丙二醛（MDA）含量的测定	选修 / 基础	3~4
32	生长素对根芽生长的影响	必修 / 基础	4~6

续表

编号	实验项目名称	基础性 / 综合性 / 研究性实验	建议学时
33	植物种子活力的快速测定	必修 / 基础	4 ~ 6
34	植物抗逆性的鉴定（电导仪法）	必修 / 基础	3 ~ 5
35	光和钾离子对气孔运动的调节	必修 / 综合	4 ~ 6
36	硝酸还原酶（NR）活性的测定	选修 / 综合	4 ~ 5
37	环境因子对植物光合速率的影响	选修 / 综合	6 ~ 12
38	植物生长激素作用的部位和浓度效应比较分析以及激素检测方法	选修 / 综合	8 ~ 18

注：该表中必修实验可根据不同院校的具体情况采用不同的实验材料和实验方法；确定为选修的实验项目主要依据少数院校开设，或部分实验内容已包括在其他实验项目中。

4. 农林类高校建议性实验项目（建议 16 学时及以上）

编号	实验项目名称	基础性 / 综合性 / 研究性实验	建议学时
1	显微镜与体视镜的类型、使用与保养	必修 / 基础	1 ~ 2
2	临时装片与细胞结构观察	必修 / 综合	1 ~ 2
3	植物细胞的类型与结构观察	必修 / 基础	1 ~ 2
4	植物细胞后含物类型与物种特性	必修 / 基础	1 ~ 2
5	植物组织的类型与结构观察	必修 / 综合	3 ~ 4
6	徒手切片法制作临时装片标本	选修 / 研究	2 ~ 4
7	不同环境下不同植物的组织类型、结构与适应性观察	必修 / 综合	1 ~ 2
8	根的形态、结构与适应性观察	必修 / 基础	3 ~ 5
9	茎的形态、结构与适应性观察	必修 / 基础	3 ~ 5
10	叶的形态、结构与适应性观察	必修 / 基础	2 ~ 5
11	单、双子叶植物根、茎、叶形态和结构异同比较观察	必修 / 综合	2 ~ 3
12	同功器官与同源器官的形态结构观察	必修 / 研究	2 ~ 3
13	雄蕊的发育与形态结构观察	必修 / 基础	1 ~ 2
14	花粉的采集、培养与花粉管结构观察	选修 / 综合	1 ~ 2
15	雌蕊的发育与形态结构观察	必修 / 基础	1 ~ 2
16	花芽分化与雌、雄蕊形态和结构发育的同生关系观察	必修 / 基础	1 ~ 2
17	常见植物的雌、雄蕊形态和结构观察	选修 / 综合	1 ~ 2
18	胚和胚乳的发育与结构特征观察	必修 / 基础	1 ~ 2
19	花的形态与结构观察	必修 / 基础	2 ~ 4
20	果实和种子形态与结构观察	必修 / 基础	2 ~ 4

编号	实验项目名称	基础性 / 综合性 / 研究性实验	建议学时
21	菌类植物的形态与结构观察	选修 / 基础	2 ~ 3
22	藻类植物的形态与结构观察	选修 / 基础	1 ~ 3
23	地衣植物的形态与结构观察	选修 / 基础	1 ~ 3
24	苔藓植物的形态与结构观察	选修 / 基础	1 ~ 3
25	蕨类植物的形态与结构观察	选修 / 基础	1 ~ 3
26	裸子植物的形态与结构观察	选修 / 基础	2 ~ 3
27	被子植物典型科、属代表植物的形态与结构观察	选修 / 研究	14 ~ 18
28	某一区域范围内物种（或植物资源）的调查与评价	选修 / 研究	2 ~ 8
29	校园植物种类调查与分析	选修 / 研究	2 ~ 8
30	植物溶液培养和缺素症的观察	必修 / 研究	8 ~ 16
31	植物组织含水量的测定	必修 / 基础	1 ~ 2
32	植物根系活力测定	选修 / 基础	4 ~ 6
33	叶绿素含量的提取、理化性质观察	必修 / 基础	4 ~ 5
34	植物呼吸速率的测定	选修 / 基础	4 ~ 6
35	植物抗氧化酶活性测定	选修 / 基础	4 ~ 6
36	植物组织丙二醛（MDA）含量的测定	选修 / 基础	3 ~ 4
37	生长素对根芽生长的影响	必修 / 基础	4 ~ 6
38	植物种子活力的快速测定	必修 / 基础	4 ~ 6
39	植物抗逆性的鉴定（电导仪法）	必修 / 基础	3 ~ 5
40	光和钾离子对气孔运动的调节	必修 / 综合	4 ~ 6
41	硝酸还原酶（NR）活性的测定	选修 / 综合	4 ~ 5
42	环境因子对植物光合速率的影响	选修 / 综合	6 ~ 12
43	植物生长激素作用的部位和浓度效应比较分析以及激素检测方法	选修 / 综合	8 ~ 18

注：该表中必修实验可根据不同院校的具体情况采用不同的实验材料和实验方法；确定为选修的实验项目主要依据少数院校开设，或部分实验内容已包括在其他实验项目中。

第五节　生物化学实验

一、导言

生物化学实验技术作为生命科学研究方法和技术的重要组成部分，不仅是用于自身理论体系的研究手段，也是所有生命相关学科进行科学研究的必需技术手段。课程要求学生熟练掌握常规仪器的使用方法和基本实验技术，掌握生物分子和／或生物活性物质的分离纯化和检测、酶反应动力学测定等实验操作，并理解相关原理。在实验过程中强化学生基本实验技能的训练和综合能力的培养，并通过生物化学实验锻炼学生的动手能力和解决问题的能力，培养学生合作精神，提高学生的实践能力、综合素质和创新能力。

二、课程基本要求与相关内容

1. 生物化学实验先修课程要求
基础化学、有机化学及其实验。

2. 基本要求
（1）掌握生物化学常用实验技术的基本原理和方法，包括细胞及组织破碎技术、分级沉淀技术、离心技术、光谱与色谱技术、电泳技术等。

（2）掌握常用仪器的使用方法，包括微量移液器、电子天平、酸度计、离心机、分光光度计、酶标仪、层析装置、电泳系统等。

（3）掌握生物分子的分离纯化技术与方法，包括氨基酸、多糖、蛋白质或酶等生物分子的提取、分离及纯化（细胞或组织破碎技术、有机溶剂沉淀和／或盐析、离心技术、层析技术等）。

（4）掌握纯度鉴定、含量测定、相对分子质量测定方法，纯度鉴定包括SDS-聚丙烯酰胺凝胶电泳法（蛋白质或酶）、光吸收法、层析法或色谱法等，含量测定包括光谱法、显色法，相对分子质量的测定包括SDS-聚丙烯酰胺凝胶电泳法、凝胶过滤层析或色谱法等。

3. 基本实验技术
（1）细胞及组织破碎技术：掌握物理法、化学法和生物法破碎细胞和组织的基本原理及其相关操作。

（2）光谱技术：掌握光谱（可见光、紫外光、荧光）分析技术的基本原理和使用方法，以及微量组分含量测定的原理；熟悉标准曲线的制作方法以及在定量分析及酶动力学参数分析中的应用。

（3）色谱技术：掌握纸层析和柱层析技术的基本原理及其主要种类；熟悉离子交换层析、凝胶过滤层析等柱层析分离生物分子的基本实验操作及其应用；了解其他层析技术的操作及其应用。

（4）离心技术：掌握离心分离技术的基本原理与应用；熟悉不同类型离心机的使用及其注意事项。

（5）电泳技术：掌握电泳技术的基本原理和主要种类；熟悉聚丙烯酰胺凝胶电泳的实验操作及其应用。

三、建议性实验项目及对应的学时

1. 综合类高校建议性实验项目（建议 32 学时及以上）

编号	实验项目名称	基础性 / 综合性 / 研究性实验	建议学时
1	蛋白质（生物分子）的含量测定	必修 / 基础	2 ~ 3
2	酶活力和比活力的测定	必修 / 基础	3 ~ 6
3	酶的动力学参数测定	必修 / 基础	4 ~ 6
4	蛋白质（酶、多糖等）的分离纯化（实验步骤包括细胞或组织破碎、分级沉淀、离心、离子交换层析或亲和层析）	必修 / 综合	12 ~ 16
5	蛋白质（酶）相对分子质量的测定（凝胶过滤层析或 SDS–PAGE）	必修 / 基础	8 ~ 12
6	离子交换层析分离蛋白质（生物分子）	选修 / 基础	6 ~ 8
7	凝胶过滤层析分离纯化蛋白质（生物分子）	选修 / 基础	6 ~ 8
8	分离纯化的蛋白质（酶）的纯度鉴定（SDS–PAGE 或色谱）	选修 / 基础	8 ~ 10
9	Western Blot	选修 / 综合	10 ~ 12
10	酶联免疫吸附试验	选修 / 综合	6 ~ 8
11	荧光法测定核黄素结合蛋白与核黄素的解离常数	选修 / 综合	4 ~ 6
12	色谱法分析植物的活性成分及其含量	选修 / 综合	8 ~ 16
13	多糖与蛋白质（半乳凝集素）的相互作用分析	选修 / 综合	6 ~ 8
14	动物（植物）的生化指标分析	选修 / 综合	4 ~ 8
15	物质代谢的变化对动物（植物、微生物）的影响	选修 / 研究	8 ~ 24
16	生物分子的理化性质与功能研究	选修 / 研究	8 ~ 24

注：该表中必修实验可根据不同院校的具体情况采用不同的实验材料和实验方法；确定为选修的实验项目主要依据少数院校开设，或部分实验内容已包括在其他实验项目中。

2. 师范类高校建议性实验项目（建议 32 学时及以上）

编号	实验项目名称	基础性 / 综合性 / 研究性实验	建议学时
1	蛋白质（生物分子）的含量测定	必修 / 基础	2 ~ 3
2	酶活力和比活力的测定	必修 / 基础	3 ~ 6
3	酶的动力学参数测定	必修 / 基础	4 ~ 6
4	蛋白质（酶、多糖等）的分离纯化（实验步骤包括细胞或组织破碎、分级沉淀、离心、离子交换层析或亲和层析）	必修 / 综合	12 ~ 16

续表

编号	实验项目名称	基础性/综合性/研究性实验	建议学时
5	蛋白质（酶）相对分子质量的测定（凝胶过滤层析或SDS-PAGE）	必修/基础	8~12
6	离子交换层析分离蛋白质（生物分子）	选修/基础	6~8
7	凝胶过滤层析分离纯化蛋白质（生物分子）	选修/基础	6~8
8	分离纯化的蛋白质（酶）的纯度鉴定（SDS-PAGE或色谱）	选修/基础	8~10
9	Western Blot	选修/综合	10~12
10	抗体的制备及酶联免疫吸附试验	选修/综合	10~14
11	色谱法分析中药的活性成分及其含量	选修/综合	8~16
12	食用植物的营养分析	选修/综合	4~8
13	物质代谢的变化对动物（植物、微生物）的影响	选修/研究	8~24
14	生物分子的理化性质与功能研究	选修/研究	8~24

注：该表中必修实验可根据不同院校的具体情况采用不同的实验材料和实验方法；确定为选修的实验项目主要依据少数院校开设，或部分实验内容已包括在其他实验项目中。

3. 理工类高校建议性实验项目（建议 32 学时及以上）

编号	实验项目名称	基础性/综合性/研究性实验	建议学时
1	蛋白质（生物分子）的含量测定	必修/基础	2~3
2	酶活力和比活力的测定	必修/基础	3~6
3	酶的动力学参数测定	必修/基础	4~6
4	蛋白质（酶、多糖等）的分离纯化（实验步骤包括细胞或组织破碎、分级沉淀、离心、离子交换层析或亲和层析）	必修/综合	12~16
5	蛋白质（酶）相对分子质量的测定（凝胶过滤层析或SDS-PAGE）	必修/基础	8~12
6	离子交换层析分离蛋白质（生物分子）	选修/基础	6~8
7	凝胶过滤层析分离纯化蛋白质（生物分子）	选修/基础	6~8
8	分离纯化的蛋白质（酶）的纯度鉴定（SDS-PAGE或色谱）	选修/基础	8~10
9	Western Blot	选修/综合	10~12
10	果蔬植物的营养分析	选修/综合	4~8
11	枸杞的生化指标分析	选修/综合	4~8
12	物质代谢的变化对动物（植物、微生物）的影响	选修/研究	8~24
13	生物分子的理化性质与功能研究	选修/研究	8~24

注：该表中必修实验可根据不同院校的具体情况采用不同的实验材料和实验方法；确定为选修的实验项目主要依据少数院校开设，或部分实验内容已包括在其他实验项目中。

4. 农林类高校建议性实验项目（建议 32 学时及以上）

编号	实验项目名称	基础性 / 综合性 / 研究性实验	建议学时
1	蛋白质（生物分子）的含量测定	必修 / 基础	2 ~ 3
2	酶活力和比活力的测定	必修 / 基础	3 ~ 6
3	酶的动力学参数测定	必修 / 基础	4 ~ 6
4	蛋白质（酶、多糖等）的分离纯化（实验步骤包括细胞或组织破碎、分级沉淀、离心、离子交换层析或亲和层析）	必修 / 综合	12 ~ 16
5	蛋白质（酶）相对分子质量的测定（凝胶过滤层析或 SDS–PAGE）	必修 / 基础	8 ~ 12
6	离子交换层析分离蛋白质（生物分子）	选修 / 基础	6 ~ 8
7	凝胶过滤层析分离纯化蛋白质（生物分子）	选修 / 基础	6 ~ 8
8	分离纯化的蛋白质（酶）的纯度鉴定（SDS–PAGE 或色谱）	选修 / 基础	8 ~ 10
9	Western Blot	选修 / 综合	10 ~ 12
10	色谱法分析中药的活性成分及其含量	选修 / 综合	8 ~ 16
11	物质代谢的变化对动物（植物、微生物）的影响	选修 / 研究	8 ~ 24
12	生物分子的理化性质与功能研究	选修 / 研究	8 ~ 24

　　注：该表中必修实验可根据不同院校的具体情况采用不同的实验材料和实验方法；确定为选修的实验项目主要依据少数院校开设，或部分实验内容已包括在其他实验项目中。

第六节　细胞生物学实验

一、导言

　　细胞是生命活动的基本单位。细胞生物学是研究细胞结构与功能、细胞重大生命活动及其分子调控机制的一门基础及前沿学科。细胞生物学实验技术综合了显微镜技术、生物化学及分子生物学技术方法，与遗传学、发育生物学等学科的实验技术间相互交融，为生命科学的快速发展提供强有力的支撑。课程要求学生掌握普通光学显微镜、荧光显微镜、相差显微镜的使用，了解其他常规仪器的使用，理解相关实验技术的原理和操作方法，掌握组织细胞提取、细胞器分离和鉴定、细胞培养、外源基因导入细胞及检测、细胞融合等基本技术。在实验过程中强化学生基本实验技能的训练和综合能力的培养，并通过细胞生物学实验锻炼学生的动手能力和解决问题的能力，培养学生合作精神，提高学生的实践能力、综合素质和创新能力。

二、课程基本要求与相关内容

1. 细胞生物学实验先修课程要求
生物化学及其实验。

2. 基本要求

（1）掌握普通光学显微镜以及流式细胞仪的使用，掌握无菌操作及细胞培养的要求、方法及技术。

（2）掌握动植物组织石蜡切片制作及细胞分裂标本制作、细胞化学染色及细胞内蛋白质的荧光标记、PEG 诱导的细胞融合、细胞膜通透性及凝集实验等技术与方法。

（3）掌握植物组织培养基的配制优化、植物组织的诱导分化等方法与技术。

（4）掌握细胞组分的免疫荧光标记与观察，细胞器的分离鉴定及活体染色，杂交瘤细胞的构建、筛选及单克隆抗体的制备，细胞吞噬的检测，细胞培养及活性检测，动物细胞转染及检测（植物细胞转化及检测）等技术与方法。

（5）了解细胞周期检测与分析（M 期染色体制备、S 期细胞检测、有丝分裂与减数分裂观察），细胞凋亡的诱导与检测分析，细胞自噬的诱导与观察等方法。

3. 基本实验技术

（1）显微观察及成像技术：掌握普通光学显微镜、荧光显微镜等光学显微镜的结构、原理及显微成像技术；熟悉激光共聚焦显微镜、电子显微镜等特殊显微镜的结构原理、样品制备及应用。

（2）细胞化学染色及分析检测技术：掌握动植物组织石蜡切片及常用组分染色分析的原理；熟悉苏木精 – 伊红染色（HE 染色）、PAS 多糖染色、Feulgen 核酸染色，细胞骨架及微丝微管荧光染色、免疫荧光标记、原位杂交等技术的操作流程。

（3）细胞器分离鉴定及活体染色技术：掌握差速离心法、密度梯度离心法的基本原理；熟悉线粒体、叶绿体、液泡、细胞核等细胞器的分级分离及染色方法。

（4）无菌操作技术：掌握细胞实验常用器具的清洗、灭菌方法，细胞实验室的消毒灭菌（除菌）方法以及动物细胞培养、植物组织培养常用培养基的配制、优化及消毒灭菌方法。

（5）动物细胞培养技术：掌握动物原代细胞的组织消化提取，细胞的传代培养、计数、复苏、冻存以及活性检测等技术；了解细胞增殖、迁移、侵袭、集落形成等相关实验操作。

（6）植物组织培养技术：掌握植物组织培养及植物原生质体分离等技术的原理；熟悉植物细胞脱分化与再分化的操作方法。

（7）细胞融合技术：掌握细胞融合的基本原理和常用方法；熟悉 PEG 诱导的细胞融合的操作流程；了解细胞融合在单克隆抗体的制备中的应用。

（8）外源基因导入细胞的技术：掌握动物细胞转染及植物细胞转化技术的一般原理；熟悉磷酸钙转染技术、脂质体转染技术、根瘤农杆菌介导的植物转化技术等的操作流程及结果检测方法；了解外源基因表达产物的鉴定方法。

（9）流式细胞术：掌握流式细胞仪的工作原理；熟悉流式细胞仪在细胞分选、细胞富集、细胞周期分析及凋亡检测中的应用。

三、建议性实验项目及对应的学时

1. 综合类高校建议性实验项目（建议 32 学时及以上）

编号	实验项目名称	基础性 / 综合性 / 研究性实验	建议学时
1	普通光学显微镜、相差显微镜及荧光显微镜的基本使用方法	必修 / 基础	3 ~ 4
2	细胞化学技术	必修 / 基础	3 ~ 4
3	动物细胞培养、传代、冻存、复苏与活性测定	必修 / 基础	3 ~ 4
4	动植物组织的样本制备（石蜡切片、冰冻切片等）	选修 / 基础	6 ~ 10
5	植物原生质体制备与细胞融合（或动物细胞融合）	选修 / 基础	3 ~ 4
6	植物细胞的脱分化与再分化	选修 / 综合	4 ~ 6
7	细胞分析或分选——流式细胞仪的使用	选修 / 综合	3 ~ 4
8	细胞骨架的免疫荧光染色及观察	必修 / 综合	3 ~ 4
9	细胞的组织提取及细胞器的分离鉴定	必修 / 综合	3 ~ 4
10	巨噬细胞的吞噬作用及观察	必修 / 综合	3 ~ 4
11	细胞周期检测与分析（M 期染色体制备、S 期细胞检测、有丝分裂或减数分裂观察）	必修 / 综合	4 ~ 6
12	细胞衰老的诱导及 β-半乳糖苷酶的检测	选修 / 综合	4 ~ 6
13	细胞凋亡的诱导与检测	必修 / 研究	4 ~ 6
14	细胞自噬的诱导及观察	必修 / 研究	4 ~ 6
15	植物细胞悬浮培养及次生代谢产物的测定和分离提取	选修 / 研究	4 ~ 6
16	杂交瘤细胞的构建、筛选及单克隆抗体的制备	选修 / 综合	6 ~ 10
17	动物细胞转染及检测（植物细胞转化及检测）	选修 / 研究	4 ~ 6
18	细胞膜通透性及凝集实验	必修 / 研究	3 ~ 4

注：该表中必修实验可根据不同院校的具体情况采用不同的实验材料和实验方法；确定为选修的实验项目主要依据少数院校开设，或部分实验内容已包括在其他实验项目中。

2. 师范类高校建议性实验项目（建议 32 学时及以上）

编号	实验项目名称	基础性 / 综合性 / 研究性实验	建议学时
1	普通光学显微镜、相差显微镜及荧光显微镜的基本使用方法	必修 / 基础	3 ~ 4
2	细胞化学技术	必修 / 基础	3 ~ 4
3	动物细胞培养、传代、冻存、复苏与活性测定	必修 / 基础	3 ~ 4
4	黑藻细胞的胞质环流	必修 / 基础	3 ~ 4
5	植物原生质体制备与细胞融合（或动物细胞融合）	选修 / 基础	3 ~ 4
6	植物细胞的脱分化与再分化	选修 / 综合	4 ~ 6
7	MTT 法检测细胞增殖	选修 / 综合	3 ~ 4
8	细胞骨架的免疫荧光染色及观察	必修 / 综合	3 ~ 4
9	线粒体、叶绿体的分离提取及鉴定	必修 / 综合	3 ~ 4
10	巨噬细胞的吞噬作用及观察	必修 / 综合	3 ~ 4
11	细胞周期检测与分析（M 期染色体制备、S 期细胞检测、有丝分裂或减数分裂观察）	必修 / 综合	4 ~ 6
12	细胞衰老的诱导及 β- 半乳糖苷酶的检测	选修 / 综合	4 ~ 6
13	细胞凋亡的诱导与检测	必修 / 研究	4 ~ 6
14	细胞自噬的诱导及观察	必修 / 研究	4 ~ 6
15	细胞质膜的通透性与细胞凝集现象观察	选修 / 综合	3 ~ 4
16	血细胞的分化和不同类型血细胞的观察	必修 / 综合	3 ~ 4
17	动物细胞转染及检测（植物细胞转化及检测）	选修 / 研究	4 ~ 6
18	四膜虫纤毛的再生	选修 / 研究	3 ~ 4

　　注：该表中必修实验可根据不同院校的具体情况采用不同的实验材料和实验方法；确定为选修的实验项目主要依据少数院校开设，或部分实验内容已包括在其他实验项目中。

3. 理工类高校建议性实验项目（建议 32 学时及以上）

编号	实验项目名称	基础性 / 综合性 / 研究性实验	建议学时
1	普通光学显微镜、相差显微镜及荧光显微镜的基本使用方法	必修 / 基础	3 ~ 4
2	细胞化学技术	必修 / 基础	3 ~ 4
3	动物细胞培养、传代、冻存、复苏与活性测定	必修 / 基础	3 ~ 4
4	动植物组织的样本制备（石蜡切片、冰冻切片等）	选修 / 基础	6 ~ 10
5	植物原生质体制备与细胞融合（或动物细胞融合）	选修 / 基础	3 ~ 4
6	植物细胞的脱分化与再分化	选修 / 综合	4 ~ 6

续表

编号	实验项目名称	基础性 / 综合性 / 研究性实验	建议学时
7	细胞分析或分选——流式细胞仪的使用	选修 / 综合	3～4
8	细胞骨架的免疫荧光染色及观察	必修 / 综合	3～4
9	细胞的组织提取及细胞器的分离鉴定	必修 / 综合	3～4
10	巨噬细胞的吞噬作用及观察	必修 / 综合	3～4
11	细胞周期检测与分析（M 期染色体制备、S 期细胞检测、有丝分裂或减数分裂观察）	必修 / 综合	4～6
12	细胞衰老的诱导及 β- 半乳糖苷酶的检测	选修 / 综合	4～6
13	细胞凋亡的诱导与检测	必修 / 研究	4～6
14	细胞自噬的诱导及观察	必修 / 研究	4～6
15	蚕豆根尖细胞微核诱导和观察	选修 / 综合	3～4
16	杂交瘤细胞的构建、筛选及单克隆抗体的制备	选修 / 综合	6～10
17	动物细胞转染及检测（植物细胞转化及检测）	选修 / 研究	4～6

注：该表中必修实验可根据不同院校的具体情况采用不同的实验材料和实验方法；确定为选修的实验项目主要依据少数院校开设，或部分实验内容已包括在其他实验项目中。

4. 农林类高校建议性实验项目（建议 32 学时及以上）

编号	实验项目名称	基础性 / 综合性 / 研究性实验	建议学时
1	普通光学显微镜、相差显微镜及荧光显微镜的基本使用方法	必修 / 基础	3～4
2	细胞化学技术	必修 / 基础	3～4
3	动物细胞培养、传代、冻存、复苏与活性测定	必修 / 基础	3～4
4	动植物组织的样本制备（石蜡切片、冰冻切片等）	选修 / 基础	6～10
5	植物原生质体制备与细胞融合（或动物细胞融合）	选修 / 基础	3～4
6	植物细胞的脱分化与再分化	选修 / 综合	4～6
7	植物细胞胞吞作用及内膜系统动态变化的荧光显微镜观察	必修 / 综合	3～4
8	细胞骨架的免疫荧光染色及观察	必修 / 综合	3～4
9	细胞的组织提取及细胞器的分离鉴定	必修 / 综合	3～4
10	巨噬细胞的吞噬作用及观察	必修 / 综合	3～4
11	细胞周期检测与分析（M 期染色体制备、S 期细胞检测、有丝分裂或减数分裂观察）	必修 / 综合	4～6
12	愈伤组织诱导培养及培养物成分分析及结构观察	必修 / 综合	6～10
13	细胞凋亡的诱导与检测	必修 / 设计	4～6

编号	实验项目名称	基础性 / 综合性 / 研究性实验	建议学时
14	细胞自噬的诱导及观察	选修 / 研究	4 ~ 6
15	细胞壁及胞间连丝的观察	选修 / 综合	3 ~ 4
16	杂交瘤细胞的构建、筛选及单克隆抗体的制备	选修 / 综合	6 ~ 10
17	动物细胞转染及检测（植物细胞转化及检测）	选修 / 研究	4 ~ 6

注：该表中必修实验可根据不同院校的具体情况采用不同的实验材料和实验方法；确定为选修的实验项目主要依据少数院校开设，或部分实验内容已包括在其他实验项目中。

第七节　遗传学实验

一、导言

遗传学实验是生物学相关专业的一门重要基础课。实验内容包括多种生物体表型观察、基因型检测以及遗传规律的分析等，涉及分子、细胞及个体水平的不同生物技术的综合应用。遗传学实验内容由经典遗传学和分子遗传学两大主线构成。经典遗传学包括孟德尔遗传、伴性遗传、连锁和互换、数量性状遗传、群体遗传等内容。分子遗传学包括基因突变、基因多态、基因转化和转导、基因编辑及基因表达等内容。遗传学实验以人类及多种模式生物为实验对象，综合利用显微镜技术、生物化学及分子生物学技术方法，与细胞生物学、发育生物学等学科的实验技术相互交融。课程要求学生掌握普通光学显微镜及其他常规仪器的使用，掌握模式生物培养和杂交、染色体制片及核型分析、遗传学统计分析、染色体诱变、分子生物学操作、基因转化等基本技术，并理解相关实验技术的操作原理和方法。

二、课程基本要求与相关内容

1. 遗传学实验先修课程要求
生物化学及其实验。

2. 基本要求
（1）理解遗传学实验技术的基本原理，掌握常用仪器的正确使用，包括光学显微镜、体视显微镜、PCR 仪、水平电泳槽等的使用。

（2）掌握遗传学的基本实验方法，包括主要仪器的清洁或清洗、常用试剂的配制、模式生物的培养及杂交方法、染色体诱变和制片、基因检测和分析等。

（3）掌握模式生物（大肠杆菌、酵母、果蝇、线虫、拟南芥、玉米等）的培养与性状观察，人类表型的观察与分析；模式生物的单因子杂交、双因子杂交实验及数据分析处理；模式生物和人类细胞的基因组 DNA 提取和基因分型技术。

（4）掌握动植物生殖细胞（孢子、精子和卵子）发生及生殖器官（卵巢和精巢、雌蕊和雄蕊）发育过程的显微观察；染色体制片、显带与观察，包括有丝分裂染色体、减数分裂染色体、巴氏小体和唾腺染色体的显微观察；动植物受精过程、胚胎发育过程的显微观察、动物发育过程中变态发育的观察。

（5）掌握动、植物数量性状观察、分析与遗传率的计算；掌握生物群体的基因频率调查与群体遗传分析。

（6）了解模式生物（大肠杆菌、酵母、果蝇、线虫、拟南芥、斑马鱼等）的人工诱变、突变体的筛选、分离培养与鉴定；模式生物和人类细胞突变体的基因定位；了解转基因模式生物（大肠杆菌、酵母、果蝇、线虫、拟南芥、斑马鱼等）的构建、筛选、分离培养与鉴定；了解动物体外受精，胚胎的冷冻、体外培养和移植技术。

（7）了解遗传标记的分型、连锁分析与遗传图谱的绘制；DNA 序列获取、比对与亲缘关系分析；基因组结构与序列信息分析；基因表达分析（如乳糖操纵子的诱导表达、转基因细胞的外源基因表达分析、哺乳动物细胞的 RNA 干扰、不同发育阶段特定基因的时空表达谱等）；环境因素如激素等对动植物生殖细胞发育、胚胎发育的影响。

（8）学会利用 RNA 干扰、基因编辑、转基因等技术研究模式生物细胞及生物整体中的基因功能；利用遗传多态分析与关联分析等方法研究人类基因型与表型的对应关系。

3. 基本实验技术

（1）无菌技术：掌握实验操作空间的消毒灭菌、实验器皿的消毒灭菌；实验药品的消毒灭菌；消毒灭菌的方法；微生物分离和培养过程中的无菌操作；动植物细胞培养中的无菌操作等；体外受精、胚胎体外培养和移植等无菌操作的方法。

（2）离体培养技术：掌握细胞、器官和组织的分离技术；掌握培养基的成分组成和配制；掌握培养的条件和条件的控制；掌握培养材料的整体、显微观察和显微成像技术；掌握植物和微生物原生质体分离和纯化技术，动物胚胎培养和冷冻、体外授精技术。

（3）显微观察和成像技术：掌握对分离或培养的组织、细胞等进行制片、切片、染色，显微观察和成像技术。

（4）模式生物培养与杂交技术：包括大肠杆菌、酵母、果蝇、线虫、拟南芥、斑马鱼等的培养、形态学观察与杂交技术，掌握培养条件与方法，性别鉴定，主要形态学特征的观察，单因子杂交、双因子杂交以及杂交结果的统计学分析。

（5）染色体制片及核型分析技术：掌握利用动植物和人类细胞材料进行染色体制片、显带技术，观察有丝分裂或减数分裂的染色体行为，唾腺染色体的制备和观察。

（6）连锁分析技术：掌握果蝇的三点测交、粗糙链孢霉的四分子分析、动植物细胞的遗传标记分析、遗传图谱的绘制。

（7）诱变技术：包括物理诱变和化学诱变的方法和指标要求；诱变剂的种类、特点和使用方法；诱变后突变菌株、细胞等的选育和鉴定技术。

（8）分子生物学操作技术：DNA 提取、RNA 提取、蛋白质提取、PCR、核酸纯化、酶切、连接技术、核酸和蛋白质电泳、载体构建技术、Western Blot 技术、原位杂交等。

（9）基因转化技术：掌握大肠杆菌的转化、农杆菌介导的植物细胞转化技术；动物细胞和植物原生质体的显微注射技术；基因枪轰击技术以及转基因生物体的鉴定等。

（10）整体动物操作技术：掌握动物胚胎移植、人工授精技术。

（11）基因序列分析：掌握序列比对、基因组结构分析和分子进化分析的基本方法。

（12）遗传学统计分析技术：包括单因子、双因子杂交实验的数据处理，重组率的计算，数量性状的统计与遗传率的计算，群体遗传学的基因频率计算与平衡群体的判断。

三、建议性实验项目及对应的学时

1. 综合类高校建议性实验项目（建议 32 学时及以上）

序号	实验项目名称	基础性 / 综合性 / 研究性实验	建议学时
1	杂交实验与分析	必修 / 基础	4 ~ 10
2	遗传性状的观察与分析	选修 / 基础 / 研究	2
3	数量性状及其遗传分析	必修 / 基础	2
4	染色体制片和观察	必修 / 基础	2
5	遗传发育的显微观察	选修 / 基础	2
6	基因检测	必修 / 基础	4
7	遗传标记及基因多态性分析	必修 / 基础	4
8	基因转化或转导	必修 / 基础	4
9	基因组 DNA 制备及序列分析	必修 / 综合	2
10	基因定位或遗传作图	选修 / 综合 / 研究	4
11	RNA 干扰技术	选修 / 综合 / 研究	4
12	基因表达分析	选修 / 综合 / 研究	4
13	基因编辑及转基因技术	选修 / 综合 / 研究	4 ~ 10

注：该表中必修实验可根据不同院校的具体情况采用不同的实验材料和实验方法；确定为选修的实验项目主要依据少数院校开设，或部分实验内容已包括在其他实验项目中。

2. 师范类高校建议性实验项目（建议 32 学时及以上）

序号	实验项目名称	基础性 / 综合性 / 研究性实验	建议学时
1	杂交实验与分析	必修 / 基础	4 ~ 10
2	遗传性状的观察与分析	选修 / 基础 / 研究	2
3	数量性状及其遗传分析	必修 / 基础	2
4	染色体制片和观察	必修 / 基础	2
5	遗传发育的显微观察	选修 / 基础	2
6	基因检测	必修 / 基础	4
7	遗传标记及基因多态性分析	必修 / 基础	4
8	基因转化或转导	必修 / 基础	4
9	基因组 DNA 制备及序列分析	必修 / 综合	2
10	基因定位或遗传作图	选修 / 综合 / 研究	4
11	基因表达分析	选修 / 综合 / 研究	4

注：该表中必修实验可根据不同院校的具体情况采用不同的实验材料和实验方法；确定为选修的实验项目主要依据少数院校开设，或部分实验内容已包括在其他实验项目中。

3. 理工类高校建议性实验项目（建议 16 学时及以上）

序号	实验项目名称	基础性 / 综合性 / 研究性实验	建议学时
1	杂交实验与分析	必修 / 基础	4 ~ 10
2	遗传性状的观察与分析	选修 / 基础 / 研究	2
3	数量性状及其遗传分析	必修 / 基础	2
4	染色体制片和观察	必修 / 基础	2
5	遗传发育的显微观察	选修 / 基础	2
6	基因检测	选修 / 基础	4
7	遗传标记及基因多态性分析	选修 / 基础	4
8	基因组 DNA 制备及序列分析	必修 / 综合	2

注：该表中必修实验可根据不同院校的具体情况采用不同的实验材料和实验方法；确定为选修的实验项目主要依据少数院校开设，或部分实验内容已包括在其他实验项目中。

4. 农林类高校建议性实验项目（建议 32 学时及以上）

序号	实验项目名称	基础性 / 综合性 / 研究性实验	建议学时
1	杂交实验与分析	必修 / 基础	4 ~ 10
2	遗传性状的观察与分析	选修 / 基础 / 研究	2
3	数量性状及其遗传分析	必修 / 基础	2
4	染色体制片和观察	必修 / 基础	2
5	遗传发育的显微观察	选修 / 基础	2
6	基因检测	选修 / 基础	4
7	遗传标记及基因多态性分析	必修 / 基础	4
8	基因转化或转导	必修 / 基础	4
9	基因组 DNA 制备及序列分析	必修 / 综合	2
10	基因定位或遗传作图	选修 / 综合 / 研究	4
11	基因表达分析	选修 / 综合 / 研究	4

注：该表中必修实验可根据不同院校的具体情况采用不同的实验材料和实验方法；确定为选修的实验项目主要依据少数院校开设，或部分实验内容已包括在其他实验项目中。

第八节　微生物学实验

一、导言

微生物学实验是生物技术专业的专业必修课，是从事微生物理论研究和工程实践必不可少的一门课程。本课程主要目的是使学生掌握研究与应用微生物的主要方法与技术，包括经典的、常规的及现代的方法与技术，结合微生物学基础理论课，认识微生物的基本特性，比较与其他生物的相似和不同之处，将理论知识应用于实验，在实验中更深地理解基础理论，使学生在科学实验方法和实验技能等方面得到系统的训练，培养和提高学生在实践中综合应用所学的知识去发现问题、分析问题和解决问题的能力，以及创新意识和创新能力。

根据微生物的特点，本课程要求学生牢固地建立无菌概念、熟悉微生物的基本特性，掌握一套完整微生物实验基本操作技术。在实验中加深理解基础理论知识，并用所学的实验技能完成一个小型微生物研究项目，提高学生微生物实验的创新意识及科研工作能力，提高学生分析问题和解决问题的能力。

二、课程基本要求与相关内容

1. 先修课程要求

普通生物学、基础化学、有机化学、生物化学及其实验。

2. 基本要求

（1）掌握微生物学基本实验技术的原理，包括灭菌和无菌操作技术、显微观察技术、生物制片及染色技术、纯培养技术、微生物的大小测定与计数技术、细菌鉴定的常规生理生化实验技术和分子生物学技术的基本原理。

（2）掌握微生物学实验室常用仪器的正确使用方法，包括普通光学显微镜、相差显微镜、暗视野显微镜、荧光显微镜和电子显微镜、接种环、刮铲、目镜测微尺、镜台测微尺、血细胞计数板、移液器、离心机、pH 计、可见 / 紫外分光光度计、酶标仪等仪器的使用。

（3）掌握实验基本技能，包括培养基的配制与灭菌、无菌操作、生物制片、染色及微生物形态的显微观察、系列稀释涂平板及划线分离、微生物的大小测定与计数、基本玻璃器皿的清洗、常用试剂的配制；蛋白质、核酸的提取分离及纯化技术（如基因组 DNA 提取，质粒 DNA 提取，RNA 提取及蛋白质提取）等。并能根据实验目的选择合适的实验条件。

3. 基本实验技术

（1）生物绘图和显微成像技术（或显微拍照）：掌握微生物形态学研究中使用的普通光学显微镜、相差显微镜，暗视野显微镜，荧光显微镜和电子显微镜成像技术。了解显微镜的工作原理、显微性能及操作，以便观察并绘制（或显微拍照）不同类型的微生物个体形态。

（2）微生物制片、染色及形态观察技术：掌握微生物样品制片、染色技术及分析检测技术，掌握不同染色法，包括鉴别性染色法（如革兰氏染色法）及非鉴别性染色法（如简单染色法等）、负染色法（荚膜染色）的基本原理和使用方法，学会显微观察微生物个体形态及特殊结构（如细菌的芽孢、鞭毛、荚膜及真菌的无性孢子和有性孢子等）。

（3）纯培养技术：掌握微生物分离培养技术及无菌操作技术。掌握培养基的制备方法和灭菌技术，了解培养基的种类。掌握高温灭菌法（干热灭菌和湿热灭菌）、过滤除菌法、巴氏消毒法、化学药物灭菌和消毒的原理及操作。

（4）微生物接种技术：掌握多种微生物接种方法，如斜面接种、液体接种、固体接种和穿刺接种等，进行严格的无菌操作，以获得生长良好的纯种微生物。

（5）微生物的分离纯化与鉴定技术：掌握分离微生物常用的稀释平板分离法和划线分离法的基本原理和操作，掌握利用选择培养基分离目标微生物的方法。掌握细菌纯培养鉴定的常规生理生化技术与分子生物学技术。

（6）生物学仪器设备综合运用技术：掌握微生物学实验室常用生物学仪器

设备的使用方法，如光学显微镜、离心机、摇床、培养箱、可见 / 紫外分光光度计、酶标仪、灭菌锅、电泳仪、电子天平、水浴锅、移液器、涡旋振荡器、接种环、刮铲、目镜测微尺、镜台测微尺、pH 计、血细胞计数板等。

三、建议性实验项目及对应的学时

1. 综合类高校建议性实验项目（建议 32 学时及以上）

编号	实验项目名称	基础性 / 综合性 / 研究性实验	建议学时
1	培养基的制备与灭菌、无菌操作	必修 / 基础	4
2	微生物的分离、纯化、接种及菌种保藏	必修 / 基础	3
3	显微镜的使用（油镜）、细菌简单染色及革兰氏染色形态观察	必修 / 基础	3
4	细菌的芽孢染色、荚膜染色和鞭毛染色观察	必修 / 基础	2
5	放线菌形态观察	必修 / 基础	2
6	丝状真菌形态观察	必修 / 基础	2
7	酵母菌细胞形态观察	必修 / 基础	2
8	微生物细胞的大小测定及显微计数	选修 / 基础	3
9	霉菌、放线菌、细菌菌落特征观察及平板菌落计数法	选修 / 基础	3
10	微生物的生理生化特性鉴定	必修 / 综合	3
11	土壤微生物的分离、培养、观察和计数	选修 / 综合	6
12	食品中细菌总数和大肠菌群的检测	选修 / 综合	6
13	Ames 实验检测药物安全性	选修 / 研究	4
14	用生长谱法测定微生物的营养要求	选修 / 研究	5

注：该表中必修实验可根据不同院校的具体情况采用不同的实验材料和实验方法；确定为选修的实验项目主要依据少数院校开设，或部分实验内容已包括在其他实验项目中。

2. 师范类高校建议性实验项目（建议 32 学时及以上）

编号	实验项目名称	基础性 / 综合性 / 研究性实验	建议学时
1	培养基的制备与灭菌、无菌操作	必修 / 基础	4
2	微生物的分离、纯化、接种及菌种保藏	必修 / 基础	3
3	显微镜的使用（油镜）、细菌简单染色及革兰氏染色形态观察	必修 / 基础	3
4	细菌的芽孢染色、荚膜染色和鞭毛染色观察	必修 / 基础	2
5	放线菌形态观察	必修 / 基础	2

续表

编号	实验项目名称	基础性 / 综合性 / 研究性实验	建议学时
6	丝状真菌形态观察	必修 / 基础	2
7	酵母菌细胞形态观察	必修 / 基础	2
8	微生物细胞的大小测定及显微计数	选修 / 基础	3
9	霉菌、放线菌、细菌菌落特征观察及平板菌落计数法	选修 / 基础	3
10	微生物的生理生化特性鉴定	必修 / 综合	3
11	环境及正常人体微生物的检测	选修 / 综合	3
12	特定功能微生物的筛选及活性测定	选修 / 研究	6

注：该表中必修实验可根据不同院校的具体情况采用不同的实验材料和实验方法；确定为选修的实验项目主要依据少数院校开设，或部分实验内容已包括在其他实验项目中。

3. 理工类高校建议性实验项目（建议 32 学时及以上）

编号	实验项目名称	基础性 / 综合性 / 研究性实验	建议学时
1	培养基的制备与灭菌、无菌操作	必修 / 基础	4
2	微生物的分离、纯化、接种及菌种保藏	必修 / 基础	3
3	显微镜的使用（油镜）、细菌简单染色及革兰氏染色形态观察	必修 / 基础	3
4	细菌的芽孢染色、荚膜染色和鞭毛染色观察	必修 / 基础	2
5	放线菌形态观察	必修 / 基础	2
6	丝状真菌形态观察	必修 / 基础	2
7	酵母菌细胞形态观察	必修 / 基础	2
8	微生物细胞的大小测定及显微计数	选修 / 基础	3
9	霉菌、放线菌、细菌菌落特征观察及平板菌落计数法	选修 / 基础	3
10	微生物的生理生化特性鉴定	必修 / 综合	3
11	抗生素的抗菌谱及效价测定（管碟法）	选修 / 综合	4
12	水中细菌总数和大肠菌群的检测	选修 / 综合	6
13	产蛋白酶 / 淀粉酶芽孢杆菌的筛选和分离	选修 / 综合	6
14	细菌生长曲线的测定及培养条件的优化	选修 / 研究	5

注：该表中必修实验可根据不同院校的具体情况采用不同的实验材料和实验方法；确定为选修的实验项目主要依据少数院校开设，或部分实验内容已包括在其他实验项目中。

4. 农林类高校建议性实验项目（建议 32 学时及以上）

编号	实验项目名称	基础性 / 综合性 / 研究性实验	建议学时
1	培养基的制备与灭菌、无菌操作	必修 / 基础	4
2	微生物的分离、纯化、接种及菌种保藏	必修 / 基础	3
3	显微镜的使用（油镜）、细菌简单染色及革兰氏染色形态观察	必修 / 基础	3
4	细菌的芽孢染色、荚膜染色和鞭毛染色观察	必修 / 基础	2
5	放线菌形态观察	必修 / 基础	2
6	丝状真菌形态观察	必修 / 基础	2
7	酵母菌细胞形态观察	必修 / 基础	2
8	微生物细胞的大小测定及显微计数	必修 / 基础	3
9	霉菌、放线菌、细菌菌落特征观察及平板菌落计数法	选修 / 基础	3
10	微生物的生理生化特性鉴定	必修 / 综合	3
11	苏云金芽孢杆菌杀虫剂的生物测定	必修 / 综合	4
12	根瘤菌的分离、纯化及接瘤试验	必修 / 研究	6
13	农药残留的微生物降解实验	选修 / 研究	5
14	土壤微生物的分离、培养、观察和计数	选修 / 研究	6

　　注：该表中必修实验可根据不同院校的具体情况采用不同的实验材料和实验方法；确定为选修的实验项目主要依据少数院校开设，或部分实验内容已包括在其他实验项目中。

第九节　分子生物学实验

一、导言

　　分子生物学是生命科学中的前沿学科，是在生物大分子水平上研究细胞的结构、功能及调控的学科，在现代生物学学科发展中具有重要的作用，许多重大的理论和技术问题都依赖于分子生物学的突破。随着 21 世纪初人类基因组计划的完成，分子生物学发展进入了一个全新的时代。为了适应分子生物学科学研究与技术研发等工作发展的需要，设置分子生物学实验课。课程要求学生掌握现代分子生物学研究的基本知识、理论、方法、技术和技能。通过重组 DNA 的构建与转化，重组子的筛选和质粒 DNA 的提取以及 PCR 法鉴定阳性克隆等实验过程，使学生掌握基因重组的核心内容、基本过程与实验技术，训练并培养学生的实际动手能力及发现、分析和解决问题的能力。

二、课程基本要求与相应内容

1. 分子生物学实验先修课程要求

微生物学及其实验。

2. 基本要求

（1）掌握分子生物学常用实验技术的基本原理和方法，包括无菌操作技术、DNA 重组技术、核酸提取与纯化技术、离心技术、光谱与色谱技术、电泳技术等。

（2）掌握常用仪器的使用方法，包括微量移液器、分光光度计、电子天平、酸度计、离心机、超净工作台、恒温培养箱、振荡器、琼脂糖凝胶电泳系统以及 PCR 仪等。

（3）掌握琼脂糖凝胶电泳、感受态细胞的制备与转化、PCR 扩增目的 DNA 等技术与方法，锻炼和促进学生基本操作能力。

（4）掌握重组 DNA 的构建与表达、宿主菌的培养、重组阳性克隆的筛选与鉴定等技能与方法。

3. 基本实验技术

（1）无菌操作技术：掌握物理和化学法灭菌及杀菌的基本原理及相关操作技术，学会如何控制和解决分子操作过程中的微生物污染问题。

（2）核酸分子的分离纯化技术：掌握质粒和 / 或基因组 DNA 提取、RNA 提取、核酸纯化的原理与操作。

（3）DNA 重组技术：掌握酶切与连接技术、载体构建技术、感受态细胞制备技术、大肠杆菌转化技术、重组阳性克隆的筛选与鉴定等 DNA 重组技术的原理与操作。

（4）电泳技术：熟悉电泳技术的基本原理和主要种类；掌握琼脂糖凝胶电泳的实验操作及其琼脂糖凝胶电泳回收技术，清楚使用后的清洁维护方法。

（5）PCR 扩增技术：掌握 PCR 扩增原理与操作，了解 PCR 的引物设计。

（6）分子杂交技术：熟悉 Southern Blot 和 Western Blot 的原理与操作，了解 Northern Blot 和芯片制备技术的原理与操作。

（7）离心技术：掌握离心分离技术的基本原理与应用；熟悉不同类型离心机的使用及其注意事项。

（8）常规仪器使用技术：熟悉常用的微量移液器、细菌培养箱、振荡器、PCR 仪、离心机、电泳系统等常规仪器的结构特点及使用和维护方法。

三、建议性实验项目及对应的学时

1. 综合类高校建议性实验项目（建议 32 学时及以上）

编号	实验项目名称	基础性 / 综合性 / 研究性实验	建议学时
1	核酸的琼脂糖凝胶电泳	必修 / 基础	3
2	质粒（基因组）DNA 的提取	必修 / 基础	3
3	DNA/RNA 浓度与纯度的测定及浓度的调整	必修 / 基础	2
4	DNA 的纯化与鉴定	必修 / 基础	3
5	DNA 的限制性酶切及电泳分析	必修 / 基础	3
6	DNA 酶切片段的分离与回收	必修 / 基础	2
7	DNA 的连接与转化	必修 / 基础	3 ~ 4
8	感受态细胞的制备与转化	必修 / 综合	4 ~ 6
9	重组子的筛选与验证	必修 / 基础	4 ~ 6
10	PCR 获得目的基因	必修 / 基础	4 ~ 6
11	RNA 的分离	选修 / 基础	3 ~ 4
12	RT-PCR 及其检测	选修 / 基础	4 ~ 6
13	限制性片段长度多态性标记技术（RFLP）	选修 / 基础	4 ~ 6
14	RAPD 与 SSR 技术	选修 / 基础	4 ~ 6
15	目的蛋白的诱导表达和 PAGE 分析	选修 / 综合	10 ~ 12
16	DNA 探针的制备和标记	选修 / 综合	4 ~ 6
17	Southern Blot	选修 / 综合	10 ~ 12
18	Northern Blot	选修 / 综合	10 ~ 12
19	Western Blot 检测表达蛋白	选修 / 综合	10 ~ 12
20	qPCR 分析基因的表达	选修 / 研究	8 ~ 16

注：该表中必修实验可根据不同院校的具体情况采用不同的实验材料和实验方法；确定为选修的实验项目主要依据少数院校开设，或部分实验内容已包括在其他实验项目中。

2. 师范综合类高校建议性实验项目（建议 32 学时及以上）

编号	实验项目名称	基础性 / 综合性 / 研究性实验	建议学时
1	核酸的琼脂糖凝胶电泳	必修 / 基础	3
2	质粒（基因组）DNA 的提取	必修 / 基础	3
3	DNA/RNA 浓度与纯度的测定及浓度的调整	必修 / 基础	2

续表

编号	实验项目名称	基础性 / 综合性 / 研究性实验	建议学时
4	DNA 的纯化与鉴定	必修 / 基础	3
5	DNA 的限制性酶切及电泳分析	必修 / 基础	3
6	DNA 酶切片段的分离与回收	必修 / 基础	2
7	DNA 的连接与转化	必修 / 基础	3～4
8	感受态细胞的制备与转化	必修 / 综合	4～6
9	重组子的筛选与验证	必修 / 基础	4～6
10	PCR 获得目的基因	必修 / 基础	4～6
11	RNA 的分离	选修 / 基础	3～4
12	RT–PCR 及其检测	选修 / 基础	4～6
13	RAPD 与 SSR 技术	选修 / 基础	4～6
14	目的蛋白的诱导表达和 PAGE 分析	选修 / 综合	10～12
15	Southern Blot	选修 / 综合	10～12
16	Western Blot 检测表达蛋白	选修 / 综合	10～12

　　注：该表中必修实验可根据不同院校的具体情况采用不同的实验材料和实验方法；确定为选修的实验项目主要依据少数院校开设，或部分实验内容已包括在其他实验项目中。

3. 理工类高校建议性实验项目（建议 32 学时及以上）

编号	实验项目名称	基础性 / 综合性 / 研究性实验	建议学时
1	核酸的琼脂糖凝胶电泳	必修 / 基础	3
2	质粒（基因组）DNA 的提取	必修 / 基础	3
3	DNA/RNA 浓度与纯度的测定及浓度的调整	必修 / 基础	2
4	DNA 的纯化与鉴定	必修 / 基础	3
5	DNA 的限制性酶切及电泳分析	必修 / 基础	3
6	DNA 酶切片段的分离与回收	必修 / 基础	2
7	DNA 的连接与转化	必修 / 基础	3～4
8	感受态细胞的制备与转化	必修 / 综合	4～6
9	重组子的筛选与验证	必修 / 基础	4～6
10	PCR 获得目的基因	必修 / 基础	4～6
11	RNA 的分离	选修 / 基础	3～4
12	RT–PCR 及其检测	选修 / 基础	4～6
13	微卫星简单重复序列锚定 PCR 扩增技术（SSR–PCR）	选修 / 基础	4～6

续表

编号	实验项目名称	基础性/综合性/研究性实验	建议学时
14	目的蛋白的诱导表达和 PAGE 分析	选修/综合	10~12
15	斑点杂交	选修/综合	10~12
16	Western Blot 检测表达蛋白	选修/综合	10~12
17	qPCR 分析基因的表达	选修/研究	8~16

注：该表中必修实验可根据不同院校的具体情况采用不同的实验材料和实验方法；确定为选修的实验项目主要依据少数院校开设，或部分实验内容已包括在其他实验项目中。

4. 农林类高校建议性实验项目（建议 32 学时及以上）

编号	实验项目名称	基础性/综合性/研究性实验	建议学时
1	核酸的琼脂糖凝胶电泳	必修/基础	3
2	质粒（基因组）DNA 的提取	必修/基础	3
3	DNA/RNA 浓度与纯度的测定及浓度的调整	必修/基础	2
4	DNA 的纯化与鉴定	必修/基础	3
5	DNA 的限制性酶切及电泳分析	必修/基础	3
6	DNA 酶切片段的分离与回收	必修/基础	2
7	DNA 的连接与转化	必修/基础	3~4
8	感受态细胞的制备与转化	必修/综合	4~6
9	重组子的筛选与验证	必修/基础	4~6
10	PCR 获得目的基因	必修/基础	4~6
11	RNA 的分离	选修/基础	3~4
12	RT-PCR 及其检测	选修/基础	4~6
13	目的蛋白的诱导表达和 PAGE 分析	选修/综合	10~12
14	Southern Blot	选修/综合	10~12
15	Western Blot 检测表达蛋白	选修/综合	10~12
16	qPCR 分析基因的表达	选修/研究	8~16

注：该表中必修实验可根据不同院校的具体情况采用不同的实验材料和实验方法；确定为选修的实验项目主要依据少数院校开设，或部分实验内容已包括在其他实验项目中。

第十节　免疫学实验

一、导言

免疫学实验的原理和方法被医学和生命科学的许多领域所引用。免疫学技术与生物化学、分子生物学和细胞生物学等技术相互渗透、互为补充，成为生物学生物大分子研究中不可或缺的有效技术手段之一。课程要求学生了解常规仪器的使用，理解相关实验技术的操作原理和方法，掌握抗体制备、抗原分离纯化及检测鉴定、凝集反应、沉淀反应、酶免疫检测、免疫荧光、免疫细胞分离提取及功能测定等基本技术。在实验过程中强化学生基本实验技能的训练和综合能力的培养，并通过免疫学实验锻炼学生的动手能力和解决问题的能力。培养学生合作精神，提高学生的实践能力、创新能力和综合素质。

二、课程基本要求与相关内容

1. 免疫学实验先修课程要求

生物化学、细胞生物学及其实验。

2. 基本要求

（1）掌握流式细胞仪、酶标仪等仪器设备的使用方法，掌握常用实验动物的基本操作技术及免疫方法。

（2）掌握蛋白免疫印迹、酶联免疫吸附、琼脂双向扩散、抗原抗体反应（凝集反应与沉淀反应、效价评估）实验方法与技术，以及免疫细胞的分离、鉴定，免疫组织的解剖及细胞形态观察等方法与技术。

（3）了解单克隆抗体及多克隆抗体的制备及效价评估，免疫细胞的分离培养、流式细胞分选及功能研究的方法。

（4）学会利用免疫荧光、免疫印记、放射性标记技术研究蛋白质的定位、定性、定量分析的方法。

（5）了解巨噬细胞的提取及细胞吞噬功能的检测，了解细胞因子的检测及作用。

（6）了解免疫相关疾病的检测及相关动物模型的构建。

3. 基本实验技术

（1）抗体制备技术：掌握单克隆抗体制备和多克隆抗体制备技术的原理及其实验流程。

（2）抗原鉴定及分型：了解抗原的分离、纯化及鉴定分型的原理和操作。

（3）经典抗原抗体反应检测技术：熟悉凝集反应、沉淀反应、补体测定方法，了解其原理和应用。

（4）酶免疫检测技术：掌握酶联免疫吸附试验和酶免疫组化技术原理和操作流程。

（5）放射性标记技术：了解放射性同位素标记抗原的方法；了解放射免疫分析技术、免疫放射分析方法以及相关操作流程。

（6）免疫荧光技术：了解免疫荧光的基本原理，掌握常见免疫荧光标记技术及操作流程。

（7）免疫印迹技术：掌握蛋白质免疫印迹的原理和操作方法，熟悉实验操作过程中的关键步骤及注意事项。

（8）免疫沉淀及共沉淀技术：了解免疫沉淀及共沉淀的原理和操作。

（9）免疫细胞分离及功能检测技术：掌握外周血、胸腺、脾、淋巴结中各类免疫细胞分离技术；掌握单核/巨噬细胞、T淋巴细胞、B淋巴细胞、NK细胞、中性粒细胞、树突状细胞的分离方法及相关功能测定原理和方法。

（10）细胞因子活性检测技术：掌握IL-1、IL-2、IL-4、IL-8、IL-10、肿瘤坏死因子、干扰素等细胞因子的生物学活性检测方法。

（11）HLA分型技术：掌握人HLA分型技术的原理和测定方法。

（12）疾病检测技术及相关动物模型：了解利用免疫学方法检测变态反应性疾病、自身免疫性疾病、免疫缺陷性疾病等疾病，以及肿瘤免疫学、生殖免疫学、神经免疫学检测技术，了解相关疾病动物模型的构建与评估。

（13）流式细胞技术：掌握流式细胞技术的原理，熟悉流式细胞技术在免疫细胞的分离和功能测定、细胞因子活性检测、细胞凋亡检测方面的应用。

三、建议性实验项目及对应的学时

1. 综合类高校建议性实验项目（建议 32 学时及以上）

编号	实验项目名称	基础性/综合性/研究性实验	建议学时
1	实验动物的采血方法、动物血清及红细胞的制备方法	必修/基础	3~4
2	免疫器官与免疫细胞的观察	必修/基础	3~4
3	血型鉴定	必修/基础	1~2
4	血凝试验和血凝抑制试验	必修/基础	2~3
5	琼脂双向扩散实验	必修/基础	3~4
6	免疫血清的制备、鉴定、纯化及表征	必修/基础	4~6
7	免疫印迹检测细胞内蛋白的表达	必修/综合	4~8

续表

编号	实验项目名称	基础性/综合性/ 研究性实验	建议学时
8	补体介导的细胞毒实验检测 T 细胞亚群	选修/综合	3~4
9	免疫佐剂的制备及使用	选修/基础	3~6
10	酶联免疫吸附实验检测人血清抗体效价	选修/基础	4~6
11	巨噬细胞的提取及吞噬功能的评价	选修/基础	3~4
12	胸腺组织、脾、淋巴结、骨髓等切片的组织染色与显微镜观察	选修/综合	6~8
13	免疫细胞的磁分选及流式细胞仪分选	选修/综合	4~6
14	细胞因子对小鼠/人破骨细胞分化的影响	选修/研究	3~4
15	DNA 疫苗的制备、免疫以及特异性免疫应答的检测	选修/研究	4~8

注：该表中必修实验可根据不同院校的具体情况采用不同的实验材料和实验方法；确定为选修的实验项目主要依据少数院校开设，或部分实验内容已包括在其他实验项目中。

2. 师范类高校建议性实验项目（建议 16 学时及以上）

编号	实验项目名称	基础性/综合性/ 研究性实验	建议学时
1	实验动物的采血方法、动物血清及红细胞的制备方法	必修/基础	3~4
2	免疫器官与免疫细胞的观察	必修/基础	3~4
3	血型鉴定	必修/基础	1~2
4	血凝试验和血凝抑制试验	必修/基础	2~3
5	琼脂双向扩散实验	必修/基础	3~4
6	免疫印迹检测细胞内蛋白的表达	必修/基础	4~8
7	免疫血清的制备、鉴定、纯化及表征	必修/基础	4~8
8	免疫佐剂的制备及使用	选修/基础	3~6
9	酶联免疫吸附实验检测人血清抗体效价	选修/基础	4~6
10	巨噬细胞的提取及吞噬功能的评价	选修/基础	3~4
11	酶免疫组织化学技术	选修/综合	6~8
12	免疫细胞的磁分选及流式细胞仪分选	选修/综合	4~6
13	细胞因子对小鼠/人破骨细胞分化的影响	选修/研究	3~4

注：该表中必修实验可根据不同院校的具体情况采用不同的实验材料和实验方法；确定为选修的实验项目主要依据少数院校开设，或部分实验内容已包括在其他实验项目中。

3. 理工类高校建议性实验项目（建议 32 学时及以上）

编号	实验项目名称	基础性 / 综合性 / 研究性实验	建议学时
1	实验动物的采血方法、动物血清及红细胞的制备方法	必修 / 基础	3 ~ 4
2	免疫器官与免疫细胞的观察	必修 / 基础	3 ~ 4
3	血型鉴定	必修 / 基础	1 ~ 2
4	血凝试验和血凝抑制试验	必修 / 基础	2 ~ 3
5	琼脂双向扩散实验	必修 / 基础	3 ~ 4
6	免疫印迹检测细胞内蛋白的表达	必修 / 基础	4 ~ 8
7	免疫血清的制备、鉴定、纯化及表征	必修 / 基础	4 ~ 8
8	血球凝集反应及交叉配血试验	必修 / 综合	3 ~ 4
9	免疫佐剂的制备及使用	选修 / 基础	3 ~ 6
10	巨噬细胞的提取及吞噬功能的评价	选修 / 基础	3 ~ 4
11	酶联免疫吸附实验检测人血清抗体效价	选修 / 综合	4 ~ 6
12	外周血单核细胞的分离	选修 / 综合	3 ~ 4
13	免疫原的制备和实验动物的免疫	选修 / 研究	3 ~ 6
14	鸡新城疫卵黄抗体的检测	选修 / 研究	3 ~ 8

　　注：该表中必修实验可根据不同院校的具体情况采用不同的实验材料和实验方法；确定为选修的实验项目主要依据少数院校开设，或部分实验内容已包括在其他实验项目中。

4. 农林类高校建议性实验项目（建议 32 学时及以上）

编号	实验项目名称	基础性 / 综合性 / 研究性实验	建议学时
1	实验动物的采血方法、动物血清及红细胞的制备方法	必修 / 基础	3 ~ 4
2	免疫细胞的形态观察	必修 / 基础	3 ~ 4
3	血型鉴定	必修 / 基础	1 ~ 2
4	血凝试验和血凝抑制试验	必修 / 基础	2 ~ 3
5	琼脂双向扩散实验	必修 / 基础	3 ~ 4
6	免疫印迹检测细胞内蛋白的表达	必修 / 基础	4 ~ 8
7	免疫球蛋白的纯化及抗体浓度测定	必修 / 基础	4 ~ 8
8	免疫细胞的磁分选及流式细胞仪分选	必修 / 综合	4 ~ 6
9	免疫佐剂的制备及使用	选修 / 基础	3 ~ 6
10	巨噬细胞的提取及吞噬功能的评价	选修 / 基础	3 ~ 4
11	ELISA 检测肝炎病毒实验	选修 / 综合	3 ~ 4
12	外周血单核细胞的分离	选修 / 综合	3 ~ 4
13	实验动物的免疫与抗血清的分离纯化	选修 / 研究	3 ~ 8

　　注：该表中必修实验可根据不同院校的具体情况采用不同的实验材料和实验方法；确定为选修的实验项目主要依据少数院校开设，或部分实验内容已包括在其他实验项目中。

第十一节　生态学实验

一、导言

生态学是研究生物与环境相互关系及其作用机制的学科，具有很强的交叉性、综合性和实践性特征。涉及的相关学科较多，研究尺度和研究层次多样化，且多偏重于野外实验和宏观尺度。生态学实验作为加强学生实践技能和深入理解理论知识的重要基础，是生态学知识传授的重要环节及必要过程。生态学基础实验基于理论教学和实践教学，实现原理与方法并重，野外与实验室研究相结合，并在传统生态学基础上引入现代高新科学技术。

生态学基础实验的内容以生态学研究尺度为主线，以生态学统计方法为基础，涵盖了个体、种群、群落和生态系统生态学四大部分。通过本课程的学习，学生应当熟悉生态学抽样调查方法，能够利用统计学方法设计实验和野外调查方案，并利用统计学软件和方法进行实验结果的初步分析，了解实验中常用试剂配制方法，掌握常规实验仪器使用方法，熟悉昆虫、植物等标本的采集和制作技术，了解生物与水、盐、温等非生物因子的相互关系并能进行定量分析，掌握种群数量调查方法，熟练进行种群数量动态和空间格局分析、种内和种间关系以及遗传多样性分析等，掌握野外群落调查方法，能够熟练进行群落多样性分析、群落分类与排序、生物量和生产力分析、生物群落演替分析等，了解生态系统中物质循环和能量流动过程。

二、课程基本要求与相关内容

1. 生态学实验先修课程要求

普通生态学。

2. 基本要求

（1）理解生态学基础实验操作的基本原理，掌握气候、土壤、生物等常规生态学仪器设备的正确使用方法，熟悉生态学先进仪器设备的测定方法，了解大型仪器设备的基本原理。

（2）掌握生态学研究中基本的统计学原理和方法，能够利用统计软件设计室内实验和野外调查方案，掌握统计比较及回归分析方法，熟悉群落分类及排序方法，了解空间分析方法。

（3）掌握实验设计过程中的基本原理，熟悉实验方法和程序，掌握生态学实验基本技能，包括野外调查方法与取样、土壤样品的采集与制备、动植物样品的采集与保存、动植物标本制作及制图技术等，熟悉生态设计、规划、修复工程的基本方法，了解大尺度生态研究及定位研究的基本技术。

3. 基本实验技术

（1）生态学常规仪器使用技术：熟悉野外常用温湿度计、照度计、风速计等环境因子测量所用仪器；GPS、罗盘仪、海拔仪等定位工具；望远镜、照相机、测绳、钢卷尺、皮尺等观测记录工具；样方架、标本夹、标签、标本袋、土钻、枝剪、捕虫网等采集工具。

（2）土壤取样及样品制备技术：熟练掌握野外梅花形采样法、对角线采样法、棋盘式采样法等常规土壤取样的方法，并能掌握土壤样品前处理方法及保存方法。

（3）植物、昆虫标本制作技术：熟悉植物标本及昆虫标本制作的基本方法，掌握长期保存标本的方法。

（4）生理生态学研究技术：熟悉水分、盐分、温度等对动植物影响实验的基本原理，熟悉实验方法和程序，并具备通过设计梯度实验来获取生理生态数据的能力。

（5）常规仪器使用技术：熟悉实验常用的光照培养箱、烘箱、pH 计、电导率仪、分光光度计等常规仪器的结构特点及使用和维护方法。

（6）种群数量特征研究方法：理解标志重捕法的基本原理，熟练应用 Lincoln 指数法和去除取样法估算动物种群数量，应用样方法进行植物群落数量特征的调查。

（7）种群空间分布格局分析：理解种群空间分布格局的原理意义，掌握空间分布的野外调查方法及基本分析方法。

（8）种群数量特征分析方法：掌握生命表分析的基本原理和方法，引导学生利用生命表分析实验种群的存活动态、生命期望、增长率等，并预测种群年龄结构，了解种群在有限环境中的增长方式，理解环境对种群增长的限制作用，并掌握 r、K 两个参数的估算方法和进行曲线拟合的方法。

（9）生态绘图技能：理解植被分布与气候之间的相关关系，掌握生物气候图的基本要求与方法，并能预测研究区域的地带性植被类型及其特点。

（10）植物多样性调查技术方法：掌握植物群落调查常用的样线法、样点法和样方法等。

（11）植物群落数量特征调查技术：学习利用样方法进行植物群落数量特征的野外调查方法，掌握植物群落多样性的测定方法，加深对调查地区植物群落的种类组成特征、分布规律及其与环境相关关系的认识。

三、建议性实验项目及对应的学时[①]

序号	实验项目名称	基础性 / 综合性 / 研究性实验	建议学时
1	生态因子的综合测定与分析（光、温、水）	必修 / 综合	2 ~ 4
2	生物气候图的绘制	选修 / 基础	2
3	土壤理化性质的测定	必修 / 基础	2
4	水体溶解氧含量测定	选修 / 基础	2
5	水、盐胁迫对植物种子萌发 / 植物生长 / 植物生理生化 / 植物耐性相关基因表达的影响	必修 / 研究	4 ~ 6
6	鱼类对温度和盐度的耐受性实验	选修 / 研究	4 ~ 6
7	环境污染对生物生理的影响	选修 / 研究	4 ~ 6
8	标志重捕法 / 去除取样法估计种群数量大小	必修 / 基础	2
9	种群动态模型	必修 / 基础	2
10	生命表的编制	必修 / 基础	2
11	资源竞争模型模拟	必修 / 综合	2 ~ 4
12	利用等位酶 /DNA 标记研究种群的遗传多样性	选修 / 研究	4 ~ 6
13	植物种群生殖分配的测定	选修 / 综合	4 ~ 6
14	群落数量特征调查	必修 / 综合	4 ~ 6
15	群落演替虚拟仿真实验	选修 / 综合	2 ~ 4
16	校园植物识别与标本制作	必修 / 基础	2 ~ 4
17	校园鸟类物种多样性调查	选修 / 研究	4 ~ 6
18	生物多样性虚拟仿真实验	选修 / 综合	2 ~ 4
19	植物热值测定	选修 / 综合	2 ~ 4
20	不同生态系统中土壤有机质含量的比较	选修 / 研究	4 ~ 6
21	生态系统中枯枝落叶层的分解速率	必修 / 综合	4 ~ 6
22	水生生态系统中氮磷对藻类生长的影响	必修 / 研究	4 ~ 6
23	土壤呼吸的测定	选修 / 综合	4 ~ 6
24	校园常见植物叶面滞尘效果比较	选修 / 研究	4 ~ 6
25	生态瓶的设计制作及生态系统的观察	选修 / 研究	4 ~ 6

　　注：该表中必修实验可根据不同院校的具体情况采用不同的实验材料和实验方法；确定为选修的实验项目主要依据少数院校开设，或部分实验内容已包括在其他实验项目中。

---

① 因调研样本量不足，未按综合类、师范类、理工类、农林类进行分类。建议32学时及以上。

第十二节　人体组织学与解剖学实验①

一、导言

　　人体组织学与解剖学是一门研究正常人体从微观到宏观的形态结构及其功能的学科，该学科包括组织学和解剖学。组织学主要研究机体的微细结构及其功能，解剖学主要研究人体宏观结构及其功能。人体组织学与解剖学实验课程是该学科的理论联系实际，探究、验证、揭示科学知识和培养实验技能的重要环节。该课程可以培养学生的独立观察能力和思维能力，建立形态和机能、局部和整体、整体与环境的辩证统一理念。

　　该课程要求学生了解人体器官系统的大体解剖结构，掌握人体主要器官的组织和细胞的显微结构和机能；掌握石蜡切片、冰冻切片等基础操作性实验。同时要求学生理解相关实验的原理，掌握光学显微镜技术、组织化学和电子显微镜技术等组织学的相关研究方法，以及尸体、活体研究等解剖学的相关研究方法。

二、课程基本要求与相关内容

1. 人体组织学与解剖学实验先修课程要求
动物学/动物生物学及其实验、生理学/动物生理学及其实验、组织胚胎学。

2. 基本要求
　　（1）掌握四大基本组织的显微结构、九大系统的大体解剖结构和主要器官微细结构的观察方法与技术。

　　（2）掌握实验动物的麻醉、解剖、采血和取材方法，了解动物组织切片制作及常规染色、组织化学染色和免疫组织化学染色等的方法与技术。

3. 基本实验技术
　　（1）光学显微镜的使用技术：了解成像原理，掌握显微镜基本结构及功能，熟悉基本操作，了解使用后的清洁与保养维护方法。

　　（2）电子显微镜技术：了解透射电镜和扫描电镜的基本原理及样品制备方法。

　　（3）手术器械使用技术：熟练掌握人体组织学与解剖学实验常用器械的结构特点、使用和保养维护方法。

---

① 　人体组织学与解剖学实验仅为部分高校开设的实验课程，也有高校开设组织胚胎学、生理学、解剖学等实验课程，这里通过汇总暂将其并入人体组织学与解剖学实验，实验材料以实验动物为主。内容仅供各相关高校参考。

（4）常规仪器使用技术：熟悉人体组织学与解剖学实验常用的酸度计、电子天平、移液器、磁力搅拌器、石蜡切片机、冰冻切片机、高压灭菌器、烘箱及水浴锅等常规仪器的结构特点及使用和维护方法。

（5）手术器械消毒技术：熟悉器具的消毒技术。手术或解剖实验后，应及时予以消毒处理。

（6）常用试剂配制和使用方法：掌握实验室常用的生理溶液、染色剂、麻醉剂等试剂的配制和使用方法。

（7）生物绘图技能：掌握生物绘图的基本要求与方法，包括绘图用品的选用，典型结构的选取、图的布局与比例，正确构图、起稿以及按要求绘制草图、定稿、标注等。

（8）实验动物的抓取与保定技术：熟练掌握常用实验动物的抓取与多种保定方法，正确的抓取与保定尤为重要。

（9）实验动物的解剖技术：熟练掌握常用实验动物的解剖方法。

（10）石蜡切片制备和染色技术：了解石蜡切片制作的基本原理，熟悉组织脱水、透明、浸蜡、包埋、切片、染色、透明和封固等的具体操作步骤，掌握石蜡切片制作和染色的一般方法。

（11）血涂片制作和染色技术：熟悉人体消毒及采血的方法，掌握血细胞的涂片制作和染色技术。

（12）冰冻切片制备和染色技术：了解冰冻切片机的工作原理，掌握冰冻切片的制片技术和染色的一般方法。

（13）组织化学染色技术：了解现代组织化学染色的基本原理与方法。

（14）免疫组织化学染色技术：了解现代免疫组织化学染色的基本原理与方法。

（15）人体组织学与解剖学实验意外事故的处理技术：了解人体组织学与解剖学实验意外事故的处理方法，充分防范动物抓伤、咬伤等风险，正确处理有病变的动物。

（16）动物尸体处理方法：了解动物尸体处理方法。实验后的动物尸体和组织，用专用处理袋装好后，应由有资质的单位统一处理，并由实验员做好处置、交接记录。

三、建议性实验项目及对应的学时

1. 综合类高校建议性实验项目（建议 16 学时及以上）

编号	实验项目名称	基础性 / 综合性 / 研究性实验	建议学时
1	石蜡切片技术	选修 / 综合	3
2	冰冻切片技术	选修 / 综合	2

续表

编号	实验项目名称	基础性/综合性/研究性实验	建议学时
3	透射电镜的样品制备	选修/基础	3
4	扫描电镜的样品制备	选修/基础	3
5	上皮组织的观察	必修/基础	2
6	结缔组织的观察	必修/基础	2
7	肌组织的观察	必修/基础	2
8	神经组织的观察	必修/基础	2
9	循环系统的显微结构	必修/基础	2
10	免疫系统的显微结构	必修/基础	2
11	消化系统的显微结构	必修/基础	2
12	呼吸系统的显微结构	必修/基础	2
13	泌尿系统的显微结构	必修/基础	2
14	生殖系统的显微结构	必修/基础	2
15	内分泌系统的显微结构	必修/基础	2
16	免疫组织化学染色技术	选修/综合/研究	3
17	组织化学染色技术	选修/综合/研究	3

注：该表中必修实验可根据不同院校的具体情况采用不同的实验材料和实验方法；确定为选修的实验项目主要依据少数院校开设，或部分实验内容已包括在其他实验项目中。

2. 师范类高校建议性实验项目（建议 32 学时及以上）

编号	实验项目名称	基础性/综合性/研究性实验	建议学时
1	石蜡切片技术	选修/综合	3
2	冰冻切片技术	选修/综合	2
3	透射电镜的样品制备	选修/基础	3
4	扫描电镜的样品制备	选修/基础	3
5	上皮组织	必修/基础	2
6	结缔组织	必修/基础	2
7	肌组织	必修/基础	2
8	神经组织	必修/基础	2
9	循环系统的显微结构	必修/基础	2
10	免疫系统的显微结构	必修/基础	2
11	消化系统的显微结构	必修/基础	2

续表

编号	实验项目名称	基础性 / 综合性 / 研究性实验	建议学时
12	呼吸系统的显微结构	必修 / 基础	2
13	泌尿系统的显微结构	必修 / 基础	2
14	生殖系统的显微结构	必修 / 基础	2
15	内分泌系统的显微结构	必修 / 基础	2
16	神经系统的大体解剖结构	必修 / 基础	6
17	免疫组织化学染色技术	选修 / 综合 / 研究	3
18	组织化学染色技术	选修 / 综合 / 研究	3

　　注：该表中必修实验可根据不同院校的具体情况采用不同的实验材料和实验方法；确定为选修的实验项目主要依据少数院校开设，或部分实验内容已包括在其他实验项目中。

3. 理工类高校建议性实验项目（建议 16 学时及以上）

编号	实验项目名称	基础性 / 综合性 / 研究性实验	建议学时
1	石蜡切片技术	选修 / 综合	3
2	透射电镜的样品制备	选修 / 基础	3
3	扫描电镜的样品制备	选修 / 基础	3
4	上皮组织	必修 / 基础	2
5	结缔组织	必修 / 基础	2
6	肌组织	必修 / 基础	2
7	神经组织	必修 / 基础	2
8	循环系统的显微结构	必修 / 基础	2
9	免疫系统的显微结构	必修 / 基础	2
10	消化系统的显微结构	必修 / 基础	2
11	呼吸系统的显微结构	必修 / 基础	2
12	泌尿系统的显微结构	必修 / 基础	2
13	生殖系统的显微结构	必修 / 基础	2
14	内分泌系统的显微结构	必修 / 基础	2
15	神经系统的大体解剖结构	必修 / 基础	6
16	免疫组织化学染色技术	选修 / 研究	3

　　注：该表中必修实验可根据不同院校的具体情况采用不同的实验材料和实验方法；确定为选修的实验项目主要依据少数院校开设，或部分实验内容已包括在其他实验项目中。

4. 农林类高校建议性实验项目（建议 16 学时及以上）

编号	实验项目名称	基础性 / 综合性 / 研究性实验	建议学时
1	石蜡切片技术	选修 / 综合	3
2	冰冻切片技术	选修 / 综合	2
3	透射电镜的样品制备	选修 / 基础	3
4	扫描电镜的样品制备	选修 / 基础	3
5	上皮组织	必修 / 基础	2
6	结缔组织	必修 / 基础	2
7	肌组织	必修 / 基础	2
8	神经组织	必修 / 基础	2
9	循环系统的显微结构	必修 / 基础	2
10	免疫系统的显微结构	必修 / 基础	2
11	消化系统的显微结构	必修 / 基础	2
12	呼吸系统的显微结构	必修 / 基础	2
13	泌尿系统的显微结构	必修 / 基础	2
14	生殖系统的显微结构	必修 / 基础	2
15	内分泌系统的显微结构	必修 / 基础	2
16	神经系统的大体解剖结构	必修 / 基础	6
17	免疫组织化学染色技术	选修 / 研究	3
18	组织化学染色技术	选修 / 研究	3

　　注：该表中必修实验可根据不同院校的具体情况采用不同的实验材料和实验方法；确定为选修的实验项目主要依据少数院校开设，或部分实验内容已包括在其他实验项目中。

第六章

生物工程专业实验课程建议性规范

第一节　绪　　论

　　生物工程是应用生物学、化学和工程技术等方法，按照人类需要利用、改造和设计生物体的结构与功能，制造各种产品，是以生物技术研究成果为基础、借助工程技术实现产业化为基本任务的工科学科。生物科学和生物技术为生物工程的发展奠定了良好基础。生物工程专业以培养能在生物工程领域从事设计、生产、管理和新技术研究、新产品开发的高素质专门人才。其专业基础核心课程有普通生物学、生物化学、细胞生物学、化工原理和微生物学。专业知识体系由知识领域、知识单元和知识点三个层次组成。知识单元又分为核心知识单元和非核心知识单元，核心知识单元是该专业教学中必要的最基本知识单元，核心的概念意味着必须具备的含义，而并不限定它必须安排在哪些课程内。

　　依据《普通高等学校本科专业类教学质量国家标准》中"生物工程类教学质量国家标准"及调研各高校生物科学开展实践性教学情况，形成了专业基础核心课程实验：普通生物学（根据各校开课情况，进一步拆分为动物学、动物生理学、植物生物学）、生物化学、细胞生物学、微生物学（化工原理因样本量不足，暂且未列）；相关课程实验：生态学、分子生物学、免疫学等实验课程；以及课程所涉及的核心知识单元与学生需要掌握的基本实验技能。

　　推荐的实验课程及课程基本要求仅供各高校参考，各高校可根据生物工程专业类型、本规范的知识领域、核心知识单元，结合本校办学层次和学生未来就业和发展的需要，构建特色培养模式，建立与之相适应的实验课程体系和教学内容，强化某些细分专业领域的知识、素质和能力培养，以适应学生多样化发展的需要，使学生能够胜任相关学科和行业发展需要。

生物工程专业的知识单元及实验技术

知识领域	核心知识单元 *	实验技术
生命的化学基础	生命的基本化学分子	A.绘图和显微成像技术；B.动植物解剖及标本制作技术；C.无菌操作技术；D.微生物生理生化分析技术；E.细胞器分离及成分分析技术；F.生物样品制片、染色技术及分析检测技术；G.光谱与色谱技术；H.电生理操作技术；I.离体动物器官制备技术；J.整体动物实验操作技术；K.酶联免疫技术；L.实验设计与数据处理技术；M.多学科交叉技术；N.发酵工程技术；O.生物分离工程技术；P.基因工程技术；Q.生物反应工程技术；R.生物工程设备技术；S.其他技术
	糖类化学	
	脂类化学和生物膜	
	蛋白质化学	
	核酸化学	
	酶化学	
	维生素与辅酶	
	激素及其受体介导的信息传导	
	生物能学及生物氧化	
	糖代谢	
	脂代谢	
	蛋白质分解代谢和氨基酸代谢	
	核酸的分解和核苷酸代谢	
	DNA 的复制	
	DNA 的损伤与修复	
	DNA 的重组	
	RNA 的生物合成	
	转录后加工	
	蛋白质的生物合成	
	原核生物的基因表达调控	
	真核生物的基因表达调控	
细胞的结构、功能与重要生命活动	细胞的统一性与多样性	
	细胞表面结构	
	细胞外基质	
	真核细胞内膜系统	
	线粒体与叶绿体	
	蛋白质分选和囊泡运输	
	细胞骨架	
	细胞核与染色体	
	细胞连接与信号转导	
	细胞分化与凋亡	
生物体的结构、功能及生物多样性	植物的组织、器官与功能	
	植物的物质与能量代谢	

续表

知识领域	核心知识单元 *	实验技术
生物体的结构、功能及生物多样性	植物的生长发育及其调控	
	动物体的组织、器官与特征	
	动物的生长发育及其调控	
	生物的多样性	
	生物分类的原则与方法	
	植物与动物的主要类群	
	动物的主要类群	
	动植物资源的开发与利用	
微生物的特征与代谢	微生物的分离和培养	A.绘图和显微成像技术；B.动植物解剖及标本制作技术；C.无菌操作技术；D.微生物生理生化分析技术；E.细胞器分离及成分分析技术；F.生物样品制片、染色技术及分析检测技术；G.光谱与色谱技术；H.电生理操作技术；I.离体动物器官制备技术；J.整体动物实验操作技术；K.酶联免疫技术；L.实验设计与数据处理技术；M.多学科交叉技术；N.发酵工程技术；O.生物分离工程技术；P.基因工程技术；Q.生物反应工程技术；R.生物工程设备技术；S.其他技术
	微生物的结构与功能	
	微生物的营养、生长和控制	
	微生物代谢及其调控	
	传染与免疫	
	微生物的多样性	
生物与环境	生态学基本概念	
	种群生态学	
	群落生态学	
	生态系统生态学	
	资源利用与可持续发展	
化工原理	流体流动	
	流体输送机械	
	过滤与颗粒的沉降	
	传热	
	气体吸收	
	精馏	
	气液传质设备	
	液液萃取	
	固体干燥	
生物工程的原理与应用	基因工程	
	发酵工程	
	生物反应工程	
	生物分离工程	
	生物工程设备	

* 引自《普通高等学校本科专业类教学质量国家标准》. 北京：高等教育出版社，2018：567-574。

实验课程是由基础性、综合性和研究性多层次构建的实验教学体系，综合性和研究性实验占总实验教学的比例不低于 50%。基础性实验是指开设的锻炼和促进学生基本操作技能的实验，其单人操作率不低于 80%。综合性实验是指实验内容至少涉及 2 个及以上生物学二级学科，综合运用现代生物学理论和实验技术，将系统、复杂的实验操作过程集于一个经过缜密设计的实验中，培养学生综合运用生物学理论和技术解决比较复杂的生物科学问题的能力。研究性实验是指由学生或教师提出问题，由学生自己完成文献调研、技术路线设计、在实验室完成实验操作、撰写实验报告、宣讲实验报告的一整套教学环节，使学生体验科学研究基本过程，认识科学研究基本规律的实验。综合性和研究性实验的单人操作率不低于总实验的 25%。每门实验课程在 1～2 个学期内完成（少数实验课程教学时间超出 2 学期）。

课程实施以学生实验操作为主，辅助以数字化课程、资源共享课、开放实验课及虚拟仿真实验等。基础性、综合性实验每组 1～2 人，研究性实验每组 1～5人，由学生分工合作或单独操作完成。整个实验过程中应及时记录实验现象，如实记录实验数据，并对现象和结果等进行分析解读，按时完成实验报告。对于研究性和创新性实验，学生应根据实验目的和要求，提前制定好实验方案。各类实践类教学环节所占比例应不低于 25%。

实验教学中应加强安全意识和安全防护教育；注重实验伦理道德及尊重生命、热爱生命、敬畏自然等理念；培养学生良好的实验习惯和严谨的科学态度，促进学生刻苦钻研、细心操作、吃苦耐劳、实事求是、严谨治学、坚持真理的科学精神；强化学生诚实守信、勇于实践、敢于质疑的信念和不盲从权威的批评精神；关注学生心理健康，促进学生树立正确的世界观、价值观、人生观和职业观，培养学生服务于社会、服务于人民的意识及家国情怀和使命担当。

通过实验课程促进专业基础理论知识的融会贯通，调动学生学习的主动性、积极性和创造性，提高发现问题、分析问题和解决问题的能力，增强科研创新能力，培养学生的创新精神、创业意识和创新创业能力，使学生具有良好的科学、文化素养和高度的社会责任感。

第二节　动物学实验

一、导言

动物学实验是生物学相关学科的一门重要基础课，实践性很强，从单纯观察到多种手段的综合应用，注重操作的规范性和实验技能的训练。动物学实验课的内容设置以进化为主线，包括主要门类代表动物外部特征的观察与内部形态结构的解剖、主要类群的分类特征及常见种类性状识别。通过本课程的学习，学生应遵守实验动物福利与伦理要求；了解当今动物学实验研究的主要方法；掌握动物学实验的基本技能和操作规范；熟悉有关动物的抓取与保定技术；明确不同实验动物的解剖方法，识别动物的脏器位置与典型形态结构特征；了解常用小型实验动物的采集饲养和管理方法；熟知实验常用节肢动物及小型脊椎动物的麻醉、采血技巧；了解实验常用试剂配制方法；掌握组织及小型动物临时装片制作方法；熟悉常用手术器械的结构特点、功能及其使用规范；掌握光学显微镜、体视显微镜、倒置显微镜和多媒体互动系统等动物学实验常用仪器和设备的性能及使用方法；熟悉昆虫等动物标本的采集和标本制作技术；学会使用各种检索表、识别常见种类，并深刻理解动物多样性与生存环境密切相关的理念，同时能熟练应用生物绘图或显微拍照技术记录必要实验现象及结果。

二、课程基本要求与相关内容

1. 动物学实验先修课程要求
普通生物学及其实验。

2. 基本要求

（1）实验室基本规章制度、安全防护教育，包括常用化学药品安全使用、化学废弃物的处理、生物样本的安全使用、常用生物废弃物的处理以及水电火安全、实验动物福利与伦理等。

（2）理解动物学实验的基本原理，掌握常用仪器的使用方法，包括能正确使用光学显微镜、体视显微镜、倒置显微镜及解剖工具等。

（3）掌握选择合适实验条件的基本技能，包括主要仪器的清洁和保养维护、常用试剂的配制、实验小动物的采集和培养方法、实验动物的保定和麻醉或处死、实验动物的解剖和固定、动物标本制作、生物绘图和显微拍照等。

（4）掌握各门类代表动物的形态结构解剖观察、重要门类的动物种类识别方法与技术，培养学生基本操作能力。

（5）掌握实验动物的采集及培养和保种，动物标本的制作、动物多样性及动物行为和动物生态观察等方法与技术，培养学生综合操作技能。

3. 基本实验技术

（1）光学显微镜的使用技术：了解成像原理，掌握基本结构及功能，熟练基本操作，清楚使用后的清洁与保养维护方法。

（2）体视显微镜使用技术：了解成像原理，掌握基本结构及功能，熟悉基本操作及使用后的清洁与保养维护方法。

（3）倒置显微镜的使用技术：了解成像原理，掌握基本结构及功能，熟练基本操作，清楚使用后的清洁与保养维护方法。

（4）多媒体互动系统使用技术：熟悉多媒体互动系统的工作流程，掌握该系统与显微镜系统的联动使用方法。

（5）显微装片制作技术：掌握动物细胞、组织或微小动物的临时装片制作和使用技术。

（6）解剖器械使用技术：熟练掌握动物学实验常用解剖器械的结构特点及使用和保养维护方法。

（7）常规仪器使用技术：熟悉动物学实验常用的电子天平、酸度计、搅拌器、高压灭菌器、烘箱、光照培养箱及水浴锅等常规仪器的结构特点及使用和维护方法。

（8）常用试剂配制使用方法：掌握实验室常用的生理盐水、染色剂、麻醉剂等试剂的配制和使用方法。

（9）生物绘图技能：掌握生物绘图的基本要求与方法，包括绘图用品的选用，典型结构的选取、图的布局与比例，正确构图、起稿以及按要求绘制草图、定稿、标注等。

（10）实验动物的抓取与保定技术：熟练掌握常用实验动物的抓取与多种保定方法。

（11）实验动物的注射与采血技术：熟悉常用实验动物的注射与血液采集技术。

（12）实验动物的麻醉与处死技术：熟练掌握常用实验动物的麻醉与处死方法。

（13）实验动物的解剖技术：熟练掌握常用实验动物的解剖方法。

（14）实验小动物的采集和培养技术：掌握草履虫、水螅等常用实验动物的采集、培养及保种方法，熟悉常用实验小型脊椎动物的实验室短期培养技术。

（15）应激实验技术：掌握无脊椎动物对理化刺激应激反应实验的操作技术。

（16）昆虫标本的采集和标本制作技术：掌握常用的昆虫采集方法，熟悉昆虫标本的临时处理及长期保存方法。

（17）动物分类基本方法：熟悉动物分类常用术语，了解主要门类代表动物的鉴别性状及主要分类依据，掌握各类检索表的使用方法。

（18）分子操作技术：掌握动物组织的基因组 DNA 提取流程与相关技术。

三、建议性实验项目及对应的学时

1. 综合类高校建议性实验项目（建议 32 学时及以上）

编号	实验项目名称	基础性/综合性/研究性实验	建议学时
1	显微镜的结构与使用及生物绘图和显微拍照	必修/基础	2
2	动物组织制片与观察	必修/综合	4
3	原生动物系列实验	选修/基础/研究	4

续表

编号	实验项目名称	基础性 / 综合性 / 研究性实验	建议学时
4	腔肠动物的形态结构与生命活动观察	必修 / 基础	4
5	扁形动物形态结构观察及分类	必修 / 基础	4
6	蛔虫形态结构观察与解剖	必修 / 基础	2
7	环毛蚓形态结构观察与解剖	必修 / 基础	4
8	河蚌（乌贼 / 萝卜螺）形态结构观察与解剖	必修 / 基础	4
9	螯虾（日本沼虾）形态观察与解剖	必修 / 基础	4
10	蝗虫形态结构观察与解剖	必修 / 综合	4
11	昆虫标本采集与制作及分类	选修 / 综合	8
12	文昌鱼的形态结构与生命活动	选修 / 基础	4
13	鲫鱼（鲤鱼）外形及内部解剖结构观察	必修 / 基础	4
14	鱼纲分类	选修 / 基础	4
15	蟾蜍（蛙类）形态结构观察与解剖	必修 / 基础	4
16	两栖纲和爬行纲分类	选修 / 基础	2
17	家鸽（家鸡）形态结构观察与解剖	必修 / 基础	4
18	鸟纲分类	选修 / 基础	4
19	家兔（小鼠）形态结构观察与解剖	必修 / 基础	4
20	哺乳纲分类	选修 / 基础	2
21	无脊椎动物类群	选修 / 基础	6
22	动物组织基因组 DNA 的提取	选修 / 综合 / 研究	4
23	脊椎动物骨骼系统观察	选修 / 综合 / 研究	4
24	脊椎动物生命活动特征及生理系列实验	选修 / 综合 / 研究	4

　　注：该表中必修实验可根据不同院校的具体情况采用不同的实验材料和实验方法；确定为选修的实验项目主要依据少数院校开设，或部分实验内容已括在其他实验项目中。

2. 理工类高校建议性实验项目（建议 16 学时及以上）

编号	实验项目名称	基础性 / 综合性 / 研究性实验	建议学时
1	动物组织的基本类型及其特点观察	选修 / 基础	2
2	涡虫的形态结构与生命活动	选修 / 基础	2
3	螯虾（日本沼虾）外形及内部解剖结构观察	必修 / 基础	4
4	鲫鱼外形及内部解剖结构观察	必修 / 基础	4
5	鸟纲分类	选修 / 基础	4
6	家兔（小鼠）外形及内部解剖结构观察	必修 / 基础	4
7	动物多样性	选修 / 基础	4

　　注：该表中必修实验可根据不同院校的具体情况采用不同的实验材料和实验方法；确定为选修的实验项目主要依据少数院校开设，或部分实验内容已括在其他实验项目中。

3. 农林类高校建议性实验项目（建议 32 学时及以上）

编号	实验项目名称	基础性 / 综合性 / 研究性实验	建议学时
1	显微镜的结构与使用及生物绘图和显微拍照	必修 / 基础	2
2	动物组织制片与观察	选修 / 综合	4
3	河蚌（乌贼 / 萝卜螺）形态结构观察与解剖	必修 / 基础	4
4	螯虾（日本沼虾）形态观察与解剖	必修 / 基础	4
5	昆虫标本采集与制作	选修 / 综合	8
6	鲤鱼的形态结构与生命活动	选修 / 基础	4
7	蟾蜍（蛙类）外形及内部解剖结构观察	必修 / 基础	4
8	两栖纲和爬行纲分类	选修 / 基础	2
9	家鸡（家鸽）形态结构观察与解剖	必修 / 基础	4
10	家兔（小鼠）形态结构观察与解剖	必修 / 基础	4
11	动物的结构与功能的相适应性——脊椎动物骨骼系统的演化观察	选修 / 基础	2

注：该表中必修实验可根据不同院校的具体情况采用不同的实验材料和实验方法；确定为选修的实验项目主要依据少数院校开设，或部分实验内容已包括在其他实验项目中。

第三节　动物生理学实验

一、导言

生理学是研究动物、人的组织、器官功能以及器官间相互协调机制的一门科学，主要关注动物、人维持自身生命内环境稳态的机理。生理学的形成是基于动物实验研究和对人的临床观察与研究，生理学实验是生理学教学的重要组成部分，是学生学习、掌握抽象生理知识的重要手段。

生理学实验的教学主要是通过观察、记录个体或器官对刺激的应答解释生命现象，帮助学生理解和掌握生理学基本知识。此外，动物生理学实验离不开相关技能的训练和仪器的操作，包括动物保定、麻醉、采血、处死、简单的手术等技能；了解动物生理学实验常用仪器、设备的工作原理与使用及维护方法，如电刺激系统、引导换能系统、显示与记录系统、生物信号采集与处理系统等；掌握相关生理学实验操作技能和方法，如神经和肌肉生理学实验、血液生理学实验、循环生理学实验、呼吸生理学实验、消化生理学实验、泌尿生理学实验、感觉生理学实验、生殖与内分泌生理学实验；遵守实验动物福利与伦理要求等。

二、课程基本要求与相关内容

1. 动物生理学实验先修课程要求

动物学 / 动物生物学及其实验、生理学 / 动物生理学。

2. 基本要求

（1）学习并遵守实验室基本规章制度：正式开课前需对学生进行实验室安全规则、实验动物福利与伦理教育；正确、安全使用常用化学试剂的教育；正确操作的生物样本教育；水、电、火的安全使用教育；常用生物废弃物的处理和常用化学废弃物的处理方式和条例教育等，明确实验室的安全条例和安全须知。

（2）掌握生理信号采集系统的原理和操作、蟾蜍（牛蛙）神经干动作电位的观察、蟾蜍离体心脏灌流实验等基本操作技能。

（3）掌握刺激频率及刺激强度对蟾蜍（牛蛙）肌肉收缩的影响、神经体液因素对兔心脏活动的调节、神经体液因素对兔动脉血压的调节、影响尿生成的因素等涉及多个生理问题的实验方法与技术。

3. 基本实验技术

（1）常用仪器、设备的正确使用：掌握电刺激系统、引导换能系统、信号调节放大系统、显示与记录系统、生理信号采集系统等的工作原理和操作方法；熟悉实验常用的托盘天平、电子天平、酸度计、搅拌器、离心机、烘箱等常规仪器的使用和维护方法；熟练掌握动物生理学实验常用器械的结构特点、使用和维护方法；掌握手术器械的使用和日常维护方法。

（2）常用试剂的配制方法：掌握生理盐水、小型实验动物麻醉剂、消毒液、抗凝剂、脱毛剂等试剂的配制和使用方法。

（3）实验动物的保定技术：掌握不同小型实验动物的保定方法；掌握保定器械的正确使用。

（4）实验动物的给药途径：掌握对小型实验动物给药技术，包括皮内、皮下、静脉、腹腔、心脏和灌胃等；了解不同给药途径的区别与效用。

（5）实验动物的麻醉与处死技术：掌握常用小型实验动物麻醉药的效用和使用方法；掌握常用小型实验动物的安死术。

（6）实验动物的组织、器官剥离与插管技术：了解慢性和急性实验的区别；掌握小型实验动物的器官摘除、器官移植、器官损伤等技术；掌握小型实验动物的气管插管、动脉插管、尿道插管、灌胃插管等技术。

（7）实验动物手术创口缝合技术：掌握常用的灭菌与消毒方法；掌握手术器械的灭菌和消毒方法；掌握肌肉、皮肤等组织的缝合和打结的方法。

（8）小型实验动物饲养：了解常用小型实验脊椎动物的饲养方法。

（9）动物实验意外事故的处理技术：了解动物实验意外事故处理方法。

（10）实验动物尸体处理方法：熟悉正确处理动物尸体的方法。实验后的动物尸体和组织，用专用处理袋装好后，应由有资质单位统一处理，并由实验员做好记录、备案。

三、建议性实验项目及对应的学时

1. 综合类高校建议性实验项目（建议 32 学时及以上）

编号	实验项目名称	基础性/综合性/研究性实验	建议学时
1	生理信号采集系统的原理和操作	必修/基础	2~3
2	蟾蜍（牛蛙）坐骨神经干动作电位的观察与记录	必修/基础	4~6
3	蟾蜍（牛蛙）坐骨神经－腓肠肌标本制备和刺激频率及刺激强度对肌肉收缩的影响	必修/综合	4~6
4	红细胞比容、血沉及影响血凝的因素	选修/基础	2~3
5	血涂片制备与观察、血红蛋白测定和 ABO 血型鉴定	选修/基础	4~6
6	红细胞渗透脆性测定和血液细胞成分分离	选修/基础	2~3
7	心音听诊、血压测量和体表心电图	选修/基础	2~3
8	蟾蜍（牛蛙）离体心脏灌流、代偿性间歇和正常起搏观察	必修/基础	4~6
9	植物神经、体液对兔心血管活动的调节	选修/综合	4~6
10	神经、体液对兔呼吸运动的调节	必修/综合/研究	4~6
11	肺的基本结构及成人心肺功能的评定	选修/综合	4~6
12	呼吸运动调节及对心率和血压的影响	选修/综合	4~6
13	肠系膜微循环的观察分析和离体小肠平滑肌的生理特性分析	必修/综合	4~6
14	大鼠离体小肠吸收及影响因素分析	选修/基础	4~6
15	家兔尿液生成及影响因素	必修/综合	4~6
16	鱼类渗透压调节	选修/综合	4~6
17	FSH 和 LH 对小鼠排卵的影响以及精液品质检查	选修/基础	4~6
18	脊髓反射的基本特征与反射弧的分析	选修/综合	4~6
19	家兔大脑皮层刺激效应和去大脑僵直的观察	选修/综合	4~6
20	小脑损伤动物行为的观察	选修/综合	4~6
21	探究有氧运动与无氧运动生理指标变化的差异	选修/研究	4~6
22	斑马鱼视动反应行为的观察	选修/综合	2~3
23	色觉、视力、视野、盲点的测定及瞳孔对光反射	必修/基础	2~3
24	兔脑干的血液化学感受中枢对心血管、呼吸系统的影响	选修/综合	4~6
25	豚鼠耳蜗电位的引导和听力测定	选修/综合	4~6
26	迷路损伤对动物运动的影响	选修/综合	4~6

续表

编号	实验项目名称	基础性/综合性/研究性实验	建议学时
27	不同感官的参与对工作记忆的影响	选修/研究	4~6
28	胰岛素、肾上腺素对血糖的调节	选修/综合	4~6
29	小鼠肾上腺摘除与应激反应的观察	选修/综合	4~6
30	人体酒精含量的测定及其对不同生理指标的影响	选修/研究	4~6
31	不同音乐类型对人体生理指标的影响	选修/研究	4~6
32	空间 Stroop 效应初探	选修/研究	4~6
33	探究暗示对注意力的影响	选修/研究	4~6
34	PPT 配色方案对阅读的影响	选修/研究	4~6
35	温和运动和剧烈运动下不同恢复方式的效果比较	选修/研究	4~6

注：该表中必修实验可根据不同院校的具体情况采用不同的实验材料和实验方法；确定为选修的实验项目主要依据少数院校开设，或部分实验内容已包括在其他实验项目中。

2. 理工类高校建议性实验项目（建议 16 学时及以上）

编号	实验项目名称	基础性/综合性/研究性实验	建议学时
1	家兔解剖结构观察与分析	选修/基础	2~3
2	生理信号采集系统的原理和操作	必修/基础	2~3
3	蟾蜍（牛蛙）坐骨神经干动作电位的观察与记录	必修/基础	4~6
4	蟾蜍（牛蛙）坐骨神经 – 腓肠肌标本制备和刺激频率及刺激强度对肌肉收缩的影响	必修/综合	4~6
5	红细胞比容、血沉及凝血时测定	选修/基础	4~6
6	血涂片制备与观察、血红蛋白测定和 ABO 血型鉴定	必修/基础	4~6
7	心音听诊、血压测量和体表心电图	必修/基础	2~3
8	蟾蜍（牛蛙）离体心脏灌流	必修/基础	4~6
9	神经、体液因素对兔心血管活动的调节	必修/综合	4~6
10	蟾蜍（牛蛙）肠系膜微循环的观察分析	选修/综合	2~3
11	神经、体液因素对兔呼吸运动的调节	必修/综合	4~6
12	人体心肺功能的评定及运动对呼吸、心率、血压的影响	选修/综合	4~6
13	离体小肠平滑肌的生理特性分析	选修/综合	4~6
14	大鼠离体小肠吸收及影响因素分析	选修/基础	4~6
15	兔尿液生成及影响因素	选修/综合	4~6
16	鱼类渗透压调节	选修/综合	4~6
17	FSH 和 LH 对小鼠排卵的影响和精液品质鉴定	选修/基础	4~6

续表

编号	实验项目名称	基础性 / 综合性 / 研究性实验	建议学时
18	脊髓反射的基本特征与反射弧的分析	选修 / 综合	4 ~ 6
19	家兔大脑皮层刺激效应和去大脑僵直的观察	选修 / 综合	4 ~ 6
20	探究有氧运动与无氧运动生理指标变化的差异	选修 / 研究	4 ~ 6
21	色觉、视力、视野、盲点的测定及瞳孔对光反射	必修 / 基础	2 ~ 3
22	探究说谎与瞳孔直径的关系	选修 / 研究	4 ~ 6
23	豚鼠耳蜗电位的引导和听力测定	选修 / 综合	4 ~ 6
24	迷路损伤对动物运动的影响	选修 / 综合	4 ~ 6
25	不同感官的参与对工作记忆的影响	选修 / 研究	4 ~ 6
26	小鼠肾上腺摘除与应激反应的观察	选修 / 综合	4 ~ 6
27	不同音乐类型对人体生理指标的影响	选修 / 研究	4 ~ 6
28	空间 Stroop 效应初探	选修 / 研究	4 ~ 6
29	探究暗示对注意力的影响	选修 / 研究	4 ~ 6
30	温和运动和剧烈运动下不同恢复方式的效果比较	选修 / 研究	4 ~ 6

注：该表中必修实验可根据不同院校的具体情况采用不同的实验材料和实验方法；确定为选修的实验项目主要依据少数院校开设，或部分实验内容已包括在其他实验项目中。

3. 农林类高校建议性实验项目（建议 16 学时及以上）

编号	实验项目名称	基础性 / 综合性 / 研究性实验	建议学时
1	生理信号采集系统的原理和操作	必修 / 基础	2 ~ 3
2	蟾蜍（牛蛙）坐骨神经干动作电位的观察与记录	必修 / 基础	2 ~ 3
3	蟾蜍（牛蛙）坐骨神经 – 腓肠肌标本制备和刺激频率及刺激强度对肌肉收缩的影响	必修 / 综合	4 ~ 6
4	血涂片的制备与观察、血红蛋白测定、血清制备和 ABO 血型鉴定	选修 / 基础	2 ~ 3
5	红细胞比容、血沉、凝血及影响血凝的因素	选修 / 基础	2 ~ 3
6	心音听诊、血压测量和体表心电图	选修 / 基础	2 ~ 3
7	蟾蜍（牛蛙）离体心脏灌流、代偿性间歇和正常起搏点观察	必修 / 基础	4 ~ 6
8	神经、体液因素对兔心血管活动的调节	选修 / 综合	4 ~ 6
9	脑干化学感受器对呼吸、心血管的影响	选修 / 基础 / 研究	4 ~ 6
10	神经、体液因素对兔呼吸运动的调节	选修 / 综合	4 ~ 6
11	探究运动时呼吸方式对心率及血压的影响	选修 / 研究	4 ~ 6
12	离体小肠平滑肌的生理特性分析	选修 / 综合	4 ~ 6

续表

编号	实验项目名称	基础性 / 综合性 / 研究性实验	建议学时
13	大鼠离体小肠吸收及影响因素分析	选修 / 基础	4～6
14	家兔尿液生成及影响因素的探究	必修 / 综合 / 研究	4～6
15	不同家畜尿液 pH 的测定及影响因素	选修 / 综合	4～6
16	脊髓反射的基本特征与反射弧的分析	选修 / 综合	4～6
17	家兔大脑皮层刺激效应和去大脑僵直的观察	选修 / 综合	4～6
18	小脑损伤动物行为的观察	选修 / 综合	4～6
19	斑马鱼视动反应行为的观察	选修 / 综合	2～3
20	豚鼠耳蜗电位的引导和听力测定	选修 / 综合	4～6
21	迷路损伤对动物运动的影响	选修 / 综合	4～6
23	胰岛素、肾上腺素对血糖的调节	必修 / 综合	4～6
24	小鼠肾上腺摘除与应激反应的观察	选修 / 综合	4～6
25	FSH 和 LH 对卵泡发育和排卵作用的探究	选修 / 综合 / 研究	4～6
26	温和运动和剧烈运动下不同恢复方式的效果比较	选修 / 研究	4～6

注：该表中必修实验可根据不同院校的具体情况采用不同的实验材料和实验方法；确定为选修的实验项目主要依据少数院校开设，或部分实验内容已包括在其他实验项目中。

第四节　植物生物学实验

一、导言

植物生物学实验技术是进行与植物相关学科科学研究的必需技术手段。课程要求学生了解实验设计与样品准备、常规仪器与操作技术、实验数据处理与分析、植物材料的培养、植物体形态结构的观察与描述、植物种群的识别与分类、植物新陈代谢、生长发育和逆境生理等的原理、研究方法和技术。

二、课程基本要求与相关内容

1. 植物生物学实验先修课程要求
植物生物学。

2. 基本要求
（1）熟练运用光学显微镜观察并描述构成植物组织的不同细胞形态（几种类型）与结构（与功能的关系），包括显微镜的使用与保养，临时装片的制作。能够根据构成植物组织的细胞特征识别组织的类型（分生组织的位置、发育程度，成熟组织中的保护组织、基本组织、机械组织、输导组织、分泌结构，复合组织）和结构（与功能和所在位置的关系），包括应用徒手切片法制作临时装片。

（2）通过观察了解下列组织器官的形态与结构特征：根（主根、侧根，直根系、须根系）、茎（主茎、分枝方式、生长习性）、叶（单叶、复叶，完全叶、不完全叶）的形态、结构（初生结构、次生结构）；花芽（花芽原基、花萼原基、花冠原基、雄蕊原基、雌蕊原基）分化过程；雄蕊的发育、形态（几种类型）、结构（花药、花丝）；雌蕊的发育、形态（几种类型）、结构（柱头、花丝、子房、胚珠）；胚和胚乳的发育（不同类型、不同时期）；花；果实（单果、聚合果、复果）与种子（有胚乳、无胚乳）。

（3）通过观察了解下列种群的形态与结构特征：菌类（3个门）植物（单细胞、菌丝、子实体、有性生殖方式）；藻类（几个门）植物体（单胞型、群体型、假组织体）的形态与结构（营养细胞、生殖细胞）；地衣的形态（几种类型）与结构（同层、异层）；苔藓植物的形态（苔纲、藓纲）与结构（配子体、孢子体、颈卵器、精子器）；蕨类植物的形态（根、茎、叶）与结构（原叶体、根、茎、叶、孢子囊群等）观察（解剖镜及其使用与保养）；裸子植物的形态（根、茎、叶、大孢子叶球、小孢子叶球）与结构（根、茎、叶、大孢子叶球、小孢子叶球、花粉粒、配子体、胚珠、种子）；被子植物典型科、属代表植物形态与结构观察与描述。

（4）掌握植物细胞的类型（常见的几种形态）与结构（细胞壁层次、细胞核与细胞质的有无、细胞器的种类和形态）及功能的适应性；植物细胞后含物（贮藏物质、代谢中间产物和废物的种类与形态）的识别与鉴定（方法、药剂与设备）。

（5）了解不同生境（旱生与水生、阳生与阴生）下植物的组织特征与结构和功能的统一性比较分析。

（6）了解花芽分化过程中，花芽形态与雌、雄蕊形态、结构特征的对应关系观察分析；花粉的采集、培养与花粉管结构观察；几种常见植物的雌、雄蕊类型和结构比较观察。

3. 基本实验技术

（1）临时装片制作技术：掌握临时装片制作的原理、步骤、关键技术要领和注意事项。了解临时装片制作的目的意义，以及常用的几种不同类型的临时装片制作技术。

（2）徒手切片技术：掌握徒手切片技术的基本原理、步骤、技术要领和注意事项，了解徒手切片质量判读的标准和依据。

（3）显微观察技术：了解不同显微镜的类型及原理，熟练掌握普通光学显微镜、体视显微镜的基本操作步骤及技术要点；了解普通光学显微镜、体视显微镜的结构、原理，熟悉普通光学显微镜和体视镜的常规保养方法。

（4）植物标本采集与制作技术：掌握植物标本采集、压制、装帧、消毒和贮存等的原理、方法、步骤与注意事项，学会不同类型植物材料的采集、处理与制作方法。

（5）植物检索与鉴定技术：掌握植物分类检索表编制的基本原理、方法和应用，熟悉植物类群鉴定的过程、步骤和注意事项。

（6）植物显微测量技术：了解物镜测微尺的类型；学会使用显微测微尺测量细胞、组织结构大小。

（7）植物组织的离析技术：掌握不同植物组织离析的原理、方法、步骤、应用和注意事项，能够独立配制植物组织离析中的不同类型与浓度的药剂。

（8）植物材料培养技术：掌握植物材料的溶液培养法、土壤培养法、植物组织培养法等常用的植物材料培养方法，了解常用的植物营养液的配制方法和培养基质、植物土培的常用土壤和肥料配方及适用盆钵、植物组织培养的常用培养基的配制方法和使用事项，以便在研究中选用适用的材料培养方法。

（9）植物生理学实验仪器设备使用技术：学习移液器、电子天平、紫外可见分光光度计、离心机、光照培养箱、水浴锅等植物生理学实验常用仪器的使用方法和注意事项及溶液配制方法。

（10）部分植物生理学实验测定方法：组织含水量的测定、根系活力测定、叶绿素含量的提取、理化性质观察和含量测定、呼吸速率的测定、抗氧化酶活性的测定、组织丙二醛（MDA）含量的测定、生长素对根芽生长的影响、种子活力的快速测定、抗逆性的鉴定（电导仪法）等。

（11）光谱与色谱技术：掌握光谱（可见光、紫外光、荧光）、色谱技术（离子交换色谱、纸色谱、亲和层析、气相色谱或高压液相色谱）分析技术的基本原理和使用方法，掌握微量组分含量测定的原理，了解标准曲线的制作方法以及在定量分析及酶动力学参数分析的应用。

（12）离心技术：掌握离心分离技术的基本原理与应用，学会不同类型离心机的使用以及注意事项。

（13）电化学分析技术：掌握电导分析法的原理，熟悉电导率仪的基本原理及使用方法。

三、建议性实验项目及对应的学时

1. 综合类高校建议性实验项目（建议 16 学时及以上）

编号	实验项目名称	基础性 / 综合性 / 研究性实验	建议学时
1	显微镜与体视镜的类型、使用与保养	必修 / 基础	1～2
2	临时装片与细胞结构观察	必修 / 综合	1～2
3	植物细胞的类型与结构观察	必修 / 基础	1～2

续表

编号	实验项目名称	基础性 / 综合性 / 研究性实验	建议学时
4	植物细胞后含物类型与物种特性	必修 / 基础	1 ~ 2
5	植物组织的类型与结构观察	必修 / 综合	3 ~ 4
6	徒手切片法制作临时装片标本	选修 / 研究	2 ~ 4
7	不同环境下不同植物的组织类型、结构与适应性观察	必修 / 综合	1 ~ 2
8	根的形态、结构与适应性观察	必修 / 基础	3 ~ 5
9	茎的形态、结构与适应性观察	必修 / 基础	3 ~ 5
10	叶的形态、结构与适应性观察	必修 / 基础	2 ~ 5
11	单、双子叶植物根、茎、叶形态和结构异同比较观察	必修 / 综合	2 ~ 3
12	同功器官与同源器官的形态结构观察	选修 / 研究	2 ~ 3
13	雄蕊的发育与形态结构观察	必修 / 基础	1 ~ 2
14	花粉的采集、培养与花粉管结构观察	选修 / 综合	1 ~ 2
15	雌蕊的发育与形态结构观察	必修 / 基础	1 ~ 2
16	花芽分化与雌、雄蕊形态和结构发育的同生关系观察	必修 / 基础	1 ~ 2
17	常见植物的雌、雄蕊形态和结构观察	选修 / 综合	1 ~ 2
18	胚和胚乳的发育与结构特征观察	必修 / 基础	1 ~ 2
19	花的形态与结构观察	必修 / 基础	2 ~ 4
20	果实和种子形态与结构观察	必修 / 基础	2 ~ 4
21	菌类植物的形态与结构观察	选修 / 基础	2 ~ 3
22	藻类植物的形态与结构观察	选修 / 基础	1 ~ 3
23	地衣植物的形态与结构观察	选修 / 基础	1 ~ 3
24	苔藓植物的形态与结构观察	选修 / 基础	1 ~ 3
25	蕨类植物的形态与结构观察	选修 / 基础	1 ~ 3
26	裸子植物的形态与结构观察	选修 / 基础	2 ~ 3
27	被子植物典型科、属代表植物的形态与结构观察	选修 / 研究	14 ~ 18
28	某一区域范围内物种（或植物资源）的调查与评价	选修 / 研究	2 ~ 8
29	校园植物种类调查与分析	选修 / 研究	2 ~ 8
30	植物溶液培养和缺素症的观察	选修 / 研究	8 ~ 16
31	植物组织含水量的测定	必修 / 基础	1 ~ 2
32	植物根系活力测定	选修 / 基础	4 ~ 6
33	叶绿素含量的提取、理化性质观察	必修 / 基础	4 ~ 5
34	植物呼吸速率的测定	选修 / 基础	4 ~ 6
35	植物抗氧化酶活性测定	选修 / 基础	4 ~ 6

续表

编号	实验项目名称	基础性 / 综合性 / 研究性实验	建议学时
36	植物组织丙二醛（MDA）含量的测定	选修 / 基础	3 ~ 4
37	生长素对根芽生长的影响	必修 / 基础	4 ~ 6
38	植物种子活力的快速测定	必修 / 基础	4 ~ 6
39	植物抗逆性的鉴定（电导仪法）	必修 / 基础	3 ~ 5
40	光和钾离子对气孔运动的调节	必修 / 综合	4 ~ 6
41	硝酸还原酶（NR）活性的测定	选修 / 综合	4 ~ 5
42	环境因子对植物光合速率的影响	选修 / 综合	6 ~ 12
43	植物生长激素作用的部位和浓度效应比较分析以及激素检测方法	选修 / 综合	8 ~ 18

注：该表中必修实验可根据不同院校的具体情况采用不同的实验材料和实验方法；确定为选修的实验项目主要依据少数院校开设，或部分实验内容已包括在其他实验项目中。

2. 理工类高校建议性实验项目（建议 16 学时及以上）

编号	实验项目名称	基础性 / 综合性 / 研究性实验	建议学时
1	显微镜与体视镜的类型、使用与保养	必修 / 基础	1 ~ 2
2	临时装片与细胞结构观察	必修 / 综合	1 ~ 2
3	植物细胞的类型与结构观察	必修 / 基础	1 ~ 2
4	植物细胞后含物类型与物种特性	必修 / 基础	1 ~ 2
5	植物组织的类型与结构观察	必修 / 综合	3 ~ 4
6	徒手切片法制作临时装片标本	选修 / 研究	2 ~ 4
7	不同环境下不同植物的组织类型、结构与适应性观察	选修 / 综合	1 ~ 2
8	根的形态、结构与适应性观察	必修 / 基础	3 ~ 5
9	茎的形态、结构与适应性观察	必修 / 基础	3 ~ 5
10	叶的形态、结构与适应性观察	必修 / 基础	2 ~ 5
11	单、双子叶植物根、茎、叶形态和结构异同比较观察	选修 / 综合	2 ~ 3
12	同功器官与同源器官的形态结构观察	选修 / 研究	2 ~ 3
13	雄蕊的发育与形态结构观察	必修 / 基础	1 ~ 2
14	花粉的采集、培养与花粉管结构观察	选修 / 综合	1 ~ 2
15	雌蕊的发育与形态结构观察	必修 / 基础	1 ~ 2
16	花芽分化与雌、雄蕊形态和结构发育的同生关系观察	必修 / 基础	1 ~ 2
17	常见植物的雌、雄蕊形态和结构观察	选修 / 综合	1 ~ 2
18	胚和胚乳的发育与结构特征观察	选修 / 基础	1 ~ 2

续表

编号	实验项目名称	基础性 / 综合性 / 研究性实验	建议学时
19	花的形态与结构观察	选修 / 基础	2 ~ 4
20	果实和种子形态与结构观察	选修 / 基础	2 ~ 4
21	裸子植物的形态与结构观察	选修 / 基础	2 ~ 3
22	被子植物典型科、属代表植物的形态与结构观察	选修 / 研究	14 ~ 18
23	某一区域范围内物种（或植物资源）的调查与评价	选修 / 研究	2 ~ 8
24	校园植物种类调查与分析	选修 / 研究	2 ~ 8
25	植物溶液培养和缺素症的观察	选修 / 研究	8 ~ 16
26	植物组织含水量的测定	选修 / 基础	1 ~ 2
27	植物根系活力测定	选修 / 基础	4 ~ 6
28	叶绿素含量的提取、理化性质观察	必修 / 基础	4 ~ 5
29	植物呼吸速率的测定	必修 / 基础	4 ~ 6
30	植物抗氧化酶活性测定	必修 / 基础	4 ~ 6
31	植物组织丙二醛（MDA）含量的测定	选修 / 基础	3 ~ 4
32	生长素对根芽生长的影响	必修 / 基础	4 ~ 6
33	植物种子活力的快速测定	必修 / 基础	4 ~ 6
34	植物抗逆性的鉴定（电导仪法）	必修 / 基础	3 ~ 5
35	光和钾离子对气孔运动的调节	必修 / 综合	4 ~ 6
36	硝酸还原酶（NR）活性的测定	选修 / 综合	4 ~ 5
37	环境因子对植物光合速率的影响	选修 / 综合	6 ~ 12
38	植物生长激素作用的部位和浓度效应比较分析以及激素检测方法	选修 / 综合	8 ~ 18

注：该表中必修实验可根据不同院校的具体情况采用不同的实验材料和实验方法；确定为选修的实验项目主要依据少数院校开设，或部分实验内容已包括在其他实验项目中。

3. 农林类高校建议性实验项目（建议 16 学时及以上）

编号	实验项目名称	基础性 / 综合性 / 研究性实验	建议学时
1	显微镜与体视镜的类型、使用与保养	必修 / 基础	1 ~ 2
2	临时装片与细胞结构观察	必修 / 综合	1 ~ 2
3	植物细胞的类型与结构观察	必修 / 基础	1 ~ 2
4	植物细胞后含物类型与物种特性	必修 / 基础	1 ~ 2
5	植物组织的类型与结构观察	必修 / 综合	3 ~ 4
6	徒手切片法制作临时装片标本	选修 / 研究	2 ~ 4

编号	实验项目名称	基础性 / 综合性 / 研究性实验	建议学时
7	不同环境下不同植物的组织类型、结构与适应性观察	必修 / 综合	1 ~ 2
8	根的形态、结构与适应性观察	必修 / 基础	3 ~ 5
9	茎的形态、结构与适应性观察	必修 / 基础	3 ~ 5
10	叶的形态、结构与适应性观察	必修 / 基础	2 ~ 5
11	单、双子叶植物根、茎、叶形态和结构异同比较观察	必修 / 综合	2 ~ 3
12	同功器官与同源器官的形态结构观察	必修 / 研究	2 ~ 3
13	雄蕊的发育与形态结构观察	必修 / 基础	1 ~ 2
14	花粉的采集、培养与花粉管结构观察	选修 / 综合	1 ~ 2
15	雌蕊的发育与形态结构观察	必修 / 基础	1 ~ 2
16	花芽分化与雌、雄蕊形态和结构发育的同生关系观察	必修 / 基础	1 ~ 2
17	常见植物的雌、雄蕊形态和结构观察	选修 / 综合	1 ~ 2
18	胚和胚乳的发育与结构特征观察	必修 / 基础	1 ~ 2
19	花的形态与结构观察	必修 / 基础	2 ~ 4
20	果实和种子形态与结构观察	必修 / 基础	2 ~ 4
21	菌类植物的形态与结构观察	选修 / 基础	2 ~ 3
22	藻类植物的形态与结构观察	选修 / 基础	1 ~ 3
23	地衣植物的形态与结构观察	选修 / 基础	1 ~ 3
24	苔藓植物的形态与结构观察	选修 / 基础	1 ~ 3
25	蕨类植物的形态与结构观察	选修 / 基础	1 ~ 3
26	裸子植物的形态与结构观察	选修 / 基础	2 ~ 3
27	被子植物典型科、属代表植物的形态与结构观察	选修 / 研究	14 ~ 18
28	某一区域范围内物种（或植物资源）的调查与评价	选修 / 研究	2 ~ 8
29	校园植物种类调查与分析	选修 / 研究	2 ~ 8
30	植物溶液培养和缺素症的观察	必修 / 研究	8 ~ 16
31	植物组织含水量的测定	必修 / 基础	1 ~ 2
32	植物根系活力测定	选修 / 基础	4 ~ 6
33	叶绿素含量的提取、理化性质观察	必修 / 基础	4 ~ 5
34	植物呼吸速率的测定	选修 / 基础	4 ~ 6
35	植物抗氧化酶活性测定	选修 / 基础	4 ~ 6
36	植物组织丙二醛（MDA）含量的测定	选修 / 基础	3 ~ 4
37	生长素对根芽生长的影响	必修 / 基础	4 ~ 6
38	植物种子活力的快速测定	必修 / 基础	4 ~ 6

续表

编号	实验项目名称	基础性/综合性/研究性实验	建议学时
39	植物抗逆性的鉴定（电导仪法）	必修/基础	3~5
40	光和钾离子对气孔运动的调节	必修/综合	4~6
41	硝酸还原酶（NR）活性的测定	选修/综合	4~5
42	环境因子对植物光合速率的影响	选修/综合	6~12
43	植物生长激素作用的部位和浓度效应比较分析以及激素检测方法	选修/综合	8~18

注：该表中必修实验可根据不同院校的具体情况采用不同的实验材料和实验方法；确定为选修的实验项目主要依据少数院校开设，或部分实验内容已包括在其他实验项目中。

第五节　生物化学实验

一、导言

生物化学实验技术是生命科学及相关学科进行科学研究的重要技术手段和主要方法，课程要求学生熟练掌握常规仪器的使用方法和基本实验技术，掌握生物分子和生物活性物质的分离纯化和测定、酶反应动力学测定等实验操作并理解相关原理。在实验过程中强化学生基本实验技能的训练和综合能力的培养，并通过生物化学实验锻炼学生的动手能力和解决问题的能力。培养学生合作精神，提高学生的实践能力、综合素质和创新能力。

二、课程教学方式与基本要求

1. 生物化学实验先修课程要求

基础化学、有机化学及其实验。

2. 基本要求

（1）掌握生物化学常用实验技术的原理和方法，包括细胞及组织破碎技术、分级沉淀技术、离心技术、光谱技术、色谱技术、电泳技术等。

（2）掌握常用仪器的使用方法，包括微量移液器、电子天平、酸度计、离心机、分光光度计、酶标仪、层析装置、电泳系统等。

（3）掌握生物分子的提取、分离及纯化（细胞或组织破碎技术、有机溶剂沉淀和/或盐析、离心技术、层析技术等）。

（4）掌握纯度鉴定、含量测定、相对分子质量测定方法以及酶反应动力学实验方法与技术，纯度鉴定包括 SDS– 聚丙烯酰胺凝胶电泳法（蛋白质或酶）、光吸收法、层析法或色谱法等；含量测定包括光谱法、显色法；相对分子质量的测定包括 SDS– 聚丙烯酰胺凝胶电泳法、凝胶过滤层析或色谱法等。

3. 基本实验技术

（1）细胞及组织破碎技术：掌握物理法、化学法和生物法破碎细胞和组织的基本原理及其相关操作技术。

（2）光谱技术：掌握光谱分析技术的基本原理和使用方法，掌握微量组分与含量测定的原理，熟悉标准曲线的制作方法以及在定量分析及酶动力学参数分析中的应用。

（3）色谱技术：掌握纸层析和柱层析技术的基本原理及其主要种类；熟悉离子交换层析、分子筛层析等柱层析分离生物分子的基本实验操作；了解其他层析技术的操作及其应用。

（4）离心技术：掌握离心分离技术的基本原理与应用，学会不同类型离心机的使用以及注意事项。

（5）电泳技术：掌握电泳技术的基本原理和主要种类；熟悉聚丙烯酰胺凝胶电泳的实验操作及其应用。

三、建议性实验项目及对应的学时

1. 综合类高校建议性实验项目（建议 32 学时及以上）

编号	实验项目名称	基础性 / 综合性 / 研究性实验	建议学时
1	蛋白质（生物分子）的含量测定	必修 / 基础	2～3
2	酶活力和比活力的测定	必修 / 基础	3～6
3	酶的动力学参数测定	必修 / 基础	4～6
4	蛋白质（酶、多糖等）的分离纯化（实验步骤包括细胞或组织破碎、分级沉淀、离心、离子交换层析或亲和层析）	必修 / 综合	12～16
5	蛋白质（酶）相对分子质量的测定（凝胶过滤层析或 SDS–PAGE）	必修 / 基础	8～12
6	离子交换层析分离（生物分子）	选修 / 基础	6～8
7	凝胶过滤层析分离纯化蛋白质（生物分子）	选修 / 基础	6～8
8	分离纯化的蛋白质（酶）的纯度鉴定（SDS–PAGE 或色谱）	选修 / 基础	8～10
9	酶联免疫吸附实验	选修 / 综合	6～8
10	物质代谢的变化对动物（植物、微生物）的影响	选修 / 研究	8～24

注：该表中必修实验可根据不同院校的具体情况采用不同的实验材料和实验方法；确定为选修的实验项目主要依据少数院校开设，或部分实验内容已包括在其他实验项目中。

2. 理工类高校建议性实验项目（建议 32 学时及以上）

编号	实验项目名称	基础性 / 综合性 / 研究性实验	建议学时
1	蛋白质（生物分子）的含量测定	必修 / 基础	2 ~ 3
2	酶活力和比活力的测定	必修 / 基础	3 ~ 6
3	酶的动力学参数测定	必修 / 基础	4 ~ 6
4	生物活性物质（蛋白质、酶、多糖等）的分离纯化（实验步骤包括细胞或组织破碎、分级沉淀、离心、离子交换层析或亲和层析）	必修 / 综合	12 ~ 16
5	蛋白质（酶）相对分子质量的测定（凝胶过滤层析或 SDS–PAGE）	必修 / 基础	8 ~ 12
6	离子交换层析分离（生物分子）	选修 / 基础	6 ~ 8
7	凝胶过滤层析分离纯化蛋白质（生物分子）	选修 / 基础	6 ~ 8
8	分离纯化的蛋白质（酶）的纯度鉴定（SDS–PAGE 或色谱）	选修 / 基础	8 ~ 10
9	物质代谢的变化对动物（植物、微生物）的影响	选修 / 研究	8 ~ 24

　　注：该表中必修实验可根据不同院校的具体情况采用不同的实验材料和实验方法；确定为选修的实验项目主要依据少数院校开设，或部分实验内容已包括在其他实验项目中。

3. 农林类高校建议性实验项目（建议 32 学时及以上）

编号	实验项目名称	基础性 / 综合性 / 研究性实验	建议学时
1	蛋白质（生物分子）的含量测定	必修 / 基础	2 ~ 3
2	酶活力和比活力的测定	必修 / 基础	3 ~ 6
3	酶的动力学参数测定	必修 / 基础	4 ~ 6
4	生物活性物质（蛋白质、酶、多糖等）的分离纯化（实验步骤包括细胞或组织破碎、分级沉淀、离心、离子交换层析或亲和层析）	必修 / 综合	12 ~ 16
5	蛋白质（酶）相对分子质量的测定（凝胶过滤层析或 SDS–PAGE）	必修 / 基础	8 ~ 12
6	离子交换层析分离（生物分子）	选修 / 基础	6 ~ 8
7	凝胶过滤层析分离纯化蛋白质（生物分子）	选修 / 基础	6 ~ 8
8	分离纯化的蛋白质（酶）的纯度鉴定（SDS–PAGE 或色谱）	选修 / 基础	8 ~ 10
9	物质代谢的变化对动物（植物、微生物）的影响	选修 / 研究	8 ~ 24

　　注：该表中必修实验可根据不同院校的具体情况采用不同的实验材料和实验方法；确定为选修的实验项目主要依据少数院校开设，或部分实验内容已包括在其他实验项目中。

第六节　细胞生物学实验

一、导言

　　细胞生物学是以细胞为基本单元，研究细胞结构、功能及其分子调控机制的一门学科。细胞生物学实验技术综合了显微镜技术、生物化学及分子生物学技术方法，与遗传学、发育生物学等学科的实验技术间相互交融，为生命科学的快速发展提供有力支持。课程要求学生掌握普通光学显微镜、荧光显微镜、相差显微镜的使用，了解其他常规仪器的使用，理解相关实验技术的操作原理和方法，掌握组织细胞提取、细胞器分离和鉴定、细胞培养、外源基因导入及检测等基本技术。在实验过程中强化学生基本实验技能的训练和综合能力的培养，并通过细胞生物学实验锻炼学生的动手能力和解决问题的能力，强化学生对生物工程的兴趣和爱好，促进学生创新思维、科研素养的养成和综合素质的提高，为今后的毕业论文设计、研究生学习和即将从事的专业研究工作奠定良好的基础。

二、课程基本要求与相关内容

1. 细胞生物学实验先修课程要求
生物化学及其实验。

2. 基本要求

（1）掌握普通光学显微镜的使用及无菌操作的要求、方法及技术。

（2）掌握动物细胞组织分离、动物细胞原代、传代培养及活性检测方法与技术，以及动物细胞冻存、复苏与活性鉴定。

（3）掌握动植物组织切片及染色体标本制作，细胞化学染色（HE 染色等），细胞融合（PEG 等诱导、原生质体制备与融合）。

（4）掌握细胞器的分级分离及活体染色、细胞膜的通透性及细胞凝集反应、动植物细胞染色体标本制备及核型分析、细胞转染和荧光显微镜观察等方法与技术。

（5）掌握植物根茎叶等组织培养及诱导分化，以及植物组织培养（愈伤组织诱导、脱分化与再分化培养）的方法与技术。

（6）了解杂交瘤细胞的构建、筛选及单克隆抗体的制备。

3. 基本实验技术

（1）显微成像技术：掌握普通光学显微镜、荧光显微镜等常用光学显微镜的结构、原理及显微成像技术；了解激光共聚焦、扫描透射电镜等特殊显微镜的结构及工作原理。利用显微成像技术观测细胞的形态以及特定成分的定性定量分析。

（2）生物样品制片、染色技术及分析检测技术：掌握动植物组织石蜡切片技术及染色体标本制备技术。利用细胞化学染色或免疫荧光等，检测细胞中常见多糖、核酸等组分以及细胞骨架、细胞分裂以及核型分析等。

（3）细胞器分离及成分分析技术：掌握线粒体、叶绿体、细胞核等常见细胞器分离纯化及鉴定操作流程；熟悉细胞膜的渗透性及细胞凝集反应。

（4）无菌操作技术：掌握细胞工程实验室的设计、实验室配置、仪器的清洗、培养基的配制等无菌操作规范。

（5）植物组织培养技术：掌握植物组织培养及植物原生质体分离等技术的原理；熟悉植物细胞脱分化与再分化的原理及操作方法；了解植物组织培养常用培养基的配制及条件优化过程。

（6）动物细胞培养技术：掌握原代细胞的动物组织提取、鉴定及培养；掌握传代细胞培养过程及细胞计数、培养、复苏、冻存以及活性检测等技术。

（7）细胞融合及单克隆抗体制备技术：掌握细胞融合的基本原理，熟悉PEG诱导的细胞融合的操作流程及单克隆抗体制备的基本方法。

三、建议性实验项目及对应的学时

1. 综合类高校建议性实验项目（建议32学时及以上）

编号	实验项目名称	基础性 / 综合性 / 研究性实验	建议学时
1	普通光学显微镜、相差显微镜及荧光显微镜的基本使用方法	必修 / 基础	3 ~ 4
2	细胞化学技术	必修 / 基础	3 ~ 4
3	动物细胞组织分离、原代培养、传代培养及活性检测	必修 / 基础	3 ~ 4
4	动植物组织的样本制备（石蜡切片、冰冻切片等）	选修 / 基础	6 ~ 10
5	植物原生质体制备与细胞融合（或动物细胞融合）	必修 / 基础	3 ~ 4
6	细胞器的分级分离及活体染色	选修 / 综合	3 ~ 4
7	细胞骨架的免疫荧光染色及观察	必修 / 综合	3 ~ 4
8	动物细胞融合（PEG等诱导）	必修 / 基础	3 ~ 4
9	细胞周期检测与分析（M期染色体制备、S期细胞检测、有丝分裂或减数分裂观察）	选修 / 综合	4 ~ 6
10	杂交瘤细胞的构建、筛选及单克隆抗体的制备	选修 / 综合	6 ~ 10
11	细胞质膜的通透性与细胞凝集现象观察	必修 / 综合	3 ~ 4
12	动物细胞转染及检测（植物细胞转化及检测）	必修 / 研究	4 ~ 6
13	细胞凋亡的诱导与检测	选修 / 研究	4 ~ 6
14	细胞自噬的诱导及观察	选修 / 研究	4 ~ 6
15	固定化酵母细胞的制备及发酵实验（葡萄酒、酸奶）	选修 / 研究	4 ~ 6

注：该表中必修实验可根据不同院校的具体情况采用不同的实验材料和实验方法；确定为选修的实验项目主要依据少数院校开设，或部分实验内容已包括在其他实验项目中。

2. 理工类高校建议性实验项目（建议 32 学时及以上）

编号	实验项目名称	基础性 / 综合性 / 研究性实验	建议学时
1	普通光学显微镜、相差显微镜及荧光显微镜的基本使用方法	必修 / 基础	3 ~ 4
2	细胞化学技术	必修 / 基础	3 ~ 4
3	动物细胞组织分离、原代培养、传代培养及活性检测	必修 / 基础	3 ~ 4
4	动植物组织的样本制备（石蜡切片、冰冻切片等）	选修 / 基础	6 ~ 10
5	植物原生质体制备与细胞融合（或动物细胞融合）	必修 / 基础	3 ~ 4
6	细胞器的分级分离及活体染色	选修 / 综合	3 ~ 4
7	细胞骨架的免疫荧光染色及观察	必修 / 综合	3 ~ 4
8	动物细胞融合（PEG 等诱导）	必修 / 基础	3 ~ 4
9	细胞周期检测与分析（M 期染色体制备、S 期细胞检测、有丝分裂或减数分裂观察）	选修 / 综合	4 ~ 6
10	杂交瘤细胞的构建、筛选及单克隆抗体的制备	选修 / 综合	6 ~ 10
11	细胞质膜的通透性与细胞凝集现象观察	必修 / 综合	3 ~ 4
12	动物细胞转染及检测（植物细胞转化及检测）	必修 / 研究	4 ~ 6
13	细胞凋亡的诱导与检测	选修 / 研究	4 ~ 6
14	细胞自噬的诱导及观察	选修 / 研究	4 ~ 6
15	固定化酵母细胞的制备及发酵实验（葡萄酒、酸奶）	选修 / 研究	4 ~ 6

　　注：该表中必修实验可根据不同院校的具体情况采用不同的实验材料和实验方法；确定为选修的实验项目主要依据少数院校开设，或部分实验内容已包括在其他实验项目中。

3. 农林类高校建议性实验项目（建议 32 学时及以上）

编号	实验项目名称	基础性 / 综合性 / 研究性实验	建议学时
1	普通光学显微镜、相差显微镜及荧光显微镜的基本使用方法	必修 / 基础	3 ~ 4
2	细胞化学技术	必修 / 基础	3 ~ 4
3	动物细胞培养、传代、冻存、复苏与活性测定	必修 / 基础	3 ~ 4
4	动植物组织的样本制备（石蜡切片、冰冻切片等）	选修 / 基础	6 ~ 10
5	植物原生质体制备与细胞融合（或动物细胞融合）	必修 / 基础	3 ~ 4
6	植物细胞的脱分化与再分化	选修 / 综合	4 ~ 6
7	植物细胞胞吞作用及内膜系统动态变化的荧光显微镜观察	必修 / 综合	3 ~ 4
8	细胞骨架的免疫荧光染色及观察	必修 / 综合	3 ~ 4
9	细胞的组织提取及细胞器的分离鉴定	必修 / 综合	3 ~ 4

续表

编号	实验项目名称	基础性/综合性/研究性实验	建议学时
10	巨噬细胞的吞噬作用及观察	必修/综合	3~4
11	细胞周期检测与分析（M期染色体制备、S期细胞检测、有丝分裂或减数分裂观察）	必修/综合	4~6
12	细胞凋亡的诱导与检测	选修/研究	4~6
13	细胞自噬的诱导及观察	选修/研究	4~6
14	杂交瘤细胞的构建、筛选及单克隆抗体的制备	选修/综合	6~10
15	动物细胞转染及检测（植物细胞转化及检测）	选修/研究	4~6

注：该表中必修实验可根据不同院校的具体情况采用不同的实验材料和实验方法；确定为选修的实验项目主要依据少数院校开设，或部分实验内容已包括在其他实验项目中。

第七节　微生物学实验

一、导言

微生物学实验是生物工程专业的专业必修课，是从事微生物理论研究和工程实践必不可少的一门课程。微生物学实验主要目的是使学生掌握研究与应用微生物的主要方法与技术，包括经典的、常规的以及现代的方法与技术，结合微生物学基础理论课，认识微生物的基本特性，比较与其他生物的相似和不同之处，将理论知识应用于实验，在实验中更深地理解基础理论，使学生在科学实验方法和实验技能等方面得到系统的训练，培养和提高学生在实践中综合应用所学的知识去发现问题、分析问题和解决问题的能力，以及创新意识和创新能力。

根据微生物的特点，本课程要求学生牢固地建立无菌概念、熟悉微生物的基本特性，掌握一套完整微生物实验基本操作技术。在实验中加深理解基础理论知识，并用所学的实验技能完成一个小型微生物研究项目，提高学生微生物实验的创新意识及科研工作能力，提高学生分析问题和解决问题的能力。

二、课程教学方式与基本要求

1. 微生物学实验先修课程要求

普通生物学、基础化学、有机化学、生物化学及其实验。

2. 基本要求

（1）掌握微生物学基本实验技术的原理，包括灭菌和无菌操作技术、显微观察技术、生物制片及染色技术、纯培养技术、微生物的大小测定与计数技术、细菌鉴定的常规生理生化实验技术和分子生物学技术的基本原理。

（2）掌握微生物学实验室常用仪器的正确使用方法，包括普通光学显微镜、相差显微镜、暗视野显微镜、荧光显微镜和电子显微镜、接种环、刮铲、目镜测微尺、镜台测微尺、血细胞计数板、移液器、离心机、pH 计、可见 / 紫外分光光度计、酶标仪等仪器的使用。

（3）掌握实验基本技能，包括培养基的配制与灭菌、无菌操作、生物制片、染色及微生物形态的显微观察、系列稀释涂平板及划线分离、微生物的大小测定与计数、基本玻璃器皿的清洗、常用试剂的配制；蛋白质、核酸的提取分离及纯化技术（如基因组 DNA 提取，质粒 DNA 提取，RNA 提取及蛋白质提取）等，并能根据实验目的选择合适的实验条件。

3. 基本实验技术

（1）生物绘图和显微成像技术（或显微拍照）：掌握微生物形态学研究中使用的普通光学显微镜、相差显微镜，暗视野显微镜，荧光显微镜和电子显微镜成像技术。了解显微镜的工作原理、显微性能及操作，以便观察并绘制（或显微拍照）不同类型的微生物个体形态。

（2）微生物制片、染色及形态观察技术：掌握微生物样品制片、染色技术及分析检测技术，掌握不同染色法，包括鉴别性染色法（如革兰氏染色法）及非鉴别性染色法（如简单染色法等）、负染色法（荚膜染色）的基本原理和使用方法，学会显微观察微生物个体形态及特殊结构（如细菌的芽孢、鞭毛、荚膜及真菌的无性孢子和有性孢子等）。

（3）纯培养技术：掌握微生物分离培养技术及无菌操作技术。掌握培养基的制备方法和灭菌技术，了解培养基的种类。掌握高温灭菌法（干热灭菌和湿热灭菌）、过滤除菌法、巴斯德消毒法、化学药物灭菌和消毒的原理及操作。

（4）微生物接种技术：掌握多种微生物接种方法，如斜面接种、液体接种、固体接种和穿刺接种等，进行严格的无菌操作，以获得生长良好的纯种微生物。

（5）微生物的分离纯化与鉴定技术：掌握分离微生物常用的稀释平板分离法和划线分离法的基本原理和操作，掌握利用选择培养基分离目标微生物的方法。掌握细菌纯培养鉴定的常规生理生化技术与分子生物学技术。

（6）生物学仪器设备综合运用技术：掌握微生物学实验室常用生物学仪器设备的使用方法，如光学显微镜、离心机、摇床、培养箱、可见 / 紫外分光光度计、酶标仪、灭菌锅、电泳仪、电子天平、水浴锅、移液器、涡旋振荡器、接种环、刮铲、目镜测微尺、镜台测微尺、pH 计、血细胞计数板等。

三、建议性实验项目及对应的学时

1. 综合类高校建议性实验项目（建议 32 学时及以上）

编号	实验项目名称	基础性 / 综合性 / 研究性实验	建议学时
1	培养基的制备与灭菌、无菌操作	必修 / 基础	4
2	微生物的分离、纯化、接种及菌种保藏	必修 / 基础	3
3	显微镜的使用（油镜）、细菌简单染色及革兰氏染色形态观察	必修 / 基础	3
4	细菌的芽孢染色、荚膜染色和鞭毛染色观察	必修 / 基础	2
5	放线菌形态观察	必修 / 基础	2
6	丝状真菌形态观察	必修 / 基础	2
7	酵母菌细胞形态观察	必修 / 基础	2
8	微生物细胞的大小测定及显微计数	选修 / 基础	3
9	霉菌、放线菌、细菌菌落特征观察及平板菌落计数法	选修 / 基础	3
10	微生物的生理生化特性鉴定	必修 / 综合	3
11	土壤微生物的分离、培养、观察和计数	选修 / 综合	6
12	抗生素的抗菌谱及效价测定（管碟法）	选修 / 综合	3
13	食品中细菌总数和大肠菌群的检测	选修 / 综合	6
14	蛋白酶 / 淀粉酶产生菌的筛选及活性测定	选修 / 研究	6

注：该表中必修实验可根据不同院校的具体情况采用不同的实验材料和实验方法；确定为选修的实验项目主要依据少数院校开设，或部分实验内容已包括在其他实验项目中。

2. 理工类高校建议性实验项目（建议 32 学时及以上）

编号	实验项目名称	基础性 / 综合性 / 研究性实验	建议学时
1	培养基的制备与灭菌、无菌操作	必修 / 基础	4
2	微生物的分离、纯化、接种及菌种保藏	必修 / 基础	3
3	显微镜的使用（油镜）、细菌简单染色及革兰氏染色形态观察	必修 / 基础	3
4	细菌的芽孢染色、荚膜染色和鞭毛染色观察	必修 / 基础	2
5	放线菌形态观察	必修 / 基础	2
6	丝状真菌形态观察	必修 / 基础	2
7	酵母菌细胞形态观察	必修 / 基础	2
8	微生物细胞的大小测定及显微计数	选修 / 基础	3
9	霉菌、放线菌、细菌菌落特征观察及平板菌落计数法	选修 / 基础	3

续表

编号	实验项目名称	基础性 / 综合性 / 研究性实验	建议学时
10	微生物的生理生化特性鉴定	必修 / 综合	3
11	抗生素的抗菌谱及效价测定（管碟法）	选修 / 综合	4
12	水中细菌总数和大肠菌群的检测	选修 / 综合	6
13	理化因素对微生物生长的影响	选修 / 综合	3
14	细菌 DNA 的提取、16S rRNA 基因扩增、琼脂糖凝聚电泳检测	选修 / 研究	8

注：该表中必修实验可根据不同院校的具体情况采用不同的实验材料和实验方法；确定为选修的实验项目主要依据少数院校开设，或部分实验内容已包括在其他实验项目中。

3. 农林类高校建议性实验项目院校（建议 32 学时及以上）

编号	实验项目名称	基础性 / 综合性 / 研究性实验	建议学时
1	培养基的制备与灭菌、无菌操作	必修 / 基础	4
2	微生物的分离、纯化、接种及菌种保藏	必修 / 基础	3
3	显微镜的使用（油镜）、细菌简单染色及革兰氏染色形态观察	必修 / 基础	3
4	细菌的芽孢染色、荚膜染色和鞭毛染色观察	必修 / 基础	2
5	放线菌形态观察	必修 / 基础	2
6	丝状真菌形态观察	必修 / 基础	2
7	酵母菌细胞形态观察	必修 / 基础	2
8	微生物细胞的大小测定及显微计数	必修 / 基础	3
9	霉菌、放线菌、细菌菌落特征观察及平板菌落计数法	选修 / 基础	3
10	微生物的生理生化特性鉴定	必修 / 综合	3
11	苏云金芽孢杆菌杀虫剂的生物测定	必修 / 综合	4
12	根瘤菌的分离、纯化及接瘤试验	必修 / 研究	6
13	农药残留的微生物降解实验	选修 / 研究	5
14	土壤微生物的分离、培养、观察和计数	选修 / 研究	6

注：该表中必修实验可根据不同院校的具体情况采用不同的实验材料和实验方法；确定为选修的实验项目主要依据少数院校开设，或部分实验内容已包括在其他实验项目中。

第八节　生态学实验

一、导言

生态学是研究生物与环境相互关系及其作用机制的学科，具有很强的交叉性、综合性和实践性特征。涉及的相关学科较多，研究尺度和研究层次多样化，且多偏重于野外实验和宏观尺度。生态学实验作为加强学生实践技能和深入理解理论知识的重要基础，是生态学知识传授的重要环节及必要过程。生态学基础实验基于理论教学和实践教学，实现原理与方法并重，野外与实验室研究相结合，并在传统生态学基础上引入现代高新科学技术。

生态学基础实验的内容以生态学研究尺度为主线，以生态学统计方法为基础，涵盖了个体、种群、群落和生态系统生态学四大部分。通过本课程的学习，学生应当熟悉生态学抽样调查方法，能够利用统计学方法设计实验和野外调查方案，并利用统计学软件和方法进行实验结果的初步分析，了解实验中常用试剂配制方法，掌握常规实验仪器使用方法，熟悉昆虫、植物等标本的采集和制作技术，了解生物与水、盐、温等非生物因子相互关系并能进行定量分析，掌握种群数量调查方法，熟练进行种群数量动态和空间格局分析、种内和种间关系以及遗传多样性分析等，掌握野外群落调查方法，能够熟练进行群落多样性分析、群落分类与排序、生物量和生产力分析、生物群落演替分析等，了解生态系统中物质循环和能量流动过程。

二、课程基本要求与相关内容

1. 生态学实验先修课程要求
普通生态学。

2. 基本要求
（1）理解生态学基础实验操作的基本原理，掌握气候、土壤、生物等常规生态学仪器设备的正确使用方法，熟悉生态学先进仪器设备的测定方法，了解大型仪器设备的基本原理。

（2）掌握生态学研究中基本的统计学原理和方法，能够利用统计软件设计室内实验和野外调查方案，掌握统计比较及回归分析方法，熟悉群落分类及排序方法，了解空间分析方法。

（3）掌握实验设计过程中的基本原理，熟悉实验方法和程序，掌握生态学实验基本技能，包括野外调查方法与取样、土壤样品的采集与制备、动植物样品的采集与保存、动植物标本制作及制图技术等，熟悉生态设计、规划、修复工程的基本方法，了解大尺度生态研究及定位研究的基本技术。

3. 基本实验技术
（1）生态学常规仪器使用技术：熟悉野外常用温湿度计、照度计、风速计等环境因子测量所用仪器；GPS、罗盘仪、海拔仪等定位工具；望远镜、照相机、测绳、钢卷尺、皮尺等观测记录工具；样方架、标本夹、标签、标本袋、土钻、枝剪、捕虫网等采集工具。

（2）土壤取样及样品制备技术：熟练掌握野外梅花形采样法、对角线采样法、棋盘式采样法等常规土壤取样的方法，并能掌握土壤样品前处理方法及保存方法。

（3）植物、昆虫标本制作技术：熟悉植物标本及昆虫标本制作的基本方法，掌握长期保存标本的方法。

（4）生理生态学研究技术：熟悉水分、盐分、温度等对动植物影响实验的基本原理，熟悉实验方法和程序，并具备通过设计梯度实验来获取生理生态数据的能力。

（5）常规仪器使用技术：熟悉实验常用的光照培养箱、烘箱、pH 计、电导率仪、分光光度计等常规仪器的结构特点及使用和维护方法。

（6）种群数量特征研究方法：理解标志重捕法的基本原理，熟练应用 Lincoln 指数法和去除取样法估算动物种群数量，应用样方法进行植物群落数量特征的调查。

（7）种群空间分布格局分析：理解种群空间分布格局的原理意义，掌握空间分布的野外调查方法及基本分析方法。

（8）种群数量特征分析方法：掌握生命表分析的基本原理和方法，引导学生利用生命表分析实验种群的存活动态、生命期望、增长率等，并预测种群年龄结构，了解种群在有限环境中的增长方式，理解环境对种群增长的限制作用，并掌握 r、K 两个参数的估算方法和进行曲线拟合的方法。

（9）植物多样性调查技术方法：掌握植物群落调查常用的样线法、样点法和样方法等。

（10）植物群落数量特征调查技术：学习利用样方法进行植物群落数量特征的野外调查方法，掌握植物群落多样性的测定方法，加深对调查地区植物群落的种类组成特征、分布规律及其与环境相关关系的认识。

三、建议性实验项目及对应的学时[①]

序号	实验项目名称	基础性 / 综合性 / 研究性实验	建议学时
1	土壤理化性质的测定	必修 / 基础	2
2	水体溶解氧含量测定	必修 / 基础	2
3	水盐胁迫对植物种子萌发 / 植物生长 / 植物生理生化 / 植物耐性相关基因表达的影响	必修 / 综合 / 研究	4~6
4	鱼类对温度和盐度的耐受性实验	必修 / 综合 / 研究	4~6
5	环境污染对生物生理的影响	必修 / 综合 / 研究	4~6

---

① 因调研样本量不足，未按综合类、师范类、理工类、农林类进行分类。建议32学时及以上。

续表

序号	实验项目名称	基础性/综合性/研究性实验	建议学时
6	种群动态模型	必修/基础	2
7	利用等位酶/DNA 标记研究种群的遗传多样性	选修/综合/研究	4～6
8	群落数量特征调查	必修/综合	4～6
9	群落演替虚拟仿真实验	选修/综合/研究	2～4
10	校园植物识别与标本制作	必修/基础	2～4
11	校园鸟类物种多样性调查	选修/综合/研究	4～6
12	生物多样性虚拟仿真实验	选修/综合/研究	2～4
13	植物热值测定	选修/综合/研究	2～4
14	不同生态系统中土壤有机质含量的比较	选修/综合/研究	4～6
15	生态系统中枯枝落叶层的分解速率	必修/综合/研究	4～6
16	水生生态系统中氮磷对藻类生长的影响	必修/综合/研究	4～6
17	土壤呼吸的测定	选修/综合/研究	4～6
18	校园常见植物叶面滞尘效果比较	必修/综合/研究	4～6
19	生态瓶的设计制作及生态系统的观察	选修/综合/研究	4～6

　　注：该表中必修实验可根据不同院校的具体情况采用不同的实验材料和实验方法；确定为选修的实验项目主要依据少数院校开设，或部分实验内容已包括在其他实验项目中。

第九节　分子生物学实验

一、导言

　　分子生物学是生命科学中的前沿学科，是在生物大分子水平上研究细胞的结构、功能及调控的学科，在现代生物学学科发展中具有重要的作用，许多重大的理论和技术问题都依赖于分子生物学的突破。随着 21 世纪初人类基因组计划的完成，分子生物学发展进入了一个全新的时代。为了适应分子生物学科学研究与技术研发等工作发展的需要，设置分子生物学实验课。课程要求学生掌握现代分子生物学研究的基本知识、理论、方法、技术和技能。通过重组 DNA 的构建与转化，重组子的筛选和质粒 DNA 的提取以及 PCR 法鉴定阳性克隆等实验过程，使学生掌握基因重组的核心内容、基本过程与实验技术，训练并培养学生的实际动手能力及发现、分析和解决问题的能力。

二、课程基本要求与相应内容

1. 分子生物学实验先修课程要求

微生物学及其实验。

2. 基本要求

（1）掌握分子生物学常用实验技术的基本原理和方法，包括无菌操作技术、DNA 重组技术、核酸提取与纯化技术、离心技术、光谱与色谱技术、电泳技术等。

（2）掌握常用仪器的使用方法，包括微量移液器、分光光度计、电子天平、酸度计、离心机、超净工作台、恒温培养箱、振荡器、琼脂糖凝胶电泳系统以及 PCR 仪等。

（3）掌握琼脂糖凝胶电泳、感受态细胞的制备与转化、PCR 扩增目的 DNA 等技术与方法，锻炼和促进学生基本操作能力。

（4）掌握重组 DNA 的构建与表达、宿主菌的培养、重组阳性克隆的筛选与鉴定等技能与方法。

3. 基本实验技术

（1）无菌操作技术：掌握物理和化学法灭菌及杀菌的基本原理及相关操作技术，学会如何控制和解决分子操作过程中的微生物污染问题。

（2）核酸分子的分离纯化技术：掌握质粒和 / 或基因组 DNA 提取以及核酸纯化的原理与操作，了解 RNA 提取的原理与操作。

（3）DNA 重组技术：掌握酶切与连接技术、载体构建技术、感受态细胞制备技术、大肠杆菌转化技术、重组阳性克隆的筛选与鉴定等 DNA 重组技术的原理与操作。

（4）电泳技术：熟悉电泳技术的基本原理和主要种类；掌握琼脂糖凝胶电泳的实验操作及其琼脂糖凝胶电泳回收技术，清楚使用后的清洁维护方法。

（5）PCR 扩增技术：掌握 PCR 扩增原理与操作，了解 PCR 的引物设计。

（6）分子杂交技术：熟悉 Western Blot 的原理与操作，了解 Southern Blot 和 Northern Blot 和芯片制备技术的原理与操作。

（7）离心技术：掌握离心分离技术的基本原理与应用；熟悉不同类型离心机的使用及其注意事项。

（8）常规仪器使用技术：熟悉常用的微量移液器、细菌培养箱、振荡器、PCR 仪、离心机、电泳系统等常规仪器的结构特点及使用和维护方法。

三、建议性实验项目及对应的学时①

1. 综合类高校建议性实验项目（建议 32 学时及以上）

编号	实验项目名称	基础性 / 综合性 / 研究性实验	建议学时
1	核酸的琼脂糖凝胶电泳	必修 / 基础	3
2	质粒（基因组）DNA 的提取	必修 / 基础	3
3	DNA/RNA 浓度与纯度的测定及浓度的调整	必修 / 基础	2
4	DNA 的纯化与鉴定	必修 / 基础	3
5	DNA 的限制性酶切及电泳分析	必修 / 基础	3
6	DNA 酶切片段的分离与回收	必修 / 基础	2
7	DNA 的连接与转化	必修 / 基础	3 ~ 4
8	感受态细胞的制备与转化	必修 / 综合	4 ~ 6
9	重组子的筛选与验证	必修 / 基础	4 ~ 6
10	PCR 获得目的基因	必修 / 基础	4 ~ 6
11	RNA 的分离	选修 / 基础	3 ~ 4
12	RT–PCR 及其检测	选修 / 基础	4 ~ 6
13	随机扩增多态性 DNA 反应（RAPD）	选修 / 基础	4 ~ 6
14	目的蛋白的诱导表达和 PAGE 分析	选修 / 综合	10 ~ 12
15	Southern Blot	选修 / 综合	10 ~ 12
16	Western Blot 检测表达蛋白	选修 / 综合	10 ~ 12
17	qPCR 分析基因的表达	选修 / 研究	8 ~ 16

注：该表中必修实验可根据不同院校的具体情况采用不同的实验材料和实验方法；确定为选修的实验项目主要依据少数院校开设，或部分实验内容已包括在其他实验项目中。

2. 理工类高校建议性实验项目高校（建议 16 学时及以上）

编号	实验项目名称	基础性 / 综合性 / 研究性实验	建议学时
1	核酸的琼脂糖凝胶电泳	必修 / 基础	3
2	质粒（基因组）DNA 的提取	必修 / 基础	3
3	DNA/RNA 浓度与纯度的测定及浓度的调整	必修 / 基础	2
4	DNA 的纯化与鉴定	必修 / 基础	3
5	DNA 的限制性酶切及电泳分析	必修 / 基础	3
6	DNA 酶切片段的分离与回收	必修 / 基础	2
7	DNA 的连接与转化	必修 / 基础	3 ~ 4

① 因农林类高校调研样本量不足，未设置其建议性实验项目及对应的学时。

续表

编号	实验项目名称	基础性 / 综合性 / 研究性实验	建议学时
8	感受态细胞的制备与转化	必修 / 综合	4 ~ 6
9	重组子的筛选与验证	必修 / 基础	4 ~ 6
10	PCR 获得目的基因	必修 / 基础	4 ~ 6
11	目的蛋白的诱导表达和 PAGE 分析	选修 / 综合	10 ~ 12
12	Western Blot 检测表达蛋白	选修 / 综合	10 ~ 12

注：该表中必修实验可根据不同院校的具体情况采用不同的实验材料和实验方法；确定为选修的实验项目主要依据少数院校开设，或部分实验内容已包括在其他实验项目中。

第十节　免疫学实验

一、导言

免疫学实验的原理和方法被医学和生命科学的许多领域所引用，亦被广泛应用于生活、生产实践中。免疫学技术与生物化学、分子生物学和细胞生物学等技术相互渗透、互为补充，成为生物学生物大分子研究中不可或缺的有效技术手段之一。课程要求学生了解常规仪器的使用，理解相关实验技术的操作原理和方法，掌握抗体制备、抗原分离纯化及检测鉴定、凝集反应、沉淀反应、酶免疫检测、免疫细胞分离提取及功能测定等基本技术。在实验过程中强化学生基本实验技能的训练和综合能力的培养，并通过免疫学实验锻炼学生的动手能力和解决问题的能力，培养学生合作精神，提高学生的实践能力、综合素质和创新能力。

二、课程基本要求与相关内容

1. 免疫学实验先修课程要求

生物化学、微生物学、细胞生物学及其实验。

2. 基本要求

（1）掌握流式细胞仪、酶标仪等仪器设备的使用方法。

（2）掌握 SDS-PAGE 电泳分析、酶联免疫吸附、琼脂双向扩散、抗原抗体反应（凝集反应与沉淀反应、效价评估）实验方法与技术，以及免疫细胞的分离、鉴定等方法与技术。

（3）熟悉单克隆抗体及多克隆抗体的制备及效价评估，免疫细胞的分离培养、流式细胞分选及功能研究的方法。

（4）学会利用免疫胶体金或凝集反应进行疾病快速诊疗。

（5）了解免疫相关疾病的检测及相关动物模型的构建。

3. 基本实验技术

（1）抗体制备技术：掌握单克隆抗体制备和多克隆抗体制备技术的原理及其实验流程。

（2）抗原鉴定及分型：掌握抗原的分离、纯化及鉴定分型的原理和操作。熟悉免疫佐剂的制备和使用。

（3）经典抗原抗体反应检测技术：熟悉凝集反应、沉淀反应、补体测定方法，了解其原理和应用。

（4）酶免疫检测技术：掌握酶联免疫吸附试验和酶免疫组化技术原理和操作流程。

（5）免疫细胞分离及功能检测技术：掌握外周血、胸腺、脾、淋巴结中各类免疫细胞分离技术；掌握单核/巨噬细胞、T淋巴细胞、B淋巴细胞、NK细胞、中性粒细胞、树突状细胞的分离方法及相关功能测定原理和方法。

（6）疾病检测技术及相关动物模型：了解利用免疫学方法检测变态反应性疾病、自身免疫性疾病、免疫缺陷性疾病等以及肿瘤免疫学、生殖免疫学、神经免疫学检测技术，了解相关疾病动物模型的构建与评估。

（7）细胞培养技术：掌握原代细胞的提取、传代细胞的培养及抗病毒感染测试。

（8）流式细胞技术：掌握流式细胞技术的原理，熟悉流式细胞技术在免疫细胞的分离和功能测定、细胞因子活性检测、细胞凋亡检测方面的应用。

三、建议性实验项目及对应的学时

1. 综合类高校建议性实验项目（建议16学时及以上）

编号	实验项目名称	基础性/综合性/研究性实验	建议学时
1	酶联免疫吸附试验	必修/基础	4~6
2	免疫血清的制备	选修/基础	4~6
3	预防诊断制剂的制备	必修/综合	3~4
4	琼脂双向扩散实验	必修/基础	3~4
5	抗原抗体反应：凝集反应与沉淀反应、效价评估	必修/基础	4~6
6	巨噬细胞的提取及吞噬功能的评价	选修/基础	3~4
7	利用免疫胶体金或凝集反应进行疾病快速诊疗	选修/综合	3~4
8	免疫细胞的分离培养、流式细胞分选及功能研究	选修/综合	4~6

注：该表中必修实验可根据不同院校的具体情况采用不同的实验材料和实验方法；确定为选修的实验项目主要依据少数院校开设，或部分实验内容已包括在其他实验项目中。

2. 理工类高校建议性实验项目（建议 16 学时及以上）

编号	实验项目名称	基础性 / 综合性 / 研究性实验	建议学时
1	酶联免疫吸附试验	必修 / 基础	4 ~ 6
2	免疫血清的制备	选修 / 基础	4 ~ 6
3	预防诊断制剂的制备	必修 / 综合	3 ~ 4
4	琼脂双向扩散实验	必修 / 基础	3 ~ 4
5	抗原抗体反应：凝集反应与沉淀反应、效价评估	必修 / 基础	4 ~ 6
6	巨噬细胞的提取及吞噬功能的评价	选修 / 基础	3 ~ 4
7	利用免疫胶体金或凝集反应进行疾病快速诊疗	选修 / 综合	3 ~ 4
8	免疫细胞的分离培养、流式细胞分选及功能研究	选修 / 综合	4 ~ 6
9	血型鉴定－直接凝聚反应（玻片法）	选修 / 基础	2 ~ 3

　　注：该表中必修实验可根据不同院校的具体情况采用不同的实验材料和实验方法；确定为选修的实验项目主要依据少数院校开设，或部分实验内容已包括在其他实验项目中。

3. 农林类高校建议性实验项目（建议 16 学时及以上）

编号	实验项目名称	基础性 / 综合性 / 研究性实验	建议学时
1	原代免疫细胞的制备与培养	必修 / 基础	3 ~ 4
2	传代细胞的培养与病毒感染力的测定	必修 / 基础	3 ~ 4
3	吞噬细胞溶菌酶的测定	必修 / 基础	4 ~ 6
4	流式细胞术测定小鼠脾中 T 细胞亚群	选修 / 综合	4 ~ 6
5	病毒血凝和血凝抑制实验	选修 / 基础	2 ~ 4
6	血细胞显微观察及 ABO 血型鉴定（玻片法凝集试验）	必修 / 基础	2 ~ 4
7	免疫沉淀实验	选修 / 基础	3 ~ 4
8	人绒毛膜促性腺激素（HCG）胶体金快速检测试纸条的制备	选修 / 综合	4 ~ 6
9	半抗原免疫原的制备与动物免疫	选修 / 综合	3 ~ 4
10	单克隆抗体制备（可采用虚拟仿真实验）	选修 / 研究	4 ~ 8

　　注：该表中必修实验可根据不同院校的具体情况采用不同的实验材料和实验方法；确定为选修的实验项目主要依据少数院校开设，或部分实验内容已包括在其他实验项目中。

下 篇

实验项目调研信息汇总

实验项目是实验课程的主体，对实验课程的质量具有决定性作用。对实验项目进行质量控制是高校提高实践育人质量的有效手段。各门课程进行实验项目设计和设置时，要以"全局观"作为指导，以人才培养目标为出发点，将实验项目的设计放到人才培养的大体系中，通盘考虑、统筹兼顾。设置实验项目时要体现从基础实践层、综合实践层到创新实践层的递进式、系统化、多层次设计。基础训练项目可以依托课内基础实验课程、专业认识实习、基础教学实习、实验技能竞赛等实践教学环节；综合训练项目可以依托课内综合研究性实验、专业教学实习、校院开放性创新实验以及学科竞赛等课内外教学环节；创新层次训练项目可以依托毕业论文（设计）、大学生创新创业训练计划项目、自主科研训练等教学环节。

为了促进优质教学资源共享，推动各高校为生物学相关专业开设高水平的实验项目，实现高阶的人才培养目标，编委会对我国部分高校的生物科学、生物技术和生物工程专业开设的生物学专业类实验课程的实验项目设置情况进行了调研、收集、凝练、整理、分析和汇编。为了保证调研对象具有代表性，编委会向全国 553 所高校发出了广泛性调研邮件 1 429 份，得到了许多高校的积极反馈。截至 2018 年 8 月，共收到来自全国 29 个省（自治区、直辖市）127 所高校（130 个学院）的有效反馈，其中综合类院校 51 所、师范类院校 38 所、理工类院校 25 所和农业类院校 13 所。编委会对收集到的 22 763 个实验项目进行了审阅和内容分析，删除内容雷同或重合度高的项目。通过进一步优化、整合、精选，最终保留了 3 382 个具有广泛代表性和借鉴、指导意义的实验项目。通过对项目内容和对人才培养作用进行关联分析，建立了体现能力培养的基础性实验、综合性实验、研究性实验与对应的核心技术单元、技术类型及适应的专业（专业类）之间的逻辑关系——在本篇第七、第八、第九章以"汇总表"的方式呈现相关实验项目，以期为各类高校的学科、专业建设及人才培养，建立分层次、分模块、内容衔接合理的实验教学体系提供参考。

第七章

生物科学专业实验项目

　　生物科学专业的核心知识单元依据《普通高等学校本科专业类教学质量国家标准》"生物科学类教学质量国家标准（生物科学专业）"，并标注各实验项目所需掌握的基本实验技能。其中，A.绘图和显微成像技术；B.动植物解剖及标本制作技术；C.无菌操作技术；D.微生物生理生化分析技术；E.微生物分离培养技术；F.细胞器分离及成分分析技术；G.生物样品制片、染色技术及分析检测技术；H.光谱与色谱技术；I.分子操作技术；J.电生理操作技术；K.离体动物器官制备技术；L.整体动物实验操作技术；M.细胞与组织培养技术；N.酶联免疫技术；O.实验设计与数据处理技术；P.多学科交叉技术；Q.生物学仪器设备综合运用技术；R.常见动植物鉴别方法、动植物标本制作、样方与样线调查方法；S.其他技术。依据调研结果，将综合类、师范类、理工类、农林类高校的实验项目开设情况分别加以标注。

第一节　部分高校动物学实验项目整理汇总表

序号	建议学时	建议实验项目名称	生物科学专业——实验项目名称	核心知识单元	综合	师范	理工	农林	技术类型
1	2	显微镜的结构与使用及生物绘图和显微拍照	光学显微镜的构造与使用、动物组织制片和观察	绘图和显微成像			√		AQ
			光学显微镜的结构与使用		√	√		√	
			无脊椎动物切片及装片显微观察			√			
			显微镜的构造、使用和玻片标本的制作与观察		√	√	√	√	
			显微镜的构造和使用——观察大草履虫			√			

续表

序号	建议学时	建议实验项目名称	生物科学专业——实验项目名称	核心知识单元	综合	师范	理工	农林	技术类型
1	2	显微镜的结构与使用及生物绘图和显微拍照	显微镜的结构和使用、细胞的制片与观察	绘图和显微成像			√		AQ
			显微镜的使用、动物的细胞组织及原生动物的观察		√	√	√	√	
			显微镜的使用及原生动物的观察					√	
			显微镜的原理与使用方法及口腔上皮细胞的观察					√	
2	4	动物组织的制片与观察	动物的四种组织切片观察	绘图和显微成像；动物体的基本结构；动物体的组织与特征；生物样品制片与染色；动物的组织与特征				√	AB GQ
			动物组织的制片及观察、血型鉴定			√			
			动物组织的制片与观察		√	√	√	√	
			动物组织结构观察			√			
			动物组织切片观察		√	√		√	
			多细胞动物的早期胚胎发育与动物的基本组织制片与观察		√				
			掌握动物组织的制片及观察					√	
3	4	原生动物的采集培养及形态结构与生命活动的观察	变形虫与疟原虫	绘图和显微成像；原生动物；动物体的基本结构；动物的主要类群	√				AMO PQR
			草履虫、四膜虫和其他原生动物			√			
			草履虫、眼虫等原生动物的观察		√	√			
			草履虫采集、培养，以及种群数量增长与生态环境关系初探		√	√	√	√	
			草履虫的采集、克隆培养与接合生殖		√	√			
			草履虫的采集、培养和观察		√	√			
			草履虫的形态结构与生命活动		√	√		√	
			草履虫等原生动物形态结构、刺丝及应激性观察		√				
			草履虫及其他自由生活的原生动物		√				
			草履虫及其他原生动物			√			
			草履虫培养、刺激探究性试验			√			
			草履虫与眼虫		√	√			
			疟原虫、草履虫及其他孢子虫和纤毛虫			√			

序号	建议学时	建议实验项目名称	生物科学专业——实验项目名称	核心知识单元	综合	师范	理工	农林	技术类型
3	4	原生动物的采集培养及形态结构与生命活动的观察	原生动物	绘图和显微成像；原生动物；动物体的基本结构；动物的主要类群		√			AMO PQR
			原生动物、涡虫的野外采集与观察			√			
			原生动物 —— 草履虫					√	
			原生动物草履虫和眼虫的观察		√		√	√	
			原生动物草履虫形态结构观察		√				
			原生动物的采集、观察和培养			√			
			原生动物的采集、培养与分类					√	
			原生动物的系列实验		√	√			
			原生动物的形态结构与生命活动观察		√		√		
			原生动物及水螅			√			
			原生动物门及腔肠动物门形态结构观察		√				
			原生动物综合实验		√	√		√	
4	16	浮游动物的采集及形态观察与种类识别	浮游动物种类及形态	绘图和显微成像；生物样品制片与染色；动物体的基本结构；生物分类的原则与方法；动物的主要类群	√				AGL OPQ R
			水生动物的采集与水环境调查					√	
			水体原生动物的观察		√				
			原生动物等浮游动物的采集与识别			√			
			原生动物生物学实验			√			
			原生动物形态观察、分类及多样性			√			
			运动活泼的微型动物的观察和实验方法					√	
			自由生活的原生动物		√				
5	3	多细胞动物的早期胚胎发育观察	组织观察和制作 / 斑马鱼胚胎发育的观察	绘图和显微成像；无菌操作技术；动物体的基本结构；生物样品制片与染色；动物的组织与特征；动物的生长发育及其调控；生命的起源与进化	√				ABC GLO PQ
			冰冻切片，组织染色比较两种动物精巢，卵巢的发育过程		√				
			草履虫的结构及多细胞动物胚胎发育			√			
			蟾蜍的繁殖生态及其早期胚胎发育观察			√			
			大蟾蜍的繁殖生态及其早期胚胎发育观察			√			

序号	建议学时	建议实验项目名称	生物科学专业——实验项目名称	核心知识单元	综合	师范	理工	农林	技术类型
5	3	多细胞动物的早期胚胎发育观察	动物细胞、组织与早期胚胎发育	绘图和显微成像；无菌操作技术；动物体的基本结构；生物样品制片与染色；动物的组织与特征；动物的生长发育及其调控；生命的起源与进化		√			ABC GLO PQ
			动物早期胚胎发育与原生动物的观察			√			
			多细胞动物的胚胎发育和基本组织		√				
			多细胞动物的胚胎发育和腔肠动物		√	√	√		
			多细胞动物早期胚胎发育及水螅					√	
			泥鳅的催青和人工授精，泥鳅胚胎发育过程的活体观察		√				
			蛙的胚胎发育切片观察					√	
			蛙卵发育与变态的观察			√			
6	4	水螅的形态结构与生命活动观察及腔肠动物的多样性	活水螅腔肠动物门	绘图和显微成像；动物体的基本结构；动物的组织与特征；生物的多样性；生物的分类原则与方法；动物的主要类群；生命的起源与进化；脊椎动物		√			ABG LPQ R
			腔肠动物观察					√	
			腔肠动物及水螅的观察				√		
			腔肠动物门		√	√			
			腔肠动物水螅形态结构观察		√	√			
			腔肠动物外形和内部构造的观察					√	
			腔肠动物形态结构和生命活动					√	
			水螅的形态结构与生命活动		√	√		√	
			水螅及其他腔肠动物		√		√		
			水螅及腔肠动物、海绵动物		√	√			
			水螅解剖及腔肠动物的形态结构观察与多样性			√			
			眼虫、草履虫、水螅观察			√			

序号	建议学时	建议实验项目名称	生物科学专业——实验项目名称	核心知识单元	综合	师范	理工	农林	技术类型
7	4	涡虫的形态结构及其他扁形动物观察	扁形动物的形态结构与生命活动观察	绘图和显微成像；动物体的基本结构；动物的组织与特征；动物的主要器官系统与功能；生物的多样性；生物的分类原则与方法；动物的主要类群；生命的起源与进化；无脊椎动物	√	√	√	√	ABG LQR
			扁形动物门		√	√			
			扁形动物外形和内部构造的观察					√	
			扁形动物形态观察		√	√	√	√	
			扁形动物形态结构及与环境关系					√	
			草履虫单细胞动物和腔肠动物门等的观察分类				√		
			低等蠕形动物形态结构和生物学特征					√	
			多孔、腔肠和扁形动物装片与浸制标本的观察			√			
			海绵动物、腔肠动物和扁形动物		√				
			腔肠动物和扁形动物的形态结构观察		√	√	√	√	
			腔肠动物及扁形动物					√	
			腔肠动物与扁形动物的观察				√		
			腔肠与扁形动物（附：海绵动物）					√	
			三角涡虫及其他涡虫			√			
			水螅、涡虫实验		√	√			
			水螅和涡虫的比较观察		√				
			水螅与涡虫结构			√			
			涡虫的形态结构与生命活动		√	√	√		
			涡虫及其他扁形动物		√	√			
			无体腔无脊椎动物（海绵动物门、腔肠动物门、扁形动物门）比较实验			√			
			原生动物的观察（草履虫）；腔肠动物、扁形动物的观察；文昌鱼装片观察			√			

序号	建议学时	建议实验项目名称	生物科学专业——实验项目名称	核心知识单元	综合	师范	理工	农林	技术类型
8	4	涡虫、吸虫和绦虫的形态结构比较	华支睾吸虫、猪带绦虫及涡虫玻片的观察	绘图和显微成像；动物体的基本结构；动物的主要器官系统与功能；动物的主要类群；生物的多样性；生物的分类原则与方法；生命的起源与进化；无脊椎动物	√	√			ABG LQR
			华支睾吸虫、猪绦虫的形态结构观察		√	√			
			华支睾吸虫和其他扁形动物			√			
			水螅、涡虫、吸虫、绦虫的形态结构比较			√			
			水螅、涡虫、吸虫和绦虫的形态结构与生命活动		√	√			
			涡虫、华支睾吸虫、绦虫等扁形动物的观察		√	√			
			涡虫、华支睾吸虫和猪带绦虫			√			
			吸虫、绦虫、涡虫装片观察		√				
			猪带绦虫及其他扁形动物			√			
9	16	涡虫的再生及其影响因素	扁形动物系列实验	绘图和显微成像；动物体的基本结构；动物的主要器官系统与功能；动物的生长发育及其调控；无脊椎动物		√			ABK LOP QRS
			涡虫的采集、饲养、再生及其影响因素研究			√			
			涡虫的再生及其影响因素		√	√	√		
			涡虫形态观察及再生		√				
10	4	蛔虫的形态结构及其他假体腔动物观察	扁形动物和线虫形态研究	绘图和显微成像；动物体的基本结构；动物的主要器官系统与功能；生物的多样性；生物的分类原则与方法；动物的主要类群；无脊椎动物			√		ABK LQR
			扁形动物门和假体腔动物观察分类				√		
			蛔虫的形态结构			√			
			蛔虫的观察与解剖		√	√	√		
			蛔虫的结构			√			
			蛔虫的外形观察与解剖			√			
			蛔虫的形态结构与生命活动		√				
			蛔虫和其他假体腔动物			√			
			蛔虫及其他线虫			√			
			蛔虫解剖及其他原腔动物			√			
			假体腔动物——蛔虫					√	
			涡虫、蛔虫的解剖观察			√			

续表

序号	建议学时	建议实验项目名称	生物科学专业——实验项目名称	核心知识单元	综合	师范	理工	农林	技术类型
10	4	蛔虫的形态结构及其他假体腔动物观察	线虫动物门	绘图和显微成像；动物体的基本结构；动物的主要器官系统与功能；生物的多样性；生物的分类原则与方法；动物的主要类群；无脊椎动物	√				ABK LQR
			线形动物观察		√			√	
			秀丽隐杆线虫肠道内细菌繁殖对寿命影响		√				
			原腔动物蛔虫的解剖与观察			√			
			原腔动物外形和内部构造的观察					√	
			猪蛔虫及其他假体腔动物		√				
11	6	寄生蠕虫卵的观察与检验及组织内虫体检查	寄生虫检验技术——虫卵的检验技术；组织内虫体的检查技术	绘图和显微成像；动物体的基本结构；动物的主要器官系统与功能；无脊椎动物	√				ABK LOP QRS
			蛔虫及虫卵的观察			√			
			蛔虫及寄生蠕虫卵的观察			√			
12	4	环毛蚓的形态结构及其他环节动物观察	环节动物观察	绘图和显微成像；动物体的基本结构；动物的主要器官系统与功能；生物的多样性；生物的分类原则与方法；动物的主要类群；无脊椎动物				√	ABK LQR
			环节动物——环毛蚓					√	
			环节动物解剖与观察			√			
			环节动物门		√	√			
			环节动物外形和内部构造的观察					√	
			环毛蚓的形态结构			√			
			环毛蚓的结构			√			
			环毛蚓的解剖与观察				√		
			环毛蚓的外形观察与解剖		√	√	√	√	
			环毛蚓的形态结构与生命活动		√				
			环毛蚓和蛔虫的比较解剖		√				
			环毛蚓及其他环虫		√				
			环毛蚓及其他环节动物		√	√			

续表

序号	建议学时	建议实验项目名称	生物科学专业——实验项目名称	核心知识单元	综合	师范	理工	农林	技术类型
12	4	环毛蚓的形态结构及其他环节动物观察	环毛蚓浸制标本的解剖	绘图和显微成像；动物体的基本结构；动物的主要器官系统与功能；生物的多样性；生物的分类原则与方法；动物的主要类群；无脊椎动物				√	ABK LQR
			环毛蚓外形及内部解剖结构观察		√	√			
			环毛蚓形态及内部解剖		√				
			蚯蚓的观察和解剖			√			
			蚯蚓解剖		√				
			蚯蚓解剖及环节动物分类与多样性			√			
			蠕虫形动物的形态结构及生理特征			√			
13	4	假体腔动物（蛔虫）和真体腔动物（环毛蚓）的比较解剖	扁形动物及真假体腔的横切面观察	绘图和显微成像；动物体的基本结构；动物的主要器官系统与功能；生物的多样性；生物的分类原则与方法；动物的主要类群；生命的起源与进化；无脊椎动物	√	√			ABK LQR
			动物真假体腔切片的观察		√	√	√		
			蛔虫和环毛蚓的比较			√			
			蛔虫和环毛蚓的解剖与观察		√				
			蛔虫和环毛蚓外形观察与解剖			√			
			假体腔动物（蛔虫）和真体腔动物（环毛蚓）的比较解剖		√	√	√	√	
			假体腔动物真体腔动物			√			
			假体腔和真体腔无脊椎动物				√		
			假体腔和真体腔无脊椎动物（原腔动物和环节动物门）比较实验					√	
			蚯蚓的解剖、蛔虫与蚯蚓横切面的比较		√	√		√	
			蚯蚓解剖与原腔环节动物观察					√	
			蠕形动物（扁形、线形、环节动物门）及环毛蚓的形态与结构观察		√	√			
			线虫动物和环节动物的比较解剖与观察		√				
			线形动物和环节动物的比较					√	
			原腔动物及环节动物（蚯蚓解剖）			√			

序号	建议学时	建议实验项目名称	生物科学专业——实验项目名称	核心知识单元	综合	师范	理工	农林	技术类型
14	4	河蚌（田螺/乌贼）的形态与结构及软体动物门的类群	河蚌（或乌贼）的解剖	动物体的基本结构；动物的主要器官系统与功能；生物的多样性；生物的分类原则与方法；动物的主要类群；无脊椎动物	√				ABK LQR
			河蚌的解剖及其他软体动物的观察			√			
			河蚌的解剖及软体动物的分类鉴定		√	√	√		
			河蚌的外形观察与解剖		√	√			
			河蚌的系列实验			√			
			河蚌的形态结构与分类			√			
			河蚌的形态结构与生命活动		√		√		
			河蚌的形态与结构及软体动物门的类群		√	√	√		
			河蚌和乌贼的比较			√			
			河蚌或田螺的解剖及其他软体动物观察			√			
			河蚌或田螺及其他瓣鳃类		√				
			河蚌及瓣鳃纲、头足纲			√			
			河蚌及其他软体动物		√	√			
			河蚌解剖		√				
			河蚌解剖及贝类分类及多样性			√			
			环节、软体动物观察与解剖				√		
			萝卜螺的形态结构与生命活动		√				
			腔肠动物的观察/扁形动物的观察/软体动物的观察		√	√		√	
			软体动物（鱿鱼解剖）			√			
			软体动物的观察和解剖实验		√	√	√	√	
			软体动物——河蚌					√	
			软体动物解剖观察					√	
			软体动物门的解剖与观察				√		
			田螺的外形及内部结构		√				
			田螺及多板纲、腹足纲			√	√		
			乌贼的外形观察与解剖		√	√			
			乌贼及其他头足类		√	√			
			无齿蚌及其他双壳类、斧足类			√			
			线形动物、环节动物及软体动物		√				
			中国圆田螺解剖及软体动物分类			√			

续表

序号	建议学时	建议实验项目名称	生物科学专业——实验项目名称	核心知识单元	综合	师范	理工	农林	技术类型
15	6	软体动物的采集及齿舌的制片与观察	软体动物齿舌的制片观察与分析	动物体的基本结构；动物的主要器官系统与功能；生物的多样性；生物的分类原则与方法；无脊椎动物		√			ABK LOP QR
			软体动物的采集、行为观察和齿舌的制片观察与分析			√			
			软体动物的采集处理及分类			√			
			软体动物的系列实验			√			
			原腔动物、环节动物和软体动物					√	
16	4	对虾（沼虾/螯虾/蟹）的形态结构观察及甲壳动物的类群	螯虾、沼虾的比较解剖	动物体的基本结构；动物的主要器官系统与功能；生物的多样性；生物的分类原则与方法；动物的主要类群；无脊椎动物	√				ABK LQR
			螯虾/沼虾的形态结构与甲壳动物的类群		√	√	√	√	
			螯虾的解剖					√	
			螯虾形态观察与甲壳动物分类		√	√			
			螯虾的解剖观察		√				
			螯虾的形态结构与生命活动		√				
			螯虾外形及内部解剖结构观察		√				
			对虾（或）日本沼虾的外形观察与解剖			√			
			对虾/沼虾/河蟹的形态结构与甲壳动物的类群		√	√	√	√	
			对虾的外形观察与解剖			√			
			对虾及其他节肢动物			√			
			对虾与河蟹的解剖与观察				√		
			节肢动物的观察和日本沼虾的解剖					√	
			节肢动物——克氏原螯虾					√	
			日本沼虾的外形和内部结构观察		√	√			
			日本沼虾的形态结构与生命活动		√				
			虾的解剖			√			
			虾及其他甲壳动物		√				
			虾类的观察和解剖				√	√	
			沼虾（对虾）的外形及内部结构		√	√			
			沼虾、河蚌的解剖观察			√			
			沼虾、蟹及其他节肢动物		√				
			沼虾外形观察及内部解剖		√	√			
			中华绒螯蟹形态观察与甲壳动物分类			√			

续表

序号	建议学时	建议实验项目名称	生物科学专业——实验项目名称	核心知识单元	综合	师范	理工	农林	技术类型
17	4	蝗虫的形态与结构	蝗虫的解剖及昆虫纲的分类鉴定	动物体的基本结构；动物的主要器官系统与功能；无脊椎动物	√				ABK LQ
			蝗虫的外形观察与解剖		√	√			
			蝗虫的外形及内部结构		√				
			蝗虫的形态解剖和昆虫分类		√				
			蝗虫解剖		√				
			蝗虫形态观察与内部解剖及昆虫分类		√	√			
			节肢动物——蝗虫的解剖、观察与昆虫结构特征的描述			√			
			昆虫的解剖观察及分类研究		√				
			昆虫外形及内部解剖结构观察		√				
			棉蝗的解剖			√			
			棉蝗的形态结构		√	√			
			棉蝗解剖及节肢动物分类		√				
18	4	节肢动物（蝗虫/虾）的比较解剖与观察	螯虾的附肢及蝗虫解剖	动物体的基本结构；动物的主要器官系统与功能；生命的起源与进化；无脊椎动物		√			ABK LQ
			螯虾和棉蝗的比较		√	√	√		
			螯虾及甲壳纲、蛛形纲和肢口纲			√			
			螯虾解剖与软体、节肢动物种类识别					√	
			螯虾与棉蝗的比较解剖			√			
			对虾和蝗虫的比较		√	√			
			对虾和棉蝗的形态结构及其他节肢动物、棘皮动物、腕足动物、半索动物代表种类观察		√				
			蝗虫与螯虾比较解剖		√	√			
			节肢动物比较解剖与观察		√	√	√	√	
			节肢动物的比较解剖					√	
			节肢动物多样性与适应进化		√				
			节肢动物观察与解剖		√		√		
			节肢动物脊索动物解剖与观察					√	
			节肢动物门甲壳纲和昆虫纲比较及昆虫分类			√		√	
			节肢动物形态结构和生物学特征					√	

续表

序号	建议学时	建议实验项目名称	生物科学专业——实验项目名称	核心知识单元	综合	师范	理工	农林	技术类型
18	4	节肢动物（蝗虫/虾）的比较解剖与观察	罗氏沼虾、蝗虫的外形及解剖对比观察	动物体的基本结构；动物的主要器官系统与功能；生命的起源与进化；无脊椎动物	√				ABKLQ
			棉蝗和螯虾的比较解剖		√				
			日本沼虾和棉蝗的比较解剖		√				
			无脊椎动物的比较解剖与进化		√				
			无脊椎动物内脏观察设置			√			
19	4	昆虫的形态特征与分类	蝴蝶观察与昆虫分类	动物的主要器官系统与功能；生物的多样性；生物的分类原则与方法；动物的主要类群；无脊椎动物		√			ALOR
			昆虫的触角、口器、足、翅、变态类型及分类检索表的应用与编制			√			
			昆虫的多样性					√	
			昆虫的基本形态、分类依据及分目检索		√	√			
			昆虫的结构（口器及足等）对环境的适应			√			
			昆虫分类		√	√	√	√	
			昆虫分类及检索表的应用			√			
20	6	市郊公园昆虫的采集及标本制作与种类鉴定	昆虫标本的采集、制作与鉴定	动物的主要器官系统与功能；生物的多样性；生物的分类原则与方法；动物的主要类群；无脊椎动物		√		√	ABLOQR
			昆虫标本的采集与鉴定					√	
			昆虫标本的采集与制作			√			
			昆虫标本观察		．	√			
			昆虫的一般结构和昆虫标本的采集与制作			√			
			昆虫针插标本的制作					√	
21	32	经济昆虫生态习性观察及人工饲养实践	昆虫不同虫态特征及生活史的观察	生物的分类原则与方法；动植物资源的开发与利用；无脊椎动物		√			ABCLOPQS
			昆虫的采集、分类和生态习性观察					√	
			昆虫的采集、饲养与行为学观察			√			
22	4	海盘车的形态结构与棘皮动物的分类	海盘车的结构及无脊椎动物标本制作技术	动物体的基本结构；动物的主要器官系统与功能；生物的多样性；生物的分类原则与方法；动物的主要类群		√			ABKLQR
			海盘车的外形观察与解剖			√			
			海盘车的形态结构观察		√	√	√		
			海星及棘皮、苔藓、腕足、帚虫动物			√			
			棘皮动物观察与解剖		√		√		

序号	建议学时	建议实验项目名称	生物科学专业——实验项目名称	核心知识单元	综合	师范	理工	农林	技术类型
23	16	土壤无脊椎动物的采集鉴定与生态习性观察	低等无脊椎动物的采集、培养与野外环境识别	动物体的基本结构；动物的主要器官系统与功能；生物的多样性；生物的分类原则与方法；动物的主要类群；动物的主要类群		√			ABL OPQ R
			土壤无脊椎动物的采集与生态习性观察					√	
			无脊椎动物分类		√				
24	2	原索动物的形态结构观察	半索动物、原索动物及圆口纲	动物体的基本结构；动物的主要器官系统与功能；生物的多样性；生物的分类原则与方法；动物的主要类群	√				ABLR
			扁形、原腔、环节、节肢及文昌鱼装片的观察					√	
			海星（棘皮动物）及海鞘、文昌鱼（原索动物）		√				
			海星、文昌鱼的形态结构		√				
			文昌鱼、柱头虫、海鞘、七鳃鳗的观察			√	√		
			文昌鱼的观察				√		
			文昌鱼的形态结构		√	√	√		
			文昌鱼和七鳃鳗的形态结构			√			
			文昌鱼及其他低等脊索动物			√			
25	4	鲫鱼（鲤鱼/鲢鱼）的形态结构及鱼类分类	动物解剖技术	动物体的基本结构；动物的主要器官系统与功能；生物的多样性；生物的分类原则与方法；动物的主要类群；脊索动物		√			ABG KLQ R
			脊索动物的结构和功能			√			
			鲫鱼（或鲤鱼）的解剖		√				
			鲫鱼（或鲤鱼）形态结构与功能		√				
			鲫鱼、鲈鱼的比较解剖		√				
			鲫鱼/鲤鱼的形态观察与内部解剖及鱼类分类		√	√	√	√	
			鲫鱼的解剖		√		√		
			鲫鱼的解剖研究		√				
			鲫鱼的解剖与观察				√		
			鲫鱼的外形及解剖观察		√				
			鲫鱼解剖与两栖、爬行动物种类识别					√	

序号	建议学时	建议实验项目名称	生物科学专业——实验项目名称	核心知识单元	综合	师范	理工	农林	技术类型
25	4	鲫鱼（鲤鱼/鲢鱼）的形态结构及鱼类分类	鲫鱼形态观察与内部解剖及鱼类分类	动物体的基本结构；动物的主要器官系统与功能；生物的多样性；生物的分类原则与方法；动物的主要类群；脊索动物		√			ABGKLQR
			鲤鱼（或鲫鱼）的外部形态与内部解剖				√		
			鲤鱼（鲫鱼）的形态和解剖观察			√			
			鲤鱼（鲫鱼/鲢鱼）的形态和解剖观察		√	√		√	
			鲤鱼的解剖			√		√	
			鲤鱼的解剖及鱼纲的分类鉴定		√				
			鲤鱼的形态结构与生命活动		√				
			鲤鱼系列实验			√			
			鲢鱼的外形和解剖			√			
			罗非鱼的外形和内部构造		√				
			硬骨鱼的骨骼和内脏		√				
			硬骨鱼的系列实验					√	
			硬骨鱼纲的外形和内部解剖			√			
			硬骨鱼类的解剖及原索动物和圆口纲			√			
			硬骨鱼类分类		√				
			硬骨鱼类内部解剖		√				
			硬骨鱼类外部性状测量及描述		√				
			鱼的解剖和分类			√			
			鱼的解剖及文昌鱼、海鞘和七鳃鳗			√			
			鱼的系列实验		√	√	√		
			鱼的综合实验			√			
			鱼纲、两栖纲及爬行纲的分类		√	√	√		
			鱼纲的分类		√				
			鱼纲分类及常见物种观察			√			
			鱼纲——鲫鱼					√	
			鱼和两栖动物比较观察实验			√			
			鱼类的骨骼系统			√			

续表

序号	建议学时	建议实验项目名称	生物科学专业——实验项目名称	核心知识单元	综合	师范	理工	农林	技术类型
25	4	鲫鱼（鲤鱼／鲢鱼）的形态结构及鱼类分类	鱼类的年龄鉴定与生长推算	动物体的基本结构；动物的主要器官系统与功能；生物的多样性；生物的分类原则与方法；动物的主要类群；脊索动物	√				ABGKLQR
			鱼类的外形观察与解剖			√			
			鱼类的外形和内部结构的观察		√				
			鱼类神经系统和感觉器官解剖		√				
			鱼类外形观察解剖与年龄鉴定					√	
			原索动物和圆口纲动物观察		√				
			原索动物及圆口纲			√			
			原索动物与低等脊椎动物分类			√			
			圆口类、鱼的解剖及分类		√				
26	4	软骨鱼的形态结构与分类	鲤鱼和鲨鱼骨骼观察	动物的主要器官系统与功能；生物的多样性；生物的分类原则与方法；动物的主要类群；脊索动物		√			ABGKLQR
			软骨鱼类分类		√				
			软骨鱼类内部解剖		√				
			软骨鱼类外部形态观察		√				
			软骨鱼类外部性状测量及描述		√				
27	16	不同食性鱼类外形和内部结构对比观察及水产市场鱼类资源调查	不同食性鱼类消化系统比较观察	动物的主要器官系统与功能；生物的分类原则与方法动植物资源的开发与利用；动植物资源的开发与利用；脊索动物	√	√			ABGKLOPQR
			鲤鱼及黄颡鱼外部形态和内部结构比较观察		√				
			鱼类的综合实验		√				
			鱼类血液、消化、内分泌、排泄系统的综合实验		√				
			鱼类资源调查		√				
			原口类、鱼的解剖及分类		√				
			原索动物及几种淡水鱼的形态与结构		√				
28	4	蟾蜍（蛙）的形态结构及两栖纲分类	蟾蜍（蛙类）的形态结构及两栖纲分类	动物体的基本结构；动物的主要器官系统与功能；生物的多样性；生物的分类原则与方法；动物的主要类群；脊索动物	√	√	√	√	ABKLQR
			蟾蜍、青蛙皮肤及骨骼观察			√			
			蟾蜍的骨骼系统		√				
			蟾蜍的解剖				√	√	
			蟾蜍或青蛙的解剖		√	√			
			蟾蜍解剖		√	√			

序号	建议学时	建议实验项目名称	生物科学专业——实验项目名称	核心知识单元	综合	师范	理工	农林	技术类型
28	4	蟾蜍(蛙)的形态结构及两栖纲分类	蟾蜍形态观察与内部解剖及两栖动物分类	动物体的基本结构；动物的主要器官系统与功能；生物的多样性；生物的分类原则与方法；动物的主要类群；脊索动物	√	√			ABK LQR
			黑眶蟾蜍解剖		√				
			两栖动物及鸟类的解剖与观察					√	
			两栖纲（蛙或蟾蜍）的解剖			√			
			两栖纲 —— 牛蛙					√	
			两栖类骨骼系统观察			√			
			两栖类内部解剖		√				
			两栖爬行动物的生态习性观察与分类					√	
			牛蛙（或蟾蜍）的外部形态与内部解剖		√	√	√		
			牛蛙的骨骼、肌肉、消化、呼吸、循环和泄殖系统			√			
			牛蛙的外形观察及内部解剖		√	√			
			牛蛙的外形和内部结构观察				√		
			牛蛙的形态与结构		√				
			青蛙（蟾蜍）外形和解剖观察			√			
			青蛙（或蟾蜍）的皮肤、骨骼和肌肉系统		√				
			青蛙（或蟾蜍）的外形及内部解剖		√				
			青蛙（或蟾蜍）的消化、呼吸、泄殖和神经系统示范		√				
			青蛙（或蟾蜍）的循环系统		√				
			青蛙常规解剖		√				
			蛙（或蟾蜍）的解剖和两栖、爬行动物分类			√			
			蛙（或蟾蜍）的外形和内部解剖		√				
			蛙的外形及内部解剖		√	√			
			鱼类和两栖类的骨骼系统		√				
			鱼类、两栖类的比较解剖					√	

续表

序号	建议学时	建议实验项目名称	生物科学专业——实验项目名称	核心知识单元	综合	师范	理工	农林	技术类型
29	6	蛙(蟾蜍)的综合实验	蟾蜍的系列实验	动物体的基本结构；动物的主要器官系统与功能；脊索动物			√		ABK LQR
			蟾蜍的形态结构与生命活动		√				
			蟾蜍的综合实验			√			
			蟾蜍或牛蛙的系列实验		√	√			
			蟾蜍外形观察与解剖及骨骼标本制作			√			
			牛蛙坐骨神经-腓肠肌标本制备		√				
			蛙的综合实验		√				
30	4	鳖（龟/石龙子）的形态结构及爬行纲分类	鳖的外形观察与解剖	动物体的基本结构；动物的主要器官系统与功能；生物的多样性；生物的分类原则与方法；动物的主要类群；脊索动物		√			ABK LQR
			龟的解剖			√			
			昆虫及蜥蜴的生态观察			√			
			两栖动物、爬行动物分类及常见物种观察			√			
			两栖纲及爬行纲分类		√	√			
			中华鳖的外部和内部观察				√		
			两栖类解剖及分类、羊膜卵、爬行类分类		√				
			两栖爬行类的标本采集与鉴定					√	
			爬行动物分类			√			
			石龙子的内部解剖		√				
			蜥蜴的外形和内部解剖		√				
			蜥蜴解剖及爬行纲的分类			√			
			校园昆虫多样性调查或两栖爬行动物资源调查			√			
			鱼类、两栖纲、爬行纲分类实验		√				
31	4	家鸽（家鸡）的形态结构与鸟纲分类	鸽子的骨骼和解剖	动物体的基本结构；动物的主要器官系统与功能；生物的多样性；生物的分类原则与方法；动物的主要类群；脊索动物		√			ABK LQR
			鸽子的外形及内部解剖			√			
			鸡的解剖及鸟的分类					√	
			鸡的解剖与鸟类、哺乳动物分类		√	√	√	√	
			鸡的外形及内部解剖			√			
			鸡的形态结构与生命活动		√				
			鸡骨骼标本观察		√				
			家鸽（或家鸡）的外部形态与内部解剖					√	

续表

序号	建议学时	建议实验项目名称	生物科学专业——实验项目名称	核心知识单元	综合	师范	理工	农林	技术类型
31	4	家鸽（家鸡）的形态结构与鸟纲分类	家鸽（或家鸡）的形态结构与鸟纲分类	动物体的基本结构；动物的主要器官系统与功能；生物的多样性；生物的分类原则与方法；动物的主要类群；脊索动物	√	√	√	√	ABK LQR
			家鸽（或家鸡）形态解剖		√				
			家鸽（家鸡）的形态结构及鸟纲分类		√	√		√	
			家鸽的骨骼及内脏		√				
			家鸽的解剖		√		√		
			家鸽的解剖及鸟纲的分类鉴定		√				
			家鸽的外形和内部结构的观察		√				
			家鸽的形态与结构		√				
			家鸡（家鸽）外形和内部解剖观察			√			
			家鸡、家兔的解剖					√	
			家鸡结构解剖及鸟分类			√			
			家鸡解剖及各系统结构观察		√				
			鸟的解剖			√			
			鸟的外形观察与内部解剖		√	√			
			鸟纲（家鸡或家鸽）的解剖		√				
			鸟纲分类		√	√			
			鸟类的外形及内部构造（鸟类的解剖）			√			
			鸟类的系统解剖		√				
			鸟类骨骼系统观察			√			
32	6	鸟类综合实验	家鸽的形态结构与生命活动	动物体的基本结构；动物的主要器官系统与功能；脊索动物	√				ABK LQR
			家鸡的系列实验			√			
			鸟的外形、羽毛及家鸽骨骼观察			√			
			鸟类的采集分类与观察					√	
			鸟类的分类特征及鉴定		√				
			鸟类综合实验——鸽子		√				

续表

序号	建议学时	建议实验项目名称	生物科学专业——实验项目名称	核心知识单元	综合	师范	理工	农林	技术类型
33	16	市郊公园脊椎动物多样性调查及种类识别	动物园考察	生物的多样性；生物的分类原则与方法；动物的主要类群；脊索动物；	√				ABK LQR
			高等脊椎动物行为观察与分类			√			
			衡水湖常见鸟类调查			√			
			鸟类的分类和形态适应			√			
			鸟类野外调查			√			
			生态学观察和论文撰写					√	
			校园冬季鸟类的识别和初步调查			√			
			校园动物的纪录与识别		√	√			
			校园动物观察			√			
			校园鸟类观察			√			
			校园鸟类类群及栖息环境观察		√				
			校园野生脊椎动物调查和栖息地利用		√				
34	4	家兔（大/小白鼠）的形态结构及哺乳纲分类	哺乳动物的各个系统	动物体的基本结构；动物的主要器官系统与功能；生物的多样性；生物的分类原则与方法；动物的主要类群；脊索动物	√				ABK LQR
			哺乳动物的外形及内部解剖					√	
			哺乳动物的形态结构及哺乳动物的分类		√	√		√	
			哺乳动物分类与形态适应			√			
			哺乳动物外形观察与内部解剖					√	
			哺乳纲（大鼠或家兔）的解剖			√			
			哺乳纲分类		√	√			
			哺乳纲骨骼系统观察			√			
			哺乳类动物的生态习性观察与分类					√	
			哺乳类形态解剖			√			
			哺乳类综合实验——兔子		√				
			大鼠解剖		√				
			大鼠的形态及内部解剖			√			
			大鼠形态结构观察		√	√			
			脊椎动物比较解剖		√	√			
			脊椎动物的骨骼系统比较		√				
			脊椎动物的神经系统比较		√				
			脊椎动物的循环系统比较		√				
			脊椎动物各个系统演化过程			√			

序号	建议学时	建议实验项目名称	生物科学专业——实验项目名称	核心知识单元	综合	师范	理工	农林	技术类型
34	4	家兔（大/小白鼠）的形态结构及哺乳纲分类	脊椎动物骨骼系统的比较观察	动物体的基本结构；动物的主要器官系统与功能；生物的多样性；生物的分类原则与方法；动物的主要类群；脊索动物	√	√			ABK LQR
			脊椎动物中枢神经系统的比较			√			
			家兔（小白鼠）的外形及内部解剖			√			
			家兔（小白鼠）的形态结构及哺乳纲分类		√	√	√		
			家兔、小鼠的比较解剖		√				
			家兔的骨骼、消化、呼吸、循环和泄殖系统			√			
			家兔的解剖及哺乳动物的分类鉴定		√		√		
			家兔的外形和内部解剖		√				
			家兔的系列实验			√			
			家兔的形态结构与生命活动		√				
			家兔和小白鼠外部形态及内部结构比较观察		√				
			家兔解剖及各系统结构观察		√				
			家兔外形观察与内部解剖及哺乳动物分类			√			
			鲤鱼、牛蛙、家鸽和家兔的骨骼和肌肉的比较			√			
			鲤鱼、牛蛙、家鸽和家兔的消化和泄殖系统的比较			√			
			鸟和哺乳动物比较观察实验			√			
			鸟和哺乳动物比较解剖			√		√	
			鸟类和哺乳类的比较解剖					√	
			家兔骨骼观察			√			
			实验小鼠的解剖				√		
			兔的内部解剖		√				
			兔的消化、呼吸和泄殖系统				√		
			兔骨骼和小鼠（兔）解剖			√			
			兔子的外形及内部解剖		√	√	√		
			小白鼠外形和内部结构的观察		√	√	√		
			小白鼠外形及内部解剖结构观察		√				
			小鼠的解剖及哺乳类分类		√				
			小鼠的解剖与观察				√		

序号	建议学时	建议实验项目名称	生物科学专业——实验项目名称	核心知识单元	综合	师范	理工	农林	技术类型
35	16	小鼠/大鼠综合实验	哺乳动物系列实验（兔的实验鼠的实验）	动物体的基本结构；动物的主要器官系统与功能；脊索动物	√				ABGKLOPQS
			脊椎动物综合实验			√			
			鼠的解剖研究		√		√		
			小白鼠的系列实验		√		√		
			小白鼠的形态结构与生命活动		√				
36	4	脊椎动物分类	低等脊椎动物分类学	生物的多样性；生物的分类原则与方法；动物的主要类群；脊索动物	√				LR
			动物标本室陈列的脊椎动物分类			√			
			动物的多样性与进化			√	√		
			高等脊椎动物分类学		√	√			
			恒温动物的多样性					√	
			脊索动物门		√				
			脊椎动物标本的鉴定和分类			√			
			脊椎动物的分类		√	√	√		
			两栖、爬行、鸟和哺乳动物的分类		√	√			
			鸟纲和哺乳纲的分类		√	√			
			鱼类和两栖动物的多样性					√	
37	10	动物标本的制作展示与管理	标本采集与制作	生物的分类原则与方法；脊索动物		√			ABKLPQR
			动物标本制作			√			
			动物分类技术、参观标本馆			√			
			动物宏观标本制作				√		
			动物学数字切片			√			
			实验动物使用与管理技术		√				

第二节　部分高校植物生物学实验项目整理汇总表

序号	建议学时	建议实验项目名称	生物科学专业——实验项目名称	知识单元	综合	师范	理工	农林	技术类型
1	6	显微镜的使用、生物制片、生物绘图及标本的制作	显微镜的使用和生物绘图；生物制片，植物细胞和组织的观察；植物标本的采集与处理；腊叶标本的制作、解剖镜的使用	细胞的观察与研究方法、植物营养器官的形态与观察、生殖器官的形态结构		√			ABGPQRS
			显微镜的使用、生物绘图及植物细胞结构观察		√		√		
			显微镜的使用和细胞观察				√	√	
			显微镜的构造和使用方法				√	√	
			数码互动显微镜结构与使用；植物细胞的基本结构观察					√	
			显微镜使用及制片技术					√	
			植物学数字切片观察			√			
			显微镜使用及临时装片制作					√	
			种子结构及幼苗形成过程植物制片方法					√	
			植物学基本实验技术与细胞观察		√				
			植物标本的采集及制作		√	√		√	
			植物标本的制作			√			
			永久玻片标本的制作			√			
			一定区域内常见植物标本的采集、鉴定与制作			√			
			植物石蜡切片技术		√			√	
			植物保护、成熟、机械、维管组织观察，练习徒手切片					√	
2	6	植物细胞和组织的观察	植物细胞的结构与代谢产物	细胞、细胞周期与细胞分裂、植物营养器官的形态与观察、生殖器官的形态结构		√			ABFGQS
			植物细胞的形态和结构			√			
			植物细胞的基本结构及组织			√			
			植物细胞的基本结构及有丝分裂			√			
			植物细胞的有丝分裂和分生组织			√			
			植物细胞有丝分裂的观察					√	
			植物细胞的基本结构			√		√	
			植物细胞分裂类型与过程		√				

续表

序号	建议学时	建议实验项目名称	生物科学专业——实验项目名称	知识单元	综合	师范	理工	农林	技术类型
2	6	植物细胞和组织的观察	植物细胞基本结构及各种组织的形态与结构的观察	细胞、细胞周期与细胞分裂、植物营养器官的形态与观察、生殖器官的形态结构				√	ABF GQS
			植物细胞及细胞内容物的形态结构观察		√				
			植物细胞、组织的显微结构观察		√				
			植物细胞的基本结构、质体的观察		√				
			植物细胞的结构与有丝分裂		√				
			植物细胞结构观察					√	
			植物细胞观察					√	
			植物细胞的分裂与植物组织的观察					√	
			植物细胞的分化与组织的形成					√	
			植物细胞后含物和有丝分裂			√			
			植物细胞的后含物			√			
			植物细胞的质体、后含物、胞间连丝的观察					√	
			植物细胞结构及细胞后含物的观察			√			
			植物组织的类型与分布			√			
			植物组织与细胞类型研究		√				
			植物组织观察			√		√	
			细胞分裂与分生组织的观察			√			
			植物的各类成熟组织的观察			√			
			植物分生组织细胞有丝分裂和胞间连丝的观察		√				
			植物的成熟组织的观察		√	√			
			植物的分生组织与细胞分裂的观察			√			
			植物细胞和基本组织的观察			√			
			植物的组织类型与组织离析技术		√				

序号	建议学时	建议实验项目名称	生物科学专业——实验项目名称	知识单元	综合	师范	理工	农林	技术类型
3	6	根、茎、叶的形态、结构观察	根的形态和结构	植物营养器官的形态与观察	√	√		√	AB GR
			植物根的初生结构和次生结构			√			
			根的发育与结构					√	
			根尖分区、根的初生结构和次生结构				√		
			植物根的形态结构与发育观察				√		
			双子叶植物根的次生结构					√	
			观察根的初生结构					√	
			根的解剖结构的观察			√			
			茎的形态和结构		√	√			
			植物茎的初生结构和次生结构			√			
			植物茎的形态结构与发育观察					√	
			茎的解剖结构的观察			√			
			茎的基本形态及茎的初生结构、禾本科茎的结构与双子叶植物茎的次生结构					√	
			茎的初生结构观察					√	
			茎的次生结构观察					√	
			叶的形态和结构		√	√		√	
			植物叶片形态结构与生境适应性			√			
			植物叶的形态结构和营养器官的变态类型			√		√	
			叶的解剖结构的观察			√			
			叶的解剖结构、营养器官的变态			√			
			不同生境下叶的解剖结构的比较			√			
			叶的组成和结构及营养器官的变态		√				
			植物叶的形态结构与发育观察					√	
			叶、叶的离区及营养器官的变态观察					√	
			单、双植物叶的形态结构观察					√	
			植物营养器官根与茎的形态结构的比较研究			√			

续表

序号	建议学时	建议实验项目名称	生物科学专业——实验项目名称	知识单元	综合	师范	理工	农林	技术类型
3	6	根、茎、叶的形态、结构观察	植物根、茎形态和结构及相互比较	植物营养器官的形态与观察		√			AB GR
			植物营养器官的比较解剖学研究			√			
			营养器官的变态类型			√			
			植物营养器官的多样性		√	√			
			营养器官的结构研究			√			
			植物茎形态与结构比较研究		√				
			植物叶的形态与内部结构的比较研究		√				
			植物根形态与结构比较研究		√				
			植物根、茎、叶的结构		√			√	
			根、茎、叶的变态					√	
			根茎的初生结构、次生结构，双子叶植物根的次生结构					√	
4	6	花的形态与内部结构观察	雄蕊、雌蕊的发育	生殖器官的形态结构		√	√	√	AB GR
			雌雄蕊的结构和发育			√			
			花与雌雄蕊的发育					√	
			花、雄蕊结构观察			√			
			花的组成、花芽分化、花药结构、发育的观察。					√	
			花粉和胚囊的结构与发育			√			
			雄蕊、雌蕊的发育			√			
			雌雄蕊的结构和发育			√			
			花药及子房的结构的观察		√	√		√	
			雌蕊、子房类型、结构、胚囊发育示范，雄蕊、花药发育过程					√	
			雌蕊结构观察					√	
			植物生殖器官的形态及其解剖结构		√			√	
			植物生殖器官的多样性			√		√	
			繁殖器官的发育与结构的观察			√			
			花的组成、花药和子房的结构		√				
			花的形态和结构		√	√			
			植物花的形态与内部构造			√			
			花的形态和结构、花序的类型			√			

序号	建议学时	建议实验项目名称	生物科学专业——实验项目名称	知识单元	综合	师范	理工	农林	技术类型
4	6	花的形态与内部结构观察	花的形态结构、花药和胚囊的发育	生殖器官的形态结构		√			AB GR
			花的外部形态与结构			√			
			花的形态结构与传粉的适应			√			
			植物花的形态与结构比较研究		√				
			被子植物形态学基础知识（营养器官）					√	
			花、花序的组成、类型和结构					√	
			花和花序的形态学术语					√	
			被子植物形态学基础知识（花）					√	
			被子植物花的形态结构解剖与花程式		√				
			被子植物花的观察					√	
			花的内部结构			√			
5	4	果实和种子形态与结构观察	果实的结构与类型	生殖器官的形态结构	√	√			AB GR
			胚的发育 / 果实类型观察			√			
			果实与种子的类型			√			
			果实的分类		√	√			
			果实的形态		√				
			植物果实、种子与胚的形态结构及其内含物鉴定		√				
			植物胚的结构和果实的类型			√			
			种子和幼苗		√	√			
			种子的结构和形成过程			√			
			胚和种子的结构			√			
			种子和果实形态、结构与常见类型			√			
			种子及果实的发育与结构					√	
			种子的结构及后含物显微化学测定			√			
			种子、果实结构的观察			√			
			胚的发育及种子的形成、果实的结构与类型			√			

续表

序号	建议学时	建议实验项目名称	生物科学专业——实验项目名称	知识单元	综合	师范	理工	农林	技术类型
5	4	果实和种子形态与结构观察	种子和果实观察与研究	生殖器官的形态结构		√		√	AB GR
			种子和果实的形成		√				
			被子植物形态学基础知识（果实）					√	
			种子的形态结构和幼苗的类型		√			√	
			植物种子的结构及胚的形成和发育		√				
			种子、幼苗基本形态结构观察					√	
			植物种子及幼苗的结构观察					√	
			胚、胚乳的结构组成，种子的发育及果实的形成					√	
			果实的类型观察及分科					√	
			被子植物果实、种子与胚的形态结构及其内含物鉴定		√				
			胚、胚乳结构观察					√	
6	6	菌、藻类和地衣植物的形态与结构观察	真菌门	原核生物、真菌、绿色植物、多样性、环境		√			ABG QR
			藻类植物及菌类植物的形态结构观察			√			
			菌类植物观察			√			
			真菌门代表种类的观察			√			
			菌类植物				√		
			菌类、地衣形态结构观察					√	
			不同温度条件下富营养化水体浮游藻类组成差异性研究		√				
			藻类的采集比较观察与鉴别及其水域生境关系分析		√				
			藻类的分离和培养		√				
			原核藻类			√			
			真核藻类观察			√			
			蓝藻门			√			
			绿藻门			√			
			硅藻、红藻和褐藻			√			

续表

序号	建议学时	建议实验项目名称	生物科学专业——实验项目名称	知识单元	综合	师范	理工	农林	技术类型
6	6	菌、藻类和地衣植物的形态与结构观察	藻类植物形态特征与分类	原核生物、真菌、绿色植物、多样性、环境		√			ABGQR
			不同环境藻类植物的观察与分类鉴定			√			
			原核藻类和真核藻类			√			
			藻类植物观察			√			
			蓝藻门植物制片、理化			√			
			绿藻门植物制片、理化			√			
			藻类植物形态与结构分析				√		
			藻类植物多样性					√	
			地衣植物观察			√			
7	6	苔藓、蕨类和裸子植物的形态与结构观察	苔藓植物及蕨类植物的观察	绿色植物、多样性		√			ABGQR
			苔藓植物观察			√			
			苔藓植物的生活史			√			
			颈卵器植物的形态和结构特征分析研究				√		
			苔藓、蕨类、裸子植物多样性					√	
			蕨类植物与苔藓植物的采集及其代表植物解剖观察		√				
			蕨类植物的形态特征、孢子、弹丝等装片观察及茎的构造特征比较		√				
			拟蕨类			√			
			真蕨类			√			
			蕨类植物、裸子植物实验室及野外上课			√			
			蕨类植物观察			√			
			蕨类植物的理化、标本观察			√			
			松柏纲植物的特征			√			

续表

序号	建议学时	建议实验项目名称	生物科学专业——实验项目名称	知识单元	综合	师范	理工	农林	技术类型
8	4	被子植物典型科、属代表植物的形态与结构观察	木兰亚纲、金缕梅亚纲和石竹亚纲植物的观察和分类	绿色植物、多样性		√			BR
			第伦桃亚纲和蔷薇亚纲植物的观察和分类			√			
			菊亚纲植物的观察分类			√			
			百合纲植物的分类学观察			√			
			木兰亚纲、金缕梅亚纲分类			√			
			石竹亚纲、五桠果亚纲植物分类			√			
			蔷薇亚纲、菊亚纲植物分类			√			
			鸭跖草亚纲、百合亚纲植物分类			√			
			蔷薇亚纲、菊亚纲，单子叶植物纲			√			
			杨柳科、蔷薇科四个亚科、大戟科			√			
			苏木科、蝶形花科、含羞草科、芸香科			√			
			茄科、玄参科、唇形科			√			
			菊科管状花亚科、舌状花亚科			√			
			百合科、鸢尾科、禾本科			√			
			伞形科、蔷薇科、豆科、菊科、禾本科、莎草科			√			
			双子叶植物纲——木兰亚纲、金缕梅亚纲			√		√	
			双子叶植物纲——石竹亚纲、五桠果亚纲			√		√	
			双子叶植物纲——蔷薇亚纲			√		√	
			双子叶植物纲——菊亚纲			√		√	
			双子叶植物纲、单子叶植物纲——泽泻亚纲、槟榔亚纲、鸭跖、草亚纲百合亚纲			√		√	
			杨柳科、十字花科、蔷薇科（梅亚科）植物的特征			√			
			木樨科、堇菜科、紫草科植物的特征			√			

续表

序号	建议学时	建议实验项目名称	生物科学专业——实验项目名称	知识单元	综合	师范	理工	农林	技术类型
8	4	被子植物典型科、属代表植物的形态与结构观察	蔷薇科（绣线菊亚科、蔷薇亚科、苹果亚科、梅亚科）植物的特征	绿色植物、多样性		✓			BR
			菊科、忍冬科、槭树科植物的特征			✓			
			百合科、鸢尾科、豆科植物的特征			✓			
			被子植物及其代表植物的观察及识别					✓	
			被子植物及其分科（毛茛、杨柳、石竹科）					✓	
			被子植物分科					✓	
			桑科、伞形科、唇形科					✓	
			蔷薇科、十字花科					✓	
			豆科、大戟科、胡桃科					✓	
			菊科、芸香科、茄科、旋花科					✓	
			百合科、兰科、锦葵科、					✓	
			禾本科、莎草科、葫芦科					✓	
9	4	某一区域范围内植物种类（或植物资源）的调查与评价	水生植物的观察及分布调查	绿色植物、多样性、个体生态、种群生态、群落生态、生态系统	✓				ABG OPQ RS
			植物群落物种多样性的测定		✓				
			岳麓山常见植物的观察与识别			✓			
			植物分类综合实验					✓	
			植物分类检索工具的使用		✓				
			校园常见植物的观察与鉴定		✓				
			植物分类方法、植物检索表的编制、使用和植物鉴定			✓			
			植物图鉴与检索表的应用					✓	
			校园绿化观赏植物的调查与识别				✓		
			校园植物种类调查研究				✓		
			植物分类检索与识别实践				✓		
			校园植物观察识别					✓	
			植物检索表的使用			✓			
			校园开花植物调查			✓			
			蔷薇亚纲、菊亚纲，单子叶植物纲校园植物识别			✓			
			植物多样性——分类与鉴定，检索表查询与制作					✓	

续表

序号	建议学时	建议实验项目名称	生物科学专业——实验项目名称	知识单元	综合	师范	理工	农林	技术类型
10	6	植物溶液培养和缺素症的观察	植物的溶液培养与矿质元素缺乏症	矿质营养	√				OQ
			植物的溶液培养和缺素培养			√		√	
			植物缺素培养					√	
			番茄幼苗的矿质元素缺乏症实验		√				
			玉米幼苗的完全溶液、缺素溶液培养与表型测定		√				
			缺素对植物组织细胞原生质膜结构的影响		√				
			植物元素缺乏症观察及不同元素对叶绿体色素含量的影响研究测定		√				
11	3	植物组织含水量的测定	植物组织含水量的分析测定	水分生理			√		OQ
			植物自由水和束缚水含量的测定以及植物组织水势的测定		√				
12	3	植物根系活力测定	植物根系活力的测定	生长与发育	√		√	√	OQ
			根系活力的测定——甲烯蓝法					√	
			根系活力的测定（α-萘胺氧化法）			√	√		
13	3	叶绿素的提取、理化性质观察和含量测定	叶绿体色素的提取、分离及理化性质的测定	光合作用	√	√	√		FHO PQ
			叶绿体中色素的提取及分离			√			
			叶绿体色素提取和分离方法的比较			√			
			叶绿体色素及其理化性质				√	√	
			叶绿体色素提取、理化性质与含量测定					√	
			叶绿素的提取、分离与含量的测定					√	
			光合色素的分离及理化性质观察				√		
			叶绿体色素含量的测定			√	√		
			叶绿体色素的定量测定					√	

续表

序号	建议学时	建议实验项目名称	生物科学专业——实验项目名称	知识单元	综合	师范	理工	农林	技术类型
13	3	叶绿素的提取、理化性质观察和含量测定	光合色素的提取及含量测定	光合作用			√		FHOPQ
			叶绿素的定量测定，植物叶绿素荧光含量的测定					√	
			分光光度计法测定叶绿素含量					√	
			光合色素的高效液相色谱制备与扫描光谱分析			√			
			不同生境植物叶片中叶绿素a、b含量的测定及比较			√			
			叶绿素a和b含量的测定				√		
14	3	植物呼吸速率的测定	植物呼吸强度测定及呼吸酶的简易测定	呼吸作用	√				OQ
			植物呼吸代谢强度及呼吸酶活性的测定			√			
			植物呼吸速率的测定				√		
			植物呼吸强度的测定				√		
			滴定法测植物的呼吸速率					√	
			红外线CO_2气体分析仪测定植物呼吸速率					√	
15	3	植物抗氧化酶活性测定	过氧化氢酶活性测定	次生代谢途经与产物				√	OQ
			过氧化物酶活性测定			√	√	√	
			植物组织中过氧化物酶的测定		√				
			愈创木酚法测定过氧化物酶活性					√	
			植物SOD酶活性的测定		√				
			超氧化物歧化酶活性的测定					√	
			植物细胞CAT活性测定			√			
			多酚氧化酶含量测定			√			
			植物体内抗坏血酸过氧化物酶活性的测定			√			
16	3	植物种子活力的快速测定	不同处理下种子活力变化研究	生长与发育	√				OQ
			植物种子发芽率的快速测定		√	√			
			种子生命（活）力的快速测定		√	√		√	
			种子活力的测定——电导法				√		
			几种种子活力快速测定方法的比较					√	
			种子生活力的测定				√	√	
			种子和花粉活力测定			√			

续表

序号	建议学时	建议实验项目名称	生物科学专业——实验项目名称	知识单元	综合	师范	理工	农林	技术类型
17	3	植物抗逆性的鉴定（电导仪法）	植物中脯氨酸含量、电导率测定	逆境生理	√				OQ
			植物组织中脯氨酸含量的测定、植物电解质外渗率的测定		√				
			植物细胞质膜透性测定			√			
			植物细胞质膜透性测定（电导率法）				√		
			外渗电导法测定细胞膜透性					√	
			电导率法测定植物细胞膜的透性					√	
18	3	光和钾离子对气孔运动的调节	光和钾离子对气孔开度的影响	光合作用、环境因子对生长发育的影响及调控机理		√			AB OQ
			光和钾离子对气孔运动的影响					√	
			钾离子对气孔开度的影响		√	√			
			气孔运动的观察			√			
			ABA和钾离子对植物叶片气孔开度的影响					√	
			不同条件（ABA、黑暗、光照）对蚕豆叶片保卫细胞内钾离子含量的影响			√			
19	3	环境因子对植物光合速率的影响	环境因子对植物光合作用的影响	光合作用、环境因子对生长发育的影响及调控机理			√		OQ
			环境因素对光合作用及光合速率的影响			√			
			不同环境下植物光合作用的测定		√				
20	3	植物生长激素作用的部位和浓度效应比较分析、激素检测方法	生长素对种子根芽生长的影响	生长物质	√	√			OQ
			生长素类物质对植物根、芽生长的影响			√	√		
			生长素类物质对根芽生长的影响，硝酸还原酶活力的测定					√	
			IAA的生理鉴定法		√				
			赤霉素对 α- 淀粉酶诱导形成研究		√				
			赤霉素对 α- 淀粉酶的诱导			√			
			生长物质的生理效应		√				
			细胞分裂素对萝卜子叶的保绿与增重作用		√				
			植物组织激素的含量测定（演示）					√	
			酶联免疫吸附法测定 ABA					√	
			植物激素类物质生理效应的测定					√	

续表

序号	建议学时	建议实验项目名称	生物科学专业——实验项目名称	知识单元	综合	师范	理工	农林	技术类型
20	3	植物生长激素作用的部位和浓度效应比较分析、激素检测方法	激动素对离体小麦叶片中超氧化物歧化酶活性的影响	生长物质	√				OQ
			激素对植物次生代谢的调控效应分析		√				
			吲哚乙酸氧化酶活性测定		√	√			
			植物生长调节剂对植物插条不定根发生的影响			√			
			植物生长调节剂对植物生长及某些生理特征的影响			√			
			2,4-D、NAA 对植物生长发育的影响			√			
			激素对植物插条生根的影响			√			
			乙烯的生理功能			√			
			乙烯对果实的催熟作用			√			
			植物生长调节剂对植物生长发育的影响			√			
			IAA 含量及 IAA 氧化酶活性的测定			√			
			生长素对小麦根、芽生长的不同影响			√			
			GA3 对种子 $\alpha-$ 淀粉酶的诱导形成			√			
			激素在诱导植物生根中的作用			√			
			植物激素测定技术					√	
			植物生长物质生理效应的初步研究					√	

第三节　部分高校微生物学实验项目整理汇总表

序号	建议学时	建议实验项目名称	生物科学专业——实验项目名称	知识单元	综合	师范	理工	农林	技术类型
1	4	微生物实验基础培训、无菌操作及纯培养	微生物实验室规则与安全	微生物的营养与培养基	√	√			S
			微生物实验用品准备		√				S
			玻璃器皿的清洗、包扎和干热灭菌		√	√	√		C

续表

序号	建议学时	建议实验项目名称	生物科学专业——实验项目名称	知识单元	综合	师范	理工	农林	技术类型
1	4	微生物实验基础培训、无菌操作及纯培养	培养基的制备	微生物的营养与培养基	√	√	√	√	C
			培养基的高压蒸汽灭菌		√	√	√		C
			无菌操作技术		√	√	√		C
			微生物的接种技术		√	√	√	√	CE
			斜面接种		√				CE
			微生物菌种保藏		√	√	√	√	CE
			微生物的平板划线分离		√	√		√	CE
			微生物稀释涂布平板分离技术		√	√		√	CE
			微生物平板菌落计数		√	√		√	CEO
			微生物的液体培养				√		CE
			产黄青霉和黑曲霉的三点接种		√				CE
			蕈菌菌种的分离与培养		√				CE
			厌氧微生物的培养			√		√	CE
			影印法培养叶面嗜甲基细菌					√	CE
2	4	微生物群体形态观察、分离纯化及鉴定	常见微生物的菌落特征观察	微生物的生长及控制；微生物生态	√				S
			土壤样品中微生物的分离培养和计数		√	√	√	√	CEO
			土壤样品中微生物的分离与纯化		√	√	√	√	CE
			混合样品中未知菌的分离		√				CE
3	8	微生物的个体观察与显微计数	显微镜、油镜的使用及细菌形态观察	原核生物的形态构造与功能；真核微生物的形态构造与功能	√	√	√	√	ACG
			细菌鞭毛染色		√	√		√	ACG
			细菌芽孢染色及观察		√	√		√	ACG
			细菌的荚膜染色及观察		√	√			ACG
			细菌的简单染色		√	√		√	ACG
			细菌的革兰氏染色		√	√			ACG
			放线菌的形态观察		√		√		ACG
			放线菌插片法及形态观察		√				ACG
			酵母菌形态及繁殖过程观察			√			ACG

序号	建议学时	建议实验项目名称	生物科学专业——实验项目名称	知识单元	综合	师范	理工	农林	技术类型
3	8	微生物的个体观察与显微计数	酵母菌的形态观察及死活细胞鉴别	原核生物的形态构造与功能；真核微生物的形态构造与功能			√		ACG
			酵母菌的形态观察		√	√	√		ACG
			蓝细菌（蓝藻）的形态观察					√	ACG
			相差显微镜的使用及酵母浸片观察			√			ACG
			微生物血细胞计数板计数		√		√		ACEO
			霉菌孢子数量的测定			√	√		ACEO
			食品中细菌分离和数量测定		√	√	√	√	ACEO
			酵母菌的直接计数和间接计数			√			ACEO
			丝状真菌形态观察			√			ACG
			植物共生菌根真菌形态观察		√				ACG
			匍枝根霉的接种和个体形态观察		√				ACEG
			假丝酵母、顶青霉、焦曲霉的载片培养		√				ACEG
			蓝色犁头霉接种观察接合孢子囊		√				ACEG
4	8	微生物的生理生化特性鉴定	细菌淀粉酶和过氧化氢酶的定性测定	微生物的新陈代谢		√			CDE
			微生物糖发酵试验		√	√			CDE
			API 20E 微量快速鉴定		√				CDE
			乳酸菌生理生化鉴定		√				CDE
			微生物对不同底物的分解代谢试验		√				CDE
			硫化氢实验和硝酸盐还原实验		√		√		CDE
			淀粉水解试验			√	√		CDE
			甲基红试验		√				CDE
			伏－普试验		√				CDE
			IMViC 实验				√		CDE
			明胶液化实验			√			CDE
5	4	环境对微生物生长的影响	农药残留微生物降解实验	微生物的新陈代谢；微生物的生长及其控制；微生物生态				√	CDES
			环境对微生物生长的影响		√	√		√	CEO
			微生物的紫外诱变育种			√			CEO
			理化因素对微生物生长的影响		√	√	√		CE
			生物因素对微生物生长的影响			√			CE

续表

序号	建议学时	建议实验项目名称	生物科学专业——实验项目名称	知识单元	综合	师范	理工	农林	技术类型
5	4	环境对微生物生长的影响	几种营养元素对微生物生长的影响	微生物的新陈代谢；微生物的生长及其控制；微生物生态				√	CDE
			紫外线对微生物的作用					√	CE
			化学因素对微生物生长的影响			√		√	CE
			微生物致死温度的测定					√	CEP
			生长谱法测定微生物的营养要求			√			CDE
			微生物拮抗实验和药物敏感实验		√				CE
			大肠杆菌抗药性的测定			√			CEO
			大肠杆菌菌群生理状态对抗菌药物敏感性影响实验		√				CEO
			不同培养条件对产淀粉酶细菌生长和产酶的影响			√			CDEO
6	4	微生物分子生物学综合分析鉴定	细菌总基因组的提取及琼脂糖凝胶电泳检测	原核生物的形态构造与功能；微生物的新陈代谢		√			CHIOS
			微生物基因组 DNA 的提取			√			CHIOS
			细菌 16S rRNA 基因扩增——菌落 PCR		√		√		CHIOS
			细菌 16S rDNA 序列比对进化树构建					√	CHIOS
			利用 ITS 序列鉴定真菌		√				CHIOS
			微生物系统进化树的构建		√			√	OS
			微生物的形态学、生理生化指标与分子生物学综合分析鉴定		√				ACDEHIOPS
			产酶菌株分子生物学鉴定				√		CDE
			大肠杆菌 E. coli K12 营养缺陷型诱变及缺陷型浓缩技术		√				CDEO
			大肠杆菌 E. coli K12 营养缺陷型鉴定技术		√				CDEO
			Ames 试验法		√		√		CDEO
7	6	病毒与质粒	细菌的局限性转导	病毒；微生物的生长及其控制	√	√			CDIQ
			P1 噬菌体普遍性转导		√				CDIQ
			细菌转导实验			√			CDIQ
			大肠杆菌感受态细胞的制备		√				CDIQ
			细菌质粒 DNA 转化				√		CDIQ
			双层平板法观察噬菌蛭弧菌斑实验 / 蛭弧菌对污水净化效果实验		√				CE

序号	建议学时	建议实验项目名称	生物科学专业——实验项目名称	知识单元	综合	师范	理工	农林	技术类型
7	6	病毒与质粒	噬菌体效价的测定	病毒；微生物的生长及其控制	√			√	CEO
			噬菌体裂解液的制备			√			C
			细胞大小测定及病毒多角体的观察			√			ACQ
8	6	微生物发酵	台式自控发酵罐的使用	微生物的新陈代谢；微生物的生长及其控制	√				OQ
			机械搅拌发酵系统的结构					√	OQ
			微生物液体深层培养			√			COQ
			产酶发酵条件的优化研究——正交优化重复试验		√				CEOQ
			微生物液体发酵产酶进程的测定			√			CDEOQ
			发酵过程中代谢产物的监控		√				CDEOQ
			多粘菌素的发酵		√				CDEO
			凝固型酸牛奶的制作、品质检测及其饮品		√				CEOS
			酸奶的发酵实验				√	√	CEOS
			啤酒的发酵实验		√				CEOS
			甜酒酿的制作及其品质评定			√		√	CEOS
			微生物发酵生产黑色素		√				CEOS
			酵母胞外多糖的液体发酵		√				CEOS
			大肠杆菌菌群生长动力学行为表征实验		√				CDOS
9	6	功能微生物分离及鉴定	碱性蛋白酶生产菌的分离及酶活的测定	微生物的影响与培养基；微生物的新陈代谢；微生物生态	√				CDEH
			淀粉酶产生菌的分离、筛选、鉴定和产酶条件优化			√			ACDEH
			α-淀粉酶菌株摇瓶发酵初筛及酶活力测定		√				CDEHO
			α-淀粉酶菌株摇瓶发酵复筛及酶活力测定		√				CDEHO
			α-淀粉酶的沉淀提取		√				HIQ
			α-淀粉酶的离子交换柱层析分离纯化		√				HIQ
			纯化后的 α-淀粉酶生物学特性研究——最适 pH、最适温度		√				HIOQ
			纯化后的 α-淀粉酶生物学特性研究——米氏常数（K_m、V_{max}）测定		√				HIOQ

续表

序号	建议学时	建议实验项目名称	生物科学专业——实验项目名称	知识单元	综合	师范	理工	农林	技术类型
9	6	功能微生物分离及鉴定	纯化后的 α- 淀粉酶的纯度电泳检测及相对分子质量测定	微生物的影响与培养基；微生物的新陈代谢；微生物生态	√				HIOQ
			目视碘比色法测定 α- 淀粉酶活力		√				O
			DNS 法测定 α- 淀粉酶活力的方法（含蛋白质紫外分光光度计法含量测定）		√				HIOQ
			抗生素发酵及效价测定		√		√		CDEOQ
			荧光细胞器定位酵母菌的制备与观察		√				ACGQ
			特定功能微生物的筛选及活性测定				√		CDEO
			产淀粉酶菌的分离和筛选		√	√	√		CEO
			产淀粉酶菌株的鉴定			√			CDE
			土壤中纤维素酶产生菌的分离与初步鉴定		√				ACEG
			益生菌的平板涂布分离法		√				CE
			酒酿制作和关键菌的分离及鉴定		√				ACEGO
			食品中大肠菌群的分离		√		√		CE
			琼脂块法筛选拮抗性放线菌		√				ACEO
			微生物工程目的菌种的分离		√				CE
			乳酸菌的分离和酸奶制作		√				CE
			产细菌素乳酸菌的分离纯化和鉴定		√				ACEG
			联苯（或其他环境污染物）降解菌的分离			√		√	CES
			塑料、农药降解菌的筛选与分离		√				CEG
			头发表面微生物种类的分析及油脂降解菌的筛选		√				CE
			根瘤菌的分离、纯化鉴定及其促进根瘤生长的效果检测		√				ACDEG
			病害香蕉真菌的分离		√				CE
			筛选产黑色素的细菌		√				CE

序号	建议学时	建议实验项目名称	生物科学专业——实验项目名称	知识单元	综合	师范	理工	农林	技术类型
9	6	功能微生物分离及鉴定	米酒酒曲中微生物的分离与鉴定	微生物的影响与培养基；微生物的新陈代谢；微生物生态			√		ACDEG
			未知菌菌落识别		√				S
			牛乳中细菌的检查			√	√		ACG
			乳酸菌的初步鉴定		√			√	CDE
10	6	微生物多学科交叉应用研究	细菌形态学虚拟仿真实验	微生物生态；传染与免疫		√			SP
			ABO 血型的测定				√		NS
			ELISA 测定牛血清白蛋白效价		√				NOS
			免疫学试验			√		√	NS
			湖泊水质检测实验		√				ACDEGOP
			药物的微生物学检查				√		ACDEOP
			微生物数字观察			√			SP
			大肠菌群的血清学检验			√			NS
			肠道致病菌玻片凝集反应鉴定				√		NS
			细菌的快速自动鉴定		√			√	CDEQP
			多管发酵法测定水样中大肠菌群数			√	√	√	ACEO
			实验室环境和人体表面微生物检查		√	√			ACEO
			钱币上常见的微生物种类的研究		√				CDEO

第四节　部分高校生物化学实验项目整理汇总表

序号	建议学时	建议实验项目名称	生物科学专业——实验项目名称	知识单元	综合	师范	理工	农林	技术类型
1	2~6	蛋白质和氨基酸的提取及含量测定	生物样本中蛋白质的提取及含量测定	蛋白质化学	√				FHI
			大豆蛋白的提取及含量测定			√			FHI
			鸡蛋中卵清蛋白的提取和定量测定			√			FHI

续表

序号	建议学时	建议实验项目名称	生物科学专业——实验项目名称	知识单元	综合	师范	理工	农林	技术类型
1	2-6	蛋白质和氨基酸的提取及含量测定	凯氏定氮法测定蛋白质的含量	蛋白质化学	√			√	PQ
			麦清蛋白的提取					√	FHI
			酪蛋白的提取及含量测定					√	HI
			紫外光吸收法测定蛋白质的含量			√			H
			Folin 酚法测定蛋白质的含量			√			H
			考马斯亮蓝法测定蛋白质的含量				√	√	H
			氨基酸的提取、分离与含量测定		√				FH
			细胞色素 C 的制备及含量测定		√				FHI
			谷物种子中赖氨酸含量的测定					√	FH
2	2-8	蛋白质和氨基酸的性质测定	聚丙烯酰胺凝胶电泳测定蛋白质的相对分子质量	蛋白质化学	√		√	√	I
			凝胶过滤层析测定蛋白质的相对分子质量			√			H
			蛋白质酸碱性质测定与等电点		√		√		S
			蛋白质胶体性质测定与沉淀		√		√	√	S
			酪蛋白的制备、分离及等电点测定			√			FIS
3	2-10	蛋白质和氨基酸的分离、纯化及纯度鉴定	凝胶过滤层析分离纯化蛋白质	蛋白质化学	√	√	√	√	HI
			醋酸纤维素薄膜电泳法分离蛋白质		√		√	√	I
			离子交换层析分离蛋白质		√	√		√	H
			纸层析分离鉴定氨基酸		√		√	√	H
			亲和层析纯化蛋白质		√	√		√	H
			聚丙烯酰胺凝胶电泳分离纯化蛋白质			√	√		I
			盘状聚丙烯酰胺凝胶电泳分离血清蛋白			√			I
			血清清蛋白和 γ 球蛋白的分离及鉴定			√			I
			薄层层析分离鉴定蛋白质					√	H
			DNS- 氨基酸的制备和鉴定		√				HS
			硫酸铵分级沉淀法分离纯化蛋白质			√			IS

序号	建议学时	建议实验项目名称	生物科学专业——实验项目名称	知识单元	综合	师范	理工	农林	技术类型
4	3-16	酶的分离、纯化及活力测定	肝谷丙转氨酶的活力测定	酶化学	√	√	√		H
			酵母蔗糖酶的提取、分离纯化		√	√			HI
			淀粉酶的发酵生产、盐析提取与固定化		√				CEHI PQS
			多酚氧化酶的制备和性质研究		√				HIS
			溶菌酶的提纯、结晶和活力测定		√				HIS
			超氧化物歧化酶的提取及活力测定			√		√	HI
			淀粉酶的提取与活力测定		√	√		√	HI
			碱性磷酸酶的制备与活力测定		√	√	√		HI
			唾液淀粉酶的活力测定			√	√		H
			酶活性的影响因素分析			√		√	H
			酯酶的分离、纯化与活力测定			√			HI
			脲酶的比活力测定			√			H
			过氧化物酶的活力测定			√		√	H
			枯草杆菌蛋白酶的活力测定			√			H
			葡萄糖异构酶的制备、纯化及活力测定				√		HI
			葡萄糖异构酶活性的影响因素分析				√		H
			β-葡糖醛酸酶的活性鉴定				√		H
			1,5-二磷酸核酮糖羧化酶加氧酶的层析分离与电泳鉴定					√	HI
			酵母醇脱氢酶的提取与纯化					√	HI
5	3-8	酶的性质测定及酶促反应动力学	酶的米氏常数测定	酶化学	√				H
			酶的特异性实验		√				HS
			酵母蔗糖酶的性质鉴定及反应动力学		√				HS
			酶谱分析技术分析纤维素酶		√				HPQ
			过氧化氢酶的米氏常数测定			√			H
			酶促反应进程曲线的制作和初速度的测定			√			H
			脲酶的米氏常数测定			√		√	CEH
			淀粉酶的米氏常数测定			√			H
			葡萄糖异构酶的动力学参数测定				√		H
			碱性磷酸酶的米氏常数测定				√		H
			酸性磷酸酯酶的动力学性质分析				√		H
			Eadie-Hofstee 法测定辣根过氧化物酶的 K_m 和 V_{max}					√	H
			琥珀酸脱氢酶的竞争性抑制作用					√	H

续表

序号	建议学时	建议实验项目名称	生物科学专业——实验项目名称	知识单元	综合	师范	理工	农林	技术类型
6	3-6	核酸的分离、提纯及鉴定	生物组织中核酸的制备、检测与含量测定	核酸化学	√	√	√		FHI
			琼脂糖凝胶电泳及紫外光吸收法检测提取 DNA 的浓度和纯度		√	√			HI
			酵母 RNA 的分离及含量测定			√	√	√	FH
			植物总 DNA 的提取与含量测定				√	√	FHI
			醋酸纤维膜电泳分离核苷酸					√	I
			硅胶膜吸附法提取植物基因组 DNA					√	IS
			核酸的性质鉴定					√	S
7	2-8	糖类的分离、纯化鉴定及含量测定	生物组织中总糖、还原糖的提取与含量测定	糖生物学	√			√	FH
			肝糖原的提取和鉴定		√				F
			多糖的分离纯化、分子修饰及生物活性的研究		√				HPQS
			糖的呈色反应及性质实验		√	√			S
			植物多糖的提取及其抗氧化性的研究		√	√			FHS
			糖的薄层层析鉴定及含量测定		√				H
			蒽酮比色法测定葡萄糖的浓度			√	√		H
			血糖含量的测定			√			H
			3,5-二硝基水杨酸（DNS）法测定总糖和还原糖的含量			√			H
			细菌中多糖的提取及定量测定					√	FH
8	2-6	脂类的提取鉴定及含量测定	血清胆固醇的提取及含量测定	脂类生物化学	√	√	√		FH
			卵磷脂的提取和鉴定		√				F
			粗脂肪的提取及其含量测定		√	√	√	√	FH
9	2-6	维生素与天然产物的提取、鉴定及含量测定	蔬菜水果及饮料中维生素 C 的含量测定及热稳定性实验	维生素与辅酶	√			√	FHS
			茶多酚的提取及清除自由基的活性测定		√				FH
			原花色素的提取、纯化与测定		√				F
			维生素 A 的定性分析			√			FS
			胡萝卜素的柱层析分离				√		H
			比色法及紫外光吸收法测定维生素 C 的含量				√		H
			荧光光度法测定核黄素的含量					√	H
			种子皮中维生素 Bl 的提取与鉴定					√	F

续表

序号	建议学时	建议实验项目名称	生物科学专业——实验项目名称	知识单元	综合	师范	理工	农林	技术类型
10	4–16	蛋白质相互作用分析	鸡卵粘蛋白与（sepharose-4B）的偶联活化	蛋白质化学、糖生物学、维生素与辅酶、真核细胞的基因表达与调控	√				PS
			荧光法测定核黄素结合蛋白与核黄素的解离常数		√				H
			利用酵母双杂交系统验证蛋白间的相互作用			√			CEIP
			多糖与蛋白质（半乳凝集素）的相互作用分析			√			PQ
11	4–6	物质代谢	转氨酶的转氨基作用	糖代谢、脂代谢、氨基酸代谢、生物氧化	√			√	H
			肌糖原的酵解作用		√				FHS
			糖酵解中间产物的鉴定					√	FH
			植物组织中丙酮酸的含量测定					√	FH
			脂肪酸的 β- 氧化作用		√				FH
			肝组织的生酮作用		√				FH
			植物组织中丙二醛的含量测定					√	FH
12	3–12	其他生物化学实验技术与仪器设备	多功能酶标仪测定荧光蛋白质的吸收光谱与发射光谱	蛋白质化学、糖生物学、脂类化学	√				HPQ
			高效液相色谱法测定中药有效成分的含量		√				HQ
			金属螯合层析		√				H
			气相色谱法测定中药活性成分的含量		√				HQ
12	3–12	其他生物化学实验技术与仪器设备	聚酰胺薄膜层析		√				H
			蛋白质免疫印迹		√				IN
			酶联免疫吸附试验 (ELISA) 检测人血清中的乙型肝炎病毒			√			N

第五节　部分高校细胞生物学实验项目整理汇总表

序号	建议学时	建议实验项目名称	生物科学专业——实验项目	知识单元	综合	师范	理工	农林	技术类型
1	1	基本实验技能	实验课程简介、实验基础技能实训及安全知识讲座	—	√				T
			观察与统计分析					√	P

续表

序号	建议学时	建议实验项目名称	生物科学专业——实验项目	知识单元	综合	师范	理工	农林	技术类型
2	2	流式细胞术	流式细胞术		√	√			FGMQ
3	2	显微观察及显微摄影	显微摄影技术和显微测量					√	AS
			扫描及透射电镜技术及细胞超微结构观察		√	√			AGM
4	4	细胞培养技术	细胞培养前的准备	细胞的观察及研究方法		√			CO
			动物细胞工程常用培养液配制与检测			√			CMS
			细胞培养用液的配制			√			CM
			细胞污染的鉴别、细胞的复苏及计数			√			CMQ
			CO_2 培养箱等培养设备使用			√			MQ
			无菌操作的准备工作			√			C
			动物原代细胞培养		√	√	√	√	BCGMQ
			小鼠肝细胞分离技术影响因素及实验探讨			√			MO
			细胞的传代培养和形态观察		√	√	√	√	ABCGMQ
			细胞的冻存与复苏、计数及活性鉴定		√	√	√		ACGMOQ
			正常动物细胞与癌细胞分离培养		√				CGM
5	4	生殖细胞的制备及观察	小鼠睾丸、附睾及输精管精子采集、运动能力检测与结构观察	细胞的观察及研究方法		√			ABCFMGQ
			小鼠输卵管卵母细胞采集与结构观察			√			ABCFMGQ
			小鼠超数排卵及附植前不同发育阶段胚胎采集与结构观察			√			ABCFMGQ
			小鼠睾丸生殖细胞标本制备		√	√			ABCFMGQ
6	2	细胞膜凝集及通透性实验	细胞凝集现象观察	细胞质膜及物质的跨膜运输	√	√		√	ABFGMOQ
			细胞质膜的通透性与水孔蛋白通透效应的观察		√	√	√	√	ABCFGOQ
7	2	动物细胞融合	细胞融合及结果分析实验		√	√	√		ABCFGMOQ

续表

序号	建议学时	建议实验项目名称	生物科学专业——实验项目	知识单元	综合	师范	理工	农林	技术类型
8	4	植物原生质体的分离融合	PEG 诱导植物体细胞杂交	细胞的观察及研究方法		√			AFMGQ
			植物原生质体的分离和融合		√	√	√		AFMGOQ
			原生质体的制备、双基因转化和观察			√			AGIO
9	2	植物胞间连丝观察	植物胞间连丝观察及细胞大小测量	细胞的社会化联系	√	√	√	√	ABFGQ
10	2	血细胞涂片的制备及染色观察	血细胞涂片的制备及染色观察	细胞分化	√			√	ACGQ
11	2	植物组织培养	植物组织培养	细胞分化	√	√			ACFGJMOPQ
			GFP-tubulin 转基因拟南芥植株的无菌培养（组织培养）		√	√			AGO
12	4	细胞化学染色	细胞爬片的化学染色观察	细胞的观察及研究方法	√		√		CGMO
			细胞活体染色技术		√	√			ACGMQ
			石蜡切片法		√	√		√	ABGQS
			细胞化学染色实验		√	√	√	√	ABCFGMOQ
			酸性磷酸酶的细胞化学检测		√	√			ABFGIJKLMOQ
			细胞免疫荧光技术		√	√			AFGQJO
13	3	细胞器的分级分离及染色观察	细胞器的分级分离及染色观察	细胞的观察及研究方法；细胞内的膜性细胞器	√	√	√	√	ABCFGJKMOQ
14	3	膜泡运输观察	花粉管顶端（烟草悬浮细胞）内吞作用及内膜系统的检测	蛋白质分选与膜泡运输	√	√			AGO
			花粉管萌发过程中膜囊泡运输的观察		√				AG

续表

序号	建议学时	建议实验项目名称	生物科学专业——实验项目	知识单元	综合	师范	理工	农林	技术类型
15	4	细胞骨架及微丝微管染色	细胞骨架荧光观察	细胞骨架	√	√	√	√	ACFG JKM OQR
			植物细胞微丝束的观察		√	√			ABGQ
			植物细胞微丝束的光学显微镜的观察；黑藻细胞内胞质环流及其对细胞松弛素 B 的反应		√	√			ABGQ
			拟南芥叶片、根部微管 tubulin–GFP 的荧光定位		√	√			ABG IQ
			考马斯亮蓝 R250 显示细胞微丝			√			AFG MQ
			四膜虫鞭毛微管重组装的诱导与观察		√	√			AFM GQS
			鬼笔环肽对细胞微丝的标记与观察		√	√			AMGF
16	4	染色体的制备及染色分析	细胞分裂染色体标本制备与观察	细胞周期与细胞分裂；细胞核与染色质（体）	√	√	√		ABCG KLM OQ
			染色体的制备		√	√			ABC GKL MOQ
			有丝分裂与减数分裂的制片与观察		√	√	√	√	ABC GKL MOQ
			细胞周期同步化技术及细胞周期判定		√	√			ABC GKL MOQ
			淋巴细胞的培养及染色体制备及观察		√				ABC GKL MOQ
			动物细胞染色体的制备与观察		√	√			ABCG KLM OQ
			染色体核型分析和显带分析		√	√			ABCG KLM OQ
			联会染色体的染色与观察		√	√			ABCG KLM OQ

序号	建议学时	建议实验项目名称	生物科学专业——实验项目	知识单元	综合	师范	理工	农林	技术类型
17	4	染色体检测	rRNA 原位杂交	细胞核与染色质（体）	√				ACGHM
			细胞彗星实验		√				ACFGIM
			细胞质 DNA 的检测与细胞质遗传		√				ABFGMO
			细胞核核仁区银染色法与观察			√			ABFGMO
			微核的诱导与检测		√	√			ABCGKLMOQ
			细胞电泳		√				ACFGMOQ
18	3	细胞自噬观察	细胞自噬观察	细胞信号转导；细胞内的膜性细胞器	√	√			ABCGMOQ
19	3	细胞吞噬作用研究	巨噬细胞吞噬现象的观察	细胞质膜及物质的跨膜运输；细胞信号转导	√		√		ABFG
			观察人的中性粒细胞的鼓槌			√			AG
20	4	信号通路对胚胎发育的影响	nodal 信号通路对斑马鱼早期胚胎发育的影响	细胞信号转导；细胞分化	√				ABGILO
21	6	细胞转染及基因治疗	RNAi 对 eGFP 基因在细胞中表达的干预	细胞的观察及研究方法	√	√			ACGHMOQ
			细胞转染		√				ACGHMOQ
			转基因拟南芥的荧光观察		√				ABGMO
			GFP 用于基因产物定位研究		√				ABGIMOQ
			以 siRNA（shRNA）诱导基因沉默		√				ACGIMOQ
22	4	细胞分化诱导实验	干细胞（CaCl$_2$）多向分化诱导实验	细胞分化		√			ACGMOQ

续表

序号	建议学时	建议实验项目名称	生物科学专业——实验项目	知识单元	综合	师范	理工	农林	技术类型
23	4	细胞凋亡检测	细胞凋亡的诱导和检测虚拟仿真实验	细胞凋亡		√			S
			细胞凋亡的诱导及检测		√	√	√		ACFG IMOQ
			凋亡细胞全基因组 DNA 提取及影响因素分析			√			I
24	4	设计实验	中学新细胞学实验的设计	综合		√			S

第六节　部分高校遗传学实验项目整理汇总表

序号	建议学时	建议实验项目名称	生物科学专业——实验项目	知识单元	综合	师范	理工	农林	技术类型
1	4–10	杂交实验与分析	果蝇的单因子杂交实验	孟德尔式遗传	√	√	√	√	LO
			果蝇的双因子杂交实验		√	√	√	√	LO
			分离定律和自由组合定律的卡方检验			√		√	O
			植物单因子、双因子杂交实验			√		√	OS
			拟南芥突变体的杂交遗传分析		√				O
			秀丽隐杆线虫的培养、性状观察、杂交实验						ACLO
			果蝇伴性遗传	性别决定与伴性遗传	√	√	√	√	LO
			果蝇的三点测交	真核生物的遗传连锁与作图	√	√	√	√	LO
			粗糙链孢霉四分子分析		√	√		√	EIO
2	2	遗传性状的观察与分析	人的几种常见遗传特性的调查	群体遗传	√	√	√		AO
			人类遗传疾病的调查			√			AO
			人类皮纹的表型分析		√			√	AO
			ABO 血型基因型分析		√				I
			ABO 血型决定基因的群体遗传分析		√	√			O
			果蝇的饲养与观察	孟德尔式遗传	√	√	√	√	ACLO
			拟南芥培养及其遗传性状观察		√				OS
			果蝇平衡染色体突变体表型观察		√				ACLO

续表

序号	建议学时	建议实验项目名称	生物科学专业——实验项目	知识单元	综合	师范	理工	农林	技术类型
2	2	遗传性状的观察与分析	环境因素对果蝇发生量的影响	复杂性状的遗传	√				GILOP
			激素或环境因素对动植物胚胎发育的影响		√	√			ABKO
3	2	数量性状及其遗传分析	动、植物数量性状观察与分析	复杂性状的遗传			√	√	AO
			数量性状的遗传力估算与 QTL 检测					√	O
			数量遗传学和群体遗传学基础理论的计算机模拟				√		O
4	2	染色体制片和观察	人类巴氏小体的观察	遗传的细胞学基础；染色体畸变	√	√	√	√	AG
			人类染色体制片与核型分析		√	√	√	√	AG
			小鼠骨髓细胞染色体标本的制备与核型分析		√				AG
			细胞微核的检测		√		√		AG
			果蝇唾腺染色体制片与观察		√		√		AG
			人工诱导植物染色体畸变及染色体观察		√	√	√	√	GLOP
			摇蚊唾腺染色体制片与观察		√				AG
			植物细胞有丝分裂染色体制片及观察		√	√	√	√	AG
			动物细胞有丝分裂染色体制片及观察		√	√	√	√	AG
			植物细胞减数分裂染色体制片及观察		√	√	√	√	AG
			动物细胞减数分裂染色体制片及观察		√	√	√	√	AG
5	2	遗传发育的显微观察	变态发育过程的观察	基因组与基因组学	√	√			AC
			受精过程的细胞学观察		√			√	AC
			动植物生殖细胞发生的显微观察		√	√		√	AGK
			动植物生殖器官发育过程的显微观察					√	AGK
			动植物胚胎发育过程的显微观察		√	√		√	AGK
6	4	基因检测	杜氏进行性肌营养不良（DMD）的基因检测	孟德尔遗传；基因突变与 DNA 损伤修复	√				I
			儿童型进行性脊肌萎缩症（SMA）的基因检测		√				I

续表

序号	建议学时	建议实验项目名称	生物科学专业——实验项目	知识单元	综合	师范	理工	农林	技术类型
6	4	基因检测	Y 染色体性别决定因子（SRY）的基因检测	孟德尔遗传；基因突变与 DNA 损伤修复	√	√			I
			脆性 X（FRA(X)）综合征的基因检测		√				I
7	4	遗传标记及基因多态性分析	DNA 指纹分析	群体遗传	√	√			I
			人的基因组多态性 RFLP 分析			√			IP
			同工酶分析不同物种的遗传标记			√			I
			人的 ACE 基因多态监测及其与耐力运动能力的关联分析		√	√			IOP
8	4	基因突变	大肠杆菌抗药性突变株的分离	基因突变与 DNA 损伤修复			√		CE
			大肠杆菌营养缺陷型突变的诱导与突变株筛选					√	CE
			拟南芥温度敏感突变体的筛选及鉴定		√				CM
			拟南芥 T−DNA 插入突变体分析		√				CM
			人工诱变——大肠杆菌抗药性突变株的诱变			√			LOP
			人工诱变——大肠杆菌营养缺陷型突变的诱导与突变株筛选			√			LOP
			果蝇的诱变实验			√			GLOP
			人工诱变——遗传毒理学开放实验			√			GLOP
			人工诱变——诱变剂的遗传毒性评价			√			GLOP
			果蝇 EMS 诱变及睡眠相关的基因筛选		√				GILOP
			环境污染物对植物的遗传损伤		√				GIMOP
9	4	基因转化或转导	枯草芽孢杆菌的原生质体育种	细菌和噬菌体的遗传转移与作图		√			ACEO
			大肠杆菌的转导		√	√			CE
			大肠杆菌转化		√				CEI

续表

序号	建议学时	建议实验项目名称	生物科学专业——实验项目	知识单元	综合	师范	理工	农林	技术类型
10	2	基因组DNA制备及序列分析	动物、植物、人和微生物基因组DNA制备	基因组与基因组学	√	√	√	√	I
			果蝇基因组DNA提取		√				I
			人类口腔上皮细胞基因组DNA提取		√				I
			果蝇基因组信息分析		√				GILOP
			基因组结构分析		√	√			IOP
11	2	物种进化及亲缘关系分析	基因组原位杂交比较物种亲缘关系	群体遗传		√			IOP
			利用SSR标记鉴定植物亲缘关系		√	√			MIOP
			利用mtDNA序列进行分子进化分析		√				IOP
12	4	基因定位或遗传作图	大肠杆菌的非中断杂交	细菌和噬菌体的遗传转移与作图	√	√			CE
			分子遗传图谱的构建	基因组与基因组学	√				IOP
13	4	RNA干扰技术	化学合成双链小RNA干扰绿色荧光蛋白的表达	真核细胞的基因表达与调控	√				IMO
14	4	基因表达分析	拟南芥目的基因表达产物的组织和亚细胞定位	真核细胞的基因表达与调控	√				CIM
			不同发育时期特定基因和蛋白的差异表达分析		√	√			IKOPQ
			特定基因和蛋白在不同发育时期的表达模式分析		√	√		√	AGINOPQ
15	4	基因表达调控分析	利用果蝇Gal4-UAS系统研究基因功能	基因组与基因组学	√				GILOP
			大肠杆菌乳糖操纵子基因的表达调控			√			CEI
16	4-10	基因编辑及转基因技术	利用CRISPR/Cas9系统进行哺乳动物细胞的基因编辑	基因突变与DNA损伤修复；重组与转座；遗传的细胞学基础；基因组与基因组学	√				AGILOP
			动植物（模式生物）的转基因实验		√	√	√		ILOPQ
			农杆菌介导的拟南芥遗传转化		√			√	CIM

续表

序号	建议学时	建议实验项目名称	生物科学专业——实验项目	知识单元	综合	师范	理工	农林	技术类型
16	4-10	基因编辑及转基因技术	果蝇转基因的重组及分子鉴定	基因突变与DNA损伤修复；重组与转座；遗传的细胞学基础；基因组与基因组学	√	√			GIL OP
			动物胚胎的体外培养实验		√			√	CKL
			人工催产和体外受精实验		√			√	CKL
			动物胚胎移植实验					√	CKLO
			胚胎干细胞的分离实验		√			√	ABCM
			输精管结扎术					√	BCK

第七节 部分高校分子生物学实验项目整理汇总表

序号	建议学时	建议实验项目名称	生物科学专业——实验项目	知识单元	综合	师范	理工	农林	技术类型
1	2-6	DNA 的提取及检测	紫外光吸收法检测 DNA 的纯度和质量	核酸化学		√		√	H
			DNA 的琼脂糖凝胶电泳		√				I
			琼脂糖凝胶电泳分离植物 DNA		√				I
			琼脂糖凝胶电泳产物的切胶回收		√				I
			DNA 的纯化与鉴定		√				I
			DNA 酶切片段的分离与回收		√				I
			DNA 的限制性酶切及电泳分析		√			√	I
			人基因组 DNA 的分离和保存		√				I
			人类基因组 DNA 的提取及电泳分析		√				I
			哺乳动物基因组 DNA 的提取		√				I
			CTAB 法提取植物 DNA		√				I
			植物基因组 DNA 的提取		√			√	I
			细菌染色体 DNA 的提取及检测		√				I
			大肠杆菌基因组 DNA 的提取		√	√			I
			动物组织基因组 DNA 的提取及电泳检测		√				I
			肝基因组 DNA 的快速提取（碘化钾法）				√		I

序号	建议学时	建议实验项目名称	生物科学专业——实验项目	知识单元	综合	师范	理工	农林	技术类型
1	2–6	DNA 的提取及检测	基因组 DNA 的限制性酶切与检测	核酸化学				√	I
			质粒 DNA 的电泳检测		√				I
			细菌质粒 DNA 的大量提取		√	√			I
			质粒 DNA 的分离纯化		√				I
			质粒 DNA 的分离纯化与鉴定					√	I
			质粒 DNA 的提取及电泳检测		√		√		I
			质粒 DNA 的提取及酶切和电泳鉴定		√				I
			质粒 DNA 的提取及其定性定量分析		√				HI
			载体 pGEX–4T–2 的制备		√				I
			大肠杆菌质粒 DNA 的提取和纯化			√			I
			碱裂解法提取质粒 DNA 及其酶切		√				I
			碱裂解法小量提取质粒 DNA		√				I
2	4–8	RNA 的提取及检测	植物总 RNA 的分离纯化与检测	核酸化学				√	I
			植物总 RNA 的提取（LiCl 沉淀法）				√		I
			植物总 RNA 的提取及甲醛变性电泳		√				I
			细胞内总 RNA 的提取（Trizol 法）		√				I
			小鼠肝 RNA 的提取		√				I
			真核细胞总 RNA 提取及定性定量分析		√				HI
			哺乳动物总 RNA 的提取及电泳分析		√				I
			动物组织 RNA 的提取		√			√	I
			盐胁迫应答基因的表达分析（RNA 提取和 RT-PCR 检测）	核酸化学、逆转录（DNA 的生物合成）	√				IM
			RNA 的提取及 RT-PCR 制备 cDNA		√	√			I
			动物细胞 RNA 的提取及 RT-PCR 制备 cDNA		√				I

续表

序号	建议学时	建议实验项目名称	生物科学专业——实验项目	知识单元	综合	师范	理工	农林	技术类型
3	4–32	DNA重组及其阳性重组子的筛选	cDNA 文库的构建与分析	核酸化学、DNA 复制；微生物的营养与培养基、微生物的生长及其控制				√	CEI
			真核生物 cDNA 文库的构建和分析		√				CEI
			TA 克隆及 TA 重组质粒的构建		√	√			CEI
			T 连接及其连接产物的大肠杆菌转化		√				CEI
			表达载体的构建		√				CEI
			菠菜基因的扩增、克隆和检测		√				CEI
			基因工程药物人干扰素 α–2b 工程菌的制备		√				CEI
			基因克隆（连接、转化、单克隆培养）		√				CEI
			大肠杆菌感受态细胞的制备及质粒 DNA 的转化		√	√	√	√	CEI
			重组 DNA 分子的构建、转化与筛选		√				CEI
			重组体的构建、转化与筛选鉴定		√				CEI
			玉米 CuZn–SOD 基因 ZmCSD2 的克隆		√				CEI
			DNA 的回收纯化及重组体的构建		√				CEI
			抗逆基因的分离克隆与表达分析	核酸化学、DNA 复制、RNA 的生物合成、蛋白质合成、基因表达与调控；微生物的营养与培养基、微生物的生长及其控制				√	CEIM
			SOD 突变体的构建和表达纯化及其纯度分析		√				CEHI
			EGFP 基因的克隆、表达、纯化及分析			√			CEHI
			重组人白介素 –18 基因工程菌的构建与表达		√				CEI
			碱性磷酸酶原核表达载体的构建、表达及表达产物的检测			√			CEHI
			SOD 基因的克隆表达与蛋白质模型的建立和功能域分析	核酸化学、蛋白质化学、DNA 复制、RNA 的生物合成、蛋白质合成、基因表达与调控	√				CEHIPS

序号	建议学时	建议实验项目名称	生物科学专业——实验项目	知识单元	综合	师范	理工	农林	技术类型
3	4–32	DNA重组及其阳性重组子的筛选	亲免素基因的克隆及检测	核酸化学、DNA复制、RNA的生物合成、蛋白质合成；微生物的营养与培养基、微生物的生长及其控制	√				CEI
			大肠杆菌感受态细胞的转化		√				CEI
			DNA的连接与转化及重组子的筛选与验证		√		√		CEI
			重组DNA的转化及克隆筛选		√				CEI
			质粒的转化及转化子的鉴定		√		√		CEI
			重组片段的连接和转化		√				CEI
			重组质粒的连接和转化DH5α感受态细胞		√				CEI
			重组质粒转化大肠杆菌感受态细胞（BL21）		√				CEI
			目的基因与质粒载体的连接和转化		√				CEI
			农瘤杆菌介导拟南芥的基因转化		√				CEIM
			PEG法介导植物细胞的基因转化		√				CIM
			阳性菌落的PCR鉴定及重组质粒转化BL21感受态细胞		√				CEI
			蓝–白菌落法筛选重组子及重组比例的计算		√			√	I
			DNA的连接与转化		√				CEI
			荧光蛋白基因表达载体的构建		√				CEI
			目的基因的纯化与回收	核酸化学	√				I
			目的基因的电泳鉴定		√		√		I
			目的基因的获得和重组载体的构建		√				I
			外源DNA片段与质粒载体的重组		√			√	I
			目的基因与载体的连接		√				I
			DNA的酶切和连接			√			I
			DNA的酶切与纯化			√			I
			目的基因和载体酶切片段的制备		√			√	I
			质粒DNA的限制性酶切及电泳检测		√				I

序号	建议学时	建议实验项目名称	生物科学专业——实验项目	知识单元	综合	师范	理工	农林	技术类型
3	4–32	DNA重组及其阳性重组子的筛选	质粒DNA和总DNA的限制性酶切及电泳检测	核酸化学	√				I
			质粒载体与目的基因的酶切及鉴定				√		I
			重组质粒DNA的PCR验证		√				I
			重组质粒DNA的酶切验证		√				I
			重组T载体的提取	核酸化学、DNA复制		√			I
			重组质粒DNA的提取及鉴定		√				I
			重组质粒DNA的小量制备（吸附柱法）		√				I
			重组质粒的提取及酶切鉴定		√				I
			阳性重组质粒的鉴定（质粒DNA抽提、双酶切及电泳鉴定）					√	CEI
			外源基因和载体质粒的制备				√		I
			转化子的筛选和鉴定		√		√		CEI
			重组克隆的鉴定（菌落PCR）		√				I
			携带有目标蛋白基因质粒的菌种的活化和培养		√				CE
			转基因植物的筛选		√				CIM
4	8–16	目的基因的诱导表达及其检测	目的基因的原核表达与SDS-PAGE鉴定	蛋白质化学、DNA复制、RNA的生物合成、蛋白质合成、基因表达与调控	√			√	CEHIS
			目的基因的诱导表达及目的蛋白的分离鉴定		√				CEHIS
			外源基因的诱导表达与纯化		√		√		CEHIS
			外源基因在大肠杆菌中的诱导表达		√				CEHS
			PLPR启动子表达载体表达目的基因		√				CEHS
			SDS-PAGE电泳检测诱导表达的蛋白质		√				I
			SDS-PAGE分析目的蛋白在大肠杆菌中的表达		√				I
			Western Blot检测表达蛋白		√	√	√	√	IN
			荧光蛋白的诱导表达及蛋白表达产物的平板观察		√				CEIS

序号	建议学时	建议实验项目名称	生物科学专业——实验项目	知识单元	综合	师范	理工	农林	技术类型
4	8–16	目的基因的诱导表达及其检测	荧光蛋白基因表达产物的 SDS–PAGE 检测	蛋白质化学、DNA 复制、RNA 的生物合成、蛋白质合成、基因表达与调控	√				I
			重组哺乳动物细胞的基因表达分析		√				CHIM
			蛋白质（半乳凝集素）的原核表达、纯化和鉴定			√			CEI
			基因表达的鉴定		√				CI
			目的蛋白的诱导表达和 SDS–PAGE 分析		√	√			CEI
			重组人白介素 –18 亲和层析和 Western Blot 鉴定		√				HIN
5	2–8	PCR 技术及其应用	目的基因原核表达的引物设计	核酸化学、DNA 复制	√				IPS
			目的基因的扩增及 PCR 产物的检测		√		√		I
			基因扩增及 PCR 产物的电泳检测与回收		√	√		√	I
			RT–PCR 获得目的基因		√	√	√	√	I
			PCR 技术扩增 GFP 基因		√				I
			qPCR 分析基因的表达		√				IS
			qPCR 鉴定 CYP2C9 基因型		√				IS
			菠菜叶绿体成熟酶 K 的基因拷贝数分析		√				IS
			PCR 扩增大肠杆菌 16S rDNA 序列			√			IS
			RNA 差异显示法分离发育过程特异表达的基因片段		√				IS
			常规 PCR 法分析目的基因的可变剪接		√				IS
			DNA 指纹：PV92–Alu 分析		√				IS
			聚合酶链式反应 – 单链构象多态性检测（PCR–SSCP）		√				IS
6	4–16	其他分子生物学实验技术	Southern Blot	核酸化学	√			√	IS
			RNA 的 Northern Blot		√				IS
			DNA 探针的制备和标记		√				IS
			DNA 芯片技术					√	IPQS

续表

序号	建议学时	建议实验项目名称	生物科学专业——实验项目	知识单元	综合	师范	理工	农林	技术类型
6	4–16	其他分子生物学实验技术	生物芯片	核酸化学	√				IPQS
			DNA 序列获取途径与方法		√				PS
			微生物的基因组学分析		√				IPQS
			细菌种属的鉴定（16s rDNA 法）					√	IS
			基因检索平台的使用		√				PS
			动物水平上评价蛋白质的生物学功能	蛋白质化学、核酸化学				√	HPS
			核酸和蛋白质的结构与功能分析		√				IPQS

第八节　部分高校动物生理学实验项目整理汇总表

序号	建议学时	建议实验项目名称	生物科学专业——实验项目名称	知识单元	综合	师范	理工	农林	技术类型
1	2–8	动物或人体解剖结构、组织结构的观察及分析	家兔解剖	细胞的观察与研究方法；细胞的社会化联系；动物体的基本结构	√	√	√	√	ABG JKL
			内脏各系统大体解剖和组织结构比较观察		√	√	√	√	
			人体四大基本组织		√	√			
			运动系统解剖结构观察			√			
			神经系统和感觉器官的观察			√			
			内分泌系统、感觉器与皮肤			√			
			人体循环系统和内分泌系统			√			
			动物四种基本组织切片制作与结构比较观察			√			
			肝石蜡切片的制作及观察			√			
			内分泌系统形态结构的观察（含切片）			√			
			血液、肌肉组织和神经组织			√			
			循环系统、感觉器观察			√			
			呼吸、消化系统各部结构观察及人体动脉血压的测定及其影响因素、心电图的描记			√			

续表

序号	建议学时	建议实验项目名称	生物科学专业——实验项目名称	知识单元	综合	师范	理工	农林	技术类型
2	2-3	生理信号采集系统的原理和操作	BL-420 生物机能实验系统的使用	细胞质膜及物质的跨膜运输；细胞的社会化联系；神经系统		√			ABG JKLO
			生理信号采集系统的原理和操作		√	√	√	√	
			动物生理学实验仪器介绍、动物生理学实验一般操作方法		√	√	√	√	
			生物信号采集处理系统介绍；兴奋收缩耦联机制结构基础		√	√	√	√	
3	4-6	蟾蜍（牛蛙）坐骨神经干动作电位的观察与记录	动作电位传导速度测定；中枢抑制；蛙心动周期描记	细胞质膜及物质的跨膜运输；细胞的社会化联系；神经系统	√				ABG JKQ
			家兔减压神经放电现象			√			
			蛙类坐骨神经干复合动作电位的记录		√	√	√	√	
			坐骨神经干标本的制备；双相和单相神经干动作电位；神经干动作电位传导速度测定		√				
			神经干动作电位的引导；神经兴奋传导速度的测定；神经兴奋不应期的测定		√	√	√		
			神经冲动传导速度与神经不应期及电位的测定		√	√	√	√	
			神经干复合动作电位的引导		√				
4	4-6	蟾蜍坐骨神经－腓肠肌标本制备和刺激频率及刺激强度对肌肉收缩的影响	神经－肌肉标本制备及肌肉收缩曲线的描记	细胞质膜及物质的跨膜运输；细胞的社会化联系；神经系统；肌肉骨骼系统	√		√	√	ABG JKL
			蟾蜍（牛蛙）坐骨神经－腓肠肌标本的制备及不同频率、不同强度刺激对肌肉收缩的影响		√	√	√	√	
			骨骼肌的单收缩、复合收缩和强直收缩		√	√	√	√	
			离体神经肌肉标本制作及其刺激反应		√				
			刺激强度、刺激频率与肌肉收缩反应的关系		√	√	√	√	
			骨骼肌收缩特性和收缩形式的观测		√	√	√	√	

续表

序号	建议学时	建议实验项目名称	生物科学专业——实验项目名称	知识单元	综合	师范	理工	农林	技术类型
5	2-3	人手大鱼际拇收肌单收缩分析和肌电图的描记	人手拇收肌单收缩分析	细胞的社会化联系；神经系统；肌肉骨骼系统		√			JLOQ
			大鱼际肌电图的描记			√			
6	2-3	红细胞比容、血沉及凝血时测定	红细胞比容测定、血沉的测定	细胞的观察与研究方法；细胞的社会化联系；血液及循环系统				√	ABFGMQS
			红细胞比容与纤维蛋白的观察				√		
			血液凝固时间的测定		√	√	√	√	
			血涂片的制备、血细胞形态观察、血红蛋白测定、ABO血型的鉴定		√	√	√	√	
7	2-3	血涂片的制备与观察、血红蛋白测定和ABO血型鉴定	不同因素对人血细胞数量和Hb含量的影响	细胞的观察与研究方法；细胞的社会化联系；血液及循环系统	√	√			ABFGMQS
			ABO血型鉴定及血涂片、血红蛋白含量的测定		√	√	√	√	
8	2-3	心音听诊、血压测量和体表心电图描记	心音听诊、血压测量和体表心电图	细胞的社会化联系；动物体的基本结构；血液及循环系统	√	√	√	√	JLOQ
			人体动脉血压的间接测定及其影响因素		√	√	√	√	
			计算机生理信号采集系统的使用及指脉图的测定和图形处理、心电、人体血压和脉搏测定		√				
9	4-6	蟾蜍（牛蛙）离体心脏灌流	不同因素对离体蛙心脏活动的影响	细胞的社会化联系；动物体的基本结构；血液及循环系统	√				KOQ
			蟾蜍离体心脏灌流：某些因素对离体心脏的影响		√	√	√	√	
			激素及离子对蟾蜍离体心脏的作用		√				
10	4-6	蟾蜍（牛蛙）心脏收缩与电兴奋的关系	蛙类心搏过程的观察以及心室的期外收缩与代偿间歇	细胞的社会化联系；动物体的基本结构；血液及循环系统		√			JKLOPQ
			蛙类心脏起搏点的分析与心搏曲线的观察		√	√	√	√	
			蛙类心脏收缩与电兴奋的关系		√	√			
			心脏的期前收缩和代偿间歇；心脏的神经支配			√	√		

续表

序号	建议学时	建议实验项目名称	生物科学专业——实验项目名称	知识单元	综合	师范	理工	农林	技术类型
10	4-6	蟾蜍（牛蛙）心脏收缩与电兴奋的关系	蟾蜍（牛蛙）的心脏机械活动与电活动的关系	细胞的社会化联系；动物体的基本结构；血液及循环系统	√				JKLO PQ
			蛙心起搏点的观察		√	√	√		
11	4-6	神经体液因素对家兔心血管活动的调节	家兔颈部手术：气管、血管和神经分离，气管和血管插管；减压神经放电	细胞的社会化联系；动物体的基本结构；血液及循环系统	√				JLO PQ
			家兔动脉血压神经、体液调节及颈动脉窦减压反射			√	√	√	
			家兔心血管系统调节			√			
			神经体液因素对大鼠动脉血压的影响			√			
			心血管与内脏器官大体解剖结构的观察		√	√		√	
12	4-6	蟾蜍（牛蛙）肠系膜微循环的观察和影响因素分析	观察某一因素对蟾蜍肠系膜微循环的影响	细胞的社会化联系；动物体的基本结构；血液及循环系统		√	√		LQ
			蛙肠系膜血液循环观察			√			
			蟾蜍趾蹼和肠系膜微循环的观察			√			
			血管舒张与收缩生理特性虚拟仿真实验			√			
			循环系统的组成、功能和组织解剖结构			√			
			蛙类毛细血管及血液循环的观察			√			
13	4-6	神经体液因素对兔呼吸运动的调节	胸膜腔压的测定、家兔呼吸运动的调节	细胞的社会化联系；动物体的基本结构；呼吸系统	√	√	√	√	JLO PQ
			检测肺功能、腱反射及体温		√	√	√		
			家兔呼吸运动和胸内负压的影响因素观测		√	√	√	√	
14	4-6	人体心肺功能的评定	人体肺通气量的测定	细胞的社会化联系；动物体的基本结构；呼吸系统	√	√	√	√	JLO QS
			人体呼吸系统的观察			√			
			人体心肺功能的评定		√	√	√	√	
			呼吸系统形态结构的观察及肺活量的测定（含切片）			√			

续表

序号	建议学时	建议实验项目名称	生物科学专业——实验项目名称	知识单元	综合	师范	理工	农林	技术类型
15	4-6	胃肠运动的观察，胆汁胰液的分泌	胃肠运动的观察，胆汁胰液的分泌	细胞的社会化联系；动物体的基本结构；消化系统	√		√		JLOPQ
			家兔胆汁分泌的调节		√				
16	4-6	离体小肠平滑肌生理特性分析	离体小肠平滑肌生理特性的观察	细胞质膜及物质的跨膜运输；细胞的社会化联系；肌肉骨骼系统	√	√	√	√	BJKMOPQS
			离体小肠灌流			√			
17	4-6	大鼠离体小肠的吸收及其影响因素分析	小肠的吸收与渗透压的关系	细胞质膜及物质的跨膜运输；细胞的社会化联系；消化系统				√	BJKMOPQS
18	4-6	影响家兔尿液生成的因素	泌尿系统、生殖系统的形态结构观察（含切片）	细胞质膜及物质的跨膜运输；细胞的社会化联系；动物体基本结构；泌尿系统与渗透调节		√			BJKLS
			呼吸系统、泌尿系统、生殖系统解剖			√			
			不同药物对家兔尿液生成的影响		√				
			影响尿生成的因素及尿生成的调节			√		√	
19	4-6	脊髓反射的基本特征与反射弧的分析	脊髓背根和腹根的机能	细胞的社会化联系；动物体的基本结构；神经系统	√				BKLQP
			脊髓反射与反射时的测定		√				
			反射弧分析，期前收缩与代偿间歇		√	√	√	√	
20	4-6	家兔大脑皮层刺激效应及去大脑僵直的观察	中枢神经系统、周围神经系统	细胞的社会化联系；动物体的基本结构；神经系统		√			AJKLOPQS
			家兔大脑皮层诱发电位			√			
			家兔大脑皮层运动区的刺激效应及去大脑僵直的观察			√			
			大脑的观察			√			
21	4-6	条件反射与记忆分析	小鼠悬尾实验、大鼠水迷宫实验、Y迷宫实验	细胞的社会化联系；动物体的基本结构；神经系统		√			LOQS
			小白鼠防御性条件反射			√			

续表

序号	建议学时	建议实验项目名称	生物科学专业——实验项目名称	知识单元	综合	师范	理工	农林	技术类型
22	4-6	小脑损伤动物行为的观察	损伤小白鼠小脑的效应	细胞的社会化联系；动物体的基本结构；神经系统	√			√	LOPS
23	4-6	神经系统的解剖与组织结构	神经系统的组成、功能和组织解剖结构	细胞的社会化联系；动物体的基本结构	√	√	√	√	ABFGKS
			神经系统模型观察		√	√		√	
24	2-3	色觉、视力、视野、盲点的测定及瞳孔对光反射	视力测定、盲点测定、瞳孔对光反射、听力测定	细胞的社会化联系；动物体的基本结构；感觉系统	√	√	√	√	ABKLOP
			人体眼球震颤的观察			√			
25	2-3	斑马鱼视动反应行为的观察	斑马鱼视动反应行为的观察	细胞的社会化联系；动物体的基本结构；感觉系统		√			LOS
26	4-6	损伤迷路对动物运动的影响	去除迷路对动物运动的影响	细胞的社会化联系；动物体的基本结构；感觉系统	√				LOP
			一侧迷路破坏的效应		√	√			
27	4-6	豚鼠耳蜗电位的引导和听力测定	豚鼠耳蜗电位的引导	细胞的社会化联系；动物体的基本结构；感觉系统		√			JLOP
			声音的传导途径和听力		√	√	√	√	
28	4-6	小鼠肾上腺摘除与应激反应的观察	内分泌系统观察；小鼠肾上腺摘除	细胞的社会化联系；动物体的基本结构；内分泌系统		√			LOPS
			内分泌系统形态结构观察			√			
29	4-6	胰岛素、肾上腺素对血糖的调节	胰岛素致低血糖效应	细胞的社会化联系；动物体的基本结构；内分泌系统		√			KLOQS
			胰岛素，肾上腺素对血糖的调节		√	√	√		
			肾上腺素与促黑激素对皮肤色素细胞的影响			√			
30	4-6	小鼠卵巢解剖结构观察及妊娠检查	小鼠卵巢解剖结构观察及妊娠检查	细胞的社会化联系；动物体的基本结构；生殖系统		√			ABKN

第九节　部分高校免疫学实验项目整理汇总表

序号	建议学时	建议项目名称	生物科学专业——实验项目	知识单元	综合	师范	理工	农林	技术类型
1	2	免疫学实验室安全及防护知识、仪器操作方法	实验室安全及基本仪器培训	—	√				QT
2	4-8	经典免疫学检测技术—凝集反应、沉淀反应、补体结合反应、中和反应	凝集反应	免疫系统	√			√	BNQ
			凝集反应与沉淀反应					√	BCDEHN
			琼脂双向扩散实验		√			√	CINO
			双向免疫扩散试验		√			√	GHNS
			E-花环形成实验		√				GIN
			补体介导的细胞毒实验检测 T 细胞亚群		√				G
			Western Blot		√				GNO
3	4-8	免疫标记技术	酶联免疫吸附试验	免疫系统				√	CHINO
			灰树花真菌疏水蛋白 (HGFI) 的转化表达及双抗体夹心法检测		√				GEI
			免疫荧光染色检测细菌		√				AEGQ
			胶体金免疫层析技术		√				AHNQS
4	4-12	抗体制备与鉴定技术	多克隆抗体的制备	免疫系统				√	CDLMN
			免疫血清的分离、制备、鉴定及保存		√				ABCDGHINQS
			免疫球蛋白的分离提取					√	CINO
			免疫球蛋白的 SDS-PAGE 电泳分析					√	CIN
			免疫球蛋白的纯化及抗体浓度测定		√				G
			抗菌抗体的定性与定量检测		√				G

序号	建议学时	建议项目名称	生物科学专业——实验项目	知识单元	综合	师范	理工	农林	技术类型
5	4~8	免疫细胞分离、制备、鉴定与功能检测技术	小鼠脾细胞分离、培养	免疫系统、细胞分化、细胞周期与细胞分裂	√				CGMNQS
			免疫细胞的磁分选及流式细胞仪分选		√				G
			外周血免疫细胞的分离与计数		√			√	ANQ
			单核细胞的制备及检验		√			√	ABGL
			Cell Counting Kit-8 检测细胞增殖与活性		√				AMNQ
			流式细胞仪定量检测 CD4+/CD8+ 细胞数		√				ABNOQ
			淋巴细胞转化实验		√				ABCGIN
			淋巴细胞增殖实验溶血空斑实验					√	CMN
			酶联免疫斑点实验 (ELIspot)		√				GNO
6	6	固有免疫细胞功能检测技术	巨噬细胞吞噬功能的检测	免疫系统、细胞质膜及物质的跨膜运输				√	ACEGLN
			中性红法检测巨噬细胞吞噬功能		√				G
7	4~8	免疫病理学实验技术	过敏原检测试验	免疫系统	√				G
			超敏反应试验					√	CDN
			动植物组织冰冻切片及免疫组化		√				G

第十节　部分高校生态学实验项目整理汇总表

序号	建议学时	建议实验项目名称	生物科学专业——实验项目名称	知识单元	综合	师范	理工	农林	技术类型
1	2~4	生态因子的综合测定与分析	生态因子综合测定技术	环境		√			OQR
			生态环境中生态因子的观测与测定				√		
			生态因子测定的若干仪器及使用方法			√		√	
			若干生态因子的时空变化					√	
			校园内不同环境生态因子的测定			√			
			植物群落内生态因子测定		√	√			

续表

序号	建议学时	建议实验项目名称	生物科学专业——实验项目名称	知识单元	综合	师范	理工	农林	技术类型
1	2-4	生态因子的综合测定与分析	不同生态系统中生态因子的测定及其比较	环境			√		OQR
			不同生态系统主要生态因子的时空变异			√	√		
			微环境生态因子的测定			√			
			环境生态因子的测定			√			
			生态因子周期性变动及物候观察与调查			√			
2	2	生物气候图的绘制	生物气候图绘制	环境	√	√			AO
3	2	土壤理化性质测定	土壤样品的采集技术与土壤样品的制备与处理	环境	√				OPQR
			土壤生态因子的测定		√	√			
			土壤磷含量的测定			√			
4	2	水体溶解氧含量测定	水体常规理化性质的测定——溶解氧的测定	环境		√			OQ
5	4-6	水盐胁迫对植物种子萌发/植物生长/植物生理生化/植物耐性相关基因表达的影响	种子的萌发实验	生长与发育；环境因子对生长发育的影响及调控机理；逆境生理；环境；个体生态		√			OQ
			光对植物的影响与作用			√			
			温度对植物的影响与作用			√		√	
			低温对植物的影响与作用			√			
			盐胁迫对小麦组织丙二醛含量的影响			√			
			盐胁迫对植物生长的影响		√	√			
			温度胁迫对植物花粉活力和萌发率的影响			√			
			植物叶片缺水程度的电导法鉴定其抗性		√				
6	4-6	鱼类对温度和盐度的耐受性实验	光对动物的影响与作用	种群生态		√			OQS
			温度对动物的影响与作用			√			
			低温对动物的影响与作用			√			
			温度对动物能量代谢的影响			√			
			鱼类对温度、盐度耐受性的观测			√			
			张店城区生态环境（水、空气、植被、鱼类等任选对象）调查				√		
			环境温度对动物体温的影响			√			

续表

序号	建议学时	建议实验项目名称	生物科学专业——实验项目名称	知识单元	综合	师范	理工	农林	技术类型
7	4-6	环境污染对生物生理的影响	生物微核对环境污染的指示	生长与发育；逆境生理；种群生态	√				OPQ
			乙酰甲胺磷对草履虫的急性毒性作用			√			
			铅铬胁迫对小麦种子萌发及幼苗脯氨酸含量的影响			√			
			重金属污染对植物叶绿素含量的影响			√			
8	2	标志重捕法/去除取样法估计种群数量大小	标志重捕法估计种群数量大小	种群生态	√	√			OR
			Lincoln 指数法、去除取样法估计种群数量大小			√			
			样方法测量和估计生物种群数量			√			
			取样称量法测量和估计植物种群数量			√			
			去除取样法估计动物数量			√			
			标志重捕法的运用及相关影响因素分析			√			
			植物种群数量及年龄结构的调查				√		
9	2-4	种群空间格局分析	植物种群空间分布格局的调查	种群生态			√		OR
			种群空间分布型的测定		√	√			
			种群空间结构分析		√				
			种群密度与空间分布格局调查			√			
			样方法的使用及种群空间分布格局的判定			√			
10	2	种群动态模型	酵母菌种群在有限环境中及盐胁迫下的逻辑斯蒂增长	种群生态	√				AOS
			种群在资源有限环境中的逻辑斯蒂增长			√			
			酵母菌在无限环境中的增长模型拟合测定			√			
			种群增长模式——logistic 方程的数学模拟			√			
			种群逻辑斯蒂增长模拟			√			
			生物种群 logistic 增长模型的测定和拟合			√			

续表

序号	建议学时	建议实验项目名称	生物科学专业——实验项目名称	知识单元	综合	师范	理工	农林	技术类型
11	2	种群年龄结构与性别比例	木本植物种群年龄结构与静态生命表编制	种群生态		√			AOR
12	2	种群生命表	种群生命表的编制与存活曲线	种群生态		√	√		AORS
			生命表的编制		√			√	
13	2-4	资源竞争模型	生物关系分析——种间竞争和他感作用	种群生态			√		OQR
			植物密度制约下的种内竞争与种间竞争实验		√				
			两种植物之间对光照、水分和营养等的竞争		√				
			种间竞争和植物化感作用			√			
			植物种间的竞争与互补			√			
			植物竞争研究			√			
14	4-6	利用等位酶/DNA标记研究种群的遗传多样性	遗传分子标记技术在生态学中的应用	种群生态		√			IOQ
15	4-6	植物种群生殖分配	花粉干扰授粉实验	种群生态			√		BOR
			植物种群生殖分配的测定			√			
16	6	群落数量特征调查	群落种类组成、表现面积与生活型谱调查	群落生态			√		ORS
			植物群落数量结构调查		√				
			植物群落的数量特征分析及多样性测定		√	√			
			植物群落调查方法、关键种群特征和物种多样性分析			√			
			群落调查与分析					√	
			植物群落数量特征的调查与分析及群落内外生态因子测定		√				

序号	建议学时	建议实验项目名称	生物科学专业——实验项目名称	知识单元	综合	师范	理工	农林	技术类型
17	4-6	种－面积曲线的绘制	种－面积曲线绘制	群落生态	√	√			AORS
			种群巢区面积的估算			√			
			群落最小表现面积的确定：种－面积曲线			√			
			巢氏样方法（种－面积曲线）验证最小取样面积			√			
18	4-6	群落演替观察	群落演替	群落生态		√			RS
			群落演替分析			√			
19	2-4	群落演替虚拟仿真实验	群落演替虚拟仿真实验	群落生态	√				PRS
20	6-8	天然群落与人工群落的比较	草本及森林植物群落调查	群落生态		√			ORS
			树种遮阴效果测定		√				
21	4-6	植物功能性状测定	群落生态学研究项目	群落生态			√		OQR
			光合作用的测定			√			
			叶绿素含量的测定			√			
			环境条件对叶片形态结构的影响			√			
22	6-8	群落物种多样性调查分析	植物群落的物种多样性测定	群落生态			√		OQRS
			生物多样性调查				√		
			校园内植物群落物种多样性调查		√				
			植物群落物种多样性的测定（室内）					√	
			植物群落物种多样性的测定（室外）					√	
			群落生物多样性的调查			√			
			群落物种多样性指数计算与比较			√			
			植物群落小气候及多样性的测定			√			
			植物群落数量特征的调查与群落中种的多样性测定			√			
23	2-4	校园植物识别与标本制作	标本的相关知识及制作技术	个体生态		√			BR

续表

序号	建议学时	建议实验项目名称	生物科学专业——实验项目名称	知识单元	综合	师范	理工	农林	技术类型
24	2-4	校园鸟类物种多样性调查	生态制图与鸟类群落调查	群落生态		√			ORS
			野外鸟类资源调查			√			
			鸟类生态行为学观察			√			
25	2-4	群落分类与排序	植物群落内各数量指标的调查	群落生态		√			ORS
26	2-4	生态系统初级生产力测定	生态系统生物量测定	生态系统	√				OPQR
			草本植物群落生物量测定					√	
			黑白瓶法测定水体初级生产力			√			
			农业生态系统初级生产力的测算			√			
27	4-6	不同生态系统中土壤有机质含量的比较	土壤碳含量的测定	生态系统		√			OQ
			森林乔木生物量和碳储量测定			√			
28	4-6	水生生态系统中氮磷对藻类生长的影响	水中氨氮含量的测定	生态系统		√			OQ
			氮磷含量对水体生态系统稳定性的影响		√				
29	4-6	土壤呼吸的测定	土壤呼吸的测定	生态系统		√			OQ
30	4-6	生态瓶的设计制作及生态系统的观察	生态瓶的设计与制作	生物圈	√	√			OQ

第十一节　部分高校人体组织学与解剖学实验项目整理汇总表

序号	建议学时	建议实验项目名称	生物科学专业——实验项目名称	知识单元	综合	师范	理工	农林	技术类型
1	3	石蜡切片技术	石蜡切片的制作	细胞的观察与研究方法	√	√		√	ABGQ
			肝石蜡切片的制作及观察			√			
			石蜡制片技术			√			
			组织切片的一般制作方法					√	

序号	建议学时	建议实验项目名称	生物科学专业——实验项目名称	知识单元	综合	师范	理工	农林	技术类型
2	3	冰冻切片技术	冰冻切片法	细胞的观察与研究方法		√	√		ABGQ
3	3	透射电镜的样品制备	透射电镜的样品制备	细胞的观察与研究方法		√	√		ABGQ
			超薄切片技术			√	√		
			透射电镜的结构、原理及其使用方法			√	√		
4	3	扫描电镜的样品制备	扫描电镜的样品制备	细胞的观察与研究方法		√	√		ABGQ
			扫描电镜的结构、原理及其使用方法			√	√		
5	2	上皮组织的观察	上皮组织	细胞的观察与研究方法	√	√	√	√	AQ
			人体四种基本组织显微观察比较			√			
			人体基本组织观察		√				
			人体上皮细胞的观察		√				
			基本组织		√				
			上皮组织结构观察			√			
6	2	结缔组织的观察	固有结缔组织——骨和软骨	细胞的观察与研究方法	√		√		AGQ
			人血涂片的制备与观察			√			
			人体四种基本组织显微观察比较			√			
			ABO血型鉴定及血涂片观察		√				
			血涂片制作及基本组织观察		√				
			骨磨片的制备		√				
			结缔组织			√	√	√	
7	2	肌组织的观察	骨骼肌	细胞的观察与研究方法	√		√	√	AQ
			骨骼肌收缩特性和收缩形式的观测		√				
			肌肉组织的观察		√				
			血与肌肉组织			√			
8	2	神经组织的观察	神经组织	细胞的观察与研究方法	√	√	√		AQ
			神经组织的结构观察			√			
			神经组织及神经系统					√	

续表

序号	建议学时	建议实验项目名称	生物科学专业——实验项目名称	知识单元	综合	师范	理工	农林	技术类型
9	2	骨骼概述	躯干骨	动物体的基本结构；肌肉骨骼系统		√			A
			运动系统解剖结构观察			√			
			人体运动系统观察		√				
			颅骨			√			
			附肢骨			√			
			躯干骨的连结			√			
			附肢骨的连结			√			
			关节学			√			
			骨骼			√			
10	2	骨骼肌概述	肌学概述	动物体的基本结构；肌肉骨骼系统	√	√			A
			颈肌、躯干肌			√			
			肌学概述、头肌			√			
11	2	循环系统的大体解剖及显微结构	脉管系统实验	动物体的基本结构；血液及循环系统			√	√	AQ
			心血管系统			√	√	√	
			淋巴系统			√			
			循环系统形态结构的观察（猪心解剖、心音听诊、血压测定）			√			
			心血管大体解剖结构的观察			√			
			循环系统的组成、功能和组织解剖结构			√			
			循环系统		√	√	√	√	
12	2	免疫系统的大体解剖及显微结构	免疫系统	动物体的基本结构；免疫系统	√	√	√	√	AQ
13	2	消化系统的大体解剖及显微结构	消化系统	动物体的基本结构；消化系统	√		√	√	AQ
			消化系统的大体解剖结构			√			
			消化系统大体解剖结构的观察			√			
			消化系统的组成、功能和大体解剖结构			√			
			家兔胆汁分泌的调节		√				
			消化系统的显微结构			√			

序号	建议学时	建议实验项目名称	生物科学专业——实验项目名称	知识单元	综合	师范	理工	农林	技术类型
14	2	呼吸系统的大体解剖及显微结构	呼吸系统	动物体的基本结构；呼吸系统		√	√	√	AQ
			呼吸系统大体解剖结构的观察			√			
			呼吸系统的组成、功能和组织解剖结构			√			
			呼吸系统的显微结构		√				
15	2	泌尿系统的大体解剖及显微结构	泌尿系统	动物体的基本结构；泌尿系统与渗透调节		√	√	√	AQ
			泌尿系统大体解剖结构的观察			√			
			影响尿生成因素的观察			√			
			泌尿系统的组成、功能和大体解剖结构			√			
			家兔尿生成调节		√				
16	2	生殖系统的大体解剖及显微结构	泌尿系统、生殖系统	动物体的基本结构；生殖系统	√				AQ
			生殖系统大体解剖结构的观察			√			
			生殖系统			√	√	√	
17	2	内分泌系统的大体解剖及显微结构	内分泌系统	动物体的基本结构；内分泌系统	√	√	√		AQ
			人体内分泌系统观察；小鼠肾上腺摘除			√			
			内分泌系统的显微结构			√			
18	2	感觉器与皮肤	被皮系统	动物体的基本结构；感觉系统				√	AQ
			眼与耳的形态结构的观察		√				
			眼形态结构的观察（视力测定、色盲测定、视野测定）			√			
			耳形态结构的观察（听力、盲点测定、声音的传导途径）			√			
			感觉器与皮肤			√			
			视器			√			
			耳			√			
			感觉器		√	√	√	√	
			感觉与皮肤			√			
19	3	脊髓与脑干	中枢神经系统	动物体的基本结构；神经系统	√	√	√		A
			脊髓的构造与脑干的外形			√			
			神经系统的组成、功能和组织解剖结构			√			
			人体神经系统观察		√				
			脑干的内部结构			√			

续表

序号	建议学时	建议实验项目名称	生物科学专业——实验项目名称	知识单元	综合	师范	理工	农林	技术类型
20	2	间脑、小脑与端脑	间脑、小脑与端脑	动物体的基本结构；神经系统		√			AQ
21	2	周围神经系统	周围神经系统	动物体的基本结构；神经系统		√	√		AQ
			周围神经系统的观察		√				
			反射时和反射弧的测定		√				
22	3	免疫组织化学染色技术	免疫组织化学染色技术	细胞的观察与研究方法；器官的发生与形成	√	√		√	ABGQ
23	3	组织化学染色技术	组织化学染色技术	细胞的观察与研究方法；器官的发生与形成	√	√		√	AQ
24	3	人体胚胎发育	早期胚胎发育的观察	发育的主要特征与基本规律；器官的发生与形成	√	√			AQ
			哺乳动物早期胚胎发育及胎膜、胎盘的结构					√	

生物技术专业实验项目

生物技术专业的核心知识单元依据《普通高等学校本科专业类教学质量国家标准》"生物科学类教学质量国家标准（生物技术专业）"，并标注各实验项目所需掌握的基本实验技能。其中，A.绘图和显微成像技术；B.动植物解剖及标本制作技术；C.无菌操作技术；D.微生物生理生化分析技术；E.微生物分离与多级培养技术；F.细胞器分离及成分分析技术；G.生物样品制片、染色技术及分析检测技术；H.生化分离分析技术；I.光谱与色谱技术；J.基因操作技术；K.电生理操作技术；L.离体动物器官制备技术；M.整体动物实验操作技术；N.细胞与组织培养技术；O.酶联免疫技术；P.实验设计与数据处理技术；Q.多学科交叉技术；R.生物学仪器设备综合运用技术；S.常见动植物鉴别方法、动植物标本制作、样方与样线调查方法；T.其他技术。依据调研结果，将综合类、师范类、理工类、农林类高校的实验项目开设情况分别加以标注。

第一节　部分高校动物学实验项目整理汇总表

序号	建议学时	建议实验项目名称	生物技术专业——实验项目名称	知识单元	综合	师范	理工	农林	技术类型
1	2	显微镜的结构与使用及生物绘图和显微拍照	光学显微镜的构造和使用	动物体的组织与特征	√	√	√	√	ABL GQ
			光学显微镜的构造使用和生物绘图简介		√				
			普通光学显微镜原理及使用；原生动物观察		√	√		√	
			显微镜、体式显微镜的使用及海绵动物观察		√				

序号	建议学时	建议实验项目名称	生物技术专业——实验项目名称	知识单元	综合	师范	理工	农林	技术类型
1	2	显微镜的结构与使用及生物绘图和显微拍照	显微镜的基本构造和使用方法，细胞制片和动物组织切片的观察	动物体的组织与特征	√	√		√	ABL GQ
			显微镜的结构和使用、细胞的制片与观察		√	√	√	√	
			显微镜的使用、生物绘图、动物的细胞和组织		√				
			显微镜的使用及水体中生物的观察		√				
			显微镜及动物的组织		√	√	√	√	
			显微镜的构造、使用和草履虫玻片标本的制作和观察			√		√	
			显微镜的原理与使用方法及口腔上皮细胞的制片与观察			√		√	
2	2	动物的细胞和组织制片与观察	动物的细胞和组织制片及观察	动物体的组织与特征	√			√	ABG
			动物组织的制片及观察		√			√	
			动物组织的制片及观察、血型鉴定		√	√		√	
			动物组织及动物细胞有丝分裂					√	
3	4	草履虫等原生动物采集、培养及形态结构与生命活动观察系列实验	草履虫的形态结构与生命活动	动物体的组织与特征；生物的多样性；生物的分类原则与方法；动物的主要类群	√	√		√	ABLR QGM
			草履虫或变形虫的观察		√	√		√	
			草履虫及其他自由生活的原生动物		√	√			
			水体原生动物实验		√	√			
			原生动物：眼虫、草履虫的观察		√	√		√	
			原生动物草履虫形态结构观察		√	√		√	
			原生动物的采集培养与观察		√	√		√	
			原生动物的系列实验		√	√			
			原生动物的形态结构与生命活动观察		√	√		√	

续表

序号	建议学时	建议实验项目名称	生物技术专业——实验项目名称	知识单元	综合	师范	理工	农林	技术类型
3	4	草履虫等原生动物采集、培养及形态结构与生命活动观察系列实验	原生动物门及腔肠动物门形态结构观察	动物体的组织与特征；生物的多样性；生物的分类原则与方法；动物的主要类群	√	√		√	ABLR QGM
			原生动物形态观察、分类及多样性			√			
			原生动物实验及切片观察		√	√		√	
			草履虫、四膜虫和其他原生动物		√	√		√	
			原生、腔肠、扁形动物分类		√	√		√	
			自由生活的原生动物（附：显微镜的使用）		√	√		√	
4	4	多细胞动物的早期胚胎发育与基本组织观察	斑马鱼早期胚胎发育形态学观察	动物体的组织与特征	√				ABGL QRMS
			显微观察：动物细胞、组织和蛙早期胚胎发育的观察；原生动物、腔肠动物和扁形动物的观察		√	√			
			动物组织基本类型与特点观察		√	√			
			动物组织与原生动物的观察		√	√			
			人体四大基本组织装片的观察		√	√			
			动物的细胞与组织		√	√			
			动物四种基本组织切片观察		√	√			
			动物早期胚胎发育与原生动物的观察		√	√			
			多细胞动物的胚胎发育		√	√			
			多细胞动物的早期胚胎发育与动物的基本组织		√	√			
			多细胞动物早期胚胎发育及水螅		√	√			
5	2	水螅等腔肠动物形态结构与生命活动观察及分类	腔肠动物水螅（桃水母）形态研究	动物体的组织与特征；生物的多样性；生物的分类原则与方法；动物的主要类群	√	√	√	√	ABLG QRM
			水螅的形态结构与生命活动		√	√	√	√	
			水螅及其他腔肠动物		√	√	√	√	
			水螅及涡虫、蛔虫与蚯蚓		√	√	√	√	
			水螅与涡虫形态结构观察		√	√	√	√	
			腔肠、扁形动物的观察与分类		√	√	√	√	

续表

序号	建议学时	建议实验项目名称	生物技术专业——实验项目名称	知识单元	综合	师范	理工	农林	技术类型
6	4	涡虫、华支睾吸虫和猪带绦虫等扁形动物形态结构观察	水螅、涡虫、吸虫和绦虫的形态结构与生命活动	动物体的组织与特征；动物的主要器官系统与功能	√	√	√	√	ABGLQRS
			扁形动物的形态结构与生命活动观察		√	√	√	√	
			扁形动物和线虫形态研究		√	√		√	
			扁形动物制片及形态观察		√	√	√	√	
			涡虫及猪带绦虫和华支睾吸虫		√	√		√	
7	4	蛔虫和其他假体腔动物形态结构观察与分类	蛔虫的形态结构与生命活动	动物的主要器官系统与功能；生物的多样性；生物的分类原则与方法；动物的主要类群	√	√		√	ABGLQRM
			蛔虫和环毛蚓的解剖与观察		√	√	√	√	
			蛔虫及其他线虫形态结构观察		√	√		√	
			猪蛔虫及其他假体腔动物		√	√		√	
			线形和环节动物的观察与分类		√	√		√	
8	4	环毛蚓外形和内部解剖结构观察	环毛蚓的形态结构与生命活动	动物的主要器官系统与功能；生物的多样性；生物的分类原则与方法；动物的主要类群	√	√	√	√	ABGLPQR
			环毛蚓及其他环节动物		√	√	√	√	
			环毛蚓外形及内部解剖结构观察		√	√	√		
			环节、软体动物观察与解剖		√	√			
			环毛蚓的解剖及环节动物常见种类的观察与分类			√			
			蚯蚓的解剖、蛔虫与蚯蚓横切面的比较			√			
			环毛蚓浸制标本的解剖				√		
			环节动物与软体动物的观察		√				
9	6	河蚌（乌贼/萝卜螺/田螺）外形和内部解剖结构观察及软体动物分类	河蚌的解剖及软体动物的分类鉴定	动物的主要器官系统与功能；生物的多样性；生物的分类原则与方法；动物的主要类群	√	√		√	ABLQRMG
			河蚌的解剖与观察		√	√			
			乌贼（河蚌）的形态结构与生命活动		√	√			
			乌贼及其他头足类		√				
			河蚌的形态结构与分类		√			√	
			河蚌或田螺及其他瓣鳃类		√	√		√	
			河蚌及其他软体动物		√	√		√	
			中国圆田螺解剖及软体动物分类			√			
			河蚌和鱿鱼的形态结构			√			
			萝卜螺的形态结构与生命活动		√				

续表

序号	建议学时	建议实验项目名称	生物技术专业——实验项目名称	知识单元	综合	师范	理工	农林	技术类型
10	4	软体动物齿舌的制片观察与分析	软体动物齿舌的制片观察与分析	动物的主要器官系统与功能	√				ABRLOM
11	6	鳌虾（沼虾）外形和内部解剖结构观察及甲壳动物分类	鳌虾、沼虾的比较解剖	动物的主要器官系统与功能；生物的多样性；生物的分类原则与方法；动物的主要类群	√			√	ABRLOM
			鳌虾外形及内部解剖结构观察		√	√	√	√	
			节肢动物门甲壳纲和昆虫纲比较及昆虫分类		√				
			克氏原鳌虾的解剖与观察		√	√	√	√	
			日本沼虾（鳌虾）的形态结构与生命活动		√	√	√	√	
			虾及其他甲壳动物		√	√		√	
			沼虾、蟹及其他节肢动物		√	√		√	
			沼虾的解剖及甲壳动物的分类鉴定		√	√			
			沼虾和蝗虫的解剖与观察		√	√	√		
			节肢动物的形态结构及生理特征		√				
12	4	蝗虫外形及内部解剖结构观察	节肢动物的解剖与观察	动物的主要器官系统与功能；生物的多样性；生物的分类原则与方法；动物的主要类群	√	√	√	√	ABLRQGTSP
			蝗虫、河蚌比较解剖		√				
			蝗虫的解剖及昆虫纲的分类鉴定		√				
			昆虫外形及内部解剖结构观察		√	√	√	√	
			棉蝗的形态结构与生命活动		√				
			棉蝗解剖及昆虫分类		√	√			
			昆虫的分类与解剖观察		√				
			昆虫的解剖观察及分类研究		√	√			
			蝗虫的外形和内部解剖		√	√			
			蝗虫与鳌虾比较解剖		√	√		√	

续表

序号	建议学时	建议实验项目名称	生物技术专业——实验项目名称	知识单元	综合	师范	理工	农林	技术类型
13	6	昆虫多样性与分类	昆虫多样性	生物的多样性；生物的分类原则与方法；动物的主要类群	√			√	ABGTLRS
			昆虫的结构（口器及足等）对环境的适应					√	
			各类昆虫外形和口器的观察					√	
			蝴蝶观察与昆虫分类			√			
			昆虫纲的分类检索			√			
			常见动物（昆虫）的识别与鉴别		√				
			昆虫纲分类		√	√			
14	2	棘皮动物、原索动物和圆口动物形态结构观察	海星、文昌鱼的形态结构	动物的主要器官系统与功能	√				ABGRLMS
			棘皮动物观察与解剖		√				
			海盘车的外形观察与解剖			√			
			海鞘、文昌鱼、七鳃鳗观察		√				
			原索动物及几种淡水鱼的形态与结构		√				
			原索动物与七鳃鳗		√	√			
15	2	文昌鱼等整体装片和切片观察	文昌鱼的形态结构与生命活动	动物的主要器官系统与功能	√	√			ABLQR
			文昌鱼、柱头虫、海鞘、七鳃鳗的观察			√			
			文昌鱼的整体和切片观察		√	√			
			文昌鱼及鲤鱼		√				
16	4	鲫鱼（鲤鱼/鲈鱼/黄颡鱼/硬骨鱼）外形及内部解剖结构观察	鲫（或鲤）的外形观察和内部解剖	动物的主要器官系统与功能	√	√	√	√	ABRLMQGS
			鲫鱼、鲈鱼的比较解剖		√				
			鱼和两栖动物比较观察实验		√			√	
			鲤鱼的形态结构与生命活动		√	√	√		
			鱼的系列实验		√			√	
			鲤鱼及黄颡鱼外部形态和内部结构比较观察		√				
			鱼类的形态结构及生理特征		√				
			硬骨鱼形态结构及生理实验			√			
			硬骨鱼类的解剖及原索动物和圆口纲			√			
			鱼系列实验与蟾蜍的形态解剖观察				√		
			鱼类的综合实验		√	√			

序号	建议学时	建议实验项目名称	生物技术专业——实验项目名称	知识单元	综合	师范	理工	农林	技术类型
17	4	鱼纲分类	鲫鱼的外形和内部解剖及鱼类分类	动物的主要器官系统与功能；生物的多样性；生物的分类原则与方法；动物的主要类群	√	√			ABLQRM
			鲤鱼的解剖及鱼纲的分类鉴定		√	√			
			鱼类解剖比较与分类		√	√			
			鱼纲分类		√	√			
			鱼类、两栖纲、爬行纲分类实验		√				
18	4	蟾蜍（蛙类）外形和内部解剖及骨骼系统观察	蟾蜍的解剖与形态观察	动物的主要器官系统与功能	√	√	√	√	ABLQRSM
			蟾蜍的骨骼系统		√	√			
			蟾蜍的形态结构与生命活动		√				
			黑眶蟾蜍解剖		√				
			两栖类的系统实验		√	√			
			两栖类内部解剖		√	√		√	
			牛蛙的外形观察及内部解剖		√	√		√	
			青蛙（或蟾蜍）的外部形态与内部解剖		√	√		√	
			青蛙（或蟾蜍）的外形、骨骼系统及解剖		√	√			
			蟾蜍外形观察与解剖及骨骼标本制作			√			
			蛙、蟾蜍的比较解剖		√	√			
19	4	龟（石龙子）的内部解剖与两栖爬行动物分类	蛙解剖及两栖动物分类	动物的主要器官系统与功能；生物的多样性；生物的分类原则与方法；动物的主要类群	√			√	ABRGQLM
			蛙（或蟾蜍）的解剖和两栖、爬行动物分类		√	√		√	
			两栖、爬行、鸟和哺乳动物的分类		√				
			两栖纲和爬行纲分类		√	√		√	
			龟的解剖		√				
			石龙子的内部解剖		√				

续表

序号	建议学时	建议实验项目名称	生物技术专业——实验项目名称	知识单元	综合	师范	理工	农林	技术类型
20	4	家鸽（家鸡／石鸡）外部形态和内部解剖及骨骼系统观察	家鸽（家鸡／鹌鹑）的外部形态与内部解剖	动物的主要器官系统与功能	√	√	√	√	ABLMQRS
			鸡（家鸽）的形态结构与生命活动		√	√	√	√	
			鸟的系列实验		√				
			鸟类综合实验——鸽子		√		√		
			家鸽的外形骨骼系统及内部解剖		√				
			鸟和哺乳动物比较观察实验		√			√	
			家鸽与罗非鱼的外形观察及内部解剖		√				
21	6	鸟纲分类	鸟类系统分类	生物的多样性；生物的分类原则与方法；动物的主要类群	√	√		√	ABLQRM
			家鸽的解剖及鸟纲的分类鉴定		√	√		√	
			鸟纲、哺乳纲分类实验		√	√		√	
			鸡解剖及鸟纲分类		√	√		√	
22	6	家兔（小鼠／大鼠）的外形观察和内部解剖及哺乳纲分类	哺乳类综合实验——兔子解剖	动物的主要器官系统与功能；生物的多样性；生物的分类原则与方法；动物的主要类群	√				ABLMGQRS
			家兔（小鼠／大鼠）的外形与解剖		√	√	√	√	
			家兔的解剖及哺乳动物的分类鉴定		√				
			家兔的系统解剖		√	√			
			家兔（小白鼠）的形态结构与生命活动		√				
			家兔和小白鼠外部形态及内部结构比较观察		√				
			哺乳动物麻醉与形态解剖		√				
			鸟类和哺乳类的比较解剖					√	
			小白鼠的系列实验		√				
			小鼠的解剖及基本实验操作				√		
			小白鼠外形及内部解剖结构观察		√	√			
			哺乳动物纲分类		√	√			

序号	建议学时	建议实验项目名称	生物技术专业——实验项目名称	知识单元	综合	师范	理工	农林	技术类型
23	4	脊椎动物骨骼系统比较	脊椎动物骨骼系统的比较观察	动物的主要器官系统与功能	√	√			BMTLS
			鱼类的骨骼系统			√			
			鸽子的骨骼和解剖			√			
			鸟类和哺乳类的骨骼系统		√	√		√	
			动物的结构与功能的相适应性——脊椎动物骨骼系统的演化观察					√	
			鱼类和两栖类的骨骼系统		√	√			
24	4	无脊椎动物的比较解剖与进化	涡虫、华枝睾吸虫及其他扁形动物	动物的主要器官系统与功能；动物的主要类群	√				ABGLR
			罗氏沼虾、蝗虫的外形及解剖对比观察		√				
			无脊椎动物切片及装片显微观察			√			
			动物学数字切片			√			
			蠕虫形动物的形态结构及生理特征		√				
			蠕形动物（扁形、线形、环节动物门）及环毛蚓的形态与结构观察		√				
			无脊椎动物的比较解剖与进化		√				
			无体腔无脊椎动物（海绵动物门、腔肠动物门、扁形动物门）比较实验		√				
			吸虫、绦虫、涡虫装片观察		√				
25	8	脊椎动物分类与见习	高等脊椎动物分类学	生物的多样性；生物的分类原则与方法；动物的主要类群；动植物资源的开发与利用	√	√			ABRSQPT
			校园鸟类类群及栖息环境观察		√	√			
			常见动物分类实习（动物园）		√				
			动物的多样性与进化		√	√			

续表

序号	建议学时	建议实验项目名称	生物技术专业——实验项目名称	知识单元	综合	师范	理工	农林	技术类型
25	8	脊椎动物分类与见习	脊椎动物的多样性与进化	生物的多样性；生物的分类原则与方法；动物的主要类群；动植物资源的开发与利用	√	√			ABRSQPT
			生物分类学的基本知识及检索表的制作与使用		√	√			
			动物园见习		√				
			调查研究农贸市场某类动物资源状况及生物学特性研究			√			
			认识动物类群		√				
			脊椎动物的分类		√	√			
			脊椎动物生物多样性（参观动物园）		√				
			低等脊椎动物分类学		√				
			鸟类的分类和形态适应		√				
26	8	动物标本的采集制作方法	常见动物标本保存与管理	生物的分类原则与方法	√				ABLRSM
			动物宏观标本的制作		√	√			
			动物标本的采集与制作方法			√			
			蝴蝶展翅标本的制作		√				
27	4	低等无脊椎动物分类	无脊椎动物分类	生物的多样性；生物的分类原则与方法；动物的主要类群	√			√	ABLRPQS
28	8	脊椎动物行为观察研究	高等脊椎动物行为观察与分类	生物的多样性；生物的分类原则与方法；动物的主要类群	√				ABLRPQS
			动物体能测试		√				
			实验动物水迷宫中的行为观察		√				
			探究镜面反射性环境对动物的影响		√				
29	2	牛蛙坐骨神经腓肠肌的标本制备；不同强度和频率的刺激对肌肉收缩的影响	牛蛙坐骨神经腓肠肌的标本制备；不同强度和频率的刺激对肌肉收缩的影响	动物的主要器官系统与功能	√	√			BJKQ

续表

序号	建议学时	建议实验项目名称	生物技术专业——实验项目名称	知识单元	综合	师范	理工	农林	技术类型
30	8	脊椎动物虚拟仿真实验	家鸽解剖虚拟实验	动物的主要器官系统与功能		√			ABS
			家兔解剖虚拟仿真实验			√			
			蟾蜍解剖虚拟仿真实验			√			
			鳌虾外形和内部解剖虚拟实验			√			
			神农架动物学野外实习虚拟实验			√			
			珍稀哺乳动物头骨形态结构虚拟仿真实验			√			
31	8	土壤和水体无脊椎动物分类与多样性调查	校园土壤动物多样性调查	生物的多样性；生物的分类原则与方法；动物的主要类群	√	√			ABRS
			原生动物、海绵动物、腔肠动物的观察与分类		√	√			
			自然水体原生动物多样性调查		√	√			

第二节　部分高校动物生理学实验项目整理汇总表

序号	建议学时	建议实验项目名称	生物技术专业——实验项目名称	知识单元	综合	师范	理工	农林	技术类型
1	2-3	人体基本组织观察与分析	人体四种基本组织显微观察比较	动物体的组织与特征；动物的主要器官系统与功能		√			ABGT
			人体基本组织观察		√				
			人体运动系统观察		√	√			
2	2-3	生理信号采集系统的原理和操作	生理信号采集系统的原理和操作	物质的跨膜运输；细胞连接与细胞内信号转导		√			AKPR
			生理学实验的准备工作		√	√	√	√	
			PowerLab 实验仪器和软件的使用		√				
			生物信号采集处理系统介绍；兴奋收缩耦联机制结构基础			√			
3	4-6	蟾蜍（牛蛙）的坐骨神经腓肠肌标本制备	蟾蜍（牛蛙）的坐骨神经腓肠肌标本制备	物质的跨膜运输；细胞连接与细胞内信号转导；动物体的组织与特征；动物的主要器官系统与功能		√			ABGL
			神经肌肉系列实验		√				
			生理学实验仪器及其实验规范介绍和蛙肌肉及神经干标本的剥制		√				

序号	建议学时	建议实验项目名称	生物技术专业——实验项目名称	知识单元	综合	师范	理工	农林	技术类型
4	4-6	蟾蜍（牛蛙）坐骨神经干动作电位的观察与记录	动作电位和神经冲动传导的测定及影响因素分析	细胞的统一性与多样性；细胞连接；物质的跨膜运输；细胞连接与细胞内信号转导；动物体的组织与特征；动物的主要器官系统与功能	√				ABKLPR
			神经干复合动作电位的记录		√	√			
			神经干复合动作电位传导速度的测定		√	√			
			蟾蜍（牛蛙）神经干动作电位的记录			√			
			坐骨神经干复合电位、冲动传导速度和不应期测定			√			
			神经干动作电位不应期的测定		√	√			
5	4-6	刺激频率、刺激强度对肌肉收缩的影响	收缩总和与强直收缩	细胞的统一性与多样性；细胞连接；物质的跨膜运输；细胞连接与细胞内信号转导；动物体的组织与特征；动物的主要器官系统与功能		√			ABKLPR
			骨骼肌单收缩的分析、骨骼肌收缩的总和与强直收缩			√			
			刺激强度、频率与肌肉收缩反应的关系		√	√	√		
			神经-肌肉接头兴奋的传递和阻滞		√				
			坐骨神经腓肠肌标本制备、阈刺激、阈上刺激、骨骼肌					√	
			神经-肌肉标本制备及肌肉收缩曲线的描记					√	
			骨骼肌收缩特性和收缩形式的观测			√			
			刺激强度与肌肉收缩反应的关系		√	√			
6	4-6	骨骼肌单收缩的分析	骨骼肌兴奋时的电活动与收缩的关系	细胞的统一性与多样性；物质的跨膜运输；细胞连接与细胞内信号转导；动物体的组织与特征；动物的主要器官系统与功能	√				AKMPR
			骨骼肌单收缩的分析			√			
			人手拇收肌单收缩分析			√			
			强度-时间曲线的测定		√				

序号	建议学时	建议实验项目名称	生物技术专业——实验项目名称	知识单元	综合	师范	理工	农林	技术类型
7	2-3	血细胞计数、血红蛋白的测量及血型鉴定	血细胞计数，血红蛋白的测量及血型鉴定	细胞的统一性与多样性；动物体的组织与特征；动物的主要器官系统与功能		√	√	√	ABGT
			血液红细胞比容、溶解、沉降率和血红蛋白的测定			√		√	
8	2-3	红细胞渗透脆性和凝血时间的测定	血液凝固的观察和凝血时间的测定	细胞的统一性与多样性；动物体的组织与特征；动物的主要器官系统与功能	√				ABGT
			红细胞渗透脆性测定		√			√	
			出血时间和凝血时间的测定		√		√		
9	2-3	心脏听诊、动脉血压和心电图描记	人心音听诊及动脉血压测定	动物体的组织与特征；动物的主要器官系统与功能	√				AKMPQRT
			人体心脏的机械活动与心脏电活动的关系		√				
			心脏听诊和人体动脉血压的测定		√	√			
			心电图、动脉血压和肺活量的测定		√			√	
			动脉血压的测定及影响因素		√			√	
10	4-6	蟾蜍（牛蛙）心脏的生物电与机械活动的关系	蟾蜍（牛蛙）心搏过程的观察和描记，心室的期外收缩和代偿间歇、心脏的神经支配	细胞的统一性与多样性；细胞连接与细胞内信号转导；动物的主要器官系统与功能	√	√			ABKLPR
			蟾蜍（牛蛙）的心脏机械活动与电活动的关系		√				
			蟾蜍（牛蛙）离体心脏灌流		√	√	√		
			离体心脏灌流虚拟仿真实验			√			
			心脏的神经调节实验		√				
11	4-6	家兔心血管系统的神经体液调节	家兔动脉血压的神经和体液调节	细胞的统一性与多样性；细胞连接与细胞内信号转导；动物的主要器官系统与功能	√	√		√	AKMPRT
			家兔心血管系统与呼吸运动的调节		√				
			家兔动脉血压神经、体液调节及颈动脉窦减压反射		√				

序号	建议学时	建议实验项目名称	生物技术专业——实验项目名称	知识单元	综合	师范	理工	农林	技术类型
12	2~3	血管舒张与收缩生理特性虚拟仿真实验	血管舒张与收缩生理特性虚拟仿真实验	动物的主要器官系统与功能		√			ABLR
			微循环的观察					√	
			蟾蜍肠系膜微循环的观察		√				
13	4~6	离体胃、肠生理特性分析	兔小肠平滑肌生理特性	细胞的统一性与多样性；动物体的组织与特征；动物的主要器官系统与功能	√				ABHLPR
			离体胃、小肠生理特性		√	√		√	
			胃肠运动的直接观察、离体肠段平滑肌的描记					√	
			离体肠段平滑肌的自动节律性活动和影响因素观测			√			
			肠道平滑肌受体动力学虚拟仿真实验			√			
14	4~6	离体小肠的吸收及其影响因素分析	小肠的吸收与渗透压的关系	物质的跨膜运输；动物体的组织与特征；动物的主要器官系统与功能				√	ABHLR
15	4~6	神经体液因素对家兔呼吸运动的调节	家兔呼吸运动的调节	动物的主要器官系统与功能	√	√	√	√	AKMPQR
			家兔呼吸运动的调节及胸内负压的测定			√			
16	2~3	人体心肺功能的评定	常用生理学实验仪器的使用、人体肺活量的测定	动物的主要器官系统与功能		√			AKMPQR
			人体心肺功能的评定			√			
17	4~6	影响家兔尿液生成的因素	利尿药和脱水药对家兔尿量的影响	物质的跨膜运输；动物的主要器官系统与功能	√				AKMPQR
			尿生成的影响因素		√				
			家兔尿生成的调节			√		√	
			影响尿生成的因素及尿生成的调节			√			
18	2~3	脊髓反射的基本特征与反射弧的分析	脊髓反射与反射时的测定	细胞的统一性与多样性；动物体的组织与特征；动物的主要器官系统与功能	√				BKMPT
			反射弧的分析和反射时测定		√	√	√		
			屈肌反射、搔扒反射的观察及反射弧分析		√				

序号	建议学时	建议实验项目名称	生物技术专业——实验项目名称	知识单元	综合	师范	理工	农林	技术类型
19	4-6	家兔大脑皮层刺激效应及去大脑僵直的观察	家兔大脑皮层运动区的刺激效应	细胞连接与细胞内信号转导；动物体的组织与特征；动物的主要器官系统与功能	√	√			AKMPQR
			去大脑皮质强直的观察		√	√			
20	4-6	脑电图与皮层诱发电位	脑电图与皮层诱发电位	细胞连接与细胞内信号转导；动物体的组织与特征；动物的主要器官系统与功能		√			AKMPQR
21	4-6	小脑损伤动物行为的观察	小白鼠一侧小脑损伤的观察	动物的主要器官系统与功能	√	√			BMT
22	4-6	条件反射与记忆	小鼠悬尾实验、大鼠水迷宫实验、Y迷宫实验	细胞连接与细胞内信号转导；动物的主要器官系统与功能		√			MPRT
			小白鼠防御性条件反射			√			
			模拟练习机能学实验					√	
23	2-3	手臂正中神经干神经冲动传导速度的测定	人体神经系统形态观察	细胞连接与细胞内信号转导；动物的主要器官系统与功能	√	√			KMPQR
			手臂正中神经干神经冲动传导速度的测定		√				
			手臂尺神经干神经冲动传导速度的测定		√				
24	2-3	小鼠镇痛药效实验	小鼠镇痛药效实验	物质的跨膜运输；细胞连接与细胞内信号转导；动物的主要器官系统与功能	√				MPT
25	2-3	色觉、视力、视野、盲点的测定及瞳孔对光反射	视力、视野、盲点的测定及瞳孔对光反射	细胞的统一性与多样性；细胞连接与细胞内信号转导；动物体的组织与特征；动物的主要器官系统与功能	√	√	√		AMPQR
			眼与耳的形态结构的观察		√				
			视觉调节反射		√				

序号	建议学时	建议实验项目名称	生物技术专业——实验项目名称	知识单元	综合	师范	理工	农林	技术类型
25	2-3	色觉、视力、视野、盲点的测定及瞳孔对光反射	生理盲点的测定	细胞的统一性与多样性；细胞连接与细胞内信号转导；动物体的组织与特征；动物的主要器官系统与功能	√				AMPQR
			视敏度的测定		√				
			色觉检查		√				
			瞳孔对光反射和近反射		√				
			人体视野、盲点及肺通气的检测			√			
			人体眼球震颤的观察			√			
			人体感觉器官及感觉生理			√			
26	2-3	声音的传导途径、听力和音频分析	观察人体感觉器官；分析半规管功能	细胞的统一性与多样性；细胞连接与细胞内信号转导；动物的主要器官系统与功能		√			AMPQRT
			声音的传导途径			√			
27	4-6	损伤迷路对动物运动的影响	动物一侧迷路破坏的效应	动物的主要器官系统与功能		√			BMPR
28	4-6	豚鼠耳蜗电位的引导	豚鼠耳蜗电位的引导	细胞连接与细胞内信号转导；动物的主要器官系统与功能		√			AKMPR
29	4-6	胰岛素、肾上腺素对血糖的调节	胰岛素引起的低血糖痉挛	细胞的统一性与多样性；细胞连接与细胞内信号转导；动物的主要器官系统与功能	√	√			ABMPQR
			胰岛素惊厥			√			
30	4-6	小鼠肾上腺摘除与应激反应的观察	内分泌系统观察；小鼠肾上腺摘除	动物体的组织与特征；动物的主要器官系统与功能		√			MPR
			肾上腺素与促黑激素对皮肤色素细胞的影响		√	√			
31	2-3	人体循环系统和内分泌系统	人体循环系统和内分泌系统	动物的主要器官系统与功能		√			RT

续表

序号	建议学时	建议实验项目名称	生物技术专业——实验项目名称	知识单元	综合	师范	理工	农林	技术类型
32	2-3	离体子宫灌流	离体子宫灌流	动物体的组织与特征；动物的主要器官系统与功能	√				BLT

第三节　部分高校植物生物学实验项目整理汇总表

序号	建议学时	建议实验项目名称	生物技术专业——实验项目名称	知识单元	综合	师范	理工	农林	技术类型
1	6	显微镜的使用、生物制片、生物绘图及标本的制作	显微镜的使用和生物绘图；生物制片，植物细胞和组织的观察；植物标本的采集与处理；腊叶标本制作、解剖镜的使用	细胞的统一性与多样性、植物的组织与功能、植物的器官与功能		√			ABGQRST
			显微镜的使用、生物绘图及植物细胞结构观察		√		√		
			显微镜的使用和细胞观察				√	√	
			显微镜的构造和使用方法				√	√	
			数码互动显微镜结构与使用；植物细胞的基本结构观察					√	
			显微镜使用及制片技术					√	
			植物学数字切片观察			√			
			显微镜使用及临时装片制作					√	
			种子结构及幼苗形成过程植物制片方法					√	
			植物学基本实验技术与细胞观察		√				
			植物标本的采集及制作		√	√		√	
			植物标本的制作			√			
			永久玻片标本的制作			√			
			一定区域内常见植物标本的采集、鉴定与制作			√			

续表

序号	建议学时	建议实验项目名称	生物技术专业——实验项目名称	知识单元	综合	师范	理工	农林	技术类型
1	6	显微镜的使用、生物制片、生物绘图及标本的制作	植物石蜡切片技术	细胞的统一性与多样性、植物的组织与功能、植物的器官与功能	√			√	ABGQRST
			植物保护、成熟、机械、维管组织观察，练习徒手切片					√	
2	6	植物细胞和组织的观察	植物细胞的结构与代谢产物	细胞的统一性与多样性、细胞增殖及其调控、植物的组织与功能		√			ABFGRT
			植物细胞的形态和结构			√			
			植物细胞的基本结构及组织			√			
			植物细胞的基本结构及有丝分裂			√			
			植物细胞的有丝分裂和分生组织			√			
			植物细胞有丝分裂的观察					√	
			植物细胞的基本结构			√		√	
			植物细胞分裂类型与过程		√				
			植物细胞基本结构及各种组织的形态与结构的观察					√	
			植物细胞及细胞内容物的形态结构观察		√				
			植物细胞、组织的显微结构观察		√				
			植物细胞的基本结构、质体的观察		√				
			植物细胞的结构与有丝分裂		√				
			植物细胞结构观察					√	
			植物细胞观察					√	
			植物细胞的分裂与植物组织的观察					√	
			植物细胞的分化与组织的形成					√	
			植物细胞后含物和有丝分裂			√			
			植物细胞的后含物			√			
			植物细胞的质体、后含物、胞间连丝					√	
			植物细胞结构及细胞后含物的观察			√			
			植物组织的类型与分布			√			
			植物组织与细胞类型研究		√				
			植物组织观察			√		√	

序号	建议学时	建议实验项目名称	生物技术专业——实验项目名称	知识单元	综合	师范	理工	农林	技术类型
2	6	植物细胞和组织的观察	细胞分裂与分生组织	细胞的统一性与多样性、细胞增殖及其调控、植物的组织与功能		√			ABFGRT
			植物的各类成熟组织的观察			√			
			植物分生组织细胞有丝分裂和胞间连丝的观察		√				
			植物的成熟组织的观察		√	√			
			植物的分生组织与细胞分裂的观察			√			
			植物细胞和基本组织的观察			√			
			植物的组织类型与组织离析技术		√				
3	6	根、茎、叶的形态、结构观察	根的形态和结构	植物的器官与功能	√	√		√	ABGS
			植物根的初生结构和次生结构			√			
			根的发育与结构					√	
			根尖分区、根的初生结构和次生结构				√		
			植物根的形态结构与发育观察				√		
			双子叶植物根的次生结构					√	
			观察根的初生结构					√	
			根的解剖结构的观察			√			
			茎的形态和结构		√	√		√	
			植物茎的初生结构和次生结构			√			
			植物茎的形态结构与发育观察					√	
			茎的解剖结构的观察			√			
			茎的基本形态及茎的初生结构、禾本科茎的结构与双子叶植物茎的次生结构					√	
			茎的初生结构观察					√	
			茎的次生结构观察					√	
			叶的形态和结构		√	√		√	
			植物叶片形态结构与生境适应性			√			
			植物叶的形态结构和营养器官的变态类型			√		√	
			叶的解剖结构的观察			√			
			叶的解剖结构、营养器官的变态			√			

序号	建议学时	建议实验项目名称	生物技术专业——实验项目名称	知识单元	综合	师范	理工	农林	技术类型
3	6	根、茎、叶的形态、结构观察	不同生境下叶的解剖结构的比较	植物的器官与功能		√			ABGS
			叶的组成和结构及营养器官的变态		√				
			植物叶的形态结构与发育观察					√	
			叶、叶的离区及营养器官的变态观察					√	
			单、双植物叶的形态结构观察					√	
			植物营养器官根与茎的形态结构的比较研究			√			
			植物根、茎形态和结构及相互比较			√			
			植物营养器官的比较解剖学研究			√			
			营养器官的变态类型			√			
			植物营养器官的多样性		√	√			
			营养器官的结构研究			√			
			植物茎形态与结构比较研究		√				
			植物叶的形态与内部结构的比较研究		√				
			植物根形态与结构比较研究		√				
			植物根、茎、叶的结构		√			√	
			根、茎、叶的变态					√	
			根茎的初生结构、次生结构,双子叶植物根的次生结构					√	
4	6	花的形态与内部结构观察	雄蕊、雌蕊的发育	植物的器官与功能		√	√	√	ABGS
			雌雄蕊的结构和发育			√			
			花与雌雄蕊的发育					√	
			花、雄蕊结构观察			√			
			花的组成、花芽分化、花药结构、发育的观察。					√	
			花粉和胚囊的结构与发育			√			
			雄蕊、雌蕊的发育			√			
			雌雄蕊的结构和发育			√			
			花药及子房的结构的观察		√	√		√	

续表

序号	建议学时	建议实验项目名称	生物技术专业——实验项目名称	知识单元	综合	师范	理工	农林	技术类型
4	6	花的形态与内部结构观察	雌蕊、子房类型、结构、胚囊发育示范，雄蕊、花药发育过程	植物的器官与功能				√	ABGS
			雌蕊结构观察					√	
			植物生殖器官的形态及其解剖结构		√			√	
			植物生殖器官的多样性			√		√	
			繁殖器官的发育与结构的观察			√			
			花的组成、花药和子房的结构		√				
			花的形态和结构		√	√			
			植物花的形态与内部构造			√			
			花的形态和结构、花序的类型			√			
			花的形态结构、花药和胚囊的发育			√			
			花的外部形态与结构			√			
			花的形态结构与传粉的适应			√			
			植物花的形态与结构比较研究		√				
			被子植物形态学基础知识（营养器官）					√	
			花、花序的组成、类型和结构					√	
			花和花序的形态学术语					√	
			被子植物形态学基础知识（花）					√	
			被子植物花的形态结构解剖与花程式及花描叙		√				
			被子植物的花					√	
			花的内部结构			√			
5	4	果实和种子形态与结构观察	果实的结构与类型	植物的器官与功能	√	√			ABGS
			胚的发育/果实类型观察			√			
			果实与种子的类型			√			
			果实的分类		√	√			
			果实的形态		√				
			植物果实、种子与胚的形态结构及其内含物鉴定		√				
			植物胚的结构和果实的类型			√			
			种子和幼苗		√	√			

续表

序号	建议学时	建议实验项目名称	生物技术专业——实验项目名称	知识单元	综合	师范	理工	农林	技术类型
5	4	果实和种子形态与结构观察	种子的结构和形成过程	植物的器官与功能		√			ABGS
			胚和种子的结构			√			
			种子和果实形态、结构与常见类型			√			
			种子及果实的发育与结构					√	
			种子的结构及后含物显微化学测定			√			
			种子、果实结构的观察			√			
			胚的发育及种子的形成、果实的结构与类型			√			
			种子和果实观察与研究			√		√	
			种子和果实的形成		√				
			被子植物形态学基础知识（果实）					√	
			种子的形态结构和幼苗的类型		√			√	
			植物种子的结构及胚的形成和发育		√				
			种子、幼苗基本形态结构观察					√	
			植物种子及幼苗的结构观察					√	
			胚、胚乳的结构组成，种子的发育及果实的形成					√	
			果实的类型观察及分科					√	
			被子植物果实、种子与胚的形态结构及其内含物鉴定		√				
			胚、胚乳结构观察					√	
6	6	菌、藻类和地衣植物的形态与结构观察	真菌门	生物的多样性、植物的主要类群		√			ABGRS
			藻类植物及菌类植物的形态结构观察			√			
			菌类植物观察			√			
			真菌门代表种类的观察			√			
			菌类植物				√		
			菌类、地衣形态结构观察					√	
			不同温度条件下富营养化水体浮游藻类组成差异性研究		√				

序号	建议学时	建议实验项目名称	生物技术专业——实验项目名称	知识单元	综合	师范	理工	农林	技术类型
6	6	菌、藻类和地衣植物的形态与结构观察	藻类的采集比较观察与鉴别及其水域生境关系分析	生物的多样性、植物的主要类群	√				ABGRS
			藻类的分离和培养		√				
			原核藻类			√			
			真核藻类观察			√			
			蓝藻门			√			
			绿藻门			√			
			硅藻、红藻和褐藻			√			
			藻类植物形态特征与分类			√			
			不同环境藻类植物的观察与分类鉴定			√			
			原核藻类和真核藻类			√			
			藻类植物观察			√			
			蓝藻门植物制片、理化			√			
			绿藻门植物制片、理化			√			
			藻类植物形态与结构分析				√		
			藻类植物多样性					√	
			地衣植物观察			√			
7	6	苔藓、蕨类和裸子植物的形态与结构观察	苔藓植物及蕨类植物的观察	生物的多样性、植物的主要类群		√			ABGRS
			苔藓植物观察			√			
			苔藓植物的生活史			√			
			颈卵器植物的形态和结构特征分析研究				√		
			苔藓、蕨类、裸子植物多样性					√	
			蕨类植物与苔藓植物的采集及其代表植物解剖观察		√				
			蕨类植物的形态特征、孢子弹丝等装片观察及茎的构造特征比较		√				
			拟蕨类			√			
			真蕨类			√			
			蕨类植物、裸子植物实验室及野外上课			√			
			蕨类植物观察			√			
			蕨类植物的理化、标本观察			√			
			松柏纲植物的特征			√			

序号	建议学时	建议实验项目名称	生物技术专业——实验项目名称	知识单元	综合	师范	理工	农林	技术类型
8	4	被子植物典型科、属代表植物的形态与结构观察	木兰亚纲、金缕梅亚纲和石竹亚纲植物的观察和分类	生物的多样性、生物分类的原则与方法、植物的主要类群		√			BS
			第伦桃亚纲和蔷薇亚纲植物的观察和分类			√			
			菊亚纲植物的观察分类			√			
			百合纲植物的分类学观察			√			
			木兰亚纲、金缕梅亚纲分类			√			
			石竹亚纲、五桠果亚纲植物分类			√			
			蔷薇亚纲、菊亚纲植物分类			√			
			鸭跖草亚纲、百合亚纲植物分类			√			
			蔷薇亚纲、菊亚纲，单子叶植物纲			√			
			杨柳科、蔷薇科4个亚科、大戟科			√			
			苏木科、蝶形花科、含羞草科、芸香科			√			
			茄科、玄参科、唇形科			√			
			菊科管状花亚科、舌状花亚科			√			
			百合科、鸢尾科、禾本科			√			
			伞形科、蔷薇科、豆科、菊科、禾本科、莎草科			√			
			双子叶植物纲——木兰亚纲、金缕梅亚纲			√		√	
			双子叶植物纲——石竹亚纲、五桠果亚纲			√		√	
			双子叶植物纲——蔷薇亚纲			√		√	
			双子叶植物纲——菊亚纲			√		√	
			双子叶植物纲、单子叶植物纲——泽泻亚纲、槟榔亚纲、鸭跖、草亚纲百合亚纲			√		√	
			杨柳科、十字花科、蔷薇科（梅亚科）植物的特征			√			
			木樨科、堇菜科、紫草科植物的特征			√			

序号	建议学时	建议实验项目名称	生物技术专业——实验项目名称	知识单元	综合	师范	理工	农林	技术类型
8	4	被子植物典型科、属代表植物的形态与结构观察	蔷薇科（绣线菊亚科、蔷薇亚科、苹果亚科、梅亚科）植物的特征	生物的多样性、生物分类的原则与方法、植物的主要类群		√			BS
			菊科、忍冬科、槭树科植物的特征			√			
			百合科、鸢尾科、豆科植物的特征			√			
			被子植物及其代表植物的观察及识别					√	
			被子植物及其分科（毛茛、杨柳、石竹科）					√	
			被子植物分科					√	
			桑科、伞形科、唇形科					√	
			蔷薇科、十字花科					√	
			豆科、大戟科、胡桃科					√	
			菊科、芸香科、茄科、旋花科					√	
			百合科、兰科、锦葵科、					√	
			禾本科、莎草科、葫芦科					√	
9	4	某一区域范围内植物种类（或植物资源）的调查与评价	水生植物的观察及分布调查	生物的多样性、生物分类的原则与方法、植物的主要类群、生态学基本概念、种群生态学、群落生态学、生态系统生态学、资源利用与可持续发展	√				ABGP QRST
			植物群落物种多样性的测定		√				
			岳麓山常见植物的观察与识别			√			
			植物分类综合实验					√	
			植物分类检索工具的使用		√				
			校园常见植物的观察与鉴定		√				
			植物分类方法、植物检索表的编制、使用和植物鉴定			√			
			植物图鉴与检索表的应用					√	
			校园绿化观赏植物的调查与识别				√		
			校园植物种类调查研究				√		
			植物分类检索与识别实践				√		
			校园植物观察识别					√	
			植物检索表的使用			√			
			校园开花植物调查			√			
			蔷薇亚纲、菊亚纲、单子叶植物纲校园植物识别			√			
			植物多样性——分类与鉴定，检索表查询与制作					√	

续表

序号	建议学时	建议实验项目名称	生物技术专业——实验项目名称	知识单元	综合	师范	理工	农林	技术类型
10	6	植物溶液培养和缺素症的观察	植物的溶液培养与矿质元素缺乏症	植物的物质与能量代谢	√				PR
			植物的溶液培养和缺素培养			√		√	
			植物缺素培养					√	
			番茄幼苗的矿质元素缺乏症实验		√				
			玉米幼苗的完全溶液、缺素溶液培养与表型测定		√				
			缺素对植物组织细胞原生质膜结构的影响		√				
			植物元素缺乏症观察及不同元素对叶绿体色素含量的影响研究测定		√				
11	3	植物组织含水量的测定	植物组织含水量的分析测定	植物的物质与能量代谢			√		PR
			植物自由水和束缚水含量的测定以及植物组织水势的测定		√				
12	3	植物根系活力测定	植物根系活力的测定	植物的生长发育及其调控	√		√	√	PR
			根系活力的测定——甲烯蓝法					√	
			根系活力的测定（α-萘胺氧化法）			√	√		
13	3	叶绿素的提取、理化性质观察和含量测定	叶绿体色素的提取、分离及理化性质的测定	植物的物质与能量代谢	√	√	√		FHIPQR
			叶绿体中色素的提取及分离			√			
			叶绿体色素提取和分离方法的比较			√			
			叶绿体色素及其理化性质				√	√	
			叶绿体色素提取、理化性质与含量测定					√	
			叶绿素的提取、分离与含量的测定					√	
			光合色素的分离及理化性质观察				√		
			叶绿体色素含量的测定			√	√		
			叶绿体色素的定量测定					√	
			光合色素的提取及含量测定				√		

序号	建议学时	建议实验项目名称	生物技术专业——实验项目名称	知识单元	综合	师范	理工	农林	技术类型
13	3	叶绿素的提取、理化性质观察和含量测定	叶绿素的定量测定，植物叶绿素荧光含量的测定	植物的物质与能量代谢				√	FHIP QR
			分光光度计法测定叶绿素含量					√	
			光合色素的高效液相色谱制备与扫描光谱分析			√			
			不同生境植物叶片中叶绿素 a、b 含量的测定及比较			√			
			叶绿素 a 和 b 含量的测定				√		
14	3	植物呼吸速率的测定	植物呼吸强度测定及呼吸酶的简易测定	植物的物质与能量代谢	√				PR
			植物呼吸代谢强度及呼吸酶活性的测定			√			
			植物呼吸速率的测定				√		
			植物呼吸强度的测定				√		
			滴定法测植物的呼吸速率					√	
			红外线 CO_2 气体分析仪测定植物呼吸速率					√	
15	3	植物抗氧化酶活性测定	过氧化氢酶活性测定	植物的物质与能量代谢				√	PR
			过氧化物酶活性测定			√	√	√	
			植物组织中过氧化物酶的测定		√				
			愈创木酚法测定过氧化物酶活性					√	
			植物 SOD 酶活性的测定		√				
			超氧化物歧化酶活性的测定					√	
			植物细胞 CAT 活性测定			√			
			多酚氧化酶含量测定			√			
			植物体内抗坏血酸过氧化物酶活性的测定			√			
16	3	植物种子活力的快速测定	不同处理下种子活力变化研究	植物的生长发育及其调控	√				PR
			植物种子发芽率的快速测定		√	√			
			种子生命（活）力的快速测定		√	√			
			种子活力的测定——电导法				√		
			几种种子活力快速测定方法的比较					√	
			种子生活力的测定				√	√	
			种子和花粉活力测定		√				

续表

序号	建议学时	建议实验项目名称	生物技术专业——实验项目名称	知识单元	综合	师范	理工	农林	技术类型
17	3	植物抗逆性的鉴定（电导仪法）	植物中脯氨酸含量、电导率测定	植物的生长发育及其调控	√				PR
			植物组织中脯氨酸含量的测定、植物电解质外渗率的测定		√				
			植物细胞质膜透性测定			√			
			植物细胞质膜透性测定（电导率法）				√		
			外渗电导法测定细胞膜透性					√	
			电导率法测定植物细胞膜的透性					√	
18	3	光和钾离子对气孔运动的调节	光和钾离子对气孔开度的影响	植物的物质与能量代谢、植物的生长发育及其调控		√			ABPR
			光和钾离子对气孔运动的影响			√			
			钾离子对气孔开度的影响		√	√			
			气孔运动的观察			√			
			ABA 和钾离子对植物叶片气孔开度的影响					√	
			不同条件（ABA、黑暗、光照）对蚕豆叶片保卫细胞内钾离子含量的影响			√			
19	3	环境因子对植物光合速率的影响	环境因子对植物光合作用的影响	植物的物质与能量代谢			√		PR
			环境因素对光合作用及光合速率的影响			√			
			不同环境下植物光合作用的测定		√				
20	3	植物生长激素作用的部位和浓度效应比较分析、激素检测方法	生长素对种子根芽生长的影响	植物的生长发育及其调控	√	√			PR
			生长素类物质对植物根、芽生长的影响			√	√		
			生长素类物质对根芽生长的影响，硝酸还原酶活力的测定					√	
			IAA 的生理鉴定法		√				
			赤霉素对 α-淀粉酶诱导形成研究		√				
			赤霉素对 α-淀粉酶的诱导			√			
			生长物质的生理效应		√				
			细胞分裂素对萝卜子叶的保绿与增重作用		√				
			植物组织激素的含量测定（演示）					√	

序号	建议学时	建议实验项目名称	生物技术专业——实验项目名称	知识单元	综合	师范	理工	农林	技术类型
20	3	植物生长激素作用的部位和浓度效应比较分析、激素检测方法	酶联免疫吸附法测定 ABA	植物的生长发育及其调控				√	PR
			植物激素类物质生理效应的测定					√	
			激动素对离体小麦叶片中超氧化物歧化酶活性的影响		√				
			激素对植物次生代谢的调控效应分析		√				
			吲哚乙酸氧化酶活性测定		√	√			
			植物生长调节剂对植物插条不定根发生的影响			√			
			植物生长调节剂对植物生长及某些生理特征的影响			√			
			2,4-D、NAA 对植物生长发育的影响			√			
			激素对植物插条生根的影响			√			
			乙烯的生理功能			√			
			乙烯对果实的催熟作用			√			
			植物生长调节剂对植物生长发育的影响			√			
			IAA 含量及 IAA 氧化酶活性的测定			√			
			生长素对小麦根、芽生长的不同影响			√			
			GA3 对种子 α- 淀粉酶的诱导形成			√			
			激素在诱导植物生根中的作用			√			
			植物激素测定技术					√	
			植物生长物质生理效应的初步研究					√	

第四节　部分高校生物化学实验项目整理汇总表

序号	建议学时	建议实验项目名称	生物技术专业——实验项目名称	知识单元	综合	师范	理工	农林	技术类型
1	2-6	蛋白质和氨基酸的提取及含量测定	大豆蛋白的提取及含量测定	蛋白质化学；生化分离与分析技术	√				FHI
			鸡蛋中卵清蛋白的提取和定量测定		√				FHI
			麦清蛋白的提取					√	FHI
			酪蛋白的提取及含量测定		√			√	HI
			胱氨酸的提取、分离和测定		√				HI
			凯氏定氮法测定总氮量	蛋白质化学	√	√	√		PQ
			紫外光吸收法测定蛋白质的含量			√			I
			Folin 酚法测定蛋白质的含量		√				I
			考马斯亮蓝法测定蛋白质的含量			√	√	√	I
			蛋白质含量的不同测定方法的比较分析		√	√	√		I
			谷物种子中赖氨酸含量的测定		√				FI
2	2-8	蛋白质和氨基酸的性质测定	SDS-PAGE 测定蛋白质的相对分子质量	蛋白质化学；生化分离与分析技术	√	√	√		HJ
			凝胶过滤层析测定蛋白质的相对分子质量			√			HJ
			蛋白质等电点的测定及盐析反应	蛋白质化学	√				T
			蛋白质和 / 或氨基酸的颜色反应		√				T
			双缩脲实验		√	√			T
			蛋白质的沉淀作用与变性反应		√	√	√		T
3	2-10	蛋白质和氨基酸的分离纯化及纯度鉴定	酪蛋白的制备与纯化	蛋白质化学；生化分离与分析技术	√	√			HI
			凝胶过滤层析分离血红蛋白和硫酸铜		√	√	√	√	HI
			醋酸纤维素薄膜电泳法分离蛋白质		√	√			H
			离子交换层析分离氨基酸		√				HI
			纸层析分离鉴定氨基酸		√		√	√	HI
			蛋白质（半凝集素）的原核表达、纯化和鉴定		√	√	√		CEHI
			菌体裂解和亲和层析纯化重组蛋白			√			HIT

序号	建议学时	建议实验项目名称	生物技术专业——实验项目名称	知识单元	综合	师范	理工	农林	技术类型
3	2–10	蛋白质和氨基酸的分离纯化及纯度鉴定	聚丙烯酰胺凝胶电泳分离与鉴定蛋白质	蛋白质化学；生化分离与分析技术	√	√			H
			聚丙烯酰胺凝胶电泳分离血清蛋白		√				H
			血清清蛋白和 γ 球蛋白的分离及鉴定		√				HI
			血红蛋白（HB）的分离提取及诱导体的形态转换		√		√		HIQ
			蛋白质及肽的 N 末端分析（DNS– 氨基酸的制备和鉴定）		√	√			HIT
			血清清蛋白的分离及鉴定		√				HI
			硫酸铵分级沉淀法分离纯化蛋白质		√				HT
			蛋白质的分级盐析分离及凝胶过滤层析脱盐			√			HIT
			卵清蛋白的盐析与透析				√		HT
			蛋白质的透析		√	√			T
4	3–16	酶的分离纯化及活力测定	亲和层析纯化胰蛋白酶	酶化学；生化分离与分析技术	√				H
			酵母醇脱氢酶的分离纯化及性质研究		√				HI
			乳酸脱氢酶同工酶的制备		√		√		HI
			乳酸脱氢酶同工酶的分离纯化及测定			√			HI
			酵母蔗糖酶的分离纯化		√		√		HI
			酸性磷酸酶的提取			√			HI
			凝胶过滤层析分离纯化 SOD					√	HI
			超氧化物歧化酶的提取及活力测定		√	√	√		HI
			凝胶过滤层析纯化碱性磷酸酶及其相对分子质量的测定			√	√		HI
			啤酒酵母蔗糖酶的分离纯化、性质鉴定及反应动力学		√		√		HI
			酵母蔗糖酶的纯度检测及相对分子质量的测定		√				HI

序号	建议学时	建议实验项目名称	生物技术专业——实验项目名称	知识单元	综合	师范	理工	农林	技术类型
4	3-16	酶的分离纯化及活力测定	马铃薯多酚氧化酶的制备及性质分析	酶化学				√	HI
			多酚氧化酶的制备和性质测定		√				HI
			溶菌酶的提纯、结晶和活力测定			√			HIT
			胰蛋白酶及其抑制剂的纯化和性质分析		√				HPQ
			乳酸脱氢酶的活力测定			√			I
			唾液淀粉酶活性的影响因素的测定		√	√			I
			脂肪酶的活力测定		√	√	√		I
			重组表达蛋白的活力测定		√	√			I
			枯草蛋白酶的活力测定		√	√			I
			碱性磷酸酶的比活力测定			√			I
			酵母蔗糖酶的活力和比活力测定			√			I
			酶活力测定方法的分析比较			√			I
			淀粉酶的活力测定		√				I
			纤维素酶的活力测定		√		√		I
			血清谷丙转氨酶的活力测定		√				I
			小麦淀粉酶活力的测定			√			I
			小麦萌芽前后淀粉酶活力的比较		√	√			IT
			植物组织中过氧化物酶的活力测定					√	IT
			胰蛋白酶的活力测定		√				I
			谷丙转氨酶的活力测定					√	I
5	3-8	酶的性质测定及酶促反应动力学	淀粉酶 K_m 值的测定	酶化学				√	I
			淀粉酶的动力学分析			√			I
			酶的专一性、唾液淀粉酶的激活与抑制		√			√	I
			酸性磷酸酶米氏常数 K_m 值的测定			√			I
			酸性磷酸酯酶的最大反应速度 V_{max} 值的测定		√				I
			碱性磷酸酶 K_m 值的测定		√				I
			影响酶促反应速度的因素分析		√				I

序号	建议学时	建议实验项目名称	生物技术专业——实验项目名称	知识单元	综合	师范	理工	农林	技术类型
5	3~8	酶的性质测定及酶促反应动力学	激活剂与抑制剂对酶促反应的影响	酶化学		√			I
			温度与 pH 对唾液淀粉酶活性的影响		√		√		I
			蔗糖酶米氏常数的测定		√				I
			正交法测定几种因素对酶活性的影响		√				I
			正交法测定温度及 pH 对蔗糖酶活性的影响		√				I
			血清碱性磷酸酶 K_m 值的测定		√	√			I
			酶的特异性及酶促反应动力学		√	√	√		I
			酶的影响因素分析			√			I
			酶的底物专一性		√	√			IT
			酶的理化性质研究		√	√	√		T
			琥珀酸脱氢酶的竞争抑制		√				I
			SDS-PAGE 测定超氧化物歧化酶的相对分子质量			√			HT
			过氧化氢的活力与动力学参数测定			√			I
			脲酶的理化性质分析			√			T
6	3~6	核酸的分离、提取、鉴定及含量测定	酵母 RNA 的提取及定量分析	核酸化学；生化分离与分析技术	√	√			HI
			RNA 的提取、鉴定及含量测定			√			HI
			酵母 RNA 提取及定性鉴定与定量测定		√			√	HI
			动物 DNA 的分离提取及定量测定		√				HI
			核酸的分离、鉴定与含量测定		√				HI
			植物 DNA 的提取及分析			√			HI
			植物组织 RNA 的提取及变性电泳			√			HIT
			转基因食品 DNA 的提取与检测		√				HI
			大肠杆菌基因组 DNA 的提取		√				HI
			肝 DNA 的提取及组分鉴定		√				HI
			RNA 的提取与组分鉴定			√			FH

序号	建议学时	建议实验项目名称	生物技术专业——实验项目名称	知识单元	综合	师范	理工	农林	技术类型
6	3-6	核酸的分离、提取、鉴定及含量测定	酵母 RNA 的分离及组分鉴定	核酸化学；生化分离与分析技术		√			FH
			离子交换层析分离核苷酸		√				I
			电泳法分离鉴定三种腺苷酸	核酸化学	√				H
			琼脂糖凝胶电泳及紫外光吸收法检测提取 DNA 的浓度和纯度		√				HI
			植物基因组 DNA 的含量测定（定糖法）			√			I
			紫外光吸收法测定核酸的含量			√			I
			RNA 的碱基组成分析		√				FI
			RNA 含量的测定（定磷法或苔黑酚法）		√				I
7	2-8	糖类的提取、性质和含量测定	糖的呈色反应和定性鉴定	糖类化学	√	√			FT
			糖的性质实验		√		√		T
			糖类的还原作用		√		√		T
			糖类的颜色反应		√				T
			果胶质的测定		√				HT
			淀粉的性质实验			√			T
			总糖含量的测定（蒽酮比色法、费林试剂法）			√		√	I
			血糖的定量测定		√		√		I
			薄层层析分析糖	糖类化学；生化分离与分析技术	√				I
			茶多糖的结构鉴定		√	√			HIQ
			凝胶过滤层析测定酵母聚糖的相对分子质量		√				HIT
			多糖的分离纯化、分子修饰及生物活性的研究			√			HIT
			植物多糖的分离纯化及含量测定			√		√	HI
			肝糖原的提取、鉴定与定量分析			√			HI
			植物组织中还原糖、总糖的提取与含量测定			√	√		HI
			还原糖的提取及含量测定		√	√			HI
			芦荟多糖的提取及其抗氧化性的研究		√			√	HI

序号	建议学时	建议实验项目名称	生物技术专业——实验项目名称	知识单元	综合	师范	理工	农林	技术类型
8	4-8	脂类的提取及测定	血清胆固醇的提取及测定	脂类化学和生物膜；生化分离与分析技术	√				FHI
			红细胞膜的提取		√				FH
			粗脂肪的提取（索氏提取法）及其含量的测定		√	√	√		FHI
			熊果酸的制备和测定		√				FHI
			胆固醇的测定	脂类化学和生物膜		√			IT
			脂肪碘值的测定		√				IT
			脂肪含量的测定		√				I
			血清甘油三酯的简易测定			√			IT
9	2-6	维生素（色素）的提取及含量测定	原花色素的分离纯化与测定	维生素与辅酶；生化分离与分析技术	√				FHI
			果蔬花青素的分离纯化（大孔吸附树脂法）			√			FH
			柱层析分离色素（胡萝卜素）				√		HI
			种子皮中维生素 B_1 的提取与鉴定					√	FH
			紫外光吸收法测定果蔬中维生素 C 的含量				√		I
			荧光光度法测定核黄素的含量					√	I
			水果中维生素 C 的含量测定（钼蓝比色法）	维生素与辅酶	√			√	I
			果蔬还原糖及维生素 C 的含量测定		√				I
10	4-8	蛋白质相互作用分析	荧光法测定核黄素结合蛋白与核黄素的解离常数	蛋白质化学、糖类化学；生化分离与分析技术	√				HIQRT
			多糖与蛋白质（半乳凝集素）的相互作用分析		√				HIPQT
11	4-8	动植物的成分分析及物质代谢	植物体内的转氨基作用	糖代谢、脂代谢、氨基酸代谢、生物能学及生物氧化、基因表达调控				√	FI
			肌糖原的酵解作用				√		FI
			糖酵解中间产物的鉴定		√		√		FI
			脂肪酸的 β- 氧化作用					√	FI
			植物组织中丙二醛的含量测定			√			I
			肝中酮体的生成		√				FI
			发酵过程无机磷的被利用		√				IT

续表

序号	建议学时	建议实验项目名称	生物技术专业——实验项目名称	知识单元	综合	师范	理工	农林	技术类型
11	4~8	动植物的成分分析及物质代谢	肝成分分析	蛋白质化学、糖类化学、脂类化学和生物膜；生化分离与分析技术	√				FHIT
			几种粮油植物的营养价值分析		√				FHIT
			紫薯和红薯的营养分析		√	√			FHIT
			果蔬营养成分的测定与比较					√	FHIT
			火龙果的成分分析		√	√			FHIT
			枸杞的生化指标分析		√		√		FHIT
			大蒜成分的提取与鉴定		√				FHIT
			菠菜的生化指标分析		√				FHIT
			仙人掌的生化指标分析		√				FHIT
12	6~12	生物化学实验技术与仪器设备	高效液相色谱法测定中药有效成分的含量	蛋白质化学、糖类化学、核酸化学、酶化学、脂类化学和生物膜、维生素与辅酶；生化分离与分析技术	√				HQR
			气相色谱法测定中药活性成分的含量		√	√		√	HQR
			高效液相色谱法测定果蔬中维生素 C 的含量		√				HQR
			凝胶过滤层析纯化碱性磷酸酶及其相对分子质量的测定（AKTA 蛋白纯化系统）			√	√		HIQR
			酶谱分析技术分析纤维素酶		√	√			HIQR
			气相色谱法测定大豆油的脂肪酸成分		√				HQR
			高效毛细管电泳		√				H
			火箭电泳		√				H
			发酵液的离心分离		√				HR
			基因组 DNA 的 Southern Blot		√				HQ
			碱性磷酸酶抗体的制备			√	√	√	HQ
			Western Blot 鉴定目的蛋白		√	√		√	HO
			Western Blot 分析细胞内蛋白质的表达水平		√				HOQ
			酶联免疫吸附 (ELISA) 检测碱性磷酸酶抗体的效价		√	√			HO
			酶联免疫吸附 (ELISA) 测定 SOD 的含量		√	√			HO

第五节　部分高校细胞生物学实验项目整理汇总表

序号	建议学时	建议实验项目名称	生物技术专业——实验项目名称	知识单元	综合	师范	理工	农林	技术类型
1	1	基本实验技能	实验课程简介、实验基础技能实训及安全知识讲座	—	√				T
			观察与统计分析					√	P
2	2	细胞的基本生理活动观察	细胞的基本生理活动观察	细胞的统一性与多样性				√	ABCGNR
3	1	病毒与细胞的互作	病毒与细胞的互作录像					√	T
4	1	移液器的使用	移液器的使用	—				√	R
5	2	显微技术	显微镜及特殊显微镜原理与使用		√	√	√	√	AR
			显微观察与显微摄影、测量及图像分析		√	√	√	√	AR
			激光共聚焦显微镜示教		√				AR
			扫描及透射电镜技术（样本制备及观察）		√	√			AR
			细胞形态结构观察与细胞大小显微测量以及密度测定		√	√	√	√	AR
			植物细胞微丝束的光学显微镜的观察		√	√			AGPR
			细胞显微操作技术示教		√				AR
6	2	细胞培养技术	细胞培养室的设置和无菌操作	细胞生物学相关技术	√		√	√	ACN
			器材清洗灭菌包装		√		√	√	CR
			动物培养基的配制和灭菌		√			√	CNR
			细胞培养基本技术（冻存、复苏、计数生长曲线，污染判别）		√	√		√	ACGNR
			原代细胞的提取培养及动物组织块培养		√	√		√	ACGINR
			传代细胞的培养及克隆培养（消化法）		√	√	√	√	ACGINR
			小鼠精子采集、检测和卵子采集、分类观察				√		ABCGLN
			细胞电泳		√				ACFGR

序号	建议学时	建议实验项目名称	生物技术专业——实验项目名称	知识单元	综合	师范	理工	农林	技术类型
6	2	细胞培养技术	鼠尾胶原制备	细胞生物学相关技术		√			BGL
			酵母细胞固定化方法与原理			√			GN
			透明脑技术				√		AGHLR
7	3	细胞膜通透性及凝集实验	细胞膜通透性及凝集实验	细胞表面结构	√	√	√	√	BGH
8	2	血型鉴定	动物细胞涂片及染色观察血型鉴定		√	√	√	√	BGQ
9	4	酶免疫组化法检测细胞分化抗原	酶免疫组化法检测鼠T淋巴细胞Thy1分化抗原		√				AGHOR
10	2	细胞融合	细胞融合实验		√	√	√	√	ABGR
11	4	抗体制备	杂交瘤技术与单克隆抗体制备	细胞生物学相关技术			√		CGMNR
			抗体的制备技术及效价检测（双向免疫扩散法）			√			NPQ
12	2	细胞的磁分选及流式细胞仪应用	细胞的磁分选及流式细胞仪应用		√				FGNPR
13	1	植物胞间连丝观察及细胞大小测量	植物胞间连丝观察及细胞大小测量	植物细胞壁；细胞连接与细胞内信号转导	√	√			AGR
14	6	细胞化学染色实验	细胞化学染色实验（石蜡切片，HE，DNA，RNA，多糖，脂类）	细胞生物学相关技术	√	√	√	√	ABGLR
15	3	植物原生质体的分离、培养和融合	植物原生质体的分离和培养，体细胞融合杂交	植物细胞壁	√	√	√	√	ABFGNPR
16	3	巨噬细胞磷酸酶检测及吞噬现象的观察	巨噬细胞磷酸酶检测及吞噬现象的观察	物质的跨膜运输；真核细胞内膜系统	√	√	√	√	ABFGR

序号	建议学时	建议实验项目名称	生物技术专业——实验项目名称	知识单元	综合	师范	理工	农林	技术类型
17	3	细胞器的提取及活体染色	细胞器的提取及活体染色	线粒体与叶绿体	√	√	√	√	AFGNR
18	3	细胞骨架观察	细胞骨架染色观察及细胞分裂制片观察	细胞骨架	√	√	√	√	ACFGNR
			鬼笔环肽标记法观察细胞中微丝的分布		√			√	ACFGNR
			EGFP 转染至 CHO 细胞及免疫荧光标记微管蛋白		√	√			ACFGJNR
			CHO 细胞药物处理离心后中间纤维的免疫酶标染色		√				ACGONPQR
19	3	黑藻细胞胞质环流观察	黑藻细胞胞质环流及其对细胞松弛素 B 的反应			√			AGPR
20	3	染色体制备及核型分析	动植物细胞染色体标本的制备观察及核型分析	细胞核与染色体	√	√	√	√	ABCGLNPR
21	3	细胞核以及相关结构观察	染色体核仁组成区的银染色法与观察			√			AGNR
			端粒的荧光原位杂交		√	√			AGNR
			观察人的中性粒细胞的核鼓槌			√			AGR
			果蝇唾腺染色体实验					√	AGR
22	2-4	DNA 基础实验	哺乳动物基因组 DNA 提取	细胞生物学相关技术	√				GNR
			植物总 DNA 的提取，目的基因的 PCR 扩增，琼脂糖凝胶电泳				√		FGRT
23	3	染色体异常的检测	染色体提前聚集的诱导和观察	细胞核与染色体			√		ACGNR
			环境因素的诱变效应及染色体畸变的观察		√	√			ACGNR
			细胞彗星实验		√				AFGNRI
			蚕豆根尖细胞微核的诱导和监测			√			AGPR

续表

序号	建议学时	建议实验项目名称	生物技术专业——实验项目名称	知识单元	综合	师范	理工	农林	技术类型
24	4	转基因技术	EGFP-AIM2 融合蛋白的转染及荧光分析	细胞生物学相关技术		√			ACGJNR
			动物细胞的转染与 GFP 的 RNA 干扰技术			√			ACGJNR
			植物组织荧光蛋白基因转化与瞬时观察		√	√			ACGJNR
			农杆菌 PEG 介导的植物细胞（拟南芥）的基因转化及鉴定		√	√		√	CGJNPR
			水洗、筛选、GUS 报告基因瞬时表达检测及虚拟实验操作					√	CGJNPR
			转基因水稻的检测及虚拟仿真实验					√	JRT
25	1	个体化医疗与基因诊断	个体化医疗与基因诊断		√				IT
26	3	检测细胞增殖	动物细胞增殖、划痕、死活鉴定实验（台盼蓝染色）	细胞增殖及其调控	√	√		√	ACGNPR
27	3	观察有丝分裂	动植物细胞有丝分裂的样本制备及观察			√	√		ACGNPR
28	3	细胞分化实验	干细胞（$CaCl_2$）多向分化诱导实验	细胞分化与凋亡		√			ACGNPR
			细胞的诱导分化、细胞因子诱生				√		ACGNPR
29	3	四膜虫纤毛再生	四膜虫纤毛再生	细胞骨架		√			AFGP
30	2	植物组织分化与再生	MS 培养基的母液及工作液的配置	细胞分化与凋亡	√	√	√	√	C
			植物组织培养（苗的生根培养、胚的培养，花粉花药的培养）植物多倍体的诱发及细胞学鉴定		√	√	√	√	ABCGNP
			植物激素对烟草叶片分化的影响		√				CNR
			生长素对烟草生根的影响		√				CNR
			水稻抗性愈伤的分化及虚拟实验操作					√	CT
31	3	细胞凋亡检测	细胞凋亡的诱导检测，凋亡细胞的形态学观察		√	√	√	√	ACFFNPR
			细胞凋亡的诱导和检测（双染，虚拟仿真实验）			√			ACFFNPR

序号	建议学时	建议实验项目名称	生物技术专业——实验项目名称	知识单元	综合	师范	理工	农林	技术类型
32	3	细胞自噬观察	细胞自噬观察	真核细胞内膜系统	√				ACFFNPR
33	3	化疗药物对肿瘤细胞的杀伤作用	化疗药物对肿瘤细胞杀伤的敏感实验			√	√		ACFFNPR
34	3	细胞毒致细胞病变作用	细胞毒致细胞病变作用	细胞分化与凋亡			√		ACFFNPR
35	6	帕金森病细胞模型的建立	帕金森病细胞模型的建立		√				QT
36	3	创新性自主设计实验	创新性、研究性自主设计实验环节	—	√	√			T

第六节 部分高校遗传学实验项目整理汇总表

序号	建议学时	建议实验项目名称	生物技术专业——实验项目名称	知识单元	综合	师范	理工	农林	技术类型
1	4–10	杂交实验与分析	秀丽隐杆线虫的培养、性状观察、杂交实验	孟德尔遗传学；连锁、交换、基因突变	√				ACMP
			粗糙链孢霉四分子分析		√	√	√	√	EJP
			果蝇的单因子杂交实验		√	√	√	√	MP
			糯与非糯的花粉与籽粒分离遗传分析					√	P
			果蝇的双因子杂交实验		√	√	√	√	MP
			果蝇伴性遗传		√	√	√	√	MP
			果蝇的三点测交		√	√	√	√	MP
			拟南芥的杂交实验		√				PT
			玉米的单因子杂交			√		√	PT
			小麦的单因子杂交			√			PT
			油用亚麻的单因子杂交			√			PT
			玉米的双因子杂交		√		√		PT

续表

序号	建议学时	建议实验项目名称	生物技术专业——实验项目名称	知识单元	综合	师范	理工	农林	技术类型
2	2	遗传性状的观察与分析	粗糙链孢霉生物节律的观察	孟德尔遗传学；发育的遗传调控	√				EP
			果蝇的饲养与观察		√	√	√	√	ACMP
			小麦的培养与性状观察				√	√	T
			玉米的培养与性状观察				√	√	T
			拟南芥培养及其遗传性状观察		√				PT
			人类遗传疾病的调查				√		AP
			人的几种常见遗传特性的调查		√	√	√	√	AP
			ABO血型决定基因的群体遗传分析		√	√	√		P
			逆境处理对植物（大蒜）生长及氧化酶的影响					√	GNP
			环境因素对果蝇发生量的影响		√				GGM PQ
			激素对生殖器官发育的影响		√				ABLP
			激素或环境因素对动植物胚胎发育的影响		√	√			ABLP
3	2	数量性状及群体遗传分析	动、植物数量性状观察与分析	基因的概念与结构；基因组	√	√	√	√	AP
			玉米自交系一般配合力的检测					√	P
			数量性状的遗传力估算与QTL检测					√	P
			群体遗传平衡分析和基因频率的估算		√	√	√	√	P
4	2	染色体制片和观察	孚尔根核染色法鉴定物种的染色体数目	基因的概念与结构；孟德尔遗传学		√			AG
			果蝇脑神经节染色体的制片与观察			√			AG
			植物细胞有丝分裂染色体制片及观察		√	√	√	√	AG
			植物细胞减数分裂染色体制片及观察		√	√	√	√	AG
			动物细胞有丝分裂染色体制片及观察		√	√	√		AG
			动物细胞减数分裂染色体制片及观察		√	√	√		AG
			染色体结构变异和数目变异的观察			√			AG

续表

序号	建议学时	建议实验项目名称	生物技术专业——实验项目名称	知识单元	综合	师范	理工	农林	技术类型
4	2	染色体制片和观察	理化因素诱导蚕豆染色体变异	基因的概念与结构；孟德尔遗传学				√	AG
			人类巴氏小体的观察		√	√	√	√	AG
			人类染色体制片与核型分析		√				AG
			植物染色体制片与核型分析					√	AG
			小鼠骨髓细胞染色体标本的制备与核型分析		√		√		AG
			果蝇唾腺染色体制片与观察		√	√	√		AG
			摇蚊唾腺染色体制片与观察		√	√	√	√	AG
			细胞微核的检测		√				AG
			植物多倍体的诱发、制片与观察		√	√		√	AGNP
			植物花药培养及单倍体植株鉴定					√	AGN
5	2	遗传发育的显微观察	变态发育过程的观察	发育的遗传调控	√	√			AC
			受精过程的细胞学观察		√	√			AC
			动植物生殖细胞发生的显微观察		√	√	√	√	AGL
			动植物胚胎发育过程的显微观察		√	√	√	√	AGL
6	4	遗传标记及多态性分析	Y 染色体性别决定因子（SRY）的基因检测	基因组；连锁、交换、基因突变		√			J
			DNA 指纹分析		√				J
			同工酶分析不同物种的遗传标记			√	√		J
			人类 ACE 基因多态监测及其与耐力运动能力的关联分析		√	√			JPQ
			利用 SSR 标记鉴定植物亲缘关系		√			√	NJPQ
7	4	基因突变	拟南芥 T-DNA 插入突变体分析	微生物遗传；连锁、交换、基因突变	√				CN
			大肠杆菌营养缺陷型突变体的诱导与突变株筛选					√	MPQ
			产胞外蛋白酶菌株的诱变、筛选与鉴定			√			MPQ
8	4	基因转化或转导	大肠杆菌的转导	微生物遗传	√	√			CE
9	2	基因组DNA制备及其序列分析	动物、植物、人和微生物基因组 DNA 制备	基因组；生物信息学	√	√	√	√	J
			人类口腔上皮细胞基因组 DNA 提取			√			J
			果蝇基因组 DNA 提取		√	√	√		J
			基因组结构分析与保守区发现			√			P
			DNA 序列分析及其 TransFac 解析		√	√			P

续表

序号	建议学时	建议实验项目名称	生物技术专业——实验项目名称	知识单元	综合	师范	理工	农林	技术类型
10	4	基因定位或遗传作图	基因的连锁交换和基因定位	连锁、交换、基因突变	√	√	√		MJPQ
			大肠杆菌的非中断杂交	微生物遗传		√			C E
11	4	RNA 干扰技术	利用 RNA 干扰技术抑制动物细胞基因表达	基因组；细胞工程	√				AJPQ
12	4	基因表达分析	特定基因和蛋白在不同发育时期的表达模式分析	基因概念与结构；发育的遗传调控	√				AGJO PQR
			拟南芥目的基因表达产物的组织和亚细胞定位		√				CJN
			不同发育时期特定基因和蛋白的差异表达分析		√	√		√	JLOP QR
13	4~10	基因编辑及转基因技术	利用 CRISPR/Cas9 系统进行动物细胞的基因编辑	基因组；发育的遗传调控；基因重组技术；细胞工程	√				AGJM PQ
			农杆菌介导的拟南芥遗传转化		√	√		√	CJN
			抗虫 Bt 基因双元表达载体构建与农杆菌转化					√	CJNP
			动植物（模式生物）的转基因实验		√	√	√		JMP QR
			动物胚胎的体外培养和冷冻实验		√			√	AGL
			动物胚胎移植实验					√	CLMP
			人工催产和体外受精实验		√			√	CLM
			胚胎干细胞的分离实验		√			√	ABCN
			输精管结扎术					√	BCL

第七节　部分高校微生物学实验项目整理汇总表

序号	建议学时	建议实验项目名称	生物技术专业——实验项目名称	知识单元	综合	师范	理工	农林	技术类型
1	4	微生物实验基础培训、无菌操作及纯培养	微生物实验室规则与安全	微生物的分离和培养	√		√		S
			微生物实验基本仪器的使用		√		√		T
			微生物实验用品准备		√				T

序号	建议学时	建议实验项目名称	生物技术专业——实验项目名称	知识单元	综合	师范	理工	农林	技术类型
1	4	微生物实验基础培训、无菌操作及纯培养	玻璃器皿的清洗、包扎和干热灭菌	微生物的分离和培养	√	√	√		C
			培养基的制备		√	√	√	√	C
			培养基的高压蒸汽灭菌		√	√	√		C
			无菌操作技术		√	√	√		C
			微生物的接种技术		√	√	√		CE
			斜面接种		√				CE
			产黄青霉和黑曲霉的三点接种		√				CE
			微生物菌种保藏		√	√	√		CE
			微生物的平板划线分离		√		√	√	CE
			微生物稀释涂布平板分离技术			√	√	√	CE
			蕈菌菌种的分离与培养		√				CE
			微生物平板菌落计数		√	√	√	√	CEP
			微生物的液体培养				√		C
			影印法培养叶面嗜甲基细菌					√	CE
			厌氧微生物的培养			√		√	CE
2	4	微生物群体形态观察、分离纯化及鉴定	土壤样品中微生物的分离培养和计数	微生物的结构和功能	√	√	√	√	CEP
			土壤样品中微生物的分离与纯化		√	√	√	√	CE
			环境中的微生物分离与鉴定		√	√		√	ACEG
			混合样品中未知菌的分离		√				CE
			米酒酒曲中微生物的分离与鉴定				√		ACDEG
			食品中大肠菌群的分离		√		√		CE
			肠道致病菌的分离、鉴定				√		ACEG
			食品中细菌分离和数量测定		√	√	√	√	ACEP
			食品卫生的微生物学检测			√			ACDEP
			牛乳中细菌的检查			√	√		ACG

续表

序号	建议学时	建议实验项目名称	生物技术专业——实验项目名称	知识单元	综合	师范	理工	农林	技术类型
2	4	微生物群体形态观察、分离纯化及鉴定	金黄色葡萄球菌的检测	微生物的结构和功能		√			CEG
			常见微生物的菌落特征观察		√				T
			体表、极端微生物的培养与观察		√				EPT
			不同环境中微生物菌落和细菌显微形态特征观察			√			ACEG
			未知菌菌落识别		√				T
3	8	微生物的个体观察与显微计数	显微镜、油镜的使用及细菌形态观察	微生物的结构与功能	√	√	√	√	ACEG
			微生物显微计数		√	√	√		ACEP
			微生物血细胞计数板计数		√	√	√		ACEP
			霉菌孢子数量的测定			√	√		ACEP
			酵母菌的直接计数和间接计数			√			ACEP
			微生物浓度的测定（直接计数法）				√		ACEP
			细菌的简单染色		√	√	√	√	ACG
			细菌的革兰氏染色		√	√		√	ACG
			肠道致病菌生化反应和革兰氏染色鉴定				√		ACG
			细菌鞭毛染色		√	√	√	√	ACG
			细菌运动的观察（悬滴观察法）				√		ACG
			细菌芽孢染色及观察		√	√	√	√	ACG
			细菌的荚膜染色及观察		√	√			ACG
			放线菌的形态观察		√		√	√	ACG
			放线菌插片法及形态观察		√				ACG
			酵母菌的形态观察		√	√	√		ACG
			蓝细菌（蓝藻）的形态观察					√	ACG
			藻类和原生动物的形态观察					√	ACG
			酵母菌形态及繁殖过程观察			√			ACG
			酵母菌的形态观察及死活细胞鉴别				√		ACG
			丝状真菌形态观察			√			ACG
			植物共生菌根真菌形态观察		√				ACG
			匍枝根霉的接种和个体形态观察		√				ACG
			假丝酵母、顶青霉、焦曲霉的载片培养		√				ACG
			蓝色犁头霉接种和观察接合孢子囊		√				ACEG

序号	建议学时	建议实验项目名称	生物技术专业——实验项目名称	知识单元	综合	师范	理工	农林	技术类型
4	8	微生物的生理生化特性鉴定	微生物对不同底物的分解代谢试验	微生物的营养、生长和控制；微生物的多样性	√				CDE
			硫化氢实验和硝酸盐还原实验		√		√		CDE
			淀粉水解试验			√	√		CDE
			甲基红试验		√				CDE
			伏－普试验		√				CDE
			柠檬酸盐试验		√				CDE
			IMVi 实验				√		CDE
			明胶液化			√			CDE
			微生物的氨基酸代谢			√			CDE
			乳酸菌生理生化鉴定		√				CDE
			细菌淀粉酶和过氧化氢酶的定性测定			√			CDE
			微生物糖发酵试验		√	√			CDE
			API 20E 微量快速鉴定		√				CDE
5	4	环境对微生物生长的影响	微生物的紫外诱变育种	微生物的营养、生长和控制；微生物代谢及其调控		√			CEP
			耐高温酵母菌株的诱变及筛选			√			CEP
			营养缺陷型的获得及突变频率的测定			√			CDEP
			大肠杆菌 E. coli K12 营养缺陷型诱变及缺陷型浓缩技术		√				CDEP
			大肠杆菌 E. coli K12 营养缺陷型鉴定技术		√				CDEP
			Ames 试验法		√		√		CDEP
			几种营养元素对微生物生长的影响					√	CE
			紫外线对微生物的作用					√	CE
			化学因素对微生物生长的影响			√		√	CE
			微生物致死温度的测定					√	CEP
			生长谱法测定微生物的营养要求			√			CDE
			环境对微生物生长的影响		√	√	√	√	CE
			理化因素对微生物生长的影响		√	√	√		CE
			生物因素对微生物生长的影响			√			CE

续表

序号	建议学时	建议实验项目名称	生物技术专业——实验项目名称	知识单元	综合	师范	理工	农林	技术类型
5	4	环境对微生物生长的影响	体表微生物的分离及其对化学消毒剂的敏感性分析	微生物的营养、生长和控制；微生物代谢及其调控		√			CDE
			放线菌的抑菌试验					√	CE
			大肠杆菌抗药性的测定			√			CEP
			大肠杆菌菌群生理状态对抗菌药物敏感性影响实验		√				CEP
			不同培养条件对产淀粉酶细菌生长和产酶的影响			√			CDEP
			酵母菌的耐受能力的测定			√			CDEP
6	4	微生物分子生物学综合分析鉴定	细菌总基因组的提取及琼脂糖凝胶电泳检测	微生物的多样性		√			CHJPT
			细菌 16S rDNA 序列比对进化树构建					√	CHJPT
			利用 ITS 序列鉴定真菌		√				CHJPT
			微生物的形态学、生理生化指标与分子生物学综合分析鉴定		√				ACDEHJPT
			产酶菌株分子生物学鉴定				√		CDE
7	6	病毒与质粒	细菌的局限性转导	微生物的结构与功能；传染与免疫	√	√			CDJR
			P1 噬菌体普遍性转导		√				CDJR
			细菌转导实验			√			CDJR
			大肠杆菌感受态细胞的制备		√				CDJR
			双层平板法观察噬菌蛭弧菌斑实验 / 蛭弧菌对污水净化效果实验		√				CE
			自然环境中噬菌体的分离纯化			√			CE
			噬菌体空斑观察		√				T
			噬菌体效价的测定		√			√	CEP
			噬菌体裂解液的制备			√			C
			细胞大小测定及病毒多角体的观察			√			AC
8	6	微生物发酵	微生物液体深层培养	微生物的营养、生长和控制；微生物代谢及其调控		√			CPR
			台式自控发酵罐的使用		√				PR
			机械搅拌发酵系统的结构					√	PR
			酵母菌发酵条件的研究			√			CEPR

序号	建议学时	建议实验项目名称	生物技术专业——实验项目名称	知识单元	综合	师范	理工	农林	技术类型
8	6	微生物发酵	微生物液体发酵产酶进程的测定	微生物的营养、生长和控制；微生物代谢及其调控		√			CDE PR
			乳酸菌饮料制作				√		CET
			酸奶的发酵				√	√	CERT
			双歧杆菌口服液的发酵制备				√		CERT
			酿酒酵母细胞固定化及酒精发酵			√			CERT
			谷氨酸的发酵及其发酵过程的优化控制			√			CERT
			葡萄酒制作			√			CERT
			泡菜制作			√			CERT
			甜酒酿的制作及其品质评定			√		√	CERT
			淀粉酶产生菌的发酵培养				√		CERT
			微生物发酵生产黑色素		√				CERT
			乳酸菌的分离和酸奶制作		√				CER
			凝固型酸牛奶的制作、品质检测及品尝		√				CERT
			抗生素发酵及效价测定		√		√		ACR
			多管发酵法测定水样中大肠菌群数			√	√	√	ACEP
			重量法测定产淀粉酶芽孢杆菌的数量				√		EP
9	6	功能微生物分离及鉴定	产淀粉酶菌的分离和筛选	微生物的分离与培养；微生物代谢及其控制；微生物的多样性	√	√	√		CEP
			产蛋白酶微生物的筛选及鉴定		√				ACEG
			土壤中产碱性蛋白酶菌株的分离及性能测定			√			CDE
			土壤中纤维素酶产生菌的分离与初步鉴定		√				ACEG
			益生菌的平板涂布分离法		√				CE
			酒酿制作和关键菌的分离及鉴定		√				ACE GR
			酸菜发酵液中乳酸菌分离及抑菌活性分析		√				ACDE GP
			琼脂块法筛选拮抗性放线菌		√				ACEP

续表

序号	建议学时	建议实验项目名称	生物技术专业——实验项目名称	知识单元	综合	师范	理工	农林	技术类型
9	6	功能微生物分离及鉴定	产细菌素乳酸菌的分离纯化和鉴定	微生物的分离与培养；微生物代谢及其控制；微生物的多样性	√				ACEG
			珍稀食药用真菌的菌种分离与栽培			√			CE
			塑料、农药降解菌的筛选与分离		√				CEG
			头发表面微生物种类的分析及油脂降解菌的筛选		√				CE
			根瘤菌的分离、纯化鉴定及其促进根瘤生长的效果检测		√				ACDEG
			病害香蕉真菌的分离		√				CE
			筛选产黑色素的细菌		√				CE
			环境中芽孢杆菌的筛选		√		√		ACEGP
			枯草芽孢杆菌的鉴定			√			ACDE
			产淀粉酶菌株的鉴定			√			CDE
			细菌的快速自动鉴定		√			√	CDE
			乳酸菌的初步鉴定		√			√	CDE
10	6	微生物多学科交叉应用研究	微生物数字观察	传染与免疫；微生物的多样性		√			T
			ELISA 测定牛血清白蛋白效价		√				OT
			ABO 血型的测定				√		OPT
			大肠菌群的血清学检验			√			OT
			牛乳的巴氏消毒、细菌学检查			√	√		CDP
			酵母细胞蔗糖酶的分离纯化					√	EHT
			大肠杆菌菌群生长动力学行为表征实验		√				CDET
			碱性蛋白酶生产菌的分离及酶活的测定		√				CDI
			α- 淀粉酶的沉淀提取		√				HIR
			纯化后的 α- 淀粉酶的纯度电泳检测及相对分子质量测定		√				HIR
			发光细菌的制备与荧光微生物画		√				CE
			荧光细胞器定位酵母菌的制备与观察		√				ACG
			细菌形态学虚拟仿真实验			√			T

续表

序号	建议学时	建议实验项目名称	生物技术专业——实验项目名称	知识单元	综合	师范	理工	农林	技术类型
10	6	微生物多学科交叉应用研究	实验室环境和人体表面微生物检查	传染与免疫；微生物的多样性	√	√			ACE
			环境中微生物的检测		√	√	√	√	ACE
			钱币上常见的微生物种类的研究		√				CDE
			包埋法固定化枯草杆菌细胞					√	CDE
			饮用水微生物卫生指标的测定			√			ACDEGP
			水样中细菌总数测定				√		CEP
			农药残留微生物降解实验					√	CDET
			药敏试验（纸片法）				√		CE

第八节　部分高校分子生物学实验项目整理汇总表

序号	建议学时	建议实验项目名称	生物技术专业——实验项目名称	知识单元	综合	师范	理工	农林	技术类型
1	2-6	DNA的提取及检测	DNA 的琼脂糖凝胶电泳	核酸化学；生化分离与分析技术	√	√			J
			DNA 片段的凝胶回收				√	√	H
			目的 DNA 片段的获得			√			J
			DNA 浓度与纯度的测定及浓度的调整			√			H
			哺乳动物基因组 DNA 的提取		√				H
			大肠杆菌基因组 DNA 的提取		√	√			H
			大肠杆菌基因组 DNA 的提取及电泳检测			√	√		HJ
			动物组织 DNA 的快速分离			√			H
			动物组织基因组 DNA 的提取及电泳检测			√			HJ
			DNA 的纯化与鉴定		√				HJ
			基因组 DNA 的限制性酶切与检测					√	J
			细菌染色体 DNA 的提取及检测		√				HJ
			鱼线粒体 DNA 的提取及检测		√				HJ
			植物基因组 DNA 的提取与检测		√	√		√	HJ

序号	建议学时	建议实验项目名称	生物技术专业——实验项目名称	知识单元	综合	师范	理工	农林	技术类型
1	2-6	DNA 的提取及检测	植物总 DNA 的快速抽提和浓度检测	核酸化学；生化分离与分析技术			√		HIJ
			碱裂解法小量提取质粒 DNA		√	√			H
			质粒 DNA 的提取及电泳检测			√			HJ
			质粒 DNA 的提取及酶切			√			HJ
			质粒 DNA 的提取及酶切和电泳鉴定			√			HJ
			质粒 DNA 的提取及其定性定量分析				√		HIJ
			质粒 DNA 的大量提取		√	√			H
			载体 pGEX-4T-2 的制备		√				H
2	4-8	RNA 的提取及检测	RNA 的分离	核酸化学；生化分离与分析技术	√				H
			哺乳动物总 RNA 的提取及电泳分析		√	√			HJ
			动物组织 RNA 的提取					√	H
			植物总 RNA 的分离纯化与检测		√		√	√	HJ
			RNA 的琼脂糖凝胶电泳		√	√			J
			RNA 浓度与纯度的测定及浓度的调整		√				H
			RNA 的提取及 RT-PCR 制备 cDNA	核酸化学、逆转录（DNA 的生物合成）；生化分离与分析技术		√			HJ
			植物 RNA 的提取及 RT-PCR 制备 cDNA			√			HJ
3	4-32	DNA 重组及其阳性重组子的筛选	真核生物 cDNA 文库的构建和分析	核酸化学、DNA 复制；基因重组技术；微生物的营养及其生长和控制	√				CEJ
			DNA 的重组与转化		√	√			CEJ
			DNA 连接、转化及筛选				√		CEJ
			DNA 的连接与转化及重组子的筛选与验证		√				CEJ
			目的基因的克隆与鉴定		√				CEJ
			DNA 重组（酶切、连接、转化和筛选）			√			CEJ
			重组质粒的连接、转化及筛选			√			CEJ
			荧光蛋白基因表达载体的构建		√				CEJ

序号	建议学时	建议实验项目名称	生物技术专业——实验项目名称	知识单元	综合	师范	理工	农林	技术类型
3	4~32	DNA重组及其阳性重组子的筛选	玉米 CuZn-SOD 基因 *ZmCSD2* 的克隆	核酸化学、DNA复制；基因重组技术；微生物的营养及其生长和控制			√		CEJ
			PCR 产物的 T-A 克隆			√			CEJ
			PCR 产物的 T-A 克隆及重组子的筛选				√		CEJ
			重组人白介素 -18(rhIL-18) 基因工程菌的构建		√				CEJ
			重组 DNA 分子的构建、转化与筛选				√		CEJ
			表达载体的构建		√	√		√	EJ
			转座子引起的插入突变		√				CEJN
			大肠杆菌 DH5α 感受态细胞的制备及连接产物的转化		√	√			CEJ
			大肠杆菌 DH5α 感受态细胞的转化、蓝白斑筛选及阳性克隆的检测					√	CEJ
			大肠杆菌感受态细胞的制备		√	√			CEJ
			大肠杆菌感受态细胞的制备及质粒 DNA 的转化			√	√	√	CEJ
			大肠杆菌感受态细胞的转化		√				CJ
			大肠杆菌质粒 DNA 的转化		√				CJ
			农杆菌感受态细胞的转化					√	CJ
			重组 DNA 分子转化宿主细胞		√			√	CJ
			重组质粒的连接和转化 DH5α 感受态细胞		√				CJ
			重组质粒转化大肠杆菌感受态细胞（BL21）			√			CJ
			细胞转染		√				CJN
			细菌的转导		√				CJ
			农杆菌介导的马铃薯试管薯的遗传转化					√	CJN
			质粒 DNA 的转化及转化子的筛选			√			CEJ
			转化及重组子的筛选		√		√		CEJ
			蓝 - 白菌落法筛选重组子及重组比例的计算		√				CJT

续表

序号	建议学时	建议实验项目名称	生物技术专业——实验项目名称	知识单元	综合	师范	理工	农林	技术类型
3	4–32	DNA 重组及其阳性重组子的筛选	目的基因的纯化与回收	核酸化学；基因重组技术	√				H
			目的基因和载体酶切片段的制备			√		√	H
			目的片段的回收及鉴定		√				HJ
			DNA 的限制性酶切和电泳分析		√	√	√		J
			质粒 DNA 的限制性酶切及电泳检测			√		√	J
			DNA 的酶切和连接			√			J
			DNA 酶切片段的分离与回收		√				J
			目的基因和载体的双酶切及酶切产物纯化		√		√		J
			外源 DNA 片段与质粒载体的重组					√	J
			目的基因与表达和克隆载体的连接		√	√		√	J
			阳性菌落的 PCR 鉴定			√			J
			重组质粒 DNA 的 PCR 验证		√				J
			重组质粒 DNA 的菌液 PCR 鉴定			√			J
			重组克隆的鉴定（菌落 PCR）		√				J
			目的基因片段的鉴定及序列测定			√			J
			重组质粒的双酶切鉴定			√		√	J
			重组质粒 DNA 的酶切验证		√	√			J
			重组质粒 DNA 的电泳检测			√			J
			重组子的鉴定				√		J
			阳性单菌落的筛选			√			J
			阳性重组质粒的鉴定					√	J
			重组 T 载体质粒的提取	核酸化学、DNA 复制；基因重组技术；生化分离与分析技术		√			H
			重组质粒 DNA 的提取及鉴定		√				HJ
			工程菌的制备及质粒 DNA 的提取					√	CEHIJ
			重组质粒 DNA 的小量制备（吸附柱法）		√				H

续表

序号	建议学时	建议实验项目名称	生物技术专业——实验项目名称	知识单元	综合	师范	理工	农林	技术类型
3	4–32	DNA 重组及其阳性重组子的筛选	碱性磷酸酶原核表达载体的构建、表达及表达产物的检测	核酸化学、DNA 复制、RNA 的生物合成、蛋白质合成、基因表达与调控；基因重组技术；微生物的营养及其生长和控制		√			CEHIJ
4	8–16	目的基因的诱导表达及其检测	BL21 感受态细胞的转化和 EGFP 的诱导表达	蛋白质化学、DNA 复制、RNA 的生物合成、蛋白质合成、基因表达与调控；微生物的营养及其生长和控制	√	√			CEJ
			PLPR 启动子表达载体表达目的基因		√				CEJ
			目的蛋白的诱导表达和 PAGE 分析		√				CEHJ
			外源基因在大肠杆菌中的诱导表达		√	√			CE
			重组质粒的原核表达及特征鉴定			√			CEJ
			荧光蛋白的诱导表达及蛋白表达产物的平板观察		√				CEJ
			Western Blot 检测表达蛋白		√	√	√	√	HJO
5	2–8	PCR 技术及其应用	目的基因原核表达的引物设计	核酸化学、DNA 复制；基因重组技术；生化分离与分析技术	√				QT
			不同植物管家基因的 PCR 扩增			√			J
			质粒 DNA 的 PCR 鉴定		√	√	√	√	J
			乙肝病毒基因的 PCR 检测			√			J
			植物病毒核酸的扩增			√			J
			目的基因的扩增及 PCR 产物的检测		√	√	√	√	J
			基因扩增及 PCR 产物的电泳检测与回收		√	√			HJ
			线粒体功能基因的 PCR 扩增及回收检测		√				HJ
			PCR 产物的纯化与回收			√			H
			菌落 PCR			√			J
			PCR 产物的琼脂糖凝胶电泳			√			J

续表

序号	建议学时	建议实验项目名称	生物技术专业——实验项目名称	知识单元	综合	师范	理工	农林	技术类型
5	2–8	PCR 技术及其应用	RT–PCR 获得目的基因	核酸化学、DNA 复制；基因重组技术；生化分离与分析技术	√				J
			RT–PCR 及其检测		√	√	√	√	J
			目的基因的 RT–PCR 扩增及其产物的电泳分析			√			J
			瘦素受体基因的扩增				√		J
			qPCR 分析基因的表达				√		JP
			qPCR 鉴定 CYP2C9 基因型		√				JP
			甜菜 M14 品系的 AFLP 分析	核酸化学、DNA 复制	√				JT
			PCR 扩增大肠杆菌 16S rDNA 序列			√			JT
			RAPD 与 SSR 技术		√	√			JT
			简单序列重复标记（SSR）		√				JT
			聚合酶链式反应 – 单链构象多态性检测（PCR–SSCP）		√				JT
			水稻 SSR 标记的聚丙烯酰胺凝胶电泳分析				√		JT
			随机扩增多态性 DNA 反应（RAPD）		√				JT
			微卫星简单重复序列锚定 PCR 扩增技术（SSR–PCR）		√		√		JT
			限制性片段长度多态性标记技术（RFLP）		√				JT
6	4–16	其他分子生物学实验技术	RNA 的 Northern Blot	核酸化学、DNA 复制；生化分离与分析技术	√				J
			Southern Blot		√	√		√	J
			斑点杂交		√		√		J
			DNA 探针的制备和标记		√				J
			动物水平上评价蛋白质的生物学功能					√	HPQT
			微生物的基因组学分析		√				JQRT

第九节　部分高校免疫学实验项目整理汇总表

序号	建议学时	建议实验项目名称	生物技术专业——实验项目名称	知识单元	综合	师范	理工	农林	技术类型
1	2	免疫学实验室安全及防护知识、仪器操作方法	实验室安全及基本仪器培训	—	√				QT
2	2~4	免疫细胞、免疫组织/器官的观察及显微使用	免疫细胞形态观察	动物的主要器官系统与功能	√	√	√	√	AG
			免疫器官与免疫细胞的观察		√	√	√		ABN
			小鼠免疫器官的形态学观察/非特异性免疫		√	√	√		BCT
			激光共聚焦显微镜技术示教				√		AR
			胸腺组织、脾、淋巴结、骨髓等切片的组织染色与显微镜观察		√				ABCG
			电镜技术示教		√		√		AT
3	2~4	免疫凝集实验	血型鉴定	蛋白质化学	√	√	√	√	ABCG MOPQ T
			血凝试验和血凝抑制试验		√	√	√		HNRP
			血球凝集反应及交叉配血试验				√		AGT
			玻片试管凝集试验（溶血素效价测定）		√	√	√		GIT
			血凝、血抑试验		√	√	√	√	HNRP
			细菌凝集实验				√		DE
			血凝性病毒的鉴定与免疫监测			√			CGHN OP
			病毒血凝性的鉴定及血凝效价的标定			√			CGHN OP
			ABO血型的鉴定		√		√	√	ABCG MOPQ T
			E-花环形成试验		√		√		ABCG MOPQ T

续表

序号	建议学时	建议实验项目名称	生物技术专业——实验项目名称	知识单元	综合	师范	理工	农林	技术类型
4	4-8	免疫沉淀实验	双向免疫扩散、免疫电泳、火箭免疫电泳、对流免疫电泳等免疫血清的抗体效价	蛋白质化学	√	√	√	√	ABCG MOPQ T
			对流免疫电泳		√		√		GPR
			琼脂凝胶免疫扩散实验		√	√	√	√	GPR
			琼脂扩散实验		√	√	√	√	GPR
			单、双向琼脂扩散（抗体效价测定）		√	√	√	√	GPR
			琼脂双向扩散实验		√	√	√	√	GPR
			沉淀反应		√	√			CHT
			免疫沉淀试验		√	√		√	CIN
			免疫血清抗体活性的鉴定、酶联免疫反应、免疫印迹等		√	√	√	√	ABGH KOQR S
			免疫印迹检测细胞内蛋白的表达		√	√	√	√	GNPR
			Western Blot		√	√			GNPR
			尿微量白蛋白免疫比浊法检测				√		GNPR
5	4	补体实验	玻片试管凝集试验（溶血素效价测定）	蛋白质化学	√	√	√		GIT
			补体介导的细胞毒实验检测 T 细胞亚群		√				GT
6	4-12	抗体制备与鉴定技术	动物免疫接种（溶血素制备）及采血	蛋白质化学		√	√	√	CMPRT
			免疫血清的制备、鉴定、纯化及表征		√	√	√		CGO
			制备单克隆抗体		√				CIMO T
			动物血清中 IgG 的提取		√	√	√		HT
			免疫球蛋白的分离提取		√	√	√	√	CIMN OQ
			免疫球蛋白的纯化及抗体浓度测定		√	√	√	√	G
			SDS-PAGE 法检测免疫球蛋白浓度		√	√	√	√	HPR
			免疫球蛋白的 SDS-PAGE 电泳分析					√	HPR
			从血清中纯化 IgG 并提取分析 IgG 上的 N- 糖链		√	√	√		OS

序号	建议学时	建议实验项目名称	生物技术专业——实验项目名称	知识单元	综合	师范	理工	农林	技术类型
7	4~8	免疫标记技术	酶联免疫吸附检测牛奶中抗生素残留	蛋白质化学	√	√			GQ
			酶联免疫吸附实验检测人血清抗体效价		√	√			GHNOP
			酶联免疫吸附试验（AFP 定量测定）包被、检测自制抗体效价，酶联法——乙肝"两对半"的检测（学生自身血清）				√		IOQT
			固相酶联免疫吸附试验		√	√	√	√	HIO
			荧光免疫技术（抗核抗体检测）				√		AT
			胶体金免疫测定技术				√		T
			乙肝表面抗体检测				√		IOQT
			ELISA 检测肝炎病毒实验			√		√	CNOPQ
			放射免疫技术				√		HQRT
			免疫荧光染色检测细菌		√				GI
			灰树花真菌疏水蛋白 (HGFI) 的转化表达及双抗体夹心法检测		√				CEGI
			巨噬细胞膜标志物的荧光标记			√			IMT
8	8	免疫组织化学技术	组织切片的制备与 HE 染色	动物体的组织与特征；动物的主要器官系统与功能	√	√			ABGP
			酶免疫组织化学技术		√	√	√	√	AGOP
			小鼠 / 家兔脾的免疫组化鉴定		√	√			BCGHNOP
9	4~10	特异性免疫细胞分离、制备、鉴定与功能检测技术	T 淋巴细胞的制备	细胞的统一性与多样性；细胞增殖及其调控；细胞分化与凋亡	√		√	√	ABG
			淋巴细胞分离技术		√		√	√	BMT
			淋巴细胞转化实验		√			√	ACGNPR
			免疫细胞的磁分选及流式细胞仪分选		√	√			CGI
			人外周血单个核细胞分离				√	√	AOPQT
			外周血单个核细胞的分离				√	√	AG
			酶联免疫斑点实验 (ELIspot)		√				GK

续表

序号	建议学时	建议实验项目名称	生物技术专业——实验项目名称	知识单元	综合	师范	理工	农林	技术类型
9	4-10	特异性免疫细胞分离、制备、鉴定与功能检测技术	T细胞增殖实验——MTT法（淋巴细胞转化试验）、E-花环T淋巴细胞活力鉴定、免疫动物、抗原（异种淋巴细胞）-抗体（抗血清）制备	细胞的统一性与多样性；细胞增殖及其调控；细胞分化与凋亡	√	√	√	√	ABCG HIJM OPQT
10	6-8	吞噬细胞制备与功能测定	小鼠骨髓单核细胞分离培养及向巨噬细胞分化技术	细胞分化与凋亡	√				ABCG IN
			小鼠腹腔免疫及巨噬细胞的提取	物质的跨膜运输；真核细胞内膜系统	√	√	√	√	MT
			吞噬细胞溶菌酶的测定		√			√	Q
			巨噬细胞吞噬功能的评价		√	√	√	√	ABG MT
			巨噬细胞中细胞因子表达检测			√			MT
			巨噬细胞吞噬功能测定		√	√	√	√	ABCG MT
			吞噬试验		√	√	√	√	ABC MT
11	2-6	流式细胞技术	T/B淋巴细胞发育不同阶段的流式分析	细胞分化与凋亡	√			√	CGI
			流式细胞术检测巨噬细胞纯度		√			√	IMT
			流式细胞术示教		√	√	√	√	T
			流式细胞术测定小鼠脾中T细胞亚群		√			√	OPQR
12	4	细胞因子活性检测	细胞因子对小鼠/人破骨细胞分化的影响	细胞增殖及其调控；细胞分化与凋亡；激素及其受体介导的信息传导	√				NT
			骨髓干细胞的诱导分化			√			MT
			细胞因子的检测		√	√			DNQ
13	2-10	免疫学防治技术	免疫佐剂的制备及使用	传染与免疫	√		√	√	T
			免疫原的乳化			√		√	OP
			免疫佐剂的制备		√		√	√	IJ
			福氏佐剂的制备及抗原的乳化		√		√	√	T
			免疫原的制备和实验动物的免疫		√	√		√	BJO
			鸡胚的尿囊腔接种			√			ACGM
			鸡白痢灭活苗的制备				√		BCM RT

续表

序号	建议学时	建议实验项目名称	生物技术专业——实验项目名称	知识单元	综合	师范	理工	农林	技术类型
13	2-10	免疫学防治技术	直接吸附法包被鸡新城疫抗体技术	传染与免疫			√		HIOT
			鸡新城疫卵黄抗体的检测				√		HIO
			实验动物免疫技术		√	√	√	√	MOPQ
			抗菌抗体的定性与定量检测		√				G
			抗血清的纯化		√	√	√		HT
			抗血清分离		√		√		MT
			DNA 疫苗的制备、免疫以及特异性免疫应答的检测		√				CNO
			病毒液的检测			√		√	CT
			抗体的分离与纯化		√		√		GO
			过敏原检测试验		√				GT
14	2-4	动物实验方法	免疫学实验动物的一般操作（小鼠的抓捉方法及小鼠眼眶放血试验）	—	√	√	√	√	MQT
			实验动物的采血方法、动物血清及红细胞的制备方法		√	√	√	√	MT
			小鼠静脉注射		√				MQT

第十节　部分高校生态学实验项目整理汇总表

序号	建议学时	建议实验项目名称	生物技术专业——实验项目名称	知识单元	综合	师范	理工	农林	技术类型
1	2-4	生态因子的综合测定与分析	生态因子综合测定技术	生态学基本概念		√			PRS
			植物群落内生态因子测定		√				
			不同生态系统主要生态因子的时空变异			√			
			环境生态因子的测定		√				
			生态因子周期性变动及物候观察与调查			√			
2	2	生物气候图的绘制	生物气候图绘制	生态学基本概念	√				AP

续表

序号	建议学时	建议实验项目名称	生物技术专业——实验项目名称	知识单元	综合	师范	理工	农林	技术类型
3	2	土壤理化性质测定	土壤样品的采集技术与土壤样品的制备与处理	生态学基本概念	√				PQS
			土壤生态因子的测定			√			
			土壤磷含量的测定			√			
4	2	水体溶解氧含量测定	水体常规理化性质的测定——溶解氧的测定	生态学基本概念		√			PR
5	4-6	水盐胁迫对植物种子萌发/植物生长/植物生理生化/植物耐性相关基因表达的影响	光对植物的影响与作用	种群生态学		√			PR
			温度对植物的影响与作用			√			
			低温对植物的影响与作用			√			
6	4-6	鱼类对温度和盐度的耐受性实验	光对动物的影响与作用	种群生态学		√			PRT
			温度对动物的影响与作用			√			
			低温对动物的影响与作用			√			
			温度对动物能量代谢的影响			√			
			鱼类耐受性实验			√			
			鱼类对温度、盐度耐受性的观测			√			
			环境温度对动物体温的影响			√			
7	4-6	环境污染对生物生理的影响	乙酰甲胺磷对草履虫的急性毒性作用	种群生态学		√			PQR
			铅铬胁迫对小麦种子萌发及幼苗脯氨酸含量的影响			√			
8	2	标志重捕法/去除取样法估计种群数量大小	标志重捕法估计种群数量大小	种群生态学	√	√			PQ
			标记重捕法			√			
			Lincoln指数法、去除取样法估计种群数量大小			√			
			样方法测量和估计生物种群数量			√			
			取样称量法测量和估计植物种群数量			√			
			去除取样法估计动物数量			√			
			标志重捕法的运用及相关影响因素分析			√			

序号	建议学时	建议实验项目名称	生物技术专业——实验项目名称	知识单元	综合	师范	理工	农林	技术类型
9	2~4	种群空间格局分析	种群密度与空间分布格局调查	种群生态学		√			PQ
			样方法的使用及种群空间分布格局的判定			√			
10	2	种群动态模型	酵母菌种群在有限环境中及盐胁迫下的逻辑斯蒂增长	种群生态学		√			APR
			种群在资源有限环境中的逻辑斯蒂增长			√			
			逻辑斯蒂增长曲线测定			√			
			种群逻辑斯蒂增长模拟			√			
			生物种群 logistic 增长模型的测定和拟合			√			
11	2	种群生命表	种群生命表的编制与存活曲线	种群生态学	√	√			APST
12	2~4	资源竞争模型	模拟种间关系	种群生态学		√			PRS
			两种植物之间对光照、水分和营养等的竞争		√				
13	4~6	利用等位酶/DNA标记研究种群的遗传多样性	遗传分子标记技术在生态学中的应用	种群生态学		√			PR
14	4~6	植物种群生殖分配	植物种群生殖分配的测定	种群生态学		√			BPS
15	6	群落数量特征调查	植物群落结构分析与物种多样性测定	群落生态学	√				PST
			植物群落调查方法、关键种群特征和物种多样性分析			√			
16	4~6	种－面积曲线的绘制	种－面积曲线绘制	群落生态学	√				APST
			种群巢区面积的估算			√			
17	4~6	群落演替观察	群落演替	群落生态学		√			ST
18	4~6	植物功能性状测定	环境因素对植物光合作用的影响	群落生态学		√			PRS
			光合作用的测定			√			
			叶绿素含量的测定			√			
			环境因子对植物形态结构的影响			√			

序号	建议学时	建议实验项目名称	生物技术专业——实验项目名称	知识单元	综合	师范	理工	农林	技术类型
19	6-8	群落物种多样性调查分析	植物群落的物种多样性测定	群落生态学		√			APRST
			群落物种多样性指数计算与比较			√			
20	2-4	校园植物识别与标本制作	标本的相关知识及制作技术	资源利用与可持续发展		√			BS
21	2-4	生态系统初级生产力测定	生态系统生物量测定	生态系统生态学；资源利用与可持续发展	√				PQRS
			黑白瓶法测定水体初级生产力			√			
22	4-6	不同生态系统中土壤有机质含量的比较	土壤碳含量的测定	生态系统生态学；资源利用与可持续发展		√			PR
23	4-6	生态瓶的设计制作及生态系统的观察	生态瓶的设计与制作	生态系统生态学	√	√			PR

第十一节　部分高校人体组织学与解剖学实验项目整理汇总表

序号	建议学时	建议实验项目名称	生物技术专业——实验项目名称	知识单元	综合	师范	理工	农林	技术类型
1	3	石蜡切片技术	石蜡切片的制作	动物体的组织与特征		√		√	ABGR
			石蜡制片技术			√			
			肝石蜡切片的制作及观察			√			
			动植物细胞、组织的制片与观察					√	
			组织切片的一般制作方法			√			
2	3	冰冻切片技术	冰冻切片法	动物体的组织与特征		√	√		ABGR
3	3	透射电镜的样品制备	透射电镜的样品制备	细胞的统一性与多样性；动物体的组织与特征		√	√		ABGR
			超薄切片技术			√	√		
			透射电镜的结构、原理及其使用方法		√	√	√		

续表

序号	建议学时	建议实验项目名称	生物技术专业——实验项目名称	知识单元	综合	师范	理工	农林	技术类型
4	3	扫描电镜的样品制备	扫描电镜的样品制备	细胞表面结构		√	√		ABGR
			扫描电镜的结构、原理及其使用方法		√	√	√		
5	2	上皮组织	上皮组织	细胞连接；动物体的组织与特征	√	√	√	√	AG
			人体基本组织观察		√				
			小鼠阴道涂片的制作与观察		√				
			人体上皮细胞的观察			√			
6	2	结缔组织	固有结缔组织——骨和软骨	细胞的统一性与多样性；动物体的组织与特征			√		AG
			人血涂片的制备与观察			√			
			血涂片制作及基本组织观察			√			
			人体基本组织观察		√				
			结缔组织		√	√	√	√	
7	2	肌组织	骨骼肌	细胞的统一性与多样性；动物体的组织与特征	√	√	√	√	A
			肌肉组织的观察		√				
			血与肌肉组织			√			
8	2	神经组织	神经组织	细胞的统一性与多样性；动物体的组织与特征	√	√	√		A
			神经组织的观察			√			
			神经组织及神经系统					√	
9	2	循环系统的显微结构	脉管系统实验	动物的主要器官系统与功能		√	√		AR
			心血管系统			√	√		
			淋巴系统			√	√		
			人体循环系统			√			
			心脏的形态结构观察及血管分布			√			
			循环系统的模型及切片观察			√			
			循环系统		√	√	√	√	
10	2	免疫系统的显微结构	免疫系统	动物的主要器官系统与功能	√	√	√	√	AR
			免疫系统的模型及切片观察			√			

续表

序号	建议学时	建议实验项目名称	生物技术专业——实验项目名称	知识单元	综合	师范	理工	农林	技术类型
11	2	消化系统的显微结构	消化系统	动物的主要器官系统与功能	√		√	√	AR
			消化系统的大体解剖结构			√			
			人体消化系统的模型及切片观察			√			
			消化系统形态结构解剖观察			√			
			消化系统的显微结构			√			
12	2	呼吸系统的显微结构	呼吸系统	动物的主要器官系统与功能		√	√	√	AR
			人体呼吸系统			√			
			呼吸系统的模型及切片观察			√			
			呼吸系统、皮肤		√				
13	2	泌尿系统的显微结构	泌尿系统	动物的主要器官系统与功能		√	√	√	AR
			泌尿系统的形态结构观察			√			
			泌尿系统的模型			√			
			泌尿系统的模型及切片观察		√				
14	2	生殖系统的显微结构	生殖系统	动物的主要器官系统与功能	√				AR
			生殖系统的形态结构观察			√			
			生殖系统的模型			√			
			小白鼠生殖系统解剖		√				
			生殖系统的模型及切片观察			√	√	√	
15	2	内分泌系统的显微结构	内分泌系统	动物的主要器官系统与功能	√	√	√	√	AR
			内分泌的模型			√			
			内分泌系统的模型及切片观察			√			
16	6	神经系统的大体解剖结构	中枢神经系统	动物的主要器官系统与功能			√		AR
			脊髓的构造与脑干的外形			√			
			脑干的内部结构			√			
			脊髓与脑干的形态结构			√			
			间脑、小脑与端脑			√			
			大脑、间脑与小脑的形态结构			√			
			人体神经系统形态观察；反射弧的分析			√			
			家兔大脑皮层运动区机能定位			√			
			人体神经系统：脑和神经			√			

续表

序号	建议学时	建议实验项目名称	生物技术专业——实验项目名称	知识单元	综合	师范	理工	农林	技术类型
16	6	神经系统的大体解剖结构	人体神经系统：脊髓和脊神经	动物的主要器官系统与功能		√			
			人体感觉器官及感觉生理			√			
			人体神经系统观察		√				
			瞳孔对光反射和近反射		√				
			周围神经系统			√	√		
17	3	免疫组织化学染色技术	免疫组织化学染色技术	细胞的统一性与多样性；动物体的组织与特征		√		√	ABGR
			小鼠脑片免疫组织化学			√			
18	3	组织化学染色技术	组织化学染色技术	细胞的统一性与多样性；动物体的组织与特征		√		√	ABGR

第九章

生物工程专业实验项目

生物工程专业的核心知识单元依据《普通高等学校本科专业类教学质量国家标准》"生物工程类教学质量国家标准"，并标注各实验项目所需掌握的基本实验技能。其中，A.绘图和显微成像技术；B.动植物解剖及标本制作技术；C.无菌操作技术；D.微生物生理生化分析技术；E.细胞器分离及成分分析技术；F.生物样品制片、染色技术及分析检测技术；G.光谱与色谱技术；H.电生理操作技术；I.离体动物器官制备技术；J.整体动物实验操作技术；K.酶联免疫技术；L.实验设计与数据处理技术；M.多学科交叉技术；N.发酵工程技术；O.生物分离工程技术；P.基因工程技术；Q.生物反应工程技术；R.生物工程设备技术；S.其他技术。依据调研结果，将综合类、理工类、农林类高校的实验项目开设情况分别加以标注。其中，"生态学实验"反馈资料中仅有综合类高校的实验项目开设情况，其他类高校的开设情况未予以收录。

第一节　部分高校动物学实验项目整理汇总表

序号	建议学时	建议实验项目名称	生物工程专业——实验项目名称	知识单元	综合	理工	农林	技术类型
1	4	显微镜的结构与使用及生物绘图和显微拍照	光学显微镜的构造与使用	生命活动及生命的形态与建成	√		√	ABFIS
			生物显微镜的使用及简单的绘图知识		√		√	
			显微镜的构造和使用方法		√			
			人体四大基本组织装片的观察		√			
			动物组织的基本类型及其特点观察		√	√		
			动物组织的制片及观察		√		√	
			动物组织石蜡切片观察		√			

序号	建议学时	建议实验项目名称	生物工程专业——实验项目名称	知识单元	综合	理工	农林	技术类型
2	4	草履虫等原生动物形态结构与生命活动观察系列实验	原生动物草履虫形态结构观察	生命活动及生命的形态与建成；生物的多样性及其保护	√			ABFJS
			原生动物形态观察、分类及多样性		√			
			水体中浮游生物的观察		√			
			原生动物系列实验		√			
			草履虫的形态结构与生命活动		√			
3	4	水螅、涡虫等体腔动物形态结构与生命活动观察	腔肠动物水螅形态结构观察	生命活动及生命的形态与建成	√			ABFS
			水螅的形态结构与生命活动		√			
			水螅及涡虫		√			
			涡虫的形态结构与生命活动		√	√		
			吸虫、绦虫、涡虫装片观察		√			
4	4	原腔动物和环节动物外形和内部解剖结构比较观察	蛔虫的形态结构与生命活动	生命活动及生命的形态与建成	√			ABFIJS
			蛔虫和环毛蚓		√			
			环毛蚓的形态结构与生命活动		√			
			蚯蚓解剖及环节动物分类与多样性				√	
			环毛蚓外形及内部解剖结构观察		√			
5	4	河蚌（乌贼/萝卜螺）形态结构与生命活动	河蚌的形态结构与生命活动	生命活动及生命的形态与建成	√		√	ABFIJ
			萝卜螺的形态结构与生命活动		√		√	
			乌贼的形态结构与生命活动		√		√	
6	4	鳌虾（日本沼虾）的形态结构与生命活动	鳌虾的形态结构与生命活动	生命活动及生命的形态与建成；生物的多样性及其保护	√			ABFIJS
			日本沼虾的形态结构与生命活动		√			
			中华绒鳌蟹（鳌虾）形态观察与甲壳动物分类		√			
			虾的解剖和标本制作			√		
			鳌虾外形及内部解剖结构观察		√	√	√	
7	4	棉蝗的形态结构与生命活动	棉蝗的形态结构与生命活动	生命活动及生命的形态与建成；生物的多样性及其保护			√	ABFIJS
			昆虫的解剖观察及分类研究		√			
			昆虫外形及内部解剖结构观察		√			

续表

序号	建议学时	建议实验项目名称	生物工程专业——实验项目名称	知识单元	综合	理工	农林	技术类型
8	6	昆虫标本采集制作与分类	昆虫标本的采集和制作	生物的多样性及其保护	√		√	ABFJS
			昆虫标本外部形态的观察与绘制		√		√	
			昆虫的分类		√			
			蝴蝶展翅标本的制作		√			
			动物标本的制作		√			
			蝴蝶观察与昆虫分类				√	
			无脊椎动物类群		√			
9	2	文昌鱼的形态结构与生命活动	文昌鱼的形态结构与生命活动	生命活动及生命的形态与建成	√			ABFJS
10	4	鲤鱼（鲫鱼）的形态结构与生命活动	鲤鱼的形态结构与生命活动	生命活动及生命的形态与建成	√		√	BDIJ
			鱼的系列实验		√			
			硬骨鱼形态结构及生理实验		√			
			鲫鱼外形及内部解剖结构观察		√	√		
11	4	鱼纲分类	鱼纲分类	生物的多样性及其保护	√			BS
12	4	蟾蜍(蛙)的形态结构与生命活动	蛙类外形及内部解剖结构观察	生命活动及生命的形态与建成	√		√	BDIJH
			脊椎动物生命活动特征及生理系列实验（以蛙为例）		√			
			青蛙的外部形态、内部解剖观察及脊髓反射		√			
			蟾蜍的形态结构与生命活动		√			
13	4	蜥蜴解剖及两栖爬行动分类	两栖纲和爬行纲分类	生物的多样性及其保护	√			BFIJS
			蜥蜴解剖及爬行纲的分类		√			
14	4	家鸽的形态结构与生命活动	鸡的外形和内部解剖	生命活动及生命的形态与建成	√		√	BFIJS
			鸡的形态结构与生命活动		√		√	
			家鸽的形态结构与生命活动		√			
15	4	鸟纲分类	鸟纲分类	生物的多样性及其保护	√	√		BJS

序号	建议学时	建议实验项目名称	生物工程专业——实验项目名称	知识单元	综合	理工	农林	技术类型
16	6	家兔（小白鼠）形态结构与生命活动及哺乳纲分类	兔的外形观察及内部解剖	生命活动及生命的形态与建成；生物的多样性及其保护	√		√	BDFIJS
			小白鼠的形态结构与生命活动		√	√	√	
			小白鼠外形及内部解剖结构观察		√	√	√	
			小白鼠形态解剖和胰岛素惊厥实验（或蟾蜍）			√		
			小鼠的解剖		√			
			家兔的形态结构与生命活动		√			
			哺乳动物纲分类		√			
17	2	动物组织基因组DNA的提取	动物组织基因组DNA的提取	生命活动及生命的形态与建成；生物分离工程	√			BLOP
18	6	脊椎动物的解剖常识（蟾蜍的解剖、家鸽的解剖、大白鼠的解剖）	脊椎动物的解剖常识（蟾蜍的解剖、家鸽的解剖、大鼠的解剖）	生命活动及生命的形态与建成	√			BIJS
19	4	脊椎动物骨骼系统的演化观察	动物的结构与功能的相适应性——脊椎动物骨骼系统的演化观察	生命活动及生命的形态与建成			√	BS
20	4	动物多样性	鸟纲分类基本知识及分类	生物和生命科学；生物的多样性及其保护		√		BJMS
			动物多样性			√		
			原索动物与低等脊椎动物分类		√			
			动物综合分类		√			

第二节　部分高校动物生理学实验项目整理汇总表

序号	建议学时	建议实验项目名称	生物工程专业——实验项目名称	知识单元	综合	理工	农林	技术类型
1	4-6	生物信号采集系统与基本操作	计算机生物信号采集处理系统在生理学中的应用	细胞连接与信号转导；生物工程设备		√		AHS
			坐骨神经-腓肠肌标本的制备；生物信号采集系统使用		√			

续表

序号	建议学时	建议实验项目名称	生物工程专业——实验项目名称	知识单元	综合	理工	农林	技术类型
2	4~6	神经干动作电位的观察与记录	神经干动作电位及其传导速度的测定	细胞的统一性与多样性；细胞连接与信号转导；动物体的组织、器官与特征		√		ABHIL
			神经干动作电位的引导、传导速度及不应期测定		√			
			神经干动作电位的引导；神经干传导速度的测定；坐骨神经不应期的测定		√			
3	4~6	刺激频率、刺激强度对肌肉收缩的影响	蛙神经肌肉标本制备	细胞的统一性与多样性；细胞连接与信号转导；动物体的组织、器官与特征		√		ABHIL
			骨骼肌兴奋时电活动与收缩的关系			√		
4	2~3	人体血型、血细胞计数和红细胞脆性测定	人血型、血压测定	细胞的统一性与多样性；细胞连接与信号转导；动物体的组织、器官与特征；生物工程设备		√		AIS
			红细胞渗透脆性实验		√			
5	2~3	出血时间和凝血时间测定	出血时间和凝血时间测定	细胞的统一性与多样性；细胞连接与信号转导；动物体的组织、器官与特征		√		JS
6	2~3	心脏听诊、动脉血压和心电图描记	兔或人体心电图描记与分析	细胞的统一性与多样性；细胞连接与信号转导；动物体的组织、器官与特征		√		AHJLM
			血红蛋白含量测定；心音听诊；人体动脉血压测定			√		
7	4~6	离体蟾蜍（牛蛙）心灌流及心肌收缩特性分析	蛙类心肌收缩特性的观察	细胞的统一性与多样性；细胞连接与信号转导；动物体的组织、器官与特征		√		ABHIL
			离体蛙心灌流		√			
			某些因素对离体蟾蜍心脏的影响		√			
8	4~6	家兔动脉血压的测定及其影响因素分析	家兔动脉血压的测定及其影响因素	细胞的统一性与多样性；细胞连接与信号转导；动物体的组织、器官与特征	√			AHJL
			期前收缩和代偿间歇		√			

序号	建议学时	建议实验项目名称	生物工程专业——实验项目名称	知识单元	综合	理工	农林	技术类型
9	4–6	神经体液因素对家兔呼吸运动及心血管活动的调节	家兔呼吸运动的调节	细胞的统一性与多样性；细胞连接与信号转导；动物体的组织、器官与特征		√		AHJL
10	2–3	鱼类和蛙类呼吸器官的解剖	鱼类和蛙类呼吸器官的解剖	细胞的统一性与多样性；细胞连接与信号转导；动物体的组织、器官与特征		√		AB
11	4–6	色觉、视力、视野、盲点的测定及瞳孔对光反射	家鸽一侧半规管效应，视野的测定	细胞的统一性与多样性；细胞连接与信号转导；动物体的组织、器官与特征	√			AJL
12	4–6	脊髓反射的基本特征与反射弧的分析	反射时、反射弧和脊髓反射的特征	细胞的统一性与多样性；细胞连接与信号转导；动物体的组织、器官与特征	√			JLS
13	4–6	小鼠肾上腺摘除与应激反应的观察	摘除小白鼠肾上腺效应	细胞的统一性与多样性；细胞连接与信号转导；动物体的组织、器官与特征	√			BJL
14	4–6	小白鼠胰岛素惊厥实验	小白鼠胰岛素惊厥实验（或蟾蜍）	细胞的统一性与多样性；细胞连接与信号转导；动物体的组织、器官与特征		√		JL

第三节　部分高校植物生物学实验项目整理汇总表

序号	建议学时	建议实验项目名称	生物工程专业——实验项目名称	知识单元	综合	理工	农林	技术类型
1	6	显微镜的使用、生物制片、生物绘图及标本的制作	显微镜的使用和生物绘图；生物制片，植物细胞和组织的观察；植物标本的采集与处理；腊叶标本制作、解剖镜的使用	细胞的统一性与多样性、植物的组织与功能、植物的器官与功能	√			ABGQRST
			显微镜的使用、生物绘图及植物细胞结构观察		√	√		
			显微镜的使用和细胞观察			√	√	
			显微镜的构造和使用方法			√	√	
			数码互动显微镜结构与使用；植物细胞的基本结构观察				√	
			显微镜使用及制片技术				√	
			植物学数字切片观察		√			
			显微镜使用及临时装片制作				√	
			种子结构及幼苗形成过程植物制片方法				√	
			植物学基本实验技术与细胞观察		√			
			植物标本的采集及制作		√		√	
			植物标本的制作		√			
			永久玻片标本的制作		√			
			一定区域内常见植物标本的采集、鉴定与制作		√			
			植物石蜡切片技术		√			
			植物保护、成熟、机械、维管组织观察，练习徒手切片				√	
2	6	植物细胞和组织的观察	植物细胞的结构与代谢产物	细胞的统一性与多样性、细胞增殖及其调控、植物的组织与功能	√			ABFGRT
			植物细胞的形态和结构		√			
			植物细胞的基本结构及组织		√			
			植物细胞的基本结构及有丝分裂		√			
			植物细胞的有丝分裂和分生组织		√			
			植物细胞有丝分裂的观察				√	

序号	建议学时	建议实验项目名称	生物工程专业——实验项目名称	知识单元	综合	理工	农林	技术类型
2	6	植物细胞和组织的观察	植物细胞的基本结构	细胞的统一性与多样性、细胞增殖及其调控、植物的组织与功能			√	ABFG RT
			植物细胞分裂类型与过程		√			
			植物细胞基本结构及各种组织的形态与结构的观察				√	
			植物细胞及细胞内容物的形态结构观察		√			
			植物细胞、组织的显微结构观察		√			
			植物细胞的基本结构、质体的观察		√			
			植物细胞的结构与有丝分裂		√			
			植物细胞结构观察				√	
			植物细胞观察				√	
			植物细胞的分裂与植物组织的观察				√	
			植物细胞的分化与组织的形成				√	
			植物细胞后含物和有丝分裂		√			
			植物细胞的后含物		√			
			植物细胞的质体、后含物、胞间连丝				√	
			植物细胞结构及细胞后含物的观察		√			
			植物组织的类型与分布		√			
			植物组织与细胞类型研究		√			
			植物组织观察				√	
			细胞分裂与分生组织		√			
			植物的各类成熟组织的观察		√			
			植物分生组织细胞有丝分裂和胞间连丝的观察		√			
			植物的成熟组织的观察		√			
			植物的分生组织与细胞分裂的观察		√			
			植物细胞和基本组织的观察		√			
			植物的组织类型与组织离析技术		√			

序号	建议学时	建议实验项目名称	生物工程专业——实验项目名称	知识单元	综合	理工	农林	技术类型
3	6	根、茎、叶的形态、结构观察	根的形态和结构	植物的器官与功能	√		√	ABGS
			植物根的初生结构和次生结构		√			
			根的发育与结构				√	
			根尖分区、根的初生结构和次生结构			√		
			植物根的形态结构与发育观察			√		
			双子叶植物根的次生结构				√	
			观察根的初生结构				√	
			根的解剖结构的观察				√	
			茎的形态和结构		√		√	
			植物茎的初生结构和次生结构				√	
			植物茎的形态结构与发育观察				√	
			茎的解剖结构的观察				√	
			茎的基本形态及茎的初生结构、禾本科茎的结构与双子叶植物茎的次生结构				√	
			茎的初生结构观察				√	
			茎的次生结构观察				√	
			叶的形态和结构		√		√	
			植物叶片形态结构与生境适应性		√			
			植物叶的形态结构和营养器官的变态类型				√	
			叶的解剖结构的观察		√			
			叶的解剖结构、营养器官的变态		√			
			不同生境下叶的解剖结构的比较		√			
			叶的组成和结构及营养器官的变态		√			
			植物叶的形态结构与发育观察				√	
			叶、叶的离区及营养器官的变态观察				√	
			单、双植物叶的形态结构观察				√	
			植物营养器官根与茎的形态结构的比较研究				√	
			植物根、茎形态和结构及相互比较				√	

续表

序号	建议学时	建议实验项目名称	生物工程专业——实验项目名称	知识单元	综合	理工	农林	技术类型
3	6	根、茎、叶的形态、结构观察	植物营养器官的比较解剖学研究	植物的器官与功能			√	ABGS
			营养器官的变态类型				√	
			植物营养器官的多样性		√			
			营养器官的结构研究		√			
			植物茎形态与结构比较研究		√			
			植物叶的形态与内部结构的比较研究		√			
			植物根形态与结构比较研究		√			
			植物根、茎、叶的结构		√		√	
			根、茎、叶的变态				√	
			根茎的初生结构、次生结构，双子叶植物根的次生结构				√	
4	6	花的形态与内部结构观察	雄蕊、雌蕊的发育	植物的器官与功能		√	√	ABGS
			雌雄蕊的结构和发育				√	
			花与雌雄蕊的发育				√	
			花、雄蕊结构观察				√	
			花的组成、花芽分化、花药结构、发育的观察				√	
			花粉和胚囊的结构与发育		√			
			雄蕊、雌蕊的发育		√			
			雌雄蕊的结构和发育		√			
			花药及子房的结构的观察		√		√	
			雌蕊、子房类型、结构、胚囊发育示范，雄蕊、花药发育过程				√	
			雌蕊结构观察				√	
			植物生殖器官的形态及其解剖结构		√		√	
			植物生殖器官的多样性				√	
			繁殖器官的发育与结构的观察		√			
			花的组成、花药和子房的结构		√			
			花的形态和结构		√			
			植物花的形态与内部构造		√			
			花的形态和结构、花序的类型		√			

序号	建议学时	建议实验项目名称	生物工程专业——实验项目名称	知识单元	综合	理工	农林	技术类型
4	6	花的形态与内部结构观察	花的形态结构、花药和胚囊的发育	植物的器官与功能	√			ABGS
			花的外部形态与结构		√			
			花的形态结构与传粉的适应		√			
			植物花的形态与结构比较研究		√			
			被子植物形态学基础知识（营养器官）				√	
			花、花序的组成、类型和结构				√	
			花和花序的形态学术语				√	
			被子植物形态学基础知识（花）				√	
			被子植物花的形态结构解剖与花程式		√			
			被子植物的花				√	
			花的内部结构		√			
5	4	果实和种子形态与结构观察	果实的结构与类型	植物的器官与功能	√			ABGS
			胚的发育/果实类型观察				√	
			果实与种子的类型				√	
			果实的分类		√			
			果实的形态		√			
			植物果实、种子与胚的形态结构及其内含物鉴定		√			
			植物胚的结构和果实的类型		√			
			种子和幼苗		√			
			种子的结构和形成过程		√			
			胚和种子的结构		√			
			种子和果实形态、结构与常见类型		√			
			种子及果实的发育与结构				√	
			种子的结构及后含物显微化学测定				√	
			种子、果实结构的观察				√	
			胚的发育及种子的形成、果实的结构与类型				√	
			种子和果实观察与研究				√	

序号	建议学时	建议实验项目名称	生物工程专业——实验项目名称	知识单元	综合	理工	农林	技术类型
5	4	果实和种子形态与结构观察	种子和果实的形成	植物的器官与功能	√			ABGS
			被子植物形态学基础知识（果实）				√	
			种子的形态结构和幼苗的类型		√		√	
			植物种子的结构及胚的形成和发育		√			
			种子、幼苗基本形态结构观察				√	
			植物种子及幼苗的结构观察				√	
			胚、胚乳的结构组成，种子的发育及果实的形成				√	
			果实的类型观察及分科				√	
			被子植物果实、种子与胚的形态结构及其内含物鉴定		√			
			胚、胚乳结构观察				√	
6	6	菌、藻类和地衣植物的形态与结构观察	真菌门	生物的多样性、植物的主要类群			√	ABGRS
			藻类植物及菌类植物的形态结构观察				√	
			菌类植物观察				√	
			真菌门代表种类的观察				√	
			菌类植物			√		
			菌类、地衣形态结构观察				√	
			不同温度条件下富营养化水体浮游藻类组成差异性研究		√			
			藻类的采集比较观察与鉴别及其水域生境关系分析		√			
			藻类的分离和培养		√			
			原核藻类		√			
			真核藻类观察		√			
			蓝藻门		√			
			绿藻门		√			
			硅藻、红藻和褐藻		√			
			藻类植物形态特征与分类		√			
			不同环境藻类植物的观察与分类鉴定		√			

续表

序号	建议学时	建议实验项目名称	生物工程专业——实验项目名称	知识单元	综合	理工	农林	技术类型
6	6	菌、藻类和地衣植物的形态与结构观察	原核藻类和真核藻类	生物的多样性、植物的主要类群	√			ABGRS
			藻类植物观察		√			
			蓝藻门植物制片、理化		√			
			绿藻门植物制片、理化		√			
			藻类植物形态与结构分析			√		
			藻类植物多样性				√	
			地衣植物观察		√			
7	6	苔藓、蕨类和裸子植物的形态与结构观察	苔藓植物及蕨类植物的观察	生物的多样性、植物的主要类群	√			ABGRS
			苔藓植物观察		√			
			苔藓植物的生活史		√			
			颈卵器植物的形态和结构特征分析研究			√		
			苔藓、蕨类、裸子植物多样性				√	
			蕨类植物与苔藓植物的采集及其代表植物解剖观察		√			
			蕨类植物的形态特征、孢子、弹丝等装片观察及茎的构造特征比较		√			
			拟蕨类		√			
			真蕨类		√			
			蕨类植物、裸子植物实验室及野外上课		√			
			蕨类植物观察		√			
			蕨类植物的理化、标本观察		√			
			松柏纲植物的特征		√			
8	4	被子植物典型科、属代表植物的形态与结构观察	木兰亚纲、金缕梅亚纲和石竹亚纲植物的观察和分类	生物的多样性、生物分类的原则与方法、植物的主要类群	√			BS
			第伦桃亚纲和蔷薇亚纲植物的观察和分类		√			
			菊亚纲植物的观察分类		√			
			百合纲植物的分类学观察		√			
			木兰亚纲、金缕梅亚纲分类		√			
			石竹亚纲、五桠果亚纲植物分类		√			
			蔷薇亚纲、菊亚纲植物分类		√			

序号	建议学时	建议实验项目名称	生物工程专业——实验项目名称	知识单元	综合	理工	农林	技术类型
8	4	被子植物典型科、属代表植物的形态与结构观察	鸭跖草亚纲、百合亚纲植物分类	生物的多样性、生物分类的原则与方法、植物的主要类群	√			BS
			蔷薇亚纲、菊亚纲,单子叶植物纲		√			
			杨柳科、蔷薇科4个亚科、大戟科		√			
			苏木科、蝶形花科、含羞草科、芸香科		√			
			茄科、玄参科、唇形科		√			
			菊科管状花亚科、舌状花亚科		√			
			百合科、鸢尾科、禾本科		√			
			伞形科、蔷薇科、豆科、菊科、禾本科、莎草科		√			
			双子叶植物纲——木兰亚纲、金缕梅亚纲		√		√	
			双子叶植物纲——石竹亚纲、五桠果亚纲		√		√	
			双子叶植物纲:蔷薇亚纲		√		√	
			双子叶植物纲:菊亚纲		√		√	
			双子叶植物纲、单子叶植物纲:泽泻亚纲、槟榔亚纲、鸭跖草亚纲、百合亚纲		√		√	
			杨柳科、十字花科、蔷薇科(梅亚科)植物的特征		√			
			木樨科、堇菜科、紫草科植物的特征		√			
			蔷薇科(绣线菊亚科、蔷薇亚科、苹果亚科、梅亚科)植物的特征		√			
			菊科、忍冬科、槭树科植物的特征		√			
			百合科、鸢尾科、豆科植物的特征		√			
			被子植物及其代表植物的观察及识别				√	
			被子植物及其分科(毛茛、杨柳、石竹科)				√	

续表

序号	建议学时	建议实验项目名称	生物工程专业——实验项目名称	知识单元	综合	理工	农林	技术类型
8	4	被子植物典型科、属代表植物的形态与结构观察	被子植物分科	生物的多样性、生物分类的原则与方法、植物的主要类群			√	BS
			桑科、伞形科、唇形科				√	
			蔷薇科、十字花科				√	
			豆科、大戟科、胡桃科				√	
			菊科、芸香科、茄科、旋花科				√	
			百合科、兰科、锦葵科、				√	
			禾本科、莎草科、葫芦科				√	
9	4	某一区域范围内植物种类（或植物资源）的调查与评价	水生植物的观察及分布调查	生物的多样性、生物分类的原则与方法、植物的主要类群、生态学基本概念、种群生态学、群落生态学、生态系统生态学、资源利用与可持续发展	√			ABGP QRST
			植物群落物种多样性的测定		√			
			岳麓山常见植物的观察与识别		√			
			植物分类综合实验				√	
			植物分类检索工具的使用		√			
			校园常见植物的观察与鉴定		√			
			植物分类方法、植物检索表的编制、使用和植物鉴定		√			
			植物图鉴与检索表的应用				√	
			校园绿化观赏植物的调查与识别			√		
			校园植物种类调查研究			√		
			植物分类检索与识别实践			√		
			校园植物观察识别				√	
			植物检索表的使用		√			
			校园开花植物调查		√			
			蔷薇亚纲、菊亚纲，单子叶植物纲校园植物识别		√			
			植物多样性——分类与鉴定，检索表查询与制作				√	
10	6	植物溶液培养和缺素症的观察	植物的溶液培养与矿质元素缺乏症	植物的物质与能量代谢	√			PR
			植物的溶液培养和缺素培养				√	
			植物缺素培养				√	
			番茄幼苗的矿质元素缺乏症实验		√			
			玉米幼苗的完全溶液、缺素溶液培养与表型测定		√			
			缺素对植物组织细胞原生质膜结构的影响		√			

序号	建议学时	建议实验项目名称	生物工程专业——实验项目名称	知识单元	综合	理工	农林	技术类型
10	6	植物溶液培养和缺素症的观察	植物元素缺乏症观察及不同元素对叶绿体色素含量的影响研究测定	植物的物质与能量代谢	√			PR
11	3	植物组织含水量的测定	植物组织含水量的分析测定	植物的物质与能量代谢		√		PR
			植物自由水和束缚水含量的测定以及植物组织水势的测定		√			
12	3	植物根系活力测定	植物根系活力的测定	植物的生长发育及其调控	√	√	√	PR
			根系活力的测定——甲烯蓝法				√	
			根系活力的测定（a-萘胺氧化法）			√		
13	3	叶绿素的提取、理化性质观察和含量测定	叶绿体色素的提取、分离及理化性质的测定	植物的物质与能量代谢；生物分离工程	√	√		FHIO PQR
			叶绿体中色素的提取及分离		√			
			叶绿体色素提取和分离方法的比较		√			
			叶绿体色素及其理化性质			√	√	
			叶绿体色素提取、理化性质与含量测定				√	
			叶绿素的提取、分离与含量的测定				√	
			光合色素的分离及理化性质观察		√			
			叶绿体色素含量的测定		√			
			叶绿体色素的定量测定				√	
			光合色素的提取及含量测定			√		
			叶绿素的定量测定，植物叶绿素荧光含量的测定				√	
			分光光度计法测定叶绿素含量				√	
			光合色素的高效液相色谱制备与扫描光谱分析		√			
			不同生境植物叶片中叶绿素a、b含量的测定及比较		√			
			叶绿素a和b含量的测定			√		

序号	建议学时	建议实验项目名称	生物工程专业——实验项目名称	知识单元	综合	理工	农林	技术类型
14	3	植物呼吸速率的测定	植物呼吸强度测定及呼吸酶的简易测定	植物的物质与能量代谢	√			PR
			植物呼吸代谢强度及呼吸酶活性的测定		√			
			植物呼吸速率的测定			√		
			植物呼吸强度的测定			√		
			滴定法测植物的呼吸速率				√	
			红外线 CO_2 气体分析仪测定植物呼吸速率				√	
15	3	植物抗氧化酶活性测定	过氧化氢酶活性测定	植物的物质与能量代谢			√	PR
			过氧化物酶活性测定			√	√	
			植物组织中过氧化物酶的测定		√			
			愈创木酚法测定过氧化物酶活性				√	
			植物 SOD 酶活性的测定		√			
			超氧化物歧化酶活性的测定				√	
			植物细胞 CAT 活性测定			√		
			多酚氧化酶含量测定		√			
			植物体内抗坏血酸过氧化物酶活性的测定		√			
16	3	植物种子活力的快速测定	不同处理下种子活力变化研究	植物的生长发育及其调控	√			PR
			植物种子发芽率的快速测定		√			
			种子生命（活）力的快速测定		√		√	
			种子活力的测定——电导法			√		
			几种种子活力快速测定方法的比较				√	
			种子生活力的测定			√	√	
			种子和花粉活力测定		√			
17	3	植物抗逆性的鉴定（电导仪法）	植物中脯氨酸含量、电导率测定	植物的生长发育及其调控	√			PR
			植物组织中脯氨酸含量的测定、植物电解质外渗率的测定		√			
			植物细胞质膜透性测定		√			
			植物细胞质膜透性测定（电导率法）			√		
			外渗电导法测定细胞膜透性				√	
			电导率法测定植物细胞膜的透性				√	

序号	建议学时	建议实验项目名称	生物工程专业——实验项目名称	知识单元	综合	理工	农林	技术类型
18	3	光和钾离子对气孔运动的调节	光和钾离子对气孔开度的影响	植物的物质与能量代谢、植物的生长发育及其调控	√			ABPR
			光和钾离子对气孔运动的影响				√	
			钾离子对气孔开度的影响		√			
			气孔运动的观察		√			
			ABA和钾离子对植物叶片气孔开度的影响				√	
			不同条件（ABA、黑暗、光照）对蚕豆叶片保卫细胞内钾离子含量的影响				√	
19	3	环境因子对植物光合速率的影响	环境因子对植物光合作用的影响	植物的物质与能量代谢		√		PR
			环境因素对光合作用及光合速率的影响			√		
			不同环境下植物光合作用的测定		√			
20	3	植物生长激素作用的部位和浓度效应比较分析、激素检测方法	生长素对种子根芽生长的影响	植物的生长发育及其调控	√			PR
			生长素类物质对植物根、芽生长的影响			√		
			生长素类物质对根芽生长的影响，硝酸还原酶活力的测定				√	
			IAA的生理鉴定法		√			
			赤霉素对 $a-$ 淀粉酶诱导形成研究		√			
			赤霉素对 $\alpha-$ 淀粉酶的诱导				√	
			生长物质的生理效应		√			
			细胞分裂素对萝卜子叶的保绿与增重效应		√			
			植物组织激素的含量测定（演示）				√	
			酶联免疫吸附法测定ABA				√	
			植物激素类物质生理效应的测定				√	
			激动素对离体小麦叶片中超氧化物歧化酶活性的影响		√			
			激素对植物次生代谢的调控效应分析		√			
			吲哚乙酸氧化酶活性测定		√			
			植物生长调节剂对植物插条不定根发生的影响		√			
			植物生长调节剂对植物生长及某些生理特征的影响		√			

续表

序号	建议学时	建议实验项目名称	生物工程专业——实验项目名称	知识单元	综合	理工	农林	技术类型
20	3	植物生长激素作用的部位和浓度效应比较分析、激素检测方法	2,4-D、NAA 对植物生长发育的影响	植物的生长发育及其调控	√			PR
			激素对植物插条生根的影响		√			
			乙烯的生理功能		√			
			乙烯对果实的催熟作用		√			
			植物生长调节剂对植物生长发育的影响		√			
			IAA 含量及 IAA 氧化酶活性的测定		√			
			生长素对小麦根、芽生长的不同影响		√			
			GA3 对种子 α- 淀粉酶的诱导形成		√			
			激素在诱导植物生根中的作用		√			
			植物激素测定技术				√	
			植物生长物质生理效应的初步研究				√	

第四节　部分高校生物化学实验项目整理汇总表

序号	建议学时	建议实验项目名称	生物工程专业——实验项目名称	知识单元	综合	理工	农林	技术类型
1	2-10	蛋白质和氨基酸的提取与含量测定	Folin- 酚比色法测定蛋白质的含量	蛋白质化学	√		√	G
			紫外光吸收法测定蛋白质的含量		√			G
			凯氏定氮法测定蛋白质的含量		√			G
			蛋白质含量的不同测定方法的比较分析		√		√	G
			醋酸纤维薄膜电泳分离血清蛋白质	蛋白质化学；生物分离工程	√			OS
			聚丙烯酰胺凝胶电泳分离血清蛋白质		√			OS
			酪蛋白的制备			√		O
			酪蛋白的制备与纯化		√			O
			血清球蛋白质的分离提取、鉴定和含量测定		√			GOS

序号	建议学时	建议实验项目名称	生物工程专业——实验项目名称	知识单元	综合	理工	农林	技术类型
1	2–10	蛋白质和氨基酸的提取与含量测定	血红蛋白的分离提取及诱导体形态的转换	蛋白质化学；生物分离工程	√			GOS
			重组蛋白的超声破碎、提取与盐析		√	√		GOS
			蛋白质的提取与含量测定		√	√		GO
			硫酸铵分级沉淀纯化蛋白质				√	O
			免疫球蛋白的分离纯化及鉴定		√			GOS
			凝胶过滤层析分离血红蛋白与硫酸铜				√	GO
			凝胶过滤层析分离血红蛋白		√		√	GO
			球蛋白的提取及其含量测定		√		√	GO
			牛乳酪蛋白的提取和乳糖的制备及其鉴定		√			GOS
			纸层析分离与鉴定氨基酸		√	√		G
			离子交换柱层析分离氨基酸			√		GO
			蛋白质的盐析和透析		√			O
			凝胶过滤层析脱盐				√	GO
			植物组织氨基酸的提取及纸层析分离		√		√	EO
2	2–8	蛋白质和氨基酸的性质测定	蛋白质 N 末端的分析	蛋白质化学；生物分离工程			√	GS
			SDS–PAGE 测定酸性磷酸酶的相对分子质量		√	√	√	OS
			蛋白质等电点的测定	蛋白质化学		√		S
			蛋白质沉淀反应和呈色反应			√		S
3	4–16	酶的提取、分离纯化、性质鉴定及反应动力学	蛋白酶的活力测定	酶化学	√			G
			淀粉酶的活力测定			√	√	G
			谷丙转氨酶的活力测定		√	√		G
			枯草杆菌蛋白酶的活力测定		√	√		G
			重组唾液淀粉酶的酶学性质研究			√		GS
			酸性磷酸酯酶的活力测定			√		G
			胰蛋白酶的活力测定			√	√	G
			蔗糖酶的活力测定			√		G
			糖化型淀粉酶的活力测定			√		G

序号	建议学时	建议实验项目名称	生物工程专业——实验项目名称	知识单元	综合	理工	农林	技术类型
3	4-16	酶的提取、分离纯化、性质鉴定及反应动力学	唾液淀粉酶的活力测定及专一性实验	酶化学		√		G
			唾液淀粉酶的性质				√	GS
			小麦发芽前后 α- 淀粉酶活力的比较		√	√	√	G
			纤维素酶的活力测定		√			G
			硝酸还原酶的活力测定		√			G
			酶的活力测定和性质研究		√			G
			酶的活力测定及动力学研究	酶化学；生物反应工程			√	GQ
			酶作用的专一性和温度对酶活性的影响			√		GQ
			影响酶促反应速度的因素分析				√	GQ
			辣根过氧化物酶的 K_m 和 V_{max} 的测定				√	GQ
			α- 淀粉酶的 K_m 值和 V_{max} 的测定		√			GQ
			酸性磷酸酯酶的米氏常数的测定			√		GQ
			蔗糖酶的米氏常数的测定		√		√	GQ
			碱性磷酸酶 K_m 值的测定			√		GQ
			唾液淀粉酶的表达与分离纯化	酶化学；发酵工程；生物分离工程	√	√		GNOS
			多酚氧化酶的制备及特性分析	酶化学；生物分离工程		√		GO
			蔗糖酶的分离纯化			√		GO
			酸性磷酸酶的分离与纯化		√	√		GO
			聚丙烯酰胺凝胶电泳分离乳酸脱氢酶同工酶		√	√		OS
4	2-6	核酸的分离提取鉴定及含量测定	DNA 的提取及其组分鉴定	核酸化学	√		√	E
			RNA 的含量测定			√		G
			紫外光吸收法测定核酸的含量		√		√	G
			酵母 RNA 的分离及其组分鉴定		√		√	E
			核酸的含量测定（定磷法）		√	√		G
			植物基因组 DNA 的含量测定（定糖法）				√	G
			DNA 的提取和含量测定	核酸化学；生物分离工程	√			GO

续表

序号	建议学时	建议实验项目名称	生物工程专业——实验项目名称	知识单元	综合	理工	农林	技术类型
4	2-6	核酸的分离提取鉴定及含量测定	醋酸纤维膜电泳分离核苷酸	核酸化学；生物分离工程			√	OS
			大肠杆菌基因组 DNA 的提取及其电泳分析		√			OS
			转基因食品 DNA 的提取与检测		√			GOS
			植物基因组 DNA 的提取（硅胶膜吸附法）				√	O
			植物基因组 DNA 的提取及质量分析				√	OS
			肝 RNA 的提取		√			O
			植物组织 RNA 的提取及变性电泳技术				√	OS
			核酸的提取和鉴定			√		E
			细菌 DNA 的提取及纯化		√			O
5	2-8	糖类的提取、性质测定及含量测定	总糖和还原糖的测定	糖类化学	√	√		G
			血糖的测定		√	√		G
			单糖的定量测定		√			G
			淀粉的性质实验		√			S
			肝糖原的提取、鉴定与定量分析		√			EGO
			果胶的提取		√			O
			植物可溶性糖的定量分析				√	G
			糖的还原作用		√	√		S
			糖的含量测定（蒽酮比色法、费林试剂法）			√		G
			糖的颜色反应			√		S
			还原糖的含量测定		√			G
6	2-6	脂类的提取、性质测定及含量测定	胆固醇的含量测定	脂类化学和生物膜、脂代谢	√			G
			油脂酸价的测定			√		G
			皂化值的测定			√		G
			血清胆固醇的含量测定（磷硫铁法）			√		G
			脂肪酸值的测定			√		G
			脂肪碘值的测定		√		√	G

续表

序号	建议学时	建议实验项目名称	生物工程专业——实验项目名称	知识单元	综合	理工	农林	技术类型
6	2–6	脂类的提取、性质测定及含量测定	粗脂肪的提取（索氏提取法）及其定量测定	脂类化学和生物膜、脂代谢；生物分离工程	√	√		GO
			卵磷脂的分离纯化和鉴定			√		GO
			蛋黄脂质的提取及其鉴定			√		GO
			血清胆固醇的提取及含量测定		√	√		GO
7	2–6	维生素（天然产物）的提取、鉴定及含量测定	细胞色素 C 的制备及鉴定	维生素与辅酶；生物分离工程	√			GO
			柱层析分离色素（胡萝卜素）		√			GO
			茶叶茶多酚的提取及其含量测定				√	GO
			维生素 C 的提取及含量测定		√			GO
			果蔬维生素 C 的含量测定与分析	维生素与辅酶	√			G
			维生素 C 的含量测定			√		G
8	2–4	动物组织的特征与物质代谢	肌糖原的酵解作用	糖代谢、脂代谢	√		√	GS
			丙酮酸的含量测定			√		GS
			肝中酮体的生成		√			GS
			脂肪酸的 β- 氧化作用			√		GS
9	4–16	其他	植物组织中过氧化物酶、可溶性蛋白及丙二醛的测定	酶化学、蛋白质化学、生物氧化及生物能学		√		GS
			生物活性物质的分离提取	生物分离工程；核酸化学、蛋白质化学、脂类化学与生物膜、糖类化学		√		GOS
			酶联免疫吸附	蛋白质化学、酶化学	√			GKS

第五节　部分高校细胞生物学实验项目整理汇总表

序号	建议学时	建议实验项目名称	生物工程专业——实验项目名称	知识单元	综合	理工	农林	技术类型
1	1	细胞实验安全及基本技能培养	实验课程简介、实验基础技能实训及安全知识讲座	—	√			T

序号	建议学时	建议实验项目名称	生物工程专业——实验项目名称	知识单元	综合	理工	农林	技术类型
2	2	细胞实验安全及基本技能培养	光学显微镜使用及细胞生物学实验室常用设备简介	—	√			AF
3	2		激光扫描共聚焦显微镜及其应用		√			AF
4	2		细胞工程实验操作原理、注意事项及培养用品准备实验		√			S
5	2		实验结果分析与实验论文写作				√	S
6	2	植物细胞骨架观察	植物细胞骨架染色及光学显微镜观察	细胞骨架	√	√	√	AFL
7	8	植物组织培养	植物组织培养综合大实验（培养基的配制，无菌操作，愈伤组织诱导分化增殖，无菌苗、根、花药、茎叶等诱导）植物原生质体的分离和融合	植物组织与细胞培养；细胞分化与凋亡	√	√		BCFL
8	2	植物细胞有丝分裂	植物有丝分裂现象观察	细胞核与染色体	√	√		AF
9	2	植物细胞总DNA提取	植物总DNA的提取	核酸化学；生物分离工程	√			AGQ
10	2	植物细胞胞间连丝的观察实验	胞间连丝观察	细胞表面结构；细胞外基质	√			AF
11	2	植物细胞中DNA、RNA和多糖的测定	细胞化学染色：DNA的细胞化学——Feulgen反应，多糖细胞化学——PAS反应，RNA的细胞化学反应——Unna反应	糖类化学；核酸化学	√	√		AE
12	3-4	动物细胞的原代培养	动物细胞的提取及原代培养	动物组织与细胞培养	√	√		ABCF
13	2	动物细胞的传代培养	动物细胞传代培养		√	√		ABCF
14	2	间接荧光法示踪真核细胞中间纤维实验	间接免疫荧光法显示中间纤维	细胞骨架	√			A

序号	建议学时	建议实验项目名称	生物工程专业——实验项目名称	知识单元	综合	理工	农林	技术类型
15	2	细胞的冻存、复苏及细胞计数、活力测定实验	细胞的冻存和复苏、细胞计数与细胞活力的测定	动物组织与细胞培养	√	√	√	A
16	3-4	胞周期分析及凋亡检测	细胞周期分析及细胞凋亡的诱导与检测	细胞分化与凋亡；细胞表面结构；真核细胞内膜系统	√	√		ACFL
17	2	巨噬细胞吞噬现象的观察实验	巨噬细胞吞噬现象的观察		√	√		ABFL
18	2	细胞形态观察及大小测量	细胞形态观察及大小测量	细胞的统一性与多样性	√	√	√	AF
19	4	组织块培养法进行小鼠肝细胞体外培养试验	小鼠肝细胞的模拟培养及组织块培养	动物组织与细胞培养	√			ABCI
20	2	动物细胞细胞器的逐级分离及染色观察	细胞器的分级分离及超活染色观察	线粒体与叶绿体	√	√	√	EF
21	6-8	利用透射电镜和扫描电镜对细胞的超微结构观察实验	细胞的超微结构——透射电镜和扫描电镜下的细胞结构观察及样品制备	细胞生物学相关技术；生物工程设备	√			AR
22	2	细胞凝集反应	细胞凝集反应	细胞表面结构	√	√		ABF
23	2	利用透明脑技术原理对动物脑组织进行示踪观察	透明脑技术	细胞生物学相关技术；生物工程设备			√	ABFR

序号	建议学时	建议实验项目名称	生物工程专业——实验项目名称	知识单元	综合	理工	农林	技术类型
24	2	利用流式细胞技术对细胞进行分析	流式细胞术	细胞的统一性与多样性、细胞表面结构、细胞核与染色体、细胞分化与凋亡	√			FLR
25	2	细胞膜的渗透性试验	细胞膜渗透性	细胞表面结构	√	√		FGL
26	2	细胞融合实验	动物细胞融合实验及结果分析		√	√		AFL
27	2	细胞染色体的核型分析实验	动植物细胞染色体标本制备及核型分析	细胞核与染色体	√			ABEF
28	2	细胞电泳	细胞电泳	细胞工程	√			BF
29	6-8h	干细胞定向诱导分化实验	小鼠成肌细胞 $CaCl_2$ 多向分化诱导实验	细胞分化与凋亡	√			ACF
30	3-4h	RNAi 对 *eGFP* 基因在细胞中表达的干预实验	RNAi 对 *eGFP* 基因在细胞中表达的干预		√			CFP
31	2	利用紫外诱变法筛选具分解代谢物抗性突变株实验	紫外诱变法筛选分解代谢物抗性突变株	基因工程	√			BFQ
32	2	细胞转染实验	细胞转染和荧光显微镜观察		√			ACFP
33	2	拟球状念珠藻的人工培养与虚拟仿真实验	拟球状念珠藻的人工培养与虚拟仿真实验	发酵工程；基因工程；其他部分			√	NPS
34	2	菌种的液体培养及生长曲线的测量	菌种的液体培养及生长曲线的测量		√	√	√	CFNP

第六节　部分高校微生物学实验项目整理汇总表

序号	建议学时	建议实验项目名称	生物工程专业——实验项目名称	知识单元	综合	理工	农林	技术类型
1	3	微生物实验基础培训、无菌操作及纯培养	微生物实验室规则与安全	微生物的分离与培养	√	√		S
			微生物实验基本仪器的使用				√	S
			判定微生物来源的鹅颈管实验			√		CL
			巴斯德发酵本质学说的验证实验			√		CL
			利用科赫原则开展的污染菌判定实验			√		CL
			环境中微生物的检测		√	√	√	CD
			实验室环境和人体表面微生物检查		√			CDL
			显微镜、油镜的使用及细菌形态观察		√	√	√	ACD
			玻璃器皿的清洗、包扎和干热灭菌		√	√		C
			培养基的制备		√	√	√	C
			培养基的高压蒸汽灭菌		√	√		C
			微生物的接种技术		√	√		CD
			微生物菌种保藏		√	√	√	C
			微生物稀释涂布平板分离技术			√	√	CD
			厌氧菌操作技术				√	CD
			蕈菌菌种的分离与培养		√			CD
			微生物的液体培养			√		CD
2	2	微生物群体形态观察、分离纯化及鉴定	土壤样品中微生物的分离培养和计数	微生物的分离与培养	√	√	√	CDL
			土壤样品中微生物的分离与纯化		√	√		CD
			环境中的微生物分离与鉴定		√		√	ACDFL
			微生物的选择性分离			√		CD
			四大类微生物菌落形态的观察		√			S
			体表、极端微生物的培养与观察		√			CDS
			环境中芽孢杆菌的筛选		√	√		ACDL
			小球藻培养实验			√		CDF
			微生物平板菌落计数		√	√	√	CEL
			药物的微生物学检查			√		ACDL

序号	建议学时	建议实验项目名称	生物工程专业——实验项目名称	知识单元	综合	理工	农林	技术类型
3	4	微生物的个体观察与显微计数	微生物显微计数	微生物的结构与功能	√	√	√	ACDL
			水样中细菌总数测定			√		CDL
			微生物血细胞计数板计数		√	√		ACDL
			食品中细菌分离和数量测定		√	√	√	ACDL
			不同环境中微生物菌落和细菌显微形态特征观察		√	√		ACDF
			细菌的简单染色		√	√	√	ACF
			细菌的革兰氏染色		√		√	ACF
			细菌鞭毛染色		√		√	ACF
			细菌芽孢染色及观察		√	√		ACF
			细菌的荚膜染色及观察		√			ACF
			微生物涂片技术及细菌的简单染色法			√		ACF
			放线菌的形态观察		√	√	√	ACF
			酵母菌的形态观察		√	√		ACF
4	2	微生物的生理生化特性鉴定	微生物大分子物质的水解实验	微生物的营养、生长和控制；微生物代谢及其调控	√		√	CDF
			乳酸菌生理生化鉴定		√			CD
			淀粉水解试验			√		CD
5	2	环境对微生物生长的影响	微生物与氧关系的检测	微生物的营养、生长和控制；微生物代谢及其调控		√		CD
			淀粉质转化乙醇的生物代谢实验			√		CD
			环境对微生物生长的影响		√	√		CD
			理化因素对微生物生长的影响		√	√		CD
			微生物致死温度的测定				√	CM
			生长谱法测定微生物的营养要求		√			CL
			细菌生长曲线测定		√	√		CDGL
			光电比浊法测定大肠杆菌生长曲线		√			CDGL
			微生物的紫外诱变育种		√			CLM
			细菌氨基酸营养缺陷型的筛选与鉴定		√			CDL
6	1	微生物分子生物学综合分析鉴定	微生物基因组 DNA 的扩增及测序鉴定	微生物的多样性	√			CELPS

续表

序号	建议学时	建议实验项目名称	生物工程专业——实验项目名称	知识单元	综合	理工	农林	技术类型
7	1	病毒与质粒	P1 噬菌体普遍性转导	微生物的结构与功能；传染与免疫	√			CDP
			细胞大小测定及病毒多角体的观察		√			AC
8	2	微生物发酵	功能微生物的发酵培养	微生物的营养、生长和控制；微生物代谢及其调控；发酵工程		√		CDQ
			乳酸菌饮料制作			√		CNS
			酸奶的发酵			√	√	CNS
			双歧杆菌口服液的发酵制备			√		CNS
			淀粉酶产生菌的发酵培养			√		CNS
			酵母胞外多糖的提取与测定		√			CDLO
			不同培养条件对产淀粉酶细菌生长和产酶的影响			√		CDLQ
			酸菜发酵液中乳酸菌分离及抑菌活性分析		√			ACDL
9	2	功能微生物分离及鉴定	产淀粉酶菌的分离和筛选	微生物的分离与培养；微生物代谢及其调控；微生物的多样性	√	√		CDL
			产淀粉酶菌株的鉴定		√			CDL
			乳酸菌的初步鉴定		√		√	CDL
			产细菌素乳酸菌的分离纯化和鉴定		√			CDL
10	2	微生物多学科交叉应用研究	发光细菌的制备与荧光微生物"作画"	传染与免疫	√			CDL
			免疫学试验				√	KMS
			ABO 血型的测定			√		KS
			大肠菌群的血清学检验		√			KMS
			牛乳的巴氏消毒、细菌学检查			√		CDL

第七节　部分高校生态学实验项目整理汇总表

序号	建议学时	建议实验项目名称	生物工程专业——实验项目名称	知识单元	综合	理工 [*]	农林 [*]	技术类型
1	2-4	生态因子的综合测定与分析	植物群落内生态因子测定	生态学基本概念	√			LMS
			环境生态因子的测定		√			
2	2	生物气候图的绘制	生物气候图绘制	生态学基本概念	√			AL

续表

序号	建议学时	建议实验项目名称	生物工程专业——实验项目名称	知识单元	综合	理工*	农林*	技术类型
3	2	土壤理化性质测定	土壤样品的采集技术与土壤样品的制备与处理	生态学基本概念	√			LMS
4	2	标志重捕法/去除取样法估计种群数量大小	标志重捕法估计种群数量大小	种群生态学	√			LM
5	2	种群生命表	种群生命表的编制与存活曲线	种群生态学	√			ALS
6	2-4	资源竞争模型	两种植物之间对光照、水分和营养等的竞争	种群生态学	√			LS
7	4-6	种–面积曲线的绘制	种–面积曲线绘制	群落生态学	√			ALS
8	6-8	群落数量特征调查与物种多样性调查分析	植物群落结构分析与物种多样性测定	群落生态学	√			ALS
9	2-4	生态系统初级生产力测定	生态系统生物量测定	生态系统生态学；资源利用与可持续发展	√			LS
10	4-6	生态瓶的设计制作及生态系统的观察	生态瓶的设计与制作	生态系统生态学；资源利用与可持续发展	√			LS

* 尚未提交相关实验项目。

第八节　部分高校分子生物学实验项目整理汇总表

序号	建议学时	建议实验项目名称	生物工程专业——实验项目名称	知识单元	综合	理工	农林	技术类型
1	4-6	核酸的提取及检测	DNA 的纯化与鉴定	核酸化学；生物分离工程		√	√	OS
			DNA 的琼脂糖凝胶电泳		√		√	S
			DNA 的酶切与纯化			√		OP
			基因组 DNA 的定性与定量分析				√	GS

续表

序号	建议学时	建议实验项目名称	生物工程专业——实验项目名称	知识单元	综合	理工	农林	技术类型
1	4–6	核酸的提取及检测	大肠杆菌基因组 DNA 的提取	核酸化学；生物分离工程	√		√	O
			基因组 DNA 的电泳分析			√		OS
			细菌染色体 DNA 的提取及检测		√			OS
			碱裂解法小量提取质粒 DNA			√		OP
			质粒 DNA 的提取及电泳检测				√	OPS
			细菌质粒 DNA 的提取及酶切和电泳检测			√		OPS
			RNA 的提取				√	OP
			真核细胞总 RNA 提取及定性定量分析		√			GOP
			基因组 DNA 的提取及 PCR 扩增与鉴定	核酸化学、DNA复制；基因工程；生物分离工程	√			OPS
2	4–32	DNA 重组及其阳性重组子的筛选	淀粉酶基因工程菌的构建	核酸化学、DNA的重组、DNA复制；基因工程；微生物的营养及其生长和控制		√		CP
			DNA 的连接与转化及重组子的筛选与验证		√			CPS
			TA 克隆				√	CP
			DNA 的重组和转化			√		CP
			目的基因的克隆与鉴定		√			CPS
			重组工程菌的构建与鉴定		√			CPS
			荧光蛋白基因表达载体的构建		√			CP
			大肠杆菌感受态细胞的制备及质粒 DNA 的转化			√		CP
			大肠杆菌感受态细胞的转化				√	CP
			质粒的转化及转化子的鉴定			√		CPS
			重组质粒的转化		√			CP
			重组体的鉴定			√		P
			重组质粒 DNA 的 PCR 验证		√			P
			重组质粒 DNA 的菌液 PCR 鉴定				√	P
			转化子的分子验证				√	PS
3	8–16	目的基因的诱导表达及其检测	重组质粒转化 BL21 感受态细胞及 EGFP 的诱导表达	核酸化学、蛋白质化学、DNA复制、RNA的生物合成、蛋白质合成；基因表达与调控；发酵工程；微生物的营养及其生长和控制			√	CGNP
			目的基因的原核表达与 SDS-PAGE 鉴定		√	√		CNS
			荧光蛋白的诱导表达及蛋白表达产物的平板观察		√			CNP
			Western blot 检测表达蛋白		√	√	√	KS

续表

序号	建议学时	建议实验项目名称	生物工程专业——实验项目名称	知识单元	综合	理工	农林	技术类型
4	2~8	PCR 技术及其应用	目的基因原核表达的引物设计	核酸化学、DNA 复制；基因工程	√			MP
			PCR 基因扩增				√	P
			PCR 扩增目的基因			√		P
			RT-PCR 制备 cDNA		√		√	P
			菌落 PCR		√			PS
			qPCR 分析基因的表达	核酸化学、DNA 复制	√			PS
			随机扩增多态性 DNA 反应（RAPD）		√			PS
5	8~16	其他分子生物学实验技术	基因组 DNA 的 Southern Blot	核酸化学、DNA 复制	√			PS
			Southern Blot		√		√	PS
			浒苔 ITS 序列鉴定		√			MPS
			浒苔基因组及 ITS 序列的电泳鉴定		√			MPS
			核酸和蛋白质的序列比对分析	蛋白质化学、核酸化学	√			MPS

第九节　部分高校免疫学实验项目整理汇总表

序号	建议学时	建议实验项目名称	生物工程专业——实验项目名称	知识单元	综合	理工	农林	技术类型
1	2	免疫学实验室安全及防护知识、仪器操作方法	实验室安全及基本仪器培训	—	√			QT
2	4	细胞的培养及病毒感染实验	原代细胞的制备与培养	动物细胞与组织培养；传染与免疫			√	BCQ
			传代细胞的培养与病毒感染力的测定				√	CQ
3	4	免疫细胞分离	淋巴细胞分离技术	细胞的统一性与多样性	√			BCI
4	6	吞噬细胞功能测定	吞噬细胞溶菌酶的测定	传染与免疫			√	B
5	4	流式细胞技术	流式细胞术测定小鼠脾中 T 细胞亚群	细胞的统一性与多样性			√	I

序号	建议学时	建议实验项目名称	生物工程专业——实验项目名称	知识单元	综合	理工	农林	技术类型
6	2	免疫凝集试验	血型鉴定——直接凝聚反应（玻片法）	传染与免疫		√		FK
	4		病毒血凝和血凝抑制实验				√	CDIQ
	2		血细胞显微观察及 ABO 血型鉴定（玻片法凝集试验）				√	AF
7	4	免疫沉淀实验	双向琼脂扩散试验	传染与免疫			√	FS
	4		免疫沉淀实验				√	FS
	4		微量血清中和试验				√	F
8	6	免疫标记技术	酶免疫测定技术	传染与免疫	√			GK
	4		酶联免疫吸附试验（ELISA）			√		GK
	4		人绒毛膜促性腺激素（HCG）胶体金快速检测试纸条的制备				√	FKM
	6		ELISA 检测肝炎病毒实验				√	FKM
	4		间接法 ELISA 测定抗血清的效价				√	FKM
9	2	免疫学防治技术	免疫佐剂的制备及使用	传染与免疫				FKM
	4		抗血清的采集与分离				√	O
	4		半抗原免疫原的制备与动物免疫				√	O
	4		鸡胚接种				√	CQ
10	4	抗体制备与鉴定技术	免疫血清的制备	传染与免疫	√			JO
	6		IgG 的分离与纯化				√	JO
	12		单克隆抗体制备（虚拟仿真实验）				√	S
11	4	制剂的制备	诊断制剂的制备	传染与免疫	√			M
	4		预防制剂的制备		√			M

参考文献

［1］陈湘定，段志贵．生物学实验基本技术与方法数字课程．分册Ⅶ．北京：高等教育出版社，2017.

［2］邓红文．骨生物学前沿．北京：高等教育出版社，2006.

［3］杜冰，任华，江文正，等．免疫学技术实验教学改革初探．中国免疫学杂志，2014，30（3）：404-405.

［4］冯虎元，牛炳韬，孟雪琴．基础生命科学实验指导．兰州：兰州大学出版社，2017.

［5］冯建跃．高校实验室化学安全与防护．杭州：浙江大学出版社，2013.

［6］国家突发公共事件总体应急预案．北京：中国法制出版社，2006.

［7］贺秉军，赵忠芳．动物学实验．北京：高等教育出版社，2017.

［8］胡红英，黄人鑫，侯彦君，等．新疆昆虫原色图鉴．乌鲁木齐：新疆大学出版社，2013.

［9］黄凯，张志强，李恩敬．大学实验室安全基础．北京：北京大学出版社，2012.

［10］黄诗笺，卢欣，杜润蕾．动物生物学实验指导．4版．北京：高等教育出版社，2020.

［11］姜孝成．生物学实验教程．北京：高等教育出版社，2009.

［12］教育部．关于进一步加强高等学校实验室危险化学品安全管理工作的通知：教技厅〔2013〕1号．（2013-05-13）〔2020-04-30〕．http://www.moe.gov.cn/srcsite/A16/s7062/201305/t20130513_152275.html.

［13］教育部．教育部关于加快建设高水平本科教育全面提高人才培养能力的意见：教高〔2018〕2号．（2018-09-17）〔2020-04-30〕．http://www.moe.gov.cn/srcsite/A08/s7056/201810/t20181017_351887.html.

［14］教育部．教育部关于加强高校实验室安全工作的意见：教技函〔2019〕36号．（2019-05-22）〔2020-04-30〕．http://www.moe.gov.cn/srcsite/A16/s3336/201905/t20190531_383962.html.

［15］教育部．教育部关于开展普通高等学校本科教学工作审核评估的通知：教高〔2013〕10号．（2013-12-15）〔2020-04-30〕．http://www.moe.gov.cn/srcsite/A08/s7056/201312/t20131212_160919.html.

［16］教育部.教育信息化2.0行动计划：教技［2018］6号.（2018-04-13）［2020-04-30］.http://www.moe.gov.cn/srcsite/A16/s3342/201804/t20180425_334188.html.

［17］教育部办公厅.关于进一步加强高校教学实验室安全检查工作的通知：教高厅［2019］1号.（2019-03-04）［2020-04-30］.http://www.moe.gov.cn/srcsite/A08/s7945/s7946/201901/t20190124_368001.html.

［18］教育部高等学校教学指导委员会.普通高等学校本科专业类教学质量国家标准.北京：高等教育出版社，2018.

［19］柯昌文.实验室生物安全应急处理技术.广州：中山大学出版社，2008.

［20］李玉明，谢莉萍，张贵友，等.利用植物生长调节剂诱导烟草器官分化的基础教学实验.实验技术与管理，2016，33（1）：32-34.

［21］李云霞，吴春蓉，谢飞，等.消防基础知识教程.天津：天津科学技术出版社，2011.

［22］林宏辉.现代生物学实验指导.成都：四川大学出版社，2003.

［23］林宏辉.植物生物学实验.北京：高等教育出版社，2012.

［24］刘敬泽，吴跃峰.动物学实验教程.北京：科学出版社，2013.

［25］麻彩萍，张贵友，王宏英，等.微生物学基础实验教学改革的探讨.实验技术与管理，2010，27（11）：152-154.

［26］梅岩艾，王建军，王世强.生理学原理.北京：高等教育出版社，2011.

［27］潘继承，王友如.生物学综合实验.武汉：华中科技大学出版社，2011.

［28］钱旻，江文正.免疫学原理与技术.2版.北京：高等教育出版社，2020.（待印）

［29］乔守怡，皮妍，吴燕华，郭滨.遗传学实验.3版.北京：高等教育出版社，2015.

［30］乔守怡.遗传学分析实验教程.2版.北京：高等教育出版社，2018.

［31］秦晓群.基础医学实验教学基本要求行业共识.北京：人民卫生出版社，2017.

［32］任华，张红峰，江文正，等.免疫学技术在细胞生物学教学中的应用.中国细胞生物学学报，2014，36（3）：400-402.

［33］邵国成，张春艳.实验室安全技术.北京：化学工业出版社，2015.

［34］沈萍，陈向东.微生物学实验.5版.北京：高等教育出版社，2018.

［35］世界卫生组织.实验室生物安全手册.3版.日内瓦：世界卫生组织，2004.

［36］滕利荣，刘艳，黄宜兵.细胞生物学实验数字课程.北京：高等教育出版社，2018.

［37］滕利荣，孟庆繁，等.生物学实验基本技术与方法数字课程.北京：高等教育出版社，2017.

［38］王宏英，王伟，张贵友，等.细胞生物学实验教学创新的探讨.实验技术与管理，2008，25（1）：126-128.

［39］王洪钟，谢莉萍，张贵友，等.叶绿体色素分离实验改进与拓展.生物学通报，2012，47（7）：44-47.

［40］王洪钟，谢莉萍，张贵友，等.家兔解剖实验改进与拓展.实验技术与管理，2012，29（11）：174-175.

［41］魏群，向本琼，尹燕霞，等.分子生物学实验数字课程.北京：高等教育出版社，2015.

［42］魏群.分子生物学实验指导.3版.北京：高等教育出版社，2015.

［43］魏群.基础生物化学实验.3版.北京：高等教育出版社，2009.

［44］魏香，李英姿，张贵友.人体及动物生理学实验课程教学改革与拔尖创新人才的培养.高校生物学教学研究（电子版），2014，4（4）：48-52.

［45］吴琼，林琳，张贵友.普通遗传学实验指导.2版.北京：清华大学出版社，2016.

［46］杨持.生态学实验与实习.北京：高等教育出版社，2017.

［47］叶创兴，冯虎元，廖文波.植物学实验指导.2版.北京：清华大学出版社，2012.

［48］叶创兴，冯虎元.植物学实验指导.北京：清华大学出版社，2006.

［49］尹燕霞，向本琼，魏群.分子生物学实验数字课程（2.0版）.北京：高等教育出版社，2019.

［50］于静娟.植物基因工程实验技术数字课程.北京：高等教育出版社，2020.（待印）

［51］张贵友，林琳.普通遗传学实验指导.北京：清华大学出版社，2003.

［52］张淑平，张贵友.分子生物学实验教学新模式的构想与探索.实验技术与管理，2009，26（1）：137-139.

［53］张雁.生物科学综合实验.英文版.广州：中山大学出版社，2020.

［54］张雁.细胞生物学实验技术指导.北京：高等教育出版社，2020.

［55］赵淑敏.工业通风空气调节.2版.北京：中国电力出版社，2010.

［56］郑春龙.高校实验室生物安全技术与管理.杭州：浙江大学出版社，2013.

［57］中华人民共和国固体废弃物污染环境防治法.（2020-04-29）.［2020-04-30］.http://www.mee.gov.cn/ywgz/fgbz/fl/202004/t20200430_777580.shtml.

［58］中华人民共和国国家质量监督检验检疫总局，中国国家标准化管理委员会.实验动物环境与设施：GB14925—2010.北京：中国标准出版社，2010.

［59］中华人民共和国国家质量监督检验检疫总局，中国国家标准化管理委员会.实验室生物安全通用要求：GB19489—2008.北京：中国标准出版社，2008.

［60］中华人民共和国国务院.病原微生物实验室生物安全管理条例.（2018-03-19）［2020-04-30］.http://www.gov.cn/gongbao/content/2019/content_5468882.htm.

［61］中华人民共和国国务院.国务院关于修改部分行政法规的决定：中华人民共和国国务院令第645号.（2013-12-07）［2020-04-30］.http://www.gov.cn/gongbao/content/2014/content_2561285.htm

［62］中华人民共和国国务院.突发公共卫生事件应急条例：中华人民共和国国务院令第376号.（2003-05-09）［2020-04-30］.http://www.gov.cn/gongbao/content/2003/content_62137.htm.

［63］中华人民共和国国务院.危险化学品安全管理条例：中华人民共和国国务院令第591号.（2011-03-11）［2020-04-30］.http://www.gov.cn/flfg/2011-03/11/content1822902.htm.

［64］中华人民共和国教育部 . 教育信息化十年发展规划（2011—2020 年）：教技［2012］5 号 .（2012-03-13）［2020-04-30］. http：//old.moe.gov.cn//publicfiles/business/htmlfiles/moe/s5892/201203/133322.html.

［65］中华人民共和国突发事件应对法 . 北京：法律出版社，2007.

［66］中华人民共和国突发事件应对法：中国人民共和国主席令第 69 号 .（2007-08-30）［2020-04-30］. http：//www.gov.cn/flfg/2007-08/30/content_732593.htm.

［67］朱道玉，刘良国，胡红英，等 . 动物学野外实习指导 . 武汉：华中科技大学出版社，2015.

［68］朱莉娜，孙晓志，弓保津，等 . 高校实验室安全基础 . 天津：天津大学出版社，2014.

［69］邹方东，苏都莫日根，王宏英，郭振 . 细胞生物学实验指南 .3 版 . 北京：高等教育出版社，2020.

郑重声明

高等教育出版社依法对本书享有专有出版权。任何未经许可的复制、销售行为均违反《中华人民共和国著作权法》，其行为人将承担相应的民事责任和行政责任；构成犯罪的，将被依法追究刑事责任。为了维护市场秩序，保护读者的合法权益，避免读者误用盗版书造成不良后果，我社将配合行政执法部门和司法机关对违法犯罪的单位和个人进行严厉打击。社会各界人士如发现上述侵权行为，希望及时举报，本社将奖励举报有功人员。

反盗版举报电话　（010）58581999　58582371　58582488
反盗版举报传真　（010）82086060
反盗版举报邮箱　dd@hep.com.cn
通信地址　北京市西城区德外大街4号　高等教育出版社法律事务与版权管理部
邮政编码　100120

防伪查询说明

用户购书后刮开封底防伪涂层，利用手机微信等软件扫描二维码，会跳转至防伪查询网页，获得所购图书详细信息。也可将防伪二维码下的20位密码按从左到右、从上到下的顺序发送短信至106695881280，免费查询所购图书真伪。

反盗版短信举报

编辑短信"JB，图书名称，出版社，购买地点"发送至10669588128

防伪客服电话

（010）58582300